中国电建集团西北勘测设计研究院有限公司
中国水利水电建设工程咨询西北有限公司

技术专著系列

深厚覆盖层基础闸坝工程
关键技术研究与实践

任苇　周恒　焦健　刘昌　编著

中国水利水电出版社
www.waterpub.com.cn
·北京·

内 容 提 要

  本书是对我国深厚覆盖层闸坝技术的系统总结。全书共 7 章，包括概述、工程地质关键问题研究、闸坝布置及结构设计、深厚覆盖层闸坝工程防渗处理、地基处理及沉降控制、监测设计及分析和结论与建议。本书是一部理论结合实践的系统论著，特别对新技术、新方法、新理论进行了系统梳理和总结提升，并提出了诸多独创性技术和方法。

  本书可供广大从事地质、水工、施工的工程技术人员、相关科研人员及大专院校师生阅读参考。

图书在版编目（CIP）数据

深厚覆盖层基础闸坝工程关键技术研究与实践 ／ 任苇等编著. -- 北京：中国水利水电出版社，2020.8
ISBN 978-7-5170-8750-2

Ⅰ．①深… Ⅱ．①任… Ⅲ．①水闸－覆盖层技术②挡水坝－覆盖层技术 Ⅳ．①TV66②TV64

中国版本图书馆CIP数据核字(2020)第145730号

书　　名	**深厚覆盖层基础闸坝工程关键技术研究与实践** SHENHOU FUGAI CENG JICHU ZHABA GONGCHENG GUANJIAN JISHU YANJIU YU SHIJIAN
作　　者	任苇　周恒　焦健　刘昌　编著
出版发行	中国水利水电出版社 （北京市海淀区玉渊潭南路 1 号 D 座　100038） 网址：www. waterpub. com. cn E - mail：sales@ waterpub. com. cn 电话：(010) 68367658（营销中心）
经　　售	北京科水图书销售中心（零售） 电话：(010) 88383994、63202643、68545874 全国各地新华书店和相关出版物销售网点
排　　版	中国水利水电出版社微机排版中心
印　　刷	北京印匠彩色印刷有限公司
规　　格	184mm×260mm　16 开本　23 印张　560 千字
版　　次	2020 年 8 月第 1 版　2020 年 8 月第 1 次印刷
印　　数	0001—1000 册
定　　价	**116.00 元**

序

河床深厚覆盖层是指堆积于河谷之中，厚度大于 40m 的第四纪松散堆积物。我国西部地区，特别是青藏高原地区河床深厚覆盖层分布尤为广泛，一般厚度在 100m 以上，局部地区厚度可达 300～600m 不等，具有保存完整性、多样性、典型性的特点。由于深厚覆盖层的存在，为人类造就了平坦肥沃的土地、丰富的地下水资源，促进了地区经济社会的发展，但同时由于其物理力学特性相对岩石基础较差，在开发利用水资源时，深厚覆盖层筑坝面临消能防冲、承载力不足、沉降变形、砂土液化、渗透破坏等诸多复杂高难度问题，迫切地需要深入研究。

中华人民共和国成立以来，我国水利水电事业发展波澜壮阔，在利用覆盖层建坝方面取得的成就令人瞩目。21 世纪以来，小浪底、瀑布沟等工程成为我国不同阶段软基筑坝的里程碑，同时，一批建基于深厚覆盖层上的 200m 级高坝也正在建设中。上述工程均属于在深厚覆盖层上修建的各种坝型（如黏土心墙堆石坝、沥青混凝土心墙堆石坝、混凝土面板堆石坝等）土石坝工程。另外，实际工程实践中，受地形地质条件限制，往往还需要在深厚覆盖层上修建具有挡水功能的重力式混凝土闸坝。这类工程坝高相对较低，一般筑坝水平在 30～40m，如下马岭水电站重力坝最大高度为 32.7m，覆盖层厚 38m；锦屏二级挡水闸高 34m，覆盖层厚 42m。迄今为止，我国最高软基闸坝工程为西藏尼洋河上的多布水电站，覆盖层深度约 360m，厂房挡水坝段高达 49.5m。对比国外同类工程，如苏联的古比雪夫水电站、甫凉斯克水电站，黏土地基上挡水坝高分别为 45m、52m。可以发现，国外同类工程具有覆盖层深度较浅、坝高较大的特点，而我国的深厚覆盖层以砂砾石为代表，深度远远大于国外同类工程，其基础应力、沉降变形、渗透等诸多基础问题更为复杂。因此，我国的深厚覆盖层上闸坝筑坝水平已经达到国际领先水平。

本书是在系统收集国内外深厚软基上闸坝建设经验的基础上编写而成，这些工程均通过系列技术攻关，取得了多项技术创新、研究成果和行业领先技术，部分技术已达到了国际领先水平，成功地解决了深厚覆盖层地质勘察、工程布置、结构设计、沉降及渗流控制、安全监测分析等技术性难题，保证了已建水利水电工程的施工和安全运行，社会和经济效益显著，具有良好的科研价值和推广应用意义。本书结合丰富的工程实例，从理论分析到工程设计、施工，深入浅出地对该类深厚覆盖层上闸坝工程关键技术问题，特别是新技术、新方法、新理论进行了系统梳理和总结提升。

　　本书作者任苇是我的学生，我很欣慰地看到他通过多年工程设计实践锻炼，成长为一位具有一定理论基础和实践经验的正高级工程师。他先后参与、主持设计建成了四川宝兴水电站、西藏巴河雪卡水电站、甘肃白龙江九龙峡水电站、西藏尼洋河多布水电站等闸坝工程，积累了较为丰富的软基闸坝工程实践经验。经过他多年不懈的努力，在系统总结大量国内外工程项目建设经验的基础上，撰写了具有很强的实用性和参考价值的《深厚覆盖层基础闸坝工程关键技术研究与实践》一书。虽然书中有些许不足之处，但瑕不掩瑜。可以想象，本书的出版对水利水电工程发展和建设无疑会起到一定的推动作用；同时，也希望作者继续努力、不断进步，为我国水利水电事业的发展作出更大的贡献。

西安理工大学教授：黄强

2019 年 12 月 20 日

前　言

　　本书系统地总结了深厚覆盖层闸坝工程技术所取得的成就、经验和教训，通过广泛收集资料和系统研究，从深厚覆盖层地质关键问题、闸坝布置及结构设计特点、防渗处理新技术、地基处理及沉降控制、监测设计及成果分析等方面进行凝练提高，主要内容如下：

　　（1）第1章，综述深厚覆盖层上修建水利水电闸坝工程的技术发展现状，对深厚覆盖层上闸坝关键技术进行总结，同时在收集我国闸坝建设工程规模的基础上，对软基闸坝高中低坝划分标准提出建议。

　　（2）第2章，通过大量工程资料的分析汇总，对我国西南地区深厚覆盖层分布、物理及力学指标及工程应用、软基闸坝应重点关注的地质问题，以及对于承载力指标不同规范间的概念差异等重点进行分析，特别对地层连续性、承压水等地质关键问题评价及其处理措施，结合典型工程进行了总结。

　　（3）第3章，从工程等别及设计标准、工程总布置、水力设计、闸室稳定分析及基底应力、结构计算、连接建筑物设计等方面全面论述。在工程布置章节，对水电工程河床布置、河滩布置两种方案进行对比，分析其优缺点、适用范围，同时介绍了水利工程橡胶坝、气盾门、液压坝、翻板门等新型水利闸坝发展及工程实践。另外，重点对软基闸坝的单宽流量控制标准、抗滑稳定措施、各种消能工布置等关键技术进行分析。

　　（4）第4章，提出了软基闸坝的渗流安全控制标准及分析方法，在对垂直防渗、水平铺盖两种典型防渗布置进行典型工程分析基础上，提出了深厚覆盖层高闸坝应优先采用垂直防渗的形式、垂直防渗墙布置可优先采用结合短连接板的联合防渗形式、对于覆盖层深度超过80m或具备良好防渗依托层的闸坝优先采用悬挂式防渗墙的三项原则，并结合典型工程对止水结构创新成果进行系统总结，最后介绍了渗流计算的分析方法，特别是半封闭防渗墙的渗透坡降分布特点及安全评价。

　　（5）第5章，系统总结了我国软基闸坝地基处理技术，包括振冲桩、高压旋喷、灌注桩、沉井等技术及典型工程案例，特别介绍了我国软基闸坝最高水平的多布水电站的差异化地基处理技术；结合典型工程，首次提出了采用贯流式机组的软基闸坝地基沉降及沉降差控制标准，闸坝不均匀沉降控制技术，对规范必须开展沉降计算的原则进行了补充完善。特别是在本章中，通过总结我国水利水电工程实践，初步提出的液化指数、液化度双指标分区液化等级划分方法，同时初步出了全部或部分消除液化的地基处理措施要求，上述建议为水利水电工程不同抗震设防标准、液化程度、工程处理方案制定提供了思路。

（6）第6章，介绍了监测设计的关键，并结合典型工程，提出了监测分析原则、方法。

（7）第7章，对本书内容进行了回顾及展望。

本书编写过程中，作者查阅了大量的书籍论文。除参考文献外，地质部分渗透性参数指标一节参考了正高级工程师赵志祥提供的部分资料；多布水电站渗流分析三维成果、广义塑性数值模型计算成果分别参考了河海大学、南京水利科学研究院相关分析计算成果；另外，水泥搅拌桩、悬喷桩等地基处理施工工艺方面，参考了北京建材地质工程公司副总工程师何世鸣的咨询工程师继续教育讲义部分内容。

本书得到了中国电建集团西北勘测设计研究院有限公司及同事的大力支持。公司副总工程师王君利、刘昌对书稿进行了认真审阅，并提出了诸多宝贵的意见。谨向他们表达诚挚的感谢。本书的图表内容较多，编写过程中得到了刘洁玉、刘振军、李芝云、孙小沛等的大力支持，感谢他们完成的大量的图文校对修改工作。

西安理工大学黄强教授给予了热情指导和鼓励，在此表示崇高的敬意和诚挚的感谢！

作者

2019 年 11 月 8 日

目　录

第 1 章

概　述

1.1　深厚覆盖层上闸坝技术发展现状

1.1.1　我国深厚覆盖层闸坝建设

闸坝工程，顾名思义，是指由泄水闸、挡水坝组成的水利水电建筑物工程。我国水利工程闸坝建设历史悠久，早在战国时期就记载有西门豹兴建漳水十二渠的故事（公元前422 年）。《水经·浊漳水注》记载："二十里中作十二墱，相去三百步，令互相灌注。一源分为十二流，皆悬水门。"就是说距离 300 步左右就筑墱，十二条支流的渠首都有闸门控制，共建有十二个墱。继而秦代兴建了著名的水利工程都江堰（公元前 256 年，图1.1-1）和郑国渠（公元前 246 年），是我国有记载修建闸坝（低滚水坝）的水利工程枢纽的肇始。

图 1.1-1　都江堰俯瞰

到了现代，由于重力式混凝土闸坝具有施工进度快、造价低等优势，建设起步较早。我国最早开始修建混凝土结构的闸坝工程，要算李仪祉先生于 20 世纪 30 年代初在陕西省规划建造的"关中八惠"灌溉枢纽工程（图 1.1-2 和图 1.1-3）。随着水利水电工程建设迅猛发展，迄今为止，各种大中小型重力式闸坝工程数量更是达到了上万座。

图1.1-2　泾惠渠下游

图1.1-3　洛惠渠龙首坝下游

闸坝工程特点在于拦河布置有泄水建筑物（包括泄洪闸、冲沙闸、溢流坝），两侧布置挡水坝段（包括具有挡水作用的厂房、副坝、引水建筑物进水口）。这些闸坝工程，按照地基特性，可以分为建基于岩石和覆盖层两大类。相比岩石基础，覆盖层闸坝面临承载变形、固结沉降、砂土液化、渗透稳定等复杂工程问题，建设技术难度相对更大。

河床深厚覆盖层是指堆积于河谷之中，厚度大于40m的第四纪松散堆积物。我国西南地区的岷江、大渡河、雅砻江、金沙江、嘉陵江等河流可开发的水能资源十分丰富，河床覆盖层均较深厚，一般在40~70m。特别是青藏高原地区河床覆盖层分布尤为广泛，一般厚度在100m以上，局部地区厚度可达300~600m不等。该区域覆盖层分布规律性差，结构和级配变化大，且常有粒径 20～30cm 的漂卵石或间有 1m 以上的大孤石，伴随架空现象，透水性强，粉细砂及淤泥呈分层或透镜分布，组成极不均一。

迄今为止，国内乃至国际上在复杂巨厚覆盖层上修建的最高混凝土挡水建筑物工程为西藏尼洋河上的多布水电站，覆盖层厚度约 360m，该水电站装机容量 120MW，挡水坝最高坝段（厂房）49.5m，采用了灌注桩＋旋喷桩的基础处理方案，2016 年 1 月机组全部投产发电（任苇等，2017）。第二高的是四川甘孜藏族自治州大渡河一级支流瓦斯河上的小天都水电站。该水电站装机容量 240MW，泄洪排沙闸最大高度 39m（杨光伟，2006），工程于 2005 年 11 月投产发电，2012 年实测最大沉降为 29.68mm。四川省平武县火溪河上的阴坪电站装机容量 100MW，闸坝最大高度 35m，覆盖层深度 106.7m（杨美丽等，2006），基础采用振冲处理。江边水电站基础覆盖层深度为 109m，装机容量为 330MW，闸坝最大高度 32m（黄京烈，2012）。水利工程为适应河道防洪、水景观建设的需要，发展了液压坝、橡胶坝、气盾门、翻板闸等新型闸坝形式，这类建基于覆盖层上的新型闸坝，坝高一般不超过 30m。

20 世纪，国外在覆盖层上修建的重力式溢流坝与闸坝工程实例以俄罗斯（苏联）为多，且坝基防渗多采用金属板桩，最大深度达 20 余 m。建于黏土层上的普利亚文纳斯电站厂顶溢流混凝土坝，最高达 58m。苏联的古比雪夫水电站位于伏尔加河与支流卡马河汇合以下的干流上，水电站总装机容量 2300MW（湖北水力发电编辑部，2008），枢纽主要建筑物包括水电站厂房、土坝、混凝土坝和通航建筑物，坝顶全长 5500m，最大坝高为 45m，基础为 48m 厚黏土层，坝体垂直防渗墙为两排钢板桩，布置在防渗铺盖起始段和溢流坝上游齿墙下部，板桩埋深约 21m。左岸上游防渗板桩长 100m，右岸板桩长 200m，下游板桩长 30m。甫凉斯克水电站布置形式与古比雪夫水电站一致，坝高为 52m，基础为 43m 厚黏土层，防渗亦采用两排钢板桩的垂直防渗。

综上所述，从我国深厚覆盖层闸坝工程筑坝水平来看，覆盖层厚度普遍达到 100m 左右，最深的多布水电站工程深厚覆盖层已达到 360m，而重力式挡水坝高也达到了 49.5m，说明我国的深厚覆盖层以砂砾石为代表，深度远远大于国外同类工程，带来的闸坝工程基础沉降变形、渗透稳定等诸多问题更为复杂。可以说，我国的深厚覆盖层上闸坝筑坝水平已经达到国际领先水平。

随着我国水利水电工程开发的不断推进，一批深厚覆盖层上的重力闸坝已在规划或建设中，如西藏雅鲁藏布江上的仲达水电站覆盖层深度 127m，最大坝高 42.0m（李志龙等，2016），大渡河丹巴水电站覆盖层深度 133m，最大坝高 42.0m（高品红，2013）。还有一批覆盖层深度为 200～600m 的西部地区河流的水电站工程建设正在规划之中。为满足水利水电工程建设的需要，选取典型工程，研究总结复杂巨厚覆盖层上重力闸坝关键技术问题，确保工程运行安全，具有重要的现实意义。

1.1.2 深厚覆盖层闸坝理论方法现状

经资料检索和查询，国内外在深厚软基闸坝研究方面的科技论文尚多，但专门的书籍甚少。

软基地质勘察方面，《砂砾石地基工程地质》（石金等，1991）一书深入总结了我国砂砾石地基工程实践，具有较强参考价值和指导作用；2011 年 12 月，国家"十二五"重点出版图书《水力发电工程地质手册》（彭土标等，2011），对水利水电工程深厚覆盖层筑坝的勘察技术与评价方法进行了全面论述，起到了积极的指导和推动作用。

水工设计方面，《水闸设计》（华东水利学院，1985）主要结合我国长江流域水闸建设的成就，从水闸泄流能力及下游消能防护、防渗设计、抗滑稳定分析、承载力与沉降、地基处理、闸室各部分结构设计等方面进行了全面总结。《灌区水工建筑物丛书·水闸》（张世儒等，1988）一书在扼要阐明基本原理的基础上，着重讲述工程布置、结构型式、构造、计算公式的应用施工要点及管理注意事项，并编写一些实例。上述书籍主要是水利工程水闸的应用。另外，同时期出版的《水工设计手册》（华东水利学院，1988）对水闸和水电站泄水建筑物进行了系统总结。但水电泄水建筑物部分没有单独针对软基的论述。2009年，由中国水利水电出版社出版的《利用覆盖层建坝的实践与发展》论文集，共收录科技论文46篇，结合我国以深厚覆盖层为筑坝基础的如察汗乌苏水电站、九甸峡水电站、小浪底水电站等工程实例，对涉及坝工设计、岩土工程以及施工技术等筑坝技术提出了专业性见解，内容丰富、借鉴意义较大。

随着我国水利水电建设事业的不断发展，理论研究成果不断推陈出新。软基渗流方面，对渗流理论、数值分析方法和试验技术等都进行了广泛而深入的研究，并取得可喜的研究成果。南京水利科学研究院的毛昶熙在渗流分析和控制领域开展了系统研究（毛昶熙，2003）；河海大学的朱岳明提出了排水子结构技术，准确模拟了排水孔幕的渗流行为（朱岳明等，1997），南京水利科学研究院的吴良骥对饱和-非饱和的渗流计算做了重点研究（吴良骥，1996），李守巨等则在混凝土重力坝的渗透反演分析方面开展了探索研究（李守巨等，2001）。近几年来，随着计算机技术的发展和应用以及有限元法的迅速发展，有限元法在求解渗流场问题方面取得了很大进展，渗流问题的理论相对完善。《吉牛水电站深覆盖层闸基渗透稳定评价》（李永红等，2010）、《悬挂式防渗灌浆处理在深厚覆盖层中的应用》（郑元凯，2015）、《深厚覆盖层上水闸渗流分析与防渗结构优化设计研究》（顾小芳，2006）、《强弱透水相间深厚覆盖层坝基的渗流分析》（白旭东，2014）从各个典型工程不同方面进行渗流理论工程实践。变形沉降计算理论方面。目前，各国学者相继提出了数百个土的本构模型，包括不考虑时间因素的线弹性模型、弹性非线模型、弹塑性模型和考虑时间因素的流变模型等。常用的有 D-P 模型、邓肯张 E-B 模型、广义塑性模型、沈珠江模型等，广泛应用于工程实践中。《福堂电站深厚覆盖层上闸室结构的变形特性分析》（张伟等，2007）、《锦屏二级水电站拦河闸坝深覆盖基础设计》（扈晓雯，2009）、《巨厚覆盖层上高闸坝沉降控制关键技术研究与实践》（任苇等，2019）等论文反映了这些理论在典型闸坝工程的应用。

综上，现今国内外针对具体工程深厚覆盖层闸坝设计方案、工程处理措施等论文较多，但在地质、水工等关键技术等方面系统分析、全面总结的书籍缺少，一些水闸设计书籍代表了我国20世纪80年代的水平，缺少对近年来水利水电工程设计、施工等各方面进展的全面总结，本书重点从解决上述问题出发，依托多布、宝兴、福堂、雪卡、锦屏二级、江边等水电站闸坝，以及渭河咸阳橡胶坝、高港枢纽闸站等水利闸坝，通过广泛收集资料和系统研究，从深厚覆盖层地质关键问题、闸坝布置及结构设计特点、防渗处理新技术、地基处理及沉降控制、监测设计及成果分析等方面进行凝练提高，系统地总结深厚覆盖层闸坝工程技术所取得的成就、经验和教训，推广和应用深厚覆盖层闸坝设计建设的新理论、新技术和新方法，期望对后续同类工程起到一定指导作用。

1.2 闸坝的坝高划分标准

对于建基于岩基的混凝土重力坝，按规范将坝高分为低坝、中坝和高坝。水利行业《混凝土重力坝设计规范》（SL 319—2018）规定：坝高在 30m 以下为低坝，30~70m 为中坝，70m 以上为高坝；而在水电能源行业《混凝土重力坝设计规范》（NB/T 35026—2014）中，考虑到 20 世纪 90 年代以来我国的水电事业飞速发展，建成的和在建的坝高超过 100m 的混凝土重力坝数量已经很多，高坝建设已经积累了丰富的经验，设计理论和方法趋于成熟，参考美国垦务局的划分标准，将坝高划分改为：低坝高度为 50m 以下，中坝高度为 50~100m，高度在 100m 以上者为高坝。

碾压式土石坝同样按规范将坝分为低坝、中坝和高坝。水利行业《碾压式土石坝设计规范》（SL 274—2001）规定：坝高在 30m 以下为低坝，30~70m 为中坝，70m 以上为高坝；而在水电行业《碾压式土石坝设计规范》（DL/T 5393—2007）中，关于高、中、低坝的划分认为，高中坝的界限以坝高为 70m 划分，标准偏低，且中坝与高坝的比例不太合适。据 2005 年我国已建成的 30m 以上 89 座土石坝统计，其中坝高 30~50m 的 18 座，占 20.2%；50~70m 的 24 座，占 27.0%；70~100m 的 20 座，占 22.5%；100m 以上的 27 座，占 30.3%。中坝与高坝如以 70m 划分，中坝 42 座，占 47.2%，高坝 47 座，占 52.8%。高坝多于中坝，中坝为高坝的 0.9 倍。中坝与高坝如以 100m 划分，中坝 62 座，占 69.7%，高坝 27 座，占 30.3%，所以，以 100m 作为中、高坝的分界是较为合适的，最终《碾压式土石坝设计规范》规定：高度在 30m 以下为低坝，高度在 30~100m 为中坝，高度在 100m 及以上为高坝；同时经统计资料分析认为，如以 50m 划分中、低坝，则中坝为 44 座，占 50m 以上中、高坝总数 71 座的 62.0%，高坝为 27 座，占 38.0%，中坝为高坝的 1.63 倍；如以 30m 划分中、低坝，则中坝占 69.7%，高坝占 30.3%，中坝为高坝的 2.3 倍，前者中、高坝的比重过于接近。因此，宜维持 30m 作为中、低坝的分界。

因此，按坝高将各类坝型分为低坝、中坝和高坝是规范的统一做法，而坝高划分标准反映了一个国家在该领域的发展水平。因此，应按照已建工程坝高占比分析作为划分某一类坝型低坝、中坝和高坝的依据。

据 2005 年我国已建的软基闸坝统计，水利行业在河道防洪排涝中修建了大量 20m 以下的水闸，而水电行业坝高相对较大。根据统计，水电工程中我国软基闸坝坝高 20~30m 的 18 座，占 60%；30~40m 的 9 座，占 30%；40m 以上的仅 3 座，占 10%；20m 以下的低闸坝量大面广，20~40m 的中坝数量较多，技术要求较高，40m 以上的高坝技术复杂，造价巨大，应严格把关。所以，本书建议的划分标准为：低坝的高度为 20m 以下，中坝的高度为 20~40m，高度在 40m 以上者为高坝。

国内外部分深厚覆盖层上水电建筑物统计见表 1.2-1。

表 1.2－1　　　　　　　国内外部分深厚覆盖层上水电建筑物统计表

坝名	地点	建成时间	坝高/m	覆盖层厚/m	防渗方案	地基处理
多布	西藏尼洋河	2016 年	49.5	360	防渗墙＋短铺盖	振冲、灌注桩＋旋喷
下马岭	北京永定河	1960 年	32.7	38	帷幕＋短铺盖	
福堂	四川岷江	20 世纪 70 年代	31	92.5	防渗墙＋短铺盖	混凝土置换、固灌、振冲
阴坪	四川火溪河		35	106.7		振冲处理
小天都	四川瓦斯河		39	96		固结灌浆
映秀湾	四川岷江		22.5	45	水平铺盖	置换、固灌、沉井
太平驿	四川岷江		22.5	86		
小孤山	甘肃黑河	2006 年	27.5	35	防渗墙	灌注桩
宝兴	四川宝兴河	2009 年	28	45	防渗墙	振冲处理
雪卡	西藏巴河	2009 年	22	55	水平铺盖	
鲁基厂	云南普渡河	2008 年	34	42	防渗墙＋短铺盖	固结灌浆、基础置换
江边	四川九龙河	2011 年	32	109		固结灌浆
沙坪	四川九龙河	2009 年	20			—
锦屏二级	四川雅砻江	2012 年	34	42		振冲处理
沙湾	四川大渡河	2012 年	27	33		振冲处理
吉牛	四川革什扎河	2014 年	23	80		高压旋喷灌浆
小孤山	甘肃黑河		27.5	35.0	混凝土防渗墙	钢筋混凝土灌注桩
自一里	火溪河		20.0	79.95	水平铺盖悬挂式防渗墙	混凝土置换、固灌
黑河塘	白水江		21.5		水平铺盖悬挂式防渗墙	混凝土置换、振冲
金康	金汤河		20.0	＞90.0	水平铺盖悬挂式防渗墙	振冲
南桠河Ⅲ级	南桠河		21.0	28.0	混凝土防渗墙	固灌
丹巴（待建）	大渡河		42	133	—	
硬梁包	大渡河		42	126.5	悬挂式防渗墙	振冲碎石桩
金沙峡	大通河		34.2	82	水平铺盖	
吉鱼	四川岷江干流		20.65			
铜钟	四川岷江干流		26.7			
姜射坝	四川岷江干流		21.5			

续表

坝名	地点	建成时间	坝高/m	覆盖层厚/m	防渗方案	地基处理
薛城	四川杂古脑		23.5			
渔子溪	四川渔子溪		27.8			
耿达	四川渔子溪		31.5	55.7	防渗墙＋短铺盖	后期高压旋喷
甫凉斯克	苏联伏尔加河	1956年	45	52	钢板桩垂直防渗	—
古比雪夫		1958年	52	43		—

◎ 第 2 章

工程地质关键问题研究

2.1　我国西南地区深厚覆盖层分布特征

根据已有资料统计，我国河床深厚覆盖层的分布大致以云南—四川—甘肃—青海等第一梯度线为界。该线以北覆盖层深厚现象较为普遍；其余地区则相对较少。

受地形地质背景、水文条件等影响，不同地区深厚覆盖层的结构也不尽一致。总体上我国深厚覆盖层按成因、成分结构、分布地区等因素可归纳区划为四大分布区域及类型（余波，2010）：①东部缓丘平原区冲积沉积型；②中部高原区冲洪积、崩积混杂型；③西南高山峡谷区冲洪积、崩坡积、冰水堆积混杂型；④青藏高原区冰积、冲洪积混杂型。

由于我国东部、中部水利水电开发已趋于尾声，未来开发集中在西南地区和西藏地区，因此水电水利工程勘察设计中对该地区河谷深厚覆盖层的研究更具有重大的现实意义。如龚嘴、铜街子、映秀湾、渔子溪等水电站均遇到河床有厚达 40～70m 第四纪堆积层，更有甚者如大渡河支流冶勒坝址，钻探深度 420m，覆盖层仍未揭穿。而在西藏地区，如巴河老虎嘴水电站坝址区左岸，覆盖层勘探深度 170 余 m 仍未揭穿（赵明华等，2009）；拉萨河直孔水电站，覆盖层深度大于 128m（李文军，2008）。尼洋河多布水电站覆盖层一般厚度 150～250m（钻探未揭穿），最大厚度约 360m（物探）。

岩组划分是进行地质特性研究及评价的基础，以便对覆盖层进行利用和处理，确定合理建基面高程、防渗依托层等。岩组划分需考虑的依据包括覆盖层的厚度、成因类型、结构特征等。勘察过程中深度探测采用探坑、钻探和物探相结合方法，取得坑孔内影像、地质编录、物探波速等信息，研究河床区深厚覆盖层分层厚度、顺河向、横河向的变化、基岩顶板高程。在现场描述的基础上，结合颗粒分析试验曲线等试验进一步确定岩组划分。由于河床深厚覆盖层成因不一、物质组成结构复杂，在进行工程岩组划分时，应结合地质测年、成因分析进行定名，保证同一岩组具有相同或相近的工程地质特性，对同一土层中相间呈韵律沉积，应按照薄层、厚层的厚度比 1/10、1/3 界限分别确定为加薄层、夹层、互层，特别是对工程特性较差的软土、砂土等应根据其连续性选择单独或以透镜体的形式划分。

覆盖层的成因分析可分为两个层次。首先，从宏观上分析区域或流域内深厚覆盖层的成因机制；其次，进一步划分各工程岩组覆盖层堆积物的成因类型。现行的研究认为产生河谷深厚覆盖层的宏观原因主要有以下几个方面：①河流跨越不同的构造单元。构造单元之间的差异运动（尤其是升降运动）将会导致河流在纵剖面上的差异运动，从而影响河流侵蚀和堆积特征。②由于第四纪以来地壳运动，河谷深切，再加上地震、降雨等外在因素的诱发，在高山峡谷中常有巨型滑坡、崩塌、泥石流发生，往往发生堵断江河事件形成局部地段的深厚堆积，如著名的"5·12"地震堰塞湖、易贡大滑坡，2019年金沙江上游白格堰塞湖两次滑坡形成约850万 m³ 的堆积体（图2.1-1）。③冰川对高原河谷的剧烈刨蚀作用，产生大量的碎屑物质，被流水搬运到河谷中堆积，会形成"气候型"加积层。同时通过对西南地区河谷深切和深厚覆盖层的研究认为：将河谷深切和深厚堆积事件与全球气候、海平面升降、地壳运动等有机联系起来，并提出冰期、间冰期全球海平面大幅度升降，是导致河流深切成谷并形成深厚堆积的主要原因的新观点。

图 2.1-1　2019 年白格堰塞湖滑坡

另外，由于西藏地区地质年代较新，地震活动较为活跃，在河流的源头、中部往往形成年代不等的堰塞湖。河流进入峡谷段以前，河源附近形成的堰塞湖有易贡藏布的阿扎湖、帕隆藏布的然乌湖、尼洋河支流上的巴松措和日及木措、雅鲁藏布江支流墨曲上的羊湖等，在河流中段的有著名的易贡湖等。我国著名的羊湖抽水蓄能电站、巴松措上的冲久水库都是成功利用堰塞湖的先例，其工程河床覆盖层具有明显的湖积特性。

覆盖层堆积形态基本可分为两类：第一类为杂乱型堆积，此类河段受泥石流影响较大，河道堆积物分布规律差，颗粒组成较大，碎石、砾石磨圆度较差，如大渡河泸定水电站河段覆盖层，帕隆藏布派区一带也属此类；第二类呈层状韵带分布，为古堰塞湖积、河流积原因形成，一般在上部现代漂卵砾石层下部分布砂层或黏土层等细粒静水沉积层，并向深部韵带交替出现，如雅鲁藏布江宽谷河段及其主要支流拉萨河、尼洋河等。一般来讲，在其他条件类似的情况下，形成时代越早的深厚覆盖层岩组的工程地质特性越好，反之，形成时代较新的现代河床覆盖层岩组的工程地质特性相对较差。

通过典型电站的工程实践，对大渡河、尼洋河、岷江、金沙江、雅砻江深厚覆盖层的基本特征和发育分布规律的研究表明，我国西南地区河谷和西藏地区的深厚覆盖层，在竖向上大致可以分为三层：上部为全新世正常河流相冲洪积之漂卵砾石层，并不时见有崩坡积块碎石堆积体包裹于其中，结构松散、孔隙率高；中部为晚更新世冰水、崩积、坡积、堰塞堆积与冲积为主的加积层；底部为晚更新世冲积、冰水漂卵砾石层（金辉，2008）。

2.1.1　西南高山峡谷区冲洪积、崩坡积、冰水堆积混杂型

四川西部、西藏东部一带，处于扬子陆块和印度陆块的碰撞结合地区，是我国构造活动最为活跃的地区之一。第四纪以来，强烈的地壳运动造成地壳多次大幅度抬升，在大面积强烈抬升的同时，局部地带又有异常的下降。特殊的区域构造背景致使该地区形成地形高陡、岩性岩相复杂、构造发育、地震频繁的复杂地质条件。多条近南北向（或NNW向）区域性大断裂带的走滑或挤压活动，在西至怒江、东至四川盆地边缘的龙门山等地带形成纵贯南北的雄伟山脉，即著名的（广义上的）横断山区。正是由于构造活动的不均匀性（上升或下降），从而在四川盆地以西（包括四川盆地的部分）的大横断山区形成一道道隆起的"门槛"，相应也发育一系列的"凹陷区"，并沉积了巨厚的深厚覆盖层。

该地区特殊的地形地质及气候条件，也决定了该地区各种内外动力地质作用种类繁多，活动剧烈；冰川（早期）进退、滑坡、地震、崩塌、泥石流、冲洪积、坡积、堰塞湖等各种物理地质现象极为发育；如2008年5月12日四川汶川大地震在该地区岷江流域形成的滑坡、崩塌等物理地质现象非常普遍，并形成了唐家山堰塞湖等地震堆积坝体。该地区的深厚覆盖层具有成因复杂、厚度巨大、组成复杂、结构多变等特征。该类覆盖层也是目前国内水电工程界在西部建设中常遇到的主要工程地质问题之一，如瀑布沟、泸定、冶勒、福堂等水电站，均遇到该类河床深厚覆盖层问题。

2.1.1.1　大渡河泸定水电站软基岩组划分

该大渡河泸定水电站坝址区河谷覆盖层深厚，层次结构复杂。现代河床及高漫滩主要为冲积漂卵砾石层（alQ_4），Ⅰ级阶地为冲、洪积混合堆积之含漂（块）卵（碎）砾石土层（al＋plQ_4），Ⅱ级阶地为冰缘泥石流、冲积混合堆积之碎（卵）砾石土层（prgl＋alQ_3），河谷底部为冰水堆积之漂（块）卵（碎）砾石层（fglQ_3）。据坝址钻孔勘探成果，河床覆盖层最大厚度为148.6m。根据物质组成、分布情况、成因及形成时代等，河谷及岸坡覆盖层自下而上（由老至新）主要分为四层六个亚层（余波，2010）。

第①层：漂（块）卵（碎）砾石土层，为晚更新世冰水堆积之漂（块）卵（碎）砾石层（fglQ_3），漂（块）石粒径多为25~40cm；卵（碎）砾石粒径以3~8cm为主，次圆~次棱角状；细粒以中~细砂为主，充填于粗颗粒间，局部呈透镜状展布，粗颗粒基本形成骨架，结构密实，该层厚度为37~75m。该层粗颗粒基本形成骨架，力学性能较好，局部具架空现象，属中等透水。

第②层：晚更新世晚期冰缘泥石流、冲积混合堆积之碎（卵）砾石土层（prgl＋alQ_3）。根据其物质组成及结构特征，可分为三个亚层。②-1亚层：漂（块）卵（碎）砾石土层。物质组成及性状与第①层基本相同，厚度一般为20~28m。埋深大，粗颗粒形成骨架，小砾石和砂粒充填其间，结构密实，承载力较高，局部具架空现象，属中等透水，钻孔注水试验渗透系数为1.63×10^{-4}cm/s。②-2亚层：碎（卵）砾石土层，厚度一般为8.2~79.5m，呈灰绿色或灰黄色。碎（卵）砾石成分为闪长岩、花岗岩，以次棱角状为主，间有次圆~圆状，粒径多为1~4cm及6~8cm，局部见砂层或粉土层透镜体。

该层顶板埋深一般为 $2\sim68$m。现场钻孔注水试验渗透系数一般为 $2.86\times10^{-4}\sim3.06\times10^{-4}$cm/s，临界坡降为 $0.19\sim1.78$，破坏坡降为 $0.38\sim2.76$，属中等透水性土。②-3 亚层：粉细砂及粉土层，透镜状展布于上坝址河谷横Ⅰ线上游及横Ⅲ—横Ⅳ河床左侧。上游厚度为 32m 左右，河床左侧厚度为 $6.52\sim10.45$m，以粉、细砂为主，底部见粉土层。该层力学性能较差，标准贯入试验校正后贯入击数为 $3.36\sim14.5$ 击，相应承载力标准值为 $0.10\sim0.18$MPa。渗透系数为 $1\times10^{-3}\sim1\times10^{-4}$cm/s，属弱透水层。

第③层：全新世冲、洪积混合堆积之含漂（块）卵（碎）砾石土层（al＋plQ₄）。展布于坝址区Ⅰ级阶地和上坝址河谷右岸。颗粒成分以弱风化花岗岩、闪长岩为主，含少量辉绿岩，次圆～棱角状。漂块石粒径为 $20\sim30$cm，卵（碎）砾石粒径以 $3\sim8$cm 为主，细粒以粉细砂或粉土为主，局部呈透镜状成层产出，在上坝址河床左岸组成物质有变细的趋势，横Ⅲ及横Ⅳ线附近局部有细粒集中现象，结构较密实。超重型动力触探试验校正后击数一般为 $5.8\sim12.5$ 击，相应的承载力标准值为 $0.46\sim0.4$MPa，变形模量为 $23\sim51$MPa。试坑简易注水及钻孔注水及抽水试验表明，该层渗透系数为 $9.07\times10^{-2}\sim1.72\times10^{-4}$cm/s，临界坡降为 $0.11\sim0.66$，破坏坡降为 $0.25\sim1.70$，属中等～强透水性。

第④层：全新世现代河流冲积堆积之漂卵砾石层（alQ₄）。分布于坝址区现代河床及漫滩，厚度为 $1.5\sim25.5$m。漂卵砾石成分以弱风化闪长岩、花岗岩为主，磨圆度较好，次圆～圆状。漂石粒径一般为 $20\sim30$cm，卵砾石粒径多为 $4\sim8$cm 及 $10\sim15$cm，砂为中细砂，局部见粉细砂层呈透镜状分布。结构较松散，局部具架空现象。超重型动力触探试验校正后贯入击数为 $6\sim11$ 击，相应的承载力标准值为 $0.5\sim0.764$kPa，变形模量为 $25.3\sim44.36$MPa。钻孔抽水试验渗透系数为 $4.90\times10^{-1}\sim5.34\times10^{-1}$cm/s，室内力学性质试验成果渗透系数为 $1.65\times10^{-1}\sim2.21\times10^{-1}$cm/s，临界坡降为 $0.14\sim0.15$，破坏坡降为 $0.28\sim0.32$，属强透水层。

2.1.1.2 福堂水电站软基岩组划分

福堂水电站地处四川省阿坝藏族羌族自治州汶川县境内，福堂水电站闸址地基深厚覆盖层结构层次较复杂。根据物探及钻孔揭露河床覆盖层厚为 $34\sim92.5$m，按其结构、成因和组成，可划分为 6 层，基中闸基有 5 层，各层自上而下简述见表 2.1-1。

表 2.1-1　　　　福堂水电站深厚覆盖层各岩组地层岩性（钻孔资料）

岩（土）层位	地 层 岩 性
第⑥层（块碎石土 col＋dlQ₄）	近源谷坡崩坡堆积
第⑤层（漂卵石层 alQ₄）	分布在漫滩及谷坡顶部，一般厚为 $6\sim11$m，结构不均一，较松散，中等～强透水性，局部透水性极强
第④层（微含粉质砂土及含砂粉质土层 lQ₄）	分布在河床上部，一般厚为 $2\sim3.5$m，Ⅷ度地震下属液化砂，渗透系数为 3.7×10^{-2}cm/s，允许坡降为 $0.2\sim0.25$
第③层（漂卵石层 alQ₄）	分布在河床中上部，一般厚为 $20\sim25$m，结构不均一，中等～强透水性，渗透系数为 $1.4\times10^{-2}\sim8.7\times10^{-3}$cm/s，允许坡降为 $0.12\sim0.15$
第②层（粉质砂及粉质土层 lQ₄）	分布在谷底中部，基本铺满整个河床，一般厚为 $6.75\sim11$m，局部厚仅 2m，渗透系数为 $3.1\times10^{-3}\sim9.9\times10^{-3}$cm/s，允许坡降为 $0.25\sim0.3$
第①层（含漂碎卵砾石层 al＋plQ₃）	分布在河床底部，一般厚 $20\sim25$m，结构不均一，较密实，中等～强透水性，渗透系数为 $1.4\times10^{-2}\sim8.7\times10^{-3}$cm/s，允许坡降为 $0.12\sim0.15$

2.1.2 西藏青藏高原区冰积、冲洪积混杂型

2.1.2.1 尼洋河多布水电站软基岩组划分

该工程坝址区位于西藏尼洋河干流，河床覆盖层厚度超过 359.3m，覆盖层为多种成因形成。根据地质年代测试成果，较浅部的现代河床沉积物为第四纪全新世（Q_4）形成，中部层位的河床沉积物为第四纪更新世晚期（Q_3）形成的，形成于（1.2 ± 0.1）万～（12.4 ± 1.2）万 aBP，下部的堆积物为第四纪更新世中期（Q_2）形成，沉积时间超过 15 万 aBP（刘昌，2017）。

根据覆盖层颗粒级配、粒径大小和物质组成，将坝址区覆盖层划分为 14 层，见表 2.1-2。

表 2.1-2　尼洋河多布水电站深厚覆盖层各岩组厚度统计表（据钻孔资料）　　单位：m

岩（土）层编号及名称	范围	平均值
第 1 层［滑坡堆积块碎石土（Q_4^{del}）］	6.00～48.80	18.29
第 2 层［含漂石砂卵砾石层（$Q_4^{al}-Sgr_2$）］	2.70～7.88	5.29
第 3 层［含块石砂卵砾石层（$Q_4^{al}-Sgr_1$）］	4.47～11.39	8.91
第 4 层［含砾砂层（$Q_3^{al}-V$）］	15～35	25
第 5 层［粉细砂层（$Q_3^{al}-IV_2$）］	1.14～13.90	7.57
第 6 层［冲积含砾中细砂层（$Q_3^{al}-IV_1$）］	5.40～24.11	19.03
第 7 层［冲积含块石砂卵砾石层（$Q_3^{al}-III$）］	6.35～16.13	11.06
第 8 层［冲积中细砂层（$Q_3^{al}-II$）］	9.25～16.92	13.63
第 9 层［冲积含块石砂卵砾石层（$Q_3^{al}-I$）］	6.23～9.63	8.04
第 10 层［冰水积含块石砂卵砾石层（$Q_2^{fgl}-V$）］	15.47～26.11	21.10
第 11 层［冰水积含块石砾石层（$Q_2^{fgl}-IV$）］	23.00～25.50	24.79
第 12 层［冰水积含砾石中细砂层（$Q_2^{fgl}-III$）］	32.39～38.93	35.80
第 13 层［冰水积含块石砂卵砾石层（$Q_2^{fgl}-II$）］	24.88～27.76	26.38
第 14 层［冰水积含块石砂砾层（$Q_2^{fgl}-I$）］	64.98	64.98

2.1.2.2 西藏雪卡水电站软基岩组划分

雪卡水电站枢纽位于西藏尼洋河支流巴河上，河床覆盖层成因类型主要有冰水积、冲积、崩坡积等。

（1）全新统冲积：其中 Q_4^l-Sgr 为含漂石砂卵砾石层，分布于主河床表面，厚度有 5～7m；崩、坡积层（Q_4^{col+dl}）：主要分布在岸坡坡脚处，为块石、碎石等，厚度为 5～10m，表层有 20～50cm 厚的块碎石砂壤土，局部有架空现象。

（2）晚更新世冰水积层：主要为冰水积含漂石砂卵砾石（$Q_3^{fgl}-Sgr$），为漂石砂卵砾石层，密实，磨圆度较好，最大厚度为 85～95m。该层中加有冰水积砾质粉细砂（$Q_3^{fgl}-Sis$）透镜体，厚度不等，组成主要为石英、变质石英砂岩及云母等，平均粒径为 0.418～0.438mm。

冲久水库位于巴河源头巴松措出口，位于雪卡枢纽上游 20km，为雪卡枢纽冬季供水的调节水库，其河床深厚覆盖层主要由冰川活动、冰水堆积、湖相沉积等形成。由于冲久冰碛坝临湖缓坡上及坝前湖底，地层组成按成因类型主要有除冰碛、冲积和崩坡积外，湖

相沉积（Q_4^l）是其地质地层的一大特征，自上而下主要分布有：

（1）全新统湖相沉积：其中 Q_4^l - Sgr 为湖积含漂石砂卵砾石层，分布于主河床表面，厚度为 1～6m，湖积粉砂、粉土（Q_4^l）主要分布在冰碛坝临湖缓坡及坝前湖底，厚度一般为 15～20m，最厚达 41m，坝址区河床及两岸亦有分布，为深灰～淡黄色粉砂土、粉质黏土及泥质条带，具明显的沉积韵律和层理，密实，透水性小。层理走向为 NW330°～340°，倾向 NE（湖内），倾角为 18°～21°。

（2）晚更新世冰水积层：冰水积砾质粉细砂（Q_3^{fgl} - Sis）组成主要为石英、变质石英砂岩及云母等，厚度一般为 10～20m，平均粒径为 0.418～0.438mm，分布在左岸和河床湖相层之下，下部为冰水积含漂石砂卵砾石（Q_3^{fgl} - Sgr），磨圆度较好，无分选，较密实。据右岸钻孔揭露（ZK2）情况，推测最大厚度为 65m 左右。

（3）晚更新世冰碛块碎石、漂石、砂及砂壤土（Q_3^{gl}）：分布在两岸及河床下部，厚度为 21～51m。主要为块石、巨大块石、碎石、砾石夹细砂层、粗砂层和碎石土类，含泥量较高，大多无分选，磨圆度差，密实。

2.2 深厚覆盖层物理指标及工程应用

覆盖层物理性质可以按照土的三相组成来分类：

（1）土：比重、重度。

（2）水：饱和度、含水量。

（3）气：孔隙率、孔隙比。

由于三相组成而具有的整体性质，其参数又包括干密度、湿密度、饱和密度、浮密度。相对密度是反映砂性土紧密程度的指标，灵敏度、塑限、液限指标等是反映黏土的物理性质指标。有关资料（赵志祥等，2013）显示，不同土类物理指标范围可参考表 2.2 - 1。

表 2.2 - 1 　　　　　　　　　　　不同土类物理指标范围

土的名称	孔隙率 /%	孔隙比	饱和含水量 /%	干密度 /(g/cm³)	饱和密度 /(g/cm³)
均匀松砂	46	0.85	32	1.44	1.89
均匀紧砂	34	0.51	19	1.74	2.09
不均匀松砂	43	0.67	25	1.59	1.99
不均匀紧砂	30	0.43	16	1.86	2.16
黄土	50	0.99		1.37	
有机质软黏土	66	1.9	70	0.93	1.58
有机软黏土	75	3	110	0.69	1.43
漂石黏土	20	0.25	9	2.11	2.32
冰积软黏土	55	1.2	45	1.21	1.17
冰积硬黏土	57	0.6	22	1.7	2.07

以上参数中，密度、孔隙率是常用的重要指标，与力学指标关系密切，是边坡抗滑稳定计算、承载力确定、沉降分析的重要指标，各指标覆盖层物理性质试验结果见表2.2-2。

表 2.2-2　　　　　　　　　　　　覆盖层物理性质试验结果

试验名称	试验方法	试验得出指标			指标的应用
		名称	单位	符号	
含水率试验	酒精燃烧法 炒干法	含水率	%	ω	计算干密度、饱和度等其他指标
密度试验	灌砂法 灌水法	（湿）密度	g/cm³	ρ	计算干密度、孔隙比等其他指标。 评价土的紧密程度。 土压力、应力应变、稳定性计算
颗粒分析试验	筛分法	各粒组质量			各粒组质量占总质量的百分数

2.2.1　覆盖层颗粒分析级配曲线及工程应用

2.2.1.1　覆盖层颗粒分析级配曲线

根据钻孔资料、颗粒分析试验等资料分析研究深厚覆盖层各岩组的成因、颗粒特征、颗粒成分、级配特征等，同时分析颗粒分析试验结果的可靠性。

按照《土工试验规程》（SL 237—1999），颗粒分析试验根据土的颗粒大小及级配情况分别采用以下 3 种方法：

筛析法适用于粒径大于 0.075mm 的土。

密度计法适用于粒径小于 0.075mm 的土。

移液管法适用于粒径大于 0.075mm 的土。

若土中粗细兼有则联合使用筛析法及密度计法或移液管法。

累积曲线法是比较全面和通用的一种图解法，是分析粗粒土颗粒级配特征或粒度成分的重要曲线，其特点是可简单获得系列定量指标，特别适用于几种粗粒土级配优劣的对比。绘制时，以小于某粒径的试样质量占试样总质量的百分数为纵坐标，以粒径在对数横坐标上进行绘制，求出各粒组的颗粒质量百分数，如图 2.2-1 所示。

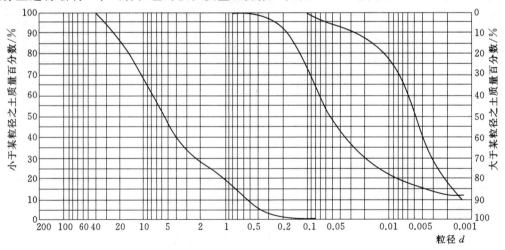

图 2.2-1　累积曲线法示意图

根据颗粒级配累积曲线可以对土的颗粒组成进行两方面的分析：一方面，可以大致判断土粒的均匀程度或级配是否良好；另一方面，可以简单地确定土粒级配的定量指标。

反映土粒级配的主要定量指标一般包括 d_{10}（有效粒径，mm）、d_{30}（中值粒径，mm）和 d_{60}（限制粒径，mm），通过 d_{10}、d_{30} 和 d_{60} 可以获得土粒级配的两个重要的定量指标，即不均匀系数 C_u 和曲率系数 C_c。不均匀系数 C_u 和曲率系数 C_c 的计算采用式（2.2-1）和式（2.2-2）：

$$C_u = d_{60}/d_{10} \qquad\qquad (2.2-1)$$

$$C_c = \frac{d_{30}^2}{d_{10} \times d_{60}} \qquad\qquad (2.2-2)$$

2.2.1.2 级配曲线的工程应用

1. 土类定名的依据

《土工试验规程》（SL 237—1999）中规定，土的工程分类应以下列土的特性指标作为依据：土颗粒组成及其特性，土的塑性指标液限、塑限和塑性指数、土中有机质含量。上述特性指标应通过土的分类试验获得，如土颗粒组含量应按颗粒分析试验中的筛析法规定进行试验。该工程将工程用土分为一般土和特殊土两大类。一般土不同粒组的相对含量可分为巨粒组、粗粒组和细粒组；特殊土包括黄土、膨胀土、红黏土等。根据 C_u 和 C_c 指标可以考察土体级配是否良好，以进一步划分土类。

土的粒组应按表2.2-3中规定的土颗粒粒径范围划分。

表 2.2-3　　　　　　　　　　颗粒粒径范围

粗组统称	粗组划分		粒径（d）的范围/mm
巨粒组	漂石（块石）组		$d > 200$
	卵石（碎石）组		$200 \geqslant d > 60$
粗粒组	砾粒（角砾）	粗砾	$60 \geqslant d > 20$
		中砾	$20 \geqslant d > 5$
		细砾	$5 \geqslant d > 2$
	砂粒	粗砂	$2 \geqslant d > 0.5$
		中砂	$0.5 \geqslant d > 0.25$
		细砂	$0.25 \geqslant d > 0.075$
细粒组	粉粒		$0.075 \geqslant d > 0.005$
	黏粒		$d \leqslant 0.005$

试样中巨粒组质量大于总质量50%的土称巨粒类土；试样中粗粒组质量大于总质量50%的土称粗粒类土，粗粒类土中砾粒组质量大于总质量50%的土称砾类土，分别见表2.2-4和表2.2-5。砾粒组质量小于或等于50%总质量的土称砂类土，砂类土应根据其

中细粒含量及类别、粗粒组的级配，按表2.2-5分类和定名。

表 2.2-4　　　　　　　　　巨粒土、含巨粒土及砾类土的分类

土类	粗组含量		土代号	土名称
巨粒土	巨粒含量 100%～75%	漂石粒含量＞50%	B	漂石
		漂石粒含量≤50%	C_b	卵石
混合巨粒土	巨粒含量 50%～75%	漂石粒含量＞50%	BSI	混合土漂石
		漂石粒含量≤50%	C_bSI	混合土卵石
巨粒混合土	巨粒含量 50%～15%	漂石粒含量＞卵石含量	SIB	漂石混合土
		漂石粒含量≤卵石含量	SIC_b	卵石混合土
砾	细粒含量小于 5%	级配：C_N≥5 C_c=1～3	GW	级配不良砾
		级配：不同时满足上述要求	GP	含细粒土砾
含细粒土砾	细粒含量 5%～15%		GF	黏土质砾
细粒土质砾	15%＜细粒含量≤50%	细粒为黏土	GC	黏土质粒
		细粒为粉土	GM	粉土质粒

注　表中细粒土质砾土类，应按细粒土在塑性图中的位置定名。

表 2.2-5　　　　　　　　　砂 类 土 分 类

土类	粒组含量		土代号	土名称
砂	细粒含量小于 5%	级配：C_N≥5 C_c=1～3	SW	级配良好砂
		级配：不同时满足上述要求	SP	级配不良砂
含细粒土砂	细粒含量 5%～15%		SF	含细粒土砂
细粒土质砂	15%＜细粒含量≤50%	细粒为黏土	SC	黏土质砂
		细粒为粉土	SM	粉土质砂

　　试样中细粒组质量大于或等于总质量的土称细粒类土，细粒土应按塑性图（图2.2-2）中的位置确定土的类别并按表2.2-6分类和定名。

表 2.2-6　　　　　　　　　细 粒 土 分 类

土的塑性指数在塑性图中的位置		土代号	土名称
塑性 I_P	液限 W_L		
I_P≥0.73（W_L-20）和 I_P≥10	W_L≥50%	CH	高液限黏土
	W_L＜50%	CL	低液限黏土
I_P＜0.73（W_L-20）和 I_P＜10	W_L≥50%	MH	高液限粉土
	W_L＜50%	ML	低液限粉土

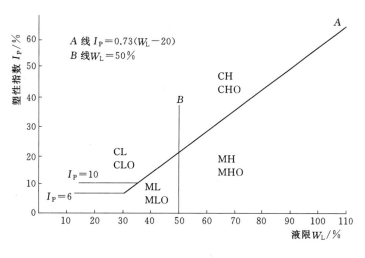

图 2.2-2 塑性图

2. 土层矿物成分分析

颗粒粒组与矿物成分具有密切关系，通过分析颗粒分析试验结果可以为矿物成分分析提供参考，如表 2.2-7 和表 2.2-8 所示。

表 2.2-7　　　　　　　颗粒粒组与矿物成分的关系

土粒名称 最常见的矿物　土粒直径/mm	漂、卵、砾石，角砾	砂粒组	粉粒组	黏 粒 组		
				粗	中	细
最常见的矿物　土粒直径/mm	>2	2～0.05	0.05～0.005	0.005～0.001	0.001～0.0001	<0.0001
原始矿物　母岩碎屑(多矿物结构)	▨					
原始矿物　单矿物颗粒　石英		▨				
长石		▨				
云母		▨				
次生矿物　次生二氧化硅(SiO₂)				▨		
次生矿物　黏土矿物　高岭石			▨			
水云母(伊利石)				▨		
蒙脱石					▨	
倍半氧化物(Al₂O₃,Fe₂O₃)					▨	
难溶盐(CaCO₃,MgCO₃)		▨				
腐殖质					▨	

17

表 2.2-8 矿物成分、离子和塑性指数的一些数据

黏土矿物	离子交换类型	pH	液限	塑性指数
高岭土（石）	Na	7.4	53	21
	K	6.2	49	20
	Ca	7.5	38	11
	H	5.2	53	28
	Mg	6.9	54	23
	Fe_I	4.0	59	22
	Fe_V	—	54	19
	Fe_X	—	56	21
伊利土（石）	Na	7.0	120	63
	K	7.3	120	62
	Ca	7.1	100	60
	H	2.6	100	53
	Mg	5.8	95	49
	Fe_I	3.2	110	59
	Fe_V	—	78	31
	Fe_X	—	79	32
蒙脱土（石）	Na	7.8	710	650
	K	6.9	660	560
	Ca	7.0	510	430
	H	2.8	440	380
	Mg	4.5	410	350
	Fe_I	2.4	290	220
	Fe_V	—	140	74
	Fe_X	—	140	70

注 Fe_I—用 Fe 离子一次饱和；Fe_V—在 Fe 离子溶液中干湿循环 5 次；Fe_X—在 Fe 离子溶液中干湿循环 10 次。

3. 液化分析

《水力发电工程地质勘察规范》（GB 50287—2016）中规定，当土粒粒径大于 5mm 颗粒含量 $\rho_5 \geqslant 70\%$ 时，可判为不液化；当土粒粒径小于 5mm 颗粒含量 $\rho_5 \geqslant 30\%$ 时，且黏粒（粒径小于 0.005mm）含量满足表 2.2-9 时，可判为不液化。

表 2.2-9 黏粒含量判别砂液化标准

抗震设防烈度	7 度	8 度	9 度
黏粒含量/%	≥16	≥18	≥20
液化判别	不液化	不液化	不液化

4. 渗流安全分析

深厚覆盖层的渗透特性和渗控参数是坝基防渗方案设计的主要依据之一，它与覆盖层的物质组成特征、颗粒级配特征、渗透水流方向及试验方法等密切相关。

《水利水电工程地质勘察规范》（GB 50487—2008）对不同岩土进行了渗透性分级。

该分级表根据岩土渗透系数的大小将岩土渗透性分为 6 级（表 2.2-10）。该分级表对岩土渗透性分级标准主要考虑了渗透系数和透水率，其中渗透系数主要用来表示抽水试验的指标，透水率主要用来表示压水试验的指标。

表 2.2-10　《水利水电工程地质勘察规范》（GB 50487—2008）的岩土渗透性分级表

渗透性等级	标　准	
	渗透系数 $k/(m/s)$	透水率 q/Lu
极微透水	$k<10^{-6}$	$q<0.1$
微透水	$10^{-6}\leqslant k<10^{-5}$	$0.1\leqslant q<1$
弱透水	$10^{-5}\leqslant k<10^{-4}$	$1\leqslant q<10$
中等透水	$10^{-4}\leqslant k<10^{-2}$	$10\leqslant q<100$
强透水	$10^{-2}\leqslant k<10^{0}$	$q\geqslant100$
极强透水	$k\geqslant10^{0}$	

目前对渗透变形开始发生时的临界水力坡降的计算公式还不成熟，其主要原因有两方面：一方面是渗透变形机理理论还没有认识完全；另一方面是试验数据对流土和管涌的鉴别缺乏明确的标准。鉴于此，对覆盖层临界坡降的确定主要通过规范推荐公式和经验资料，综合判定渗透变形破坏的临界坡降值。

渗透稳定性评价工作对于水工建筑物来说尤为重要。渗透稳定性评价主要包括以下三方面的内容：①根据土体的类型和性质，判别产生渗透变形的形式；②流土和管涌的临界水力比降的确定；③土的允许水力比降的确定。

（1）渗透变形类型的判别。流土和管涌主要出现在单一坝基中，接触冲刷和接触流失主要出现在双层坝基中。对黏性土而言，渗透变形主要为流土和接触流失。

无黏性土渗透变形形式的判别主要有 3 种方法。

1）流土和管涌。坝体或地基土体，在渗流压力作用下发生变形破坏的现象，谓之渗透变形。渗透变形有管涌和流土两种形式。管涌主要发生在无黏性土中，指土层中细颗粒在渗流作用下，从粗颗粒孔隙中被带走或冲出的现象。管涌对土坝的危害有两点：①被带走的细颗粒，如果堵塞下游排水体，将使渗漏情况恶化；②细颗粒被带走，使坝体或地基产生较大沉陷，破坏土坝的稳定。流土指渗流作用下饱和的黏性土和均匀砂类土，在渗流出逸坡大于土的允许坡降时，土体表层被渗流顶托而浮动的现象。流土常发生在闸坝下游地基的渗流出逸处，而不发生于地基土壤内部。流土发展速度很快，一经出现必须及时抢护。黏土一般发生流土破坏，对于天然无黏性土，可按照下面分析，确定土的破坏类型。

a. 不均匀系数不大于 5 的土，其渗透变形为流土。

b. 对于不均匀系数大于 5 的土可根据土中的细粒颗粒含量进行判别。

流土：

$$P_c\geqslant35\%$$

过渡型取决于土的密度、粒级、形状：

$$25\%\leqslant P_c<35\%$$

管涌：

$$P_C < 25\%$$

式中 P_C——土的细粒颗粒含量，以质量百分率计，%。

c. 土的细粒含量判定破坏类型的计算方法：级配不连续的土，级配曲线中至少有一个以上的粒径级的颗粒含量不大于 3% 的平缓段，粗细粒的区分粒径 d_f 是以平缓段粒径级的最大和最小粒径的平均粒径区分，或以最小粒径为区分粒径，相应于此粒径的含量为细颗粒含量。对于天然无黏性土，不连续部分的平均粒径多为 2mm。

对于级配连续的土，区分粗粒、细粒粒径的界限粒径 d_f 为

$$d_f = \sqrt{d_{70} d_{10}} \tag{2.2-3}$$

式中 d_f——粗细粒的区分粒径，mm；

d_{70}——小于该粒径的含量占总土重 70% 的颗粒粒径，mm；

d_{10}——小于该粒径的含量占总土重 10% 的颗粒粒径，mm。

2）接触冲刷的判定方法。对双层结构的坝基，当两层土的不均匀系数均不大于 10，且符合下式条件时不会发生接触冲刷：

$$\frac{D_{10}}{d_{10}} \leqslant 8$$

式中 D_{10}——较粗一层土的土粒粒径，mm，小于该粒径的质量占土的总质量的 10%；

d_{10}——较细一层土的土粒粒径，mm，小于该粒径的质量占土的总质量的 10%。

3）接触流失的判定方法。对于渗流向上的情况符合下列条件时不会发生接触流失：

a. 不均匀系数不大于 5 的土层：

$$\frac{D_{15}}{d_{85}} \leqslant 5$$

式中 D_{15}——较粗一层土的土粒粒径，mm，小于该粒径的土重占总土重的 15%；

d_{85}——较粗一层土的土粒粒径，mm，小于该粒径的土重占总土重的 85%。

b. 不均匀系数等于或小于 10 的土层：

$$\frac{D_{20}}{d_{70}} \leqslant 7$$

式中 D_{20}——较粗一层土的土粒粒径，mm，小于该粒径的土重占总土重的 20%；

d_{70}——较粗一层土的土粒粒径，mm，小于该粒径的土重占总土重的 70%。

（2）无黏性土渗透变形的临界水力比降确定方法。

1）流土型宜采用的计算公式为

$$J_{cr} = (G_s - 1)(1 - n) \tag{2.2-4}$$

式中 J_{cr}——土的临界水力比降；

G_s——土粒密度与水的密度之比；

n——土的孔隙率（以小数计）。

2）管涌型或过渡型采用的计算公式为

$$J_{cr} = 2.2(G_s - 1)(1 - n)^2 \frac{d_s}{d_{20}} \tag{2.2-5}$$

式中 d_5——占总土重的 5% 的土粒粒径，mm；

d_{20}——占总土重的 20% 的土粒粒径，mm。

3）管涌型也可采用式（2.2-6）计算：

$$J_{cr} = \frac{42d_3}{\sqrt{\dfrac{k}{n^3}}} \qquad (2.2-6)$$

式中 d_3——占总土重 3% 的土粒粒径，mm；

k——土的渗透系数，cm/s。

土的渗透系数应通过渗透试验测定。若无渗透系数试验资料，《水力发电工程地质勘察规范》（GB 50287—2016）推荐根据式（2.2-7）计算近似值：

$$k = 2.34n^3 d_{20}^2 \qquad (2.2-7)$$

式中 d_{20}——占总土重 20% 的土粒粒径，mm。

考虑到 C_u 容易获得，当缺少孔隙率试验数据时，也可根据不均匀系数按公式 $k = 6.3C_u^{-\frac{3}{8}}/d_{20}^2$ 近似计算。但根据近年的有关工程经验，其计算的结果误差较大。因此，《水力发电工程地质勘察规范》（GB 50287—2016）推荐采用根据孔隙率 n 来计算 k 率值。

（3）两层土之间的接触冲刷临界水力比降 J_{kHg} 计算方法。如果两层土都是非管涌型土，则

$$J_{kHg} = \left(5 + 16.5\frac{d_{10}}{D_{20}}\right)\frac{d_{10}}{D_{20}} \qquad (2.2-8)$$

式中 d_{10}——细层的粒径，mm，小于该粒径的土重占总土重的 10%；

D_{20}——粗层的粒径，mm，小于该粒径的土重占总土重的 20%。

（4）黏性土流土临界水力比降的确定可按式（2.2-9）确定：

$$J_{c\cdot cr} = \frac{4c}{\gamma_w} + 1.25(G_s - 1)(1 - n) \qquad (2.2-9)$$

$$c = 0.2W_L - 3.5 \qquad (2.2-10)$$

式中 c——土的抗渗凝聚力，kPa；

γ_w——水的容重，kN/m^3；

W_L——土的液限含水量，%；

（5）允许坡降确定。规范推荐无黏性土的临界坡降值 J_{cr} 除以安全系数来计算允许坡降，安全系数建议值为 1.5～2.0。特别重要工程安全系数也可采用 2.5。无试验资料时可根据表 2.2-11 选用经验值。

表 2.2-11　　　　　　　　无黏性土允许水力比降

允许 水力比降	渗 透 变 形 形 式					
	流土型			过渡型	管涌型	
	$C_u \leqslant 3$	$3 < C_u \leqslant 5$	$C_u > 5$		级配连续	级配不连续
J_{cr}	0.25～0.35	0.35～0.50	0.50～0.80	0.25～0.40	0.15～0.25	0.10～0.20

注　本表不适用于渗流出口有反滤层情况。若有反滤层作保护，则可提高 2～3 倍。

另外，对于水闸基础面及与混凝土接触冲刷部位的允许坡降，应根据《水闸设计规范》（SL 265—2016）规定，渗透坡降要求必须分别小于按表2.2-12中允许指标。

表 2.2 - 12　　　　　　　　　　　水平段和出口段允许渗透坡降值

地基类别	允许渗透坡降值		地基类别	允许渗透坡降值	
	水平段	出口段		水平段	出口段
粉砂	0.05～0.07	0.25～0.30	砂壤土	0.15～0.25	0.40～0.50
细砂	0.07～0.10	0.30～0.35	壤土	0.25～0.35	0.50～0.60
中砂	0.10～0.13	0.35～0.40	软黏土	0.30～0.40	0.60～0.70
粗砂	0.13～0.17	0.40～0.45	坚硬黏土	0.40～0.50	0.70～0.80
中砾细砾	0.17～0.22	0.45～0.50	极坚硬黏土	0.50～0.60	0.80～0.90
粗砾夹卵石	0.22～0.28	0.50～0.55			

注　当渗流出口处设滤层时表中所列数值可加大30%。

闸基出口为管涌破坏时，尚应满足按式（2.2-11）计算的允许渗透坡降要求：

$$[J] = \frac{7d_5}{Kd_f}[4P_f(1-n)]^2 \qquad (2.2-11)$$

$$d_f = 1.3\sqrt{d_{15}d_{85}} \qquad (2.2-12)$$

式中　　$[J]$——防止管涌破坏的允许渗透坡降；

　　　　d_f——闸基土的粗细颗粒分界粒径，mm；

　　　　P_f——小于d_f的土粒百分数含量，%；

　　　　n——闸基土的孔隙率；

d_5、d_{15}、d_{85}——闸基土的颗粒级配曲线上小于含量5%、15%、85%的粒径，mm；

　　　　K——防止管涌破坏的安全系数，可取1.5～2.0。

2.2.2　松软地基、坚实地基的综合评价及工程应用

2.2.2.1　粗粒土密实度分析

粗粒土的密实程度是粗粒土物理性质研究的一项重要内容。通过对粗粒土的密实程度的研究不仅可以了解其物理状态，而且能够初步判定其工程地质特性，例如粗粒土呈密实状态时强度较大，反之强度较低。

1. 物理指标法分析密实度

砂土密实度在一定程度上可以根据其天然孔隙比e来评定，但对于级配相差较大的不同类粗粒土，则天然孔隙比e难以有效判定密实度的相对高低。

为了合理判定砂土的密实度状态，引用了相对密度D_r的指标。从理论上讲，相对密度D_r的理论比较完善，也是国际上通用的划分砂类土密实度的方法（表2.2-13）。

表 2.2 - 13　　　　　　　　　　　按相对密度D_r划分砂土密实度

密实度	密实	中密	稍密	松散
相对密度D_r/%	＞67	33～67	20～33	＜20

为了使砂土密实度评判更简便，同时与相对密度D_r的划分标准相对应，有学者建立了砂土相对密度D_r与天然孔隙比e的关系，得出了依据天然孔隙比e确定砂土密实度的

标准（表2.2-14）。

表 2.2-14　　　　　　　　按天然孔隙比 e 划分砂土密实度

土的名称	密实	中密	稍密	松散
砾砂土、粗砂土、中砂土	<0.60	0.60～0.75	0.75～0.85	>0.85
细砂土、粉砂土	<0.70	0.70～0.85	0.85～0.95	>0.95

2. 原位测试法分析密实度

对于粗粒土的密实度可按重型动力触探试验锤击数 $N_{63.5}$ 划分，但对于大颗粒含量较多的粗粒土，其密实度很难通过试验判定。在有条件的情况下，可以通过野外鉴别的方法划分。

原机械部第二勘察院根据探井实测孔隙比与重型圆锥动力触探击数相对比，得出重型圆锥动力触探击数确定粗粒土的孔隙比和密实度的标准见表2.2-15 和表2.2-16。

表 2.2-15　　　　　　　　触探击数 $N_{63.5}$ 与孔隙比 e 的关系

$N_{63.5}$		3	4	5	6	7	8	9	10	12	15
孔隙比	中砂	1.14	0.97	0.88	0.81	0.76	0.73				
	粗砂	1.05	0.90	0.80	0.73	0.68	0.64	0.62			
	砾砂	0.90	0.75	0.65	0.58	0.53	0.50	0.47	0.45		
	圆砾	0.73	0.62	0.55	0.50	0.46	0.43	0.41	0.39	0.36	
	卵石	0.66	0.56	0.50	0.45	0.41	0.39	0.36	0.35	0.32	0.29

注　表中触探击数为校正后的击数。

表 2.2-16　　　　　　　　触探击数 $N_{63.5}$ 与砂土密实度的关系

土的分类	$N_{63.5}$	砂土密度	孔隙比 e
砾砂	<5	松散	>0.65
	5～8	稍密	0.65～0.50
	8～10	中密	0.50～0.45
	>10	密实	<0.45
粗砂	<5	松散	>0.80
	5～6.5	稍密	0.80～0.70
	6.5～9.5	中密	0.70～0.60
	>9.5	密实	<0.60
中砂	<5	松散	>0.90
	5～6	稍密	0.90～0.80
	6～9	中密	0.80～0.70
	>9	密实	<0.70

3. 现场勘探密实度鉴别

《水闸设计规范》（SL 265—2106）把碎石土按照含砾量分为漂石、卵石、碎石、砾类土、砂类土，并提出了按照骨架颗粒含量、开挖、钻探情况进行鉴别密实度的方法，见表

2.2-17 和表 2.2-18。

表 2.2-17　　　　　　　　碎石土按照含砾量分类

碎石土类别	骨架颗粒形状	砾（60~2mm）的含量/%	
		>60mm	>2mm
漂石	圆形或亚圆形	>75	—
卵石	圆形或亚圆形	75~50	—
碎石	角棱状为主	50~15	—
砾类土	圆形或角棱状为主	—	>50
砂类土	圆形为主	—	≤50

表 2.2-18　　　　按照骨架颗粒含量、开挖、钻探情况进行鉴别密实度

密实度	骨架颗粒含量及排列	开挖情况	钻探情况
密实	骨架颗粒含量大于总重的70%，呈交错排列，连续接触	用锹镐很难挖掘，用撬棍方能松动，坑壁一般较稳定	钻进极困难，冲击钻探时钻杆、吊锤跳动剧烈，孔壁较稳定
中密	骨架颗粒含量等于总重的60%~70%，呈交错排列，大部分接触	用锹挖掘，坑壁有掉块现象，从坑壁取出大颗粒后，该处坑壁仍保持凹面状况	钻进较难，冲击钻探时钻杆、吊锤跳动不甚剧烈，孔壁有坍塌现象
稍密	骨架颗粒含量小于总重的60%，排列乱，大部分不接触	可用锹挖掘，坑壁易坍塌，从孔壁取出大颗粒后，该处的砂土立即坍塌	钻进较容易，冲击钻探时钻杆稍有跳动，孔壁易坍塌

4. 粗粒土密实度综合评价

根据粗粒土各岩组的颗粒特征，结合已有试验资料，对粗粒土各岩组的密实度采用指标法、原位测试法或二者结合进行分析研究。

在工程实践中，粗粒土密实度评价应同时结合覆盖层形成年代、密度、干密度以及孔隙比进行综合分析，一般来讲 Q_3 时期由于形成年代久远、沉积时间长，粗粒土密实度较 Q_4 时期好；而密度、干密度越大、孔隙比越小越密实。如某工程基础覆盖层各岩组经试验分析为密实状态，结合其形成于 Q_3 时期，密度和干密度均大于 2.0g/cm^3，孔隙比均小于 0.45，最终判定该河床覆盖层粗粒土各岩组为密实状态。

2.2.2.2　细粒土可塑性分析

细粒土的可塑性（状态）分析一般是根据土工试验确定的液性指数和原位测试（标准贯入试验）来分析，即指标法和原位测试法。

1. 指标法

根据液性指数值划分细粒土（黏性土）的可塑状态，不同行业规范有差异。一般根据《建筑地基基础设计规范》（GB 50007—2011）中的划分标准（表 2.2-19）划分细粒土的软硬状态（可塑性）。

表 2.2-19　　　　　　　　　细 粒 土 的 状 态

状态	坚硬	硬塑	可塑	软塑	流塑
液性指数	$I_L \leqslant 0$	$0 < I_L \leqslant 0.25$	$0.25 < I_L \leqslant 0.75$	$0.75 < I_L \leqslant 1.00$	$I_L > 1.00$

2. 原位测试法

标准贯入测试是确定细粒土物理力学常用的一种原位测试方法。根据标准贯入测试结果确定细粒土的可塑性的标准较多，如原冶金部武汉勘察公司采用标准贯入击数 N 值划分黏性土的状态，见表 2.2-20。

表 2.2-20　　　　　　　　　　液性指数 I_L 与 N 的关系

N	<2	2~4	4~7	7~18	18~35	>35
I_L	>1	1~0.75	0.75~0.50	0.50~0.25	0.25~0	<0
土的状态	流塑	软塑	软可塑	硬可塑	硬塑	坚塑

上海市标准《岩土工程勘察规范》（DGJ 08—37—2012）建议按表 2.2-21 划分土的状态。

表 2.2-21　　　　　　　　　　土的稠度状态划分表

N	<2	2~3	4~7	8~15	16~30	>30
土的状态	流塑	软塑	软可塑	硬可塑	硬塑	坚塑

《铁路工程地质原位测试规程》（TB 10018—2018）中黏性土的塑性状态按表 2.2-22 划分。

表 2.2-22　　　　　　　　　　黏性土的塑性状态划分

N（击/30cm）	$N \leqslant 2$	$2 < N \leqslant 8$	$8 < N \leqslant 32$	$N > 32$
液性指数 I_L	>1	1~0.75	0.25~0	<0
塑性状态	流塑	软塑	硬塑	坚塑

根据覆盖层细粒土的标准贯入测试结果，采用原冶金部勘察公司的标准，对覆盖层细粒土的可塑性进行分析，其结果见表 2.2-23。

表 2.2-23　　　　　　根据标贯试验对细粒土岩组的可塑性分析结果表

指标	Ⅳ₂ 岩组杆长校正击数	Ⅲ 岩组杆长校正击数
N	11.36	22.525
土的状态	硬可塑（可塑）	硬塑

从表 2.2-23 中可以看出，不同测试钻孔获得的同一岩组的杆长校正标准贯入 N 击数差异较大。如多布Ⅲ岩组的 ZK44 的 54.65m 处的标准贯入击数仅为 9.88，而 ZK06 的 27.25m 处的标准贯入击数仅为 41.155。说明同一岩组不同位置的性状差异很大，在实际应用测试结果判断土的可塑性时，应对测试结果不合理的数值予以剔除。覆盖层细粒土岩组Ⅳ₂岩组为硬可塑（可塑），Ⅲ岩组为硬塑状态，与室内试验结果比较发现，室内试验确定的土的可塑性比原位测试确定的可塑性要高，其主要原因是：①室内试验改变了土的赋存环境及天然结构与状态，提高了土的可塑性；②钻探过程中，由于采用开水钻进，使得岩芯样品含水量增高所致。室内试验确定的可塑性难以反映土的天然结构与状态，而原位测试的可塑性结果比较可靠，可作为评价覆盖层细粒土可塑性的主要依据，即细粒土岩组

Ⅳ₂岩组为硬可塑（可塑）状态，Ⅲ岩组为硬塑状态。

2.2.2.3 松软地基、坚实地基指标的工程应用

《水闸设计规范》（SL 265—2016）规定，松软地基包括松砂地基和软土地基，坚实地基包括坚硬的黏性土地基和紧密的砂性土地基。介于松软地基和坚实地基之间者，为中等坚实地基。

松砂的特性指标见表2.2-24，表中的$N_{63.5}$为标准贯入击数。

表 2.2-24 松 砂 的 特 性 指 标

松砂类别	相对密度D_r/%	$N_{63.5}$
粉砂、细砂	≤33	≤8
中砂粗砂	≤33	≤10

软土的特性指标见表2.2-25。

表 2.2-25 软 土 的 特 性 指 标

软土类别	$N_{63.5}$	孔 隙 比	天然含水量
软弱黏性土	2~4	0.75~1	≤W_L
淤泥质土	1~2	1~1.5	>W_L
淤泥	≤1	>1.5	>W_L

坚硬黏性土的特性指标：标准贯入击数大于15。

密实砂土的特性指标：相对密度大于0.67，标准贯入击数大于30。

粗粒土密实度评价和地基承载力、沉降、渗透性等息息相关，一般要求闸坝工程基础应建基于坚实或中等坚实地基上，《水闸设计规范》（SL 265—2016）规定的密实砂土的特性指标为：相对密度大于0.67，标准贯入击数大于30。

闸坝坝基应置于以力学强度较高的坚实土基上，对坝基应力影响范围（一般小于10m，需计算确定）内砂层及粉黏土层、淤泥质土层也予以挖除。一般来讲，如果粗粒土密实度不足，可能导致结构架空、承载力不足、沉降或地基不均匀沉降及渗透破坏。对于松散的卵砾石可进行固结灌浆，对于松砂的地基处理方法有振冲、旋喷、水泥土搅拌桩等方法。因此，粗粒土密实度也是进行地基处理的评判依据。

《水闸设计规范》（SL 265—2016）根据土基坚实程度，对地基应力最大、最小值之比提出了要求，见表2.2-26。

表 2.2-26 地基应力最大、最小值之比允许值

地基土质	荷 载 组 合	
	基本组合	特殊组合
松软	1.5	2
中等坚实	2	2.5
坚实	2.5	3

注 1. 对于特别重要的大型水闸，其闸室地基应力最大、最小值之比允许值可适当减小。
  2. 对于地震区的水闸，其闸室地基应力最大、最小值之比允许值可适当增大。
  3. 对于地基特别坚实或可压缩土甚薄的水闸，可不受此表限制，但要求基底不出现拉应力。

另外《水闸设计规范》（SL 265—2016）中，提出以下覆盖层地基可不进行沉降计算：①砾石、卵石地基；②中砂、粗砂地基；③大型水闸标准贯入击数大于15的粉砂、细砂、砂壤土、壤土及黏土地基；中小型水闸标准贯入击数大于10的壤土及黏土地基。

后面章节中，经笔者分析认为，即使满足上述条件，当相邻建筑物高差较大（大于10m）或者相邻建筑物地基岩性有较大差异时，仍然需要开展地基沉降计算，确保沉降量、沉降差满足规范要求。

2.3 覆盖层力学指标及工程应用

深厚覆盖层力学性质研究是深厚覆盖层建坝设计的主要依据，该项研究主要是根据覆盖层的室内试验、原位测试以及已有的科研成果，结合规范要求分析研究各岩（层）组的物理力学参数特征及其相关性、影响因素以及变化规律，分析论证深厚覆盖层力学参数取值，为方案设计提供直接参数依据。

覆盖层力学指标主要包括承载力、压缩性、抗剪强度、渗透参数等，力学参数取值的主要依据如下：

（1）以载荷试验、旁压试验、室内试验、标贯和动力触探等各种试验资料为依据，根据覆盖层不同物理力学试验资料与结果对深厚覆盖层力学参数取值。

（2）以各种相关规范为依据，根据规范要求进行取值。

（3）结合深厚覆盖层的物质特征、层位特征、时代特征等进行力学参数取值。

（4）根据坝址土石坝工程的设计方案和指标特征合理选取力学参数。

（5）根据专业的相关要求确定、选取深厚覆盖层力学参数。

参数取值尽量综合考虑各种试验结果进行合理取值。由于室内试验采集的试样不能代表天然状态下的原状样，不是原有结构遭到破坏，就是含水量大幅度改变，以致试验成果反映的覆盖层特性产生偏差，因此力学参数取值中，以原位测试成果为主，进行综合取值。

深厚覆盖层的现场试验主要有物理性质和力学性质试验等方面。覆盖层力学性质试验主要有现场直接剪切试验（表2.3-1）。现场直接剪切试验采用应力控制平推法，其也可用于测定混凝土与土接触面的抗剪强度。载荷试验见表2.3-2，载荷试验的反力常用堆载法或锚拉桩法等形式提供。在覆盖层钻孔中亦可以开展一系列力学性质现场试验，其试验项目见表2.3-3。

表2.3-1 覆盖层直接剪切试验

试验方法	试验得出指标			指标的应用
	名称	单位	符号	
现场直接剪切试验	内摩擦角	（°）	φ	评价土的抗剪能力；计算土的稳定性、土压力、变形及承载能力
	黏聚力	kPa	c	

表 2.3-2 　　　　　　　　　　　　　　覆 盖 层 载 荷 试 验

试验方法	试验得出指标			指 标 的 应 用
	名称	单位	符号	
平板载荷试验	承载力	kPa	f_0	计算土的稳定性、土压力、变形及承载能力
	变形模量	kPa	E_0	

表 2.3-3 　　　　　　　　　　　　　覆盖层钻孔力学试验项目

试验名称	试验适用范围、结果及应用
十字板剪切试验	一般用于测定饱和软黏土的不排水抗剪强度 c_u 和灵敏度 S_t，用于估算土的承载能力和计算土的稳定性、土压力、变形及承载能力
标准贯入试验	适用于不含砾石的细粒类土和砂类土，测得标贯器贯入土中所需的击数，用于：①计算砂类土的内摩擦角 φ、黏性土的不排水拉剪强度 c_u；②黏性土的无侧限抗压强度 q_u；③评价砂类土的紧密程度和黏性土的稠度状态；④评定土的承载力和变形模量；⑤判定土液化的可能性
静力触探试验	适用于不含砾石的细粒类土和砂类土，试验时通过施加压力将贯入器探头在一定速率下匀速贯入土中，同时测定贯入阻力和孔隙水压力，计算贯入阻力、锥头阻力、孔隙水压力、固结系数等指标，用于：①土的分类；②估算黏性土的不排水抗剪强度 c_u；③评定土的固结程度；④判定土液化的可能性；⑤土的沉降计算
动力触探试验	试验分为轻型、重型和超重型三种，分别适用于细粒类土、砂类土和砾类土、砾类土和卵石类土。试验时测定探头锤击进入一定深度土层所需的击数，用于：①确定土的承载力和变形模量；②评定土的紧密程度；③判定土液化的可能性
旁压试验	旁压试验的仪器分为预钻式和自钻式两种。试验时将旁压器放入土中，施加压力后测定土在水平向的应力应变关系，试验结果除了得出土的承载力基本值 f_0、旁压模量 E_m、不排水抗剪强度 c_u、静止土压力系数 K_0 外，还可用于估算土的变形模量 E_0 和沉降计算以及评价土的稠度状态和紧密程度
波速试验	波速试验分为单孔法、跨孔法和面波法。通过测定压缩波、剪切波及瑞利波在土中的传播速度，计算得出土的动剪切模量 G_d、动弹性模量 E_d、动泊松比 μ_d 等动力特性参数，用于场地类别划分和土动力分析等

　　深厚覆盖层室内试验的主要项目有：基本物理性质试验（含水率、比重、密度），以及由基本物理性试验成果计算的其他基本物理性指标、压缩特性试验、抗剪强度及应力应变试验、覆盖层动力特性试验等。主要内容见表 2.3-4、表 2.3-5、表 2.3-6。

表 2.3-4 　　　　　　　　　　　　　　覆盖层压缩特性试验

试验方法	试验得出指标			指 标 的 应 用
	名称	单位	符号	
标准固结试验	压缩系数	kPa^{-1}	a_v	（1）计算土层的压缩或沉降变形；
	压缩模量	kPa	E_s	（2）评价坝基的承载能力；
	体积压缩系数	kPa^{-1}	m_v	（3）计算土层的固结时间和固结程度；
	压缩或回弹指数	kPa	C_c 或 C_s	（4）判断土的固结状态
	固结系数		C_v	
	先期固结压力	kPa	p_c	

表 2.3 - 5　　　　　　　　　　覆盖层抗剪强度及应力应变试验

试验名称	试验方法	试验得出指标			指 标 的 应 用
		名称	单位	符号	
直接剪切试验	快剪 固结快剪 慢剪 反复剪	内摩擦角	(°)	φ	(1) 评价土的抗剪能力; (2) 计算土的稳定性、土压力、变形及承载能力
		黏聚力	kPa	c	
三轴试验	不固结不排水剪 固结不排水剪 固结排水剪	内摩擦角	(°)	φ	
		黏聚力	kPa	c	
		应力应变参数			计算及研究土的应力与应变关系、变形及稳定性
		孔隙压力系数		B_A	(1) 计算及研究土的应力与孔隙水压力关系; (2) 计算、评价土的固结及沉降状态
	孔隙水压力消散试验	孔隙压力系数		B	
		孔压消散度	%	D_c	
		孔压消散系数	cm²/s	C'_v	
	无侧限抗压强度试验	无侧限抗压强度	kPa	q_u	估计土的抗剪强度及承载能力

表 2.3 - 6　　　　　　　　　　覆盖层动力特性试验

试验方法	试验得出指标			指 标 的 应 用
	名称	单位	符号	
动三轴试验	动强度	kPa	c_d	(1) 评价土的抗动荷载能力; (2) 判定砂土、粉土及少黏性土的液化可能性
		(°)	φ_d	
	液化应力比		T_d/σ'_0	
	动弹性模量	kPa	E_d	计算、分析土在动荷载作用下的应力应变关系及稳定性
	动剪切模量	kPa	G_d	
	阻尼比		λ_d	
共振柱试验	动弹性模量	kPa	E_d	
	动剪切模量	kPa	G_d	
	阻尼比		λ_d	

2.3.1　承载力指标

对于水利水电闸坝工程,基础允许承载力是进行地基稳定性设计的主要内容。

建筑物由于承载力不足,通常引起基础下持力层的剪切破坏,其破坏形式一般可分为整体剪切破坏、局部剪切、冲剪三种。对于坚硬或密实的土,将出现整体剪切破坏;对于软弱土,一般出现局部剪切和冲剪破坏。目前,承载力设计的计算理论均在整体剪切破坏条件下推出,对于局部剪切和冲剪破坏可根据整体剪切破坏进行修正得到。

对于地基土破坏形式的定量判别,Vesic 提出了刚度指标 I 的方法,如式(2.3 - 1)表示:

$$I = \frac{E}{2(1+\nu)(c+q\tan\varphi)} \qquad (2.3-1)$$

其中

$$q = \gamma D$$

式中　E——地基土的变形模量，kPa；

　　　ν——地基土的泊松比；

　　　c——地基土的黏聚力，kPa；

　　　φ——地基土的内摩擦角，(°)；

　　　q——基础的侧面荷载；

　　　D——基础埋置深度；

　　　γ——埋置深度以上土的容重。土越硬，基础埋深越小，刚度指标越高。

整体剪切破坏和局部剪切破坏的临界值，称为临界刚度指标，可用式（2.3-2）（钱家欢，1992）表示：

$$I_{临界} = \frac{1}{2}e^{\left(3.3-0.45\frac{B}{L}\right)\cot\left(45°-\frac{\varphi}{2}\right)} \qquad (2.3-2)$$

式中　B——基础的宽度，m；

　　　L——基础的长度，m。

当刚度指标大于临界值时，发生整体剪切破坏，反之局部剪切破坏。土的整体剪切破坏特征显示，当基础上荷载较小，土体处于弹性变形阶段，基底压力与沉降关系基本为线性关系，如图2.3-1曲线中的 oa 段；随着荷载继续增大，土体开始出现剪切破坏（或称

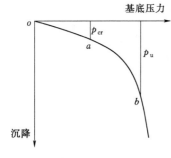

图 2.3-1　基底压力与沉降
关系曲线图

塑性破坏），剪切破坏区随荷载增大而扩大，土体处于弹塑性变形阶段，基底压力与沉降关系呈曲线关系，如图2.3-1曲线中的 ab 段；当剪切破坏扩展成片，基础上荷载达到最大承载能力而濒临破坏，继续加载将导致基础急剧下沉、倾倒或地面隆起，此时即进入塑性破坏阶段。通常将地基土开始出现剪切破坏时对应的基底压力称为临塑压力（对应图2.3-1曲线上的 p_{cr}），将上述最大承载能力时对应的基底压力称为极限承载力（对应图2.3-1曲线上的 p_u）。将上述两个特征压力进行对比分析，进行安全折减即可得到水电工程上的允许承载力（也称容许承载力）。实际工程中，形成了理论计算公式法、原位测试法、地区经验查表法等。比较成熟的理论公式有基于塑性区开展深度临塑理论的允许承载力和基于理想塑性理论滑裂面的极限承载力两种理论。极限承载力一般公式以索科洛夫斯基极限承载力公式为代表，同时在此基础上形成了一些特殊解，如基于无重介质的 Prandtl 解、太沙基的刚性核解、考虑地基上部土抗剪强度的梅耶霍夫解、考虑修正系数的汉森公式等。值得注意的是，基于塑性区开展深度临塑理论的对应基底压力与沉降曲线的临塑压力 p_{cr}，可以直接作为允许承载力（或特征值），基于理想塑性理论滑裂面的极限承载力对应曲线的临塑压力 p_u，需要除以安全系数折减后方能作为允许承载力（或特征值）。

目前，国内工程界受行业划分影响，对于承载力的名称、取值方法没有统一规定，《建筑地基基础设计规范》（GB 50007—2011）作为国家标准，采用承载力特征值的概念；《港口工程地基规范》（JTS 147—1—2010）采用地基极限承载力除以抗力系数进行计算；水利水电工程没有专门的地基设计规范，地基承载力取值按照《水利水电工程地质勘察规范》（GB 50487—2008）及《土工试验规程》（SL 237—1999）进行。总体来讲，承载力取值包括原位测试法、经验公式法两种。

2.3.1.1 原位测试法

载荷试验是天然地基上通过承压板向地基施加竖向荷载，观察所研究地基土的变形和强度规律的一种原位试验，试验结果被公认为最准确、最可靠，被列入各国桩基工程规范或规定中。可根据荷载—沉降曲线确定地基的承载力和变形模量。另外，地基土承载力指标还可以通过表 2.3-7 中各种原位测试方法获得。

表 2.3-7　　　　　　　　　覆盖层钻孔力学试验项目

项　　目		饱和软黏土	细粒类土	砂类土	砾类土	卵石类土	备注
载荷试验		√	√	√	√	√	
十字板剪切试验		√	√				
标准贯入试验		√	√				
动力触探试验	轻型		√				
	重型			√	√		
	超重型				√	√	
静力触探试验		√	√				
旁压试验							

《水利水电工程地质勘察规范》（GB 50487—2008）规定：地基土的允许承载力可根据载荷试验（或其他原位试验）、公式计算确定标准值。根据岩土体岩性、岩相变化，试样代表性，实际工作条件与试验条件的差别，对标准值进行整理，提出地质建议值，设计采用值（特征值）应由设计、地质、试验三方共同研究确定，对于重要工程以及对参数敏感的工程应做专门研究。

关于承载力特征值的确定，依据《建筑地基基础设计规范》附录 C.0.6 要求应符合下列规定：

（1）当 $P—S$ 曲线上有比例界限时，应取该比例极限所对应的荷载值。

（2）当极限荷载小于对应比例界限的荷载值的 2 倍时，取极限荷载值的一半。

（3）当不能按上述两款要求确定时，当承压板面积为 $0.25\sim0.50\text{m}^2$ 时可取 $s/b = 0.01\sim0.15$ 所对应的荷载，但其值不应大于最大加载量的一半。

但直接使用上述规定有一定困难，而且不一定合理。《建筑地基基础设计规范》（GB 50007—2011）是针对建筑基础规定的，其对载荷板的基本要求为 $0.25\sim0.50\text{m}^2$。《土工试验规程》（SL 237—1999）虽然是针对水利工程规定的，但对载荷板的要求仍沿用了 $0.25\sim0.50\text{m}^2$ 的要求。

2.3.1.2 经验公式法

1.《建筑地基基础设计规范》抗剪强度指标承载力确定

当偏心距 e 不大于 0.033 倍基础底面宽度时，根据土的抗剪强度指标确定地基承载力特征值可按式（2.3-3）计算：

$$f_a = M_b \gamma b + M_d \gamma_m d + M_c C_k \qquad (2.3-3)$$

式中　　f_a——由土的抗剪强度指标确定的地基承载力特征值，kPa；

　　　　γ——基础底面以下土的容重，地下水位以下取浮容重；

　　　　γ_m——基础底面以上土的加权平均容重，地下水位以下取浮容重；

　　　　b——基础底面宽度，大于 6m 时按 6m 取值，对于砂土小于 3m 时按 3m 取值；

　　　　C_k——基底下一倍短边宽深度内土的黏聚力标准值，kPa；

M_b、M_d、M_c——承载力系数，按表 2.3-8 取值。

表 2.3-8　　　　　　　　　　承载力系数 M_b、M_d、M_c

土的内摩擦角标准值 $\varphi_K/(°)$	M_b	M_d	M_c	土的内摩擦角标准值 $\varphi_K/(°)$	M_b	M_d	M_c
0	0	1.00	3.14	22	0.61	3.44	6.04
2	0.03	1.12	3.32	24	0.8	3.87	6.45
4	0.06	1.25	3.51	26	1.10	4.37	6.90
6	0.10	1.39	3.71	28	1.40	4.93	7.40
8	0.14	1.55	3.93	30	1.90	5.59	7.95
10	0.18	1.73	4.17	32	2.60	6.35	8.55
12	0.23	1.94	4.42	34	3.40	7.21	9.22
14	0.29	2.17	4.69	36	4.20	8.25	9.97
16	0.36	2.43	5.00	38	5.00	9.44	10.80
18	0.43	2.72	5.31	40	5.80	10.84	11.73
20	0.51	3.06	5.66				

2.《水闸设计规范》公式法

在竖向对称荷载作用下，可按限制塑性区开展深度的方法计算土质地基允许承载力：

$$[R] = N_B \gamma_B B + N_D \gamma_D D + N_C c \qquad (2.3-4)$$

式中　　$[R]$——按限制塑性区开展深度计算的土质地基允许承载力，kPa；

　　　　γ_B——基底面以下土的容重，地下水位以下取浮容重，kN/m³；

　　　　γ_D——基底面以上土的容重，地下水位以下取浮容重，kN/m³；

　　　　B——基底面宽度，m；

　　　　D——基底埋置深度，m；

　　　　c——地基土的黏聚力，kPa。

承载力系数 N_B、N_D、N_C 可分别按式（2.3-5）计算求得或由表 2.3-9 查得。

$$N_B = \frac{\pi}{4\left(\cot\varphi - \dfrac{\pi}{2} + \varphi\right)}$$

$$N_D = \frac{\pi}{\cot\varphi - \dfrac{\pi}{2} + \varphi} + 1 \qquad\qquad (2.3-5)$$

$$N_C = \frac{\pi}{\cot\varphi\left(\cot\varphi - \dfrac{\pi}{2} + \varphi\right)}$$

表 2.3 - 9 　　　　　　　　　　承载力系数 N_B、N_D、N_C

$\varphi/(°)$	N_B		N_D	N_C	$\varphi/(°)$	N_B		N_D	N_C
	$[Y]=\dfrac{1}{4}B$	$[Y]=\dfrac{1}{3}B$				$[Y]=\dfrac{1}{4}B$	$[Y]=\dfrac{1}{3}B$		
0	0.000	0.000	1.000	3.142	23	0.662	0.883	3.648	6.238
1	0.014	0.019	1.056	3.229	24	0.718	0.957	3.872	6.449
2	0.029	0.039	1.116	3.320	25	0.778	1.037	4.111	6.670
3	0.045	0.060	1.179	3.413	26	0.842	1.122	4.366	6.902
4	0.061	0.082	1.246	3.510	27	0.910	1.213	4.640	7.144
5	0.079	0.105	1.316	3.610	28	0.984	1.311	4.934	7.399
6	0.098	0.130	1.390	3.714	29	1.062	1.416	5.249	7.665
7	0.117	0.156	1.469	3.821	30	1.147	1.529	5.588	7.946
8	0.138	0.184	1.553	3.933	31	1.238	1.650	5.951	8.240
9	0.160	0.214	1.641	4.048	32	1.336	1.781	6.343	8.550
10	0.184	0.245	1.735	4.168	33	1.441	1.922	6.765	8.876
11	0.209	0.278	1.834	4.292	34	1.555	2.073	7.219	9.220
12	0.235	0.313	1.940	4.421	35	1.678	2.237	7.710	9.583
13	0.263	0.351	2.052	4.555	36	1.810	2.414	8.241	9.966
14	0.293	0.390	2.170	4.694	37	1.954	2.605	8.815	10.371
15	0.324	0.432	2.297	4.839	38	2.109	2.812	9.437	10.799
16	0.358	0.477	2.431	4.990	39	2.278	3.038	10.113	11.253
17	0.393	0.524	2.573	5.146	40	2.462	3.282	10.846	11.734
18	0.431	0.575	2.725	5.310	41	2.661	3.548	11.645	12.245
19	0.472	0.629	2.887	5.480	42	2.879	3.838	12.515	12.788
20	0.515	0.686	3.059	5.657	43	3.116	4.155	13.464	13.366
21	0.561	0.748	3.243	5.843	44	3.376	4.501	14.503	13.982
22	0.610	0.813	3.439	6.036					

在竖向荷载和水平向荷载共同作用下，可按 C_k 法验算土质地基的整体稳定，地基整体稳定计算公式为

$$C_k = \frac{\sqrt{\dfrac{(\sigma_y - \sigma_x)^2}{2} + \tau_{xy}^2} - \dfrac{(\sigma_y + \sigma_x)\sin\varphi}{2}}{\cos\varphi} \qquad\qquad (2.3-6)$$

式中　C_k——满足极限平衡条件所需的地基土最小黏聚力，kPa；

　　φ——基础土的内摩擦角，（°）；

　　σ_x——计算点的水平应力，kPa；

　　σ_y——计算点的垂直应力，kPa；

　　τ_{xy}——计算点的剪应力，kPa。

　　C_k值小于计算点的黏聚力 c 值时，表示该点处于稳定状态；当 C_k 值等于或大于 c 值时，表示该点处于塑性变形状态。经多点计算后，可绘出塑性变形区的范围。大型水闸土质地基的容许塑性变形区开展深度（塑性变形区最大深度一般在基础下游边缘下垂线 ab 附近）可取 $B/4$，中型水闸可取 $B/3$，见图 2.3 - 2，B 为闸室基础底面宽度（m）。

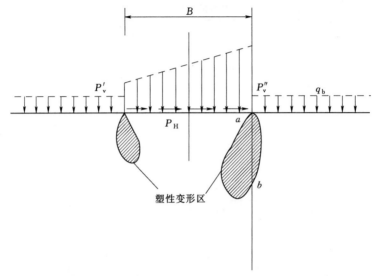

图 2.3 - 2　塑性变形区图

　　竖向均布荷载作用下的地基应力计算示意图见图 2.3 - 3；地基竖向应力、水平向应力和剪应力、地基应力系数可分别按式（2.3 - 7）计算求得，也可由表 2.3 - 10 查得。

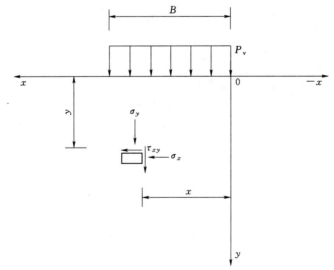

图 2.3 - 3　竖向均布荷载作用下的地基应力计算示意图

表 2.3 – 10 竖向均布荷载作用下的地基应力系数

$\dfrac{x}{B}$	系数	\multicolumn{17}{c}{$\dfrac{y}{B}$}
		0.01	0.05	0.10	0.15	0.20	0.25	0.33	0.40	0.50	0.60	0.80	1.00	1.20	1.40	1.60	1.80	2.00
-1.00	k_y	0.000	0.000	0.000	0.001	0.001	0.003	0.006	0.010	0.017	0.026	0.048	0.071	0.091	0.107	0.120	0.128	0.134
	k_x	0.003	0.016	0.031	0.047	0.061	0.074	0.093	0.107	0.122	0.132	0.139	0.134	0.123	0.109	0.095	0.082	0.071
	k_{xy}	0.000	-0.001	-0.002	-0.005	-0.009	-0.014	-0.023	-0.032	-0.045	-0.058	-0.080	-0.095	-0.104	-0.106	-0.105	-0.101	-0.095
-0.50	k_y	0.000	0.000	0.002	0.005	0.011	0.019	0.037	0.056	0.084	0.111	0.155	0.185	0.202	0.210	0.212	0.209	0.205
	k_x	0.008	0.042	0.082	0.117	0.147	0.171	0.196	0.208	0.211	0.205	0.177	0.146	0.117	0.094	0.075	0.060	0.049
	k_{xy}	0.000	-0.003	-0.011	-0.023	-0.038	-0.055	-0.082	-0.103	-0.127	-0.144	-0.158	-0.157	-0.147	-0.134	-0.121	-0.108	-0.096
-0.25	k_y	0.000	0.002	0.011	0.031	0.059	0.089	0.137	0.173	0.214	0.243	0.276	0.288	0.287	0.279	0.268	0.255	0.242
	k_x	0.020	0.099	0.180	0.237	0.270	0.285	0.286	0.274	0.249	0.221	0.168	0.127	0.096	0.073	0.056	0.044	0.034
	k_{xy}	0.000	-0.012	-0.042	-0.080	-0.116	-0.147	-0.182	-0.199	-0.211	-0.212	-0.197	-0.175	-0.152	-0.131	-0.131	-0.098	-0.085
-0.10	k_y	0.000	0.020	0.091	0.165	0.224	0.267	0.313	0.338	0.360	0.371	0.373	0.360	0.342	0.321	0.301	0.281	0.263
	k_x	0.057	0.246	0.352	0.374	0.366	0.349	0.314	0.284	0.243	0.206	0.148	0.107	0.077	0.057	0.043	0.033	0.026
	k_{xy}	-0.003	-0.063	-0.157	-0.215	-0.224	-0.259	-0.265	-0.262	-0.252	-0.237	-0.203	-0.171	-0.143	-0.120	-0.101	-0.086	-0.073
0	k_y	0.500	0.500	0.500	0.499	0.498	0.497	0.493	0.489	0.480	0.468	0.440	0.409	0.378	0.348	0.321	0.297	0.275
	k_x	0.494	0.468	0.437	0.406	0.376	0.347	0.304	0.269	0.225	0.188	0.130	0.091	0.065	0.047	0.035	0.026	0.020
	k_{xy}	-0.318	-0.318	-0.315	-0.311	-0.306	-0.300	-0.287	-0.274	-0.255	-0.234	-0.194	-0.159	-0.130	-0.108	-0.089	-0.075	-0.064
0.10	k_y	1.000	0.980	0.909	0.833	0.773	0.727	0.673	0.638	0.598	0.564	0.506	0.455	0.410	0.372	0.339	0.310	0.285
	k_x	0.930	0.690	0.521	0.436	0.383	0.343	0.291	0.252	0.205	0.167	0.111	0.075	0.052	0.037	0.027	0.020	0.016
	k_{xy}	-0.003	-0.063	-0.155	-0.212	-0.240	-0.252	-0.254	-0.247	-0.231	-0.212	-0.173	-0.139	-0.112	-0.091	-0.075	-0.063	-0.053

$\dfrac{x}{B}$	系数	$\dfrac{y}{B}$																
		0.01	0.05	0.10	0.15	0.20	0.25	0.33	0.40	0.50	0.60	0.80	1.00	1.20	1.40	1.60	1.80	2.00
0.25	k_y	1.000	0.998	0.988	0.967	0.937	0.902	0.845	0.797	0.735	0.679	0.586	0.510	0.450	0.400	0.360	0.326	0.298
	k_x	0.966	0.843	0.685	0.564	0.468	0.393	0.304	0.247	0.186	0.143	0.087	0.055	0.037	0.025	0.018	0.013	0.010
	k_{xy}	0.000	−0.011	−0.038	−0.072	−0.103	−0.127	−0.151	−0.158	−0.157	−0.147	−0.121	−0.096	−0.076	−0.061	−0.050	−0.041	−0.034
0.50	k_y	1.000	1.000	0.997	0.990	0.997	0.959	0.921	0.881	0.818	0.755	0.642	0.550	0.477	0.420	0.374	0.337	0.306
	k_x	0.975	0.874	0.752	0.639	0.538	0.450	0.336	0.260	0.182	0.129	0.069	0.041	0.025	0.017	0.012	0.008	0.006
	k_{xy}	0.000	0.000	0.000	0.000	0.000	0.000	0.000	0.000	0.000	0.000	0.000	0.000	0.000	0.000	0.000	0.000	0.000
0.75	k_y	1.000	0.998	0.988	0.967	0.937	0.902	0.845	0.797	0.735	0.679	0.586	0.510	0.450	0.400	0.360	0.326	0.298
	k_x	0.966	0.834	0.685	0.564	0.468	0.393	0.304	0.247	0.186	0.143	0.087	0.055	0.037	0.025	0.018	0.013	0.010
	k_{xy}	0.000	0.011	0.038	0.072	0.103	0.127	0.151	0.158	0.157	0.147	0.121	0.096	0.076	0.061	0.050	0.041	0.034
1.00	k_y	0.500	0.500	0.500	0.499	0.498	0.497	0.493	0.489	0.480	0.468	0.440	0.409	0.378	0.348	0.321	0.297	0.275
	k_x	0.494	0.468	0.437	0.406	0.376	0.347	0.304	0.269	0.225	0.188	0.130	0.091	0.065	0.047	0.035	0.026	0.020
	k_{xy}	0.318	0.318	0.315	0.311	0.306	0.300	0.287	0.274	0.255	0.234	0.194	0.159	0.130	0.108	0.089	0.075	0.064
1.25	k_y	0.000	0.002	0.011	0.031	0.059	0.089	0.137	0.173	0.214	0.243	0.276	0.288	0.287	0.279	0.268	0.255	0.242
	k_x	0.020	0.099	0.180	0.237	0.270	0.285	0.286	0.274	0.249	0.221	0.168	0.127	0.096	0.073	0.056	0.044	0.034
	k_{xy}	0.000	0.012	0.042	0.080	0.116	0.147	0.182	0.199	0.211	0.212	0.197	0.175	0.152	0.131	0.113	0.098	0.085
1.50	k_y	0.008	0.042	0.082	0.117	0.147	0.171	0.196	0.208	0.211	0.205	0.209	0.210	0.210	0.210	0.212	0.209	0.206
	k_x	0.000	0.003	0.011	0.023	0.038	0.055	0.082	0.103	0.127	0.144	0.177	0.146	0.117	0.094	0.075	0.060	0.040
	k_{xy}	0.000	0.000	0.000	0.001	0.001	0.003	0.006	0.010	0.084	0.111	0.155	0.157	0.147	0.134	0.121	0.108	0.096
2.00	k_y	0.000	0.000	0.000	0.001	0.001	0.003	0.006	0.010	0.017	0.026	0.048	0.071	0.091	0.107	0.120	0.128	0.134
	k_x	0.003	0.016	0.031	0.047	0.061	0.074	0.093	0.107	0.122	0.132	0.139	0.134	0.123	0.109	0.095	0.082	0.071
	k_{xy}	0.000	0.001	0.002	0.005	0.009	0.014	0.023	0.032	0.045	0.058	0.080	0.095	0.104	0.106	0.105	0.101	0.095

$$\sigma_y = k_y P_v$$

$$\sigma_z = k_z P_v$$

$$\tau_{xy} = k_{xy} P_v$$

$$k_y = \frac{1}{\pi}\left[\arctan\frac{x}{y} - \arctan\frac{x-B}{y} + \frac{xy}{x^2+y^2} - \frac{(x-B)y}{(x-B)^2+y^2}\right]$$

$$k_x = \frac{1}{\pi}\left[\arctan\frac{x}{y} - \arctan\frac{x-B}{y} - \frac{xy}{x^2+y^2} + \frac{(x-B)y}{(x-B)^2+y^2}\right]$$

$$k_{xy} = -\frac{1}{\pi}\left[\frac{y^2}{x^2+y^2} - \frac{y^2}{(x-B)^2+y^2}\right]$$

(2.3 - 7)

式中 k_y、k_x、k_{xy}——地基竖向应力系数、水平向应力系数和剪应力系数;

$\quad\quad\quad\quad P_v$——竖向均布荷载,kPa;

$\quad\quad\quad\quad x$——应力核算点距 y 轴的水平距离,m;

$\quad\quad\quad\quad y$——应力核算点距 x 轴的深度,m。

竖向三角形分布荷载作用下的地基应力计算示意图见图 2.3 - 4;地基竖向应力 、水平向应力和剪应力、地基应力系数可分别按式(2.3 - 8)计算求得,也可由表 2.3 - 11 查得。

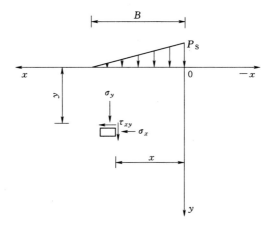

图 2.3 - 4 竖向三角形分布荷载作用下的地基应力计算示意图

$$\sigma_y = k_y P_S$$

$$\sigma_x = k_z P_S$$

$$\tau_{xy} = k_{xy} P_S$$

$$k_x = \frac{1}{\pi B}\left\{(x-B)\arctan\frac{x-B}{y} - (x-B)\arctan\frac{x}{y} + y\ln\left[(x-B)^2+y^2\right]\right.$$

$$\left. + y\ln(x^2+y^2) - \frac{Bxy}{x^2+y^2}\right\}$$

$$k_y = \frac{1}{\pi B}\left[(x-B)\arctan\frac{x-B}{y} - (x-B)\arctan\frac{x}{y} + \frac{Bxy}{x^2+y^2}\right]$$

$$k_{xy} = \frac{1}{\pi B}\left(y\arctan\frac{x}{y} - y\arctan\frac{x-B}{y} - \frac{By^2}{x^2+y^2}\right)$$

(2.3 - 8)

表 2.3 - 11　　竖向三角形分布荷载作用下的地基应力系数

$\dfrac{x}{B}$	系数	$\dfrac{y}{B}$																
		0.01	0.05	0.10	0.15	0.20	0.25	0.33	0.40	0.50	0.60	0.80	1.00	1.20	1.40	1.60	1.80	2.00
-1.00	k_y	0.000	0.000	0.000	0.000	0.001	0.002	0.004	0.007	0.012	0.018	0.032	0.046	0.057	0.066	0.072	0.076	0.073
	k_x	0.002	0.010	0.019	0.028	0.037	0.045	0.056	0.064	0.072	0.076	0.078	0.072	0.064	0.055	0.047	0.039	0.033
	k_{xy}	0.000	0.000	-0.002	-0.003	-0.006	-0.009	-0.015	-0.021	-0.029	-0.037	-0.049	-0.057	-0.060	-0.059	-0.057	-0.054	-0.050
-0.50	k_y	0.000	0.000	0.001	0.004	0.009	0.015	0.029	0.042	0.062	0.080	0.106	0.121	0.126	0.127	0.124	0.120	0.115
	k_x	0.006	0.028	0.055	0.078	0.097	0.111	0.124	0.127	0.124	0.116	0.092	0.071	0.054	0.041	0.032	0.025	0.020
	k_{xy}	0.000	-0.002	-0.008	-0.017	-0.028	-0.040	-0.058	-0.071	-0.085	-0.093	-0.096	-0.089	-0.080	-0.070	-0.061	-0.053	-0.046
-0.25	k_y	0.000	0.001	0.010	0.027	0.050	0.075	0.111	0.136	0.162	0.177	0.187	0.184	0.175	0.165	0.154	0.143	0.134
	k_x	0.015	0.073	0.131	0.168	0.186	0.189	0.178	0.162	0.137	0.113	0.078	0.054	0.038	0.028	0.020	0.015	0.012
	k_{xy}	0.000	-0.010	-0.034	-0.064	-0.091	-0.112	-0.132	-0.139	-0.139	-0.132	-0.112	-0.092	-0.076	-0.062	-0.052	-0.044	-0.037
-0.10	k_y	0.000	0.019	0.084	0.150	0.197	0.229	0.257	0.267	0.270	0.266	0.247	0.225	0.204	0.186	0.169	0.155	0.143
	k_x	0.048	0.201	0.272	0.270	0.247	0.220	0.181	0.151	0.118	0.093	0.059	0.039	0.027	0.019	0.014	0.010	0.008
	k_{xy}	-0.003	-0.057	-0.137	-0.180	-0.196	-0.197	-0.188	-0.175	-0.155	-0.137	-0.105	-0.082	-0.064	-0.052	-0.042	-0.035	-0.029
0	k_y	0.497	0.484	0.468	0.453	0.437	0.422	0.399	0.379	0.352	0.328	0.285	0.250	0.221	0.197	0.178	0.161	0.148
	k_x	0.467	0.389	0.321	0.270	0.230	0.197	0.155	0.127	0.096	0.074	0.046	0.029	0.020	0.014	0.010	0.007	0.006
	k_{xy}	-0.313	-0.294	-0.271	-0.250	-0.231	-0.213	-0.187	-0.167	-0.142	-0.122	-0.090	-0.068	-0.053	-0.042	-0.034	-0.028	-0.023
0.10	k_y	0.900	0.879	0.802	0.718	0.648	0.591	0.522	0.475	0.422	0.380	0.317	0.270	0.235	0.207	0.184	0.166	0.151
	k_x	0.823	0.558	0.366	0.269	0.212	0.174	0.130	0.104	0.076	0.057	0.034	0.021	0.014	0.010	0.007	0.005	0.004
	k_{xy}	0.006	-0.294	-0.088	-0.125	-0.139	-0.141	-0.133	-0.122	-0.105	-0.090	-0.067	-0.050	-0.039	-0.030	-0.024	-0.020	-0.017

续表

$\dfrac{x}{B}$	系数	$\dfrac{y}{B}$																
		2.00	1.80	1.60	1.40	1.20	1.00	0.80	0.60	0.50	0.40	0.33	0.25	0.20	0.15	0.10	0.05	0.01
0.25	k_y	0.155	0.171	0.190	0.215	0.246	0.287	0.343	0.421	0.473	0.534	0.584	0.645	0.682	0.714	0.737	0.748	0.750
	k_x	0.002	0.003	0.004	0.006	0.009	0.014	0.025	0.046	0.066	0.098	0.134	0.198	0.259	0.341	0.452	0.591	0.718
	k_{xy}	-0.006	-0.007	-0.009	-0.011	-0.013	-0.017	-0.021	-0.025	-0.024	-0.020	-0.013	0.003	0.016	0.031	0.040	0.034	0.009
0.50	k_y	0.153	0.168	0.187	0.210	0.239	0.275	0.321	0.378	0.409	0.440	0.461	0.480	0.489	0.495	0.498	0.500	0.500
	k_x	0.003	0.004	0.006	0.008	0.013	0.020	0.035	0.065	0.091	0.130	0.169	0.225	0.269	0.320	0.376	0.437	0.487
	k_{xy}	0.012	0.015	0.019	0.023	0.030	0.041	0.056	0.078	0.091	0.104	0.111	0.113	0.108	0.096	0.075	0.044	0.010
0.75	k_y	0.143	0.155	0.170	0.186	0.204	0.223	0.243	0.258	0.262	0.263	0.261	0.257	0.255	0.252	0.251	0.250	0.250
	k_x	0.008	0.010	0.014	0.019	0.027	0.041	0.062	0.097	0.120	0.148	0.170	0.194	0.209	0.222	0.233	0.242	0.249
	k_{xy}	0.029	0.034	0.041	0.051	0.063	0.079	0.100	0.122	0.132	0.138	0.138	0.130	0.119	0.103	0.078	0.044	0.010
1.00	k_y	0.127	0.135	0.143	0.151	0.157	0.159	0.155	0.140	0.127	0.110	0.095	0.075	0.061	0.047	0.032	0.016	0.003
	k_x	0.015	0.019	0.025	0.033	0.045	0.061	0.084	0.113	0.129	0.142	0.149	0.151	0.146	0.136	0.115	0.080	0.026
	k_{xy}	0.041	0.047	0.056	0.066	0.078	0.091	0.104	0.113	0.113	0.108	0.100	0.087	0.075	0.061	0.044	0.023	0.005
1.25	k_y	0.109	0.112	0.114	0.114	0.111	0.103	0.089	0.066	0.052	0.036	0.026	0.014	0.009	0.004	0.001	0.000	0.000
	k_x	0.022	0.028	0.036	0.045	0.058	0.073	0.091	0.107	0.112	0.112	0.108	0.096	0.084	0.069	0.049	0.025	0.005
	k_{xy}	0.048	0.054	0.061	0.069	0.077	0.083	0.085	0.080	0.072	0.060	0.049	0.035	0.025	0.016	0.008	0.002	0.000
1.50	k_y	0.089	0.089	0.087	0.083	0.075	0.064	0.049	0.031	0.022	0.013	0.008	0.004	0.002	0.001	0.000	0.000	0.000
	k_x	0.029	0.036	0.043	0.053	0.063	0.075	0.085	0.089	0.087	0.080	0.073	0.060	0.050	0.039	0.027	0.014	0.003
	k_{xy}	0.050	0.055	0.060	0.064	0.067	0.067	0.062	0.051	0.042	0.032	0.024	0.015	0.010	0.006	0.003	0.001	0.000
2.00	k_y	0.057	0.053	0.048	0.041	0.034	0.025	0.016	0.008	0.005	0.003	0.002	0.001	0.000	0.000	0.000	0.000	0.000
	k_x	0.038	0.043	0.049	0.054	0.059	0.062	0.061	0.056	0.042	0.043	0.037	0.029	0.024	0.018	0.012	0.006	0.001
	k_{xy}	0.046	0.047	0.048	0.047	0.044	0.039	0.031	0.021	0.016	0.011	0.008	0.005	0.003	0.002	0.001	0.000	0.000

水平向均布荷载作用下的地基应力计算示意图见图 2.3-5；地基竖向应力、水平向应力和剪应力、地基应力系数可分别按式（2.3-9）计算求得，也可由表 2.3-12 查得。

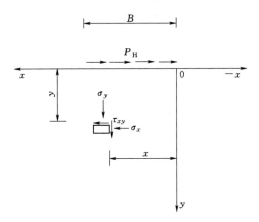

图 2.3-5　水平向均布荷载作用下的地基应力计算示意图

$$\sigma_y = k_y P_H$$

$$\sigma_z = k_z P_H$$

$$\tau_{xy} = k_{xy} P_H$$

$$ky = -\frac{1}{\pi}\left\{\frac{y^2}{(x-B)^2+y^2}-\frac{y^2}{x^2+y^2}\right\}$$

$$kx = -\frac{1}{\pi}\left\{\ln(y^2+x^2)-\ln[y^2+(x-B)^2]+\frac{y^2}{x^2+y^2}-\frac{y^2}{(x-B)^2+y^2}\right\}$$

$$k_{xy} = \frac{1}{\pi}\left[\arctan\frac{x-B}{y}-\arctan\frac{x}{y}+\frac{xy}{x^2+y^2}-\frac{(x-B)y}{(x-B)^2+y^2}\right]$$

$$(2.3-9)$$

竖向半无限均布荷载作用下的地基应力计算示意图见图 2.3-6；地基竖向应力、水平向应力和剪应力、地基应力系数可分别按式（2.3-10）计算求得，也可由表 2.3-13 查得。

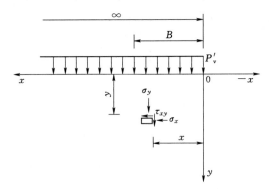

图 2.3-6　竖向半无限均布荷载作用下的地基应力计算示意图

表 2.3 - 12　水平向均布荷载作用下的地基应力系数

$\dfrac{x}{B}$	系数	\multicolumn{17}{c}{$\dfrac{y}{B}$}
		0.01	0.05	0.10	0.15	0.20	0.25	0.33	0.40	0.50	0.60	0.80	1.00	1.20	1.40	1.60	1.80	2.00
-1.00	k_y	0.000	0.001	0.002	0.005	0.009	0.014	0.023	0.032	0.045	0.058	0.080	0.095	0.104	0.106	0.105	0.101	0.095
	k_x	0.441	0.440	0.437	0.431	0.423	0.413	0.394	0.375	0.345	0.313	0.251	0.196	0.152	0.117	0.090	0.070	0.054
	k_{xy}	-0.003	-0.016	-0.031	-0.047	-0.061	-0.074	-0.093	-0.107	-0.122	-0.132	-0.139	-0.134	-0.123	-0.109	-0.095	-0.082	-0.071
-0.50	k_y	0.000	0.003	0.011	0.023	0.038	0.055	0.082	0.103	0.127	0.144	0.158	0.157	0.147	0.134	0.121	0.108	0.096
	k_x	0.699	0.694	0.677	0.652	0.619	0.582	0.517	0.461	0.385	0.319	0.216	0.147	0.102	0.071	0.051	0.037	0.027
	k_{xy}	-0.008	-0.042	-0.082	-0.117	-0.147	-0.171	-0.196	-0.208	-0.211	-0.205	-0.177	-0.146	-0.117	-0.094	-0.075	-0.060	-0.049
-0.25	k_y	0.000	0.012	0.042	0.080	0.116	0.147	0.182	0.199	0.211	0.212	0.197	0.175	0.152	0.131	0.113	0.098	0.085
	k_x	1.024	1.001	0.938	0.852	0.759	0.670	0.543	0.452	0.349	0.271	0.166	0.105	0.068	0.045	0.031	0.022	0.016
	k_{xy}	-0.020	-0.099	-0.180	-0.237	-0.270	-0.285	-0.286	-0.274	-0.249	-0.221	-0.168	-0.127	-0.096	-0.073	-0.056	-0.044	-0.034
-0.10	k_y	0.003	0.063	0.157	0.215	0.244	0.259	0.265	0.262	0.252	0.237	0.203	0.171	0.143	0.120	0.101	0.086	0.073
	k_x	1.520	1.393	1.152	0.943	0.780	0.653	0.501	0.402	0.298	0.223	0.130	0.078	0.049	0.032	0.021	0.014	0.010
	k_{xy}	-0.057	-0.246	-0.352	-0.374	-0.366	-0.349	-0.314	-0.284	-0.243	-0.206	-0.148	-0.107	-0.077	-0.057	-0.043	-0.033	-0.026
0	k_y	0.318	0.318	0.315	0.311	0.306	0.300	0.287	0.274	0.255	0.234	0.194	0.159	0.130	0.108	0.089	0.075	0.064
	k_x	2.613	1.590	1.154	0.904	0.731	0.602	0.452	0.356	0.258	0.189	0.105	0.061	0.037	0.024	0.016	0.011	0.007
	k_{xy}	-0.494	-0.468	-0.437	-0.406	-0.376	-0.347	-0.304	-0.269	-0.225	-0.188	-0.130	-0.091	-0.065	-0.047	-0.035	-0.026	-0.020
0.10	k_y	0.003	0.063	0.155	0.212	0.240	0.252	0.254	0.247	0.231	0.212	0.173	0.139	0.112	0.091	0.075	0.063	0.053
	k_x	-0.930	-0.690	-0.521	-0.436	-0.383	-0.343	-0.291	-0.252	-0.216	-0.155	-0.082	-0.046	-0.027	-0.017	-0.011	-0.007	-0.005
	k_{xy}	-0.930	-0.690	-0.521	-0.436	-0.383	-0.343	-0.291	-0.252	-0.205	-0.167	-0.111	-0.075	-0.052	-0.037	-0.027	-0.020	-0.016

续表

$\frac{x}{B}$	系数	\ $\frac{y}{B}$ 0.01	0.05	0.10	0.15	0.20	0.25	0.33	0.40	0.50	0.60	0.80	1.00	1.20	1.40	1.60	1.80	2.00
0.25	k_y	0.000	0.011	0.038	0.072	0.103	0.127	0.151	0.158	0.157	0.147	0.121	0.096	0.076	0.061	0.050	0.041	0.034
	k_x	0.698	0.677	0.619	0.542	0.461	0.385	0.284	0.216	0.147	0.102	0.051	0.027	0.015	0.009	0.006	0.004	0.003
	k_{xy}	−0.966	−0.834	−0.685	−0.564	−0.468	−0.393	−0.304	−0.247	−0.186	−0.143	−0.087	−0.055	−0.037	−0.025	−0.018	−0.013	−0.010
0.50	k_y	0.000	0.000	0.000	0.000	0.000	0.000	0.000	0.000	0.000	0.000	0.000	0.000	0.000	0.000	0.000	0.000	0.000
	k_x	0.000	0.000	0.000	0.000	0.000	0.000	0.000	0.000	0.000	0.000	0.000	0.000	0.000	0.000	0.000	0.000	0.000
	k_{xy}	−0.975	−0.874	−0.752	−0.639	−0.538	−0.450	−0.336	−0.260	−0.182	−0.129	−0.069	−0.041	−0.025	−0.017	−0.012	−0.008	−0.006
0.75	k_y	0.000	−0.011	−0.038	−0.072	−0.103	−0.127	−0.151	−0.158	−0.157	−0.147	−0.121	−0.096	−0.076	−0.061	−0.050	−0.041	−0.034
	k_x	−0.698	−0.677	−0.619	−0.542	−0.461	−0.385	−0.284	−0.216	−0.147	−0.102	−0.051	−0.027	−0.015	−0.009	−0.006	−0.004	−0.003
	k_{xy}	−0.966	−0.834	−0.685	−0.564	−0.468	−0.393	−0.304	−0.247	−0.186	−0.143	−0.087	−0.055	−0.037	−0.025	−0.018	−0.013	−0.010
1.00	k_y	−0.318	−0.318	−0.315	−0.311	−0.306	−0.300	−0.287	−0.274	−0.255	−0.234	−0.194	−0.159	−0.130	−0.108	−0.089	−0.075	−0.064
	k_x	−2.613	−1.590	−1.154	−0.904	−0.731	−0.602	−0.452	−0.356	−0.258	−0.189	−0.105	−0.061	−0.037	−0.024	−0.016	−0.011	−0.007
	k_{xy}	−0.494	−0.468	−0.437	−0.406	−0.376	−0.347	−0.304	−0.269	−0.225	−0.188	−0.130	−0.091	−0.065	−0.047	−0.035	−0.026	−0.020
1.25	k_y	0.000	−0.012	−0.042	−0.080	−0.116	−0.147	−0.182	−0.199	−0.211	−0.212	−0.197	−0.175	−0.152	−0.131	−0.113	−0.098	−0.085
	k_x	−1.024	−1.001	−0.938	−0.852	−0.759	−0.670	−0.543	−0.452	−0.349	−0.271	−0.166	−0.105	−0.068	−0.045	−0.031	−0.022	−0.016
	k_{xy}	−0.020	−0.099	−0.180	−0.237	−0.270	−0.285	−0.286	−0.274	−0.249	−0.221	−0.168	−0.127	−0.096	−0.073	−0.056	−0.044	−0.034
1.50	k_y	0.000	−0.003	−0.011	−0.023	−0.038	−0.055	−0.082	−0.103	−0.127	−0.144	−0.158	−0.157	−0.147	−0.134	−0.121	−0.108	−0.096
	k_x	−0.699	−0.694	−0.677	−0.652	−0.619	−0.582	−0.517	−0.461	−0.385	−0.319	−0.216	−0.147	−0.102	−0.071	−0.051	−0.037	−0.027
	k_{xy}	−0.008	−0.042	−0.082	−0.117	−0.147	−0.171	−0.196	−0.208	−0.211	−0.205	−0.177	−0.146	−0.117	−0.094	−0.075	−0.060	−0.049
2.00	k_y	0.000	−0.001	−0.002	−0.005	−0.009	−0.014	−0.023	−0.032	−0.045	−0.058	−0.080	−0.095	−0.104	−0.106	−0.105	−0.101	−0.095
	k_x	−0.441	−0.440	−0.437	−0.431	−0.423	−0.413	−0.394	−0.375	−0.345	−0.313	−0.251	−0.196	−0.152	−0.117	−0.090	−0.070	−0.054
	k_{xy}	−0.003	−0.016	−0.031	−0.047	−0.061	−0.074	−0.093	−0.107	−0.122	−0.132	−0.139	−0.134	−0.123	−0.109	−0.095	−0.082	−0.071

表 2.3 - 13

地 基 应 力 系 数

$\frac{x}{B}$	系数	$\frac{y}{B}$																
		0.01	0.05	0.10	0.15	0.20	0.25	0.33	0.40	0.50	0.60	0.80	1.00	1.20	1.40	1.60	1.80	2.00
-1.00	k_y	0.000	0.000	0.000	0.001	0.002	0.003	0.007	0.011	0.020	0.032	0.060	0.091	0.122	0.152	0.179	0.203	0.225
	k_x	0.006	0.032	0.063	0.094	0.124	0.153	0.196	0.231	0.275	0.312	0.370	0.409	0.435	0.453	0.455	0.474	0.480
	k_{xy}	0.000	-0.001	-0.003	-0.007	-0.012	-0.019	-0.031	-0.044	-0.054	-0.084	-0.124	-0.159	-0.188	-0.211	-0.229	-0.243	-0.256
-0.50	k_y	0.000	0.000	0.002	0.005	0.011	0.020	0.039	0.060	0.091	0.122	0.179	0.226	0.261	0.290	0.313	0.332	0.347
	k_x	0.013	0.063	0.124	0.180	0.231	0.275	0.332	0.370	0.409	0.436	0.465	0.480	0.487	0.492	0.494	0.496	0.497
	k_{xy}	0.000	-0.003	-0.012	-0.026	-0.044	-0.064	-0.097	-0.124	-0.159	-0.188	-0.229	-0.255	-0.271	-0.282	-0.290	-0.296	-0.300
-0.25	k_y	0.000	0.002	0.011	0.032	0.060	0.091	0.140	0.179	0.225	0.261	0.313	0.347	0.371	0.389	0.402	0.413	0.421
	k_x	0.025	0.124	0.231	0.312	0.370	0.409	0.447	0.465	0.480	0.487	0.494	0.497	0.498	0.499	0.499	0.499	0.500
	k_{xy}	-0.001	-0.012	-0.044	-0.084	-0.124	-0.159	-0.202	-0.229	-0.255	-0.271	-0.290	-0.300	-0.305	-0.308	-0.311	-0.312	-0.313
-0.10	k_y	0.000	0.020	0.091	0.166	0.225	0.269	0.318	0.347	0.376	0.396	0.421	0.437	0.447	0.455	0.460	0.466	0.468
	k_x	0.063	0.275	0.409	0.460	0.480	0.489	0.495	0.497	0.498	0.499	0.500	0.500	0.500	0.500	0.500	0.500	0.500
	k_{xy}	-0.003	-0.064	-0.159	-0.220	-0.255	-0.274	-0.292	-0.300	-0.306	-0.310	-0.313	-0.315	-0.316	-0.317	-0.317	-0.317	-0.318
0	k_y	0.500	0.500	0.500	0.500	0.500	0.500	0.500	0.500	0.500	0.500	0.500	0.500	0.500	0.500	0.500	0.500	0.500
	k_x	0.500	0.500	0.500	0.500	0.500	0.500	0.500	0.500	0.500	0.500	0.500	0.500	0.500	0.500	0.500	0.500	0.500
	k_{xy}	-0.318	-0.318	-0.318	-0.318	-0.318	-0.318	-0.318	-0.318	-0.318	-0.318	-0.318	-0.318	-0.318	-0.318	-0.318	-0.318	-0.318
0.10	k_y	1.000	0.998	0.909	0.834	0.775	0.731	0.682	0.653	0.624	0.604	0.579	0.563	0.553	0.545	0.540	0.535	0.532
	k_x	0.937	0.725	0.591	0.540	0.520	0.511	0.505	0.503	0.502	0.501	0.500	0.500	0.500	0.500	0.500	0.500	0.500
	k_{xy}	-0.003	-0.064	-0.159	-0.220	-0.255	-0.274	-0.292	-0.300	-0.306	-0.310	-0.313	-0.315	-0.316	-0.317	-0.317	-0.317	-0.318

续表

$\dfrac{x}{B}$	系数	\multicolumn{17}{c}{$\dfrac{y}{B}$}																
		0.01	0.05	0.10	0.15	0.20	0.25	0.33	0.40	0.50	0.60	0.80	1.00	1.20	1.40	1.60	1.80	2.00
0.25	k_y	1.000	0.998	0.989	0.968	0.940	0.909	0.860	0.821	0.775	0.739	0.687	0.653	0.629	0.611	0.598	0.587	0.579
	k_x	0.975	0.876	0.769	0.688	0.630	0.591	0.553	0.535	0.520	0.513	0.506	0.503	0.502	0.501	0.501	0.501	0.500
	k_{xy}	-0.001	-0.012	-0.044	-0.084	-0.124	-0.159	-0.202	-0.229	-0.255	-0.271	-0.290	-0.300	-0.305	-0.308	-0.311	-0.312	-0.313
0.50	k_y	1.000	1.000	0.998	0.995	0.989	0.980	0.961	0.940	0.909	0.878	0.821	0.775	0.739	0.710	0.687	0.668	0.653
	k_x	0.987	0.937	0.876	0.820	0.769	0.725	0.668	0.630	0.591	0.565	0.535	0.520	0.513	0.508	0.506	0.504	0.503
	k_{xy}	0.000	-0.003	-0.012	-0.026	-0.044	-0.064	-0.097	-0.124	-0.158	-0.188	-0.229	-0.255	-0.271	-0.282	-0.290	-0.296	-0.300
0.75	k_y	1.000	1.000	1.000	0.998	0.996	0.993	0.985	0.976	0.960	0.940	0.899	0.858	0.821	0.789	0.762	0.739	0.719
	k_x	0.992	0.958	0.916	0.876	0.838	0.802	0.751	0.712	0.666	0.630	0.581	0.552	0.535	0.524	0.517	0.513	0.510
	k_{xy}	0.000	-0.001	-0.006	-0.012	-0.021	-0.032	-0.052	-0.070	-0.098	-0.124	-0.169	-0.204	-0.229	-0.247	-0.261	-0.271	-0.279
1.00	k_y	1.000	1.000	1.000	0.999	0.998	0.997	0.993	0.989	0.980	0.958	0.940	0.909	0.878	0.848	0.821	0.797	0.775
	k_x	0.994	0.968	0.937	0.906	0.876	0.847	0.804	0.769	0.725	0.688	0.630	0.591	0.565	0.547	0.535	0.526	0.520
	k_{xy}	0.000	-0.001	-0.003	-0.007	-0.012	-0.019	-0.031	-0.044	-0.064	-0.084	-0.124	-0.159	-0.188	-0.211	-0.229	-0.243	-0.256
1.25	k_y	1.000	1.000	1.000	1.000	0.999	0.998	0.996	0.994	0.989	0.982	0.963	0.940	0.916	0.890	0.866	0.842	0.821
	k_x	0.995	0.975	0.949	0.924	0.900	0.876	0.839	0.809	0.769	0.733	0.674	0.630	0.597	0.574	0.557	0.544	0.535
	k_{xy}	0.000	-0.001	-0.002	-0.005	-0.008	-0.012	-0.021	-0.030	-0.044	-0.060	-0.092	-0.124	-0.153	-0.177	-0.198	-0.215	-0.229
1.50	k_y	1.000	1.000	1.000	1.000	1.000	0.999	0.998	0.996	0.993	0.989	0.976	0.960	0.940	0.920	0.899	0.878	0.858
	k_x	0.996	0.979	0.958	0.937	0.916	0.896	0.864	0.838	0.802	0.769	0.712	0.666	0.630	0.602	0.581	0.565	0.552
	k_{xy}	0.000	0.000	-0.001	-0.003	-0.006	-0.009	-0.015	-0.021	-0.032	-0.044	-0.070	-0.098	-0.124	-0.148	-0.169	-0.188	-0.204
2.00	k_y	1.000	1.000	1.000	1.000	1.000	1.000	0.999	0.998	0.997	0.996	0.989	0.980	0.968	0.955	0.940	0.925	0.909
	k_x	0.997	0.984	0.968	0.952	0.937	0.921	0.897	0.876	0.847	0.820	0.769	0.725	0.688	0.656	0.630	0.608	0.591
	k_{xy}	0.000	0.000	-0.001	-0.002	-0.003	-0.005	-0.008	-0.012	-0.019	-0.026	-0.044	-0.064	-0.084	-0.105	-0.124	-0.142	-0.159

$$\left.\begin{aligned}
\sigma_y &= k_y P'_v \\
\sigma_z &= k_y P'_v \\
\tau_{xy} &= k_{xy} P'_v \\
k_y &= \frac{1}{\pi}\left(\frac{\pi}{2} + \arctan\frac{x}{y} + \frac{xy}{x^2+y^2}\right) \\
k_x &= \frac{1}{\pi}\left(\frac{\pi}{2} + \arctan\frac{x}{y} - \frac{xy}{x^2+y^2}\right) \\
k_{xy} &= -\frac{1}{\pi}\left(\frac{y^2}{x^2+y^2}\right)
\end{aligned}\right\} \qquad (2.3-10)$$

2.3.1.3 《水闸设计规范》查表法

碎石土地基的允许承载力可根据碎石土的密实度按表 2.3-14 确定。

表 2.3-14　　　　　　　　碎石土地基的允许承载力　　　　　　　　单位：kPa

地基	允许承载力		
	密实	中密	稍密
卵石	1000～800	800～500	500～300
碎石	900～700	700～400	400～250
圆砾	700～500	500～300	300～200
角砾	500～400	400～250	250～150

注　1. 表中数值适用于骨架颗粒孔隙全都由中砂、粗砂或坚硬的黏性土所充填的情况。

　　2. 当粗颗粒为强风化、弱风化时，可按其风化程度适当降低允许承载力，当粒间呈半结状时，可适当提高允许承载力。

2.3.1.4 不同规范承载力概念的再认识

上述不同规范承载力取值中，分别采用经验查表、原位测试、理论计算等多种方法。一般来讲经验查表、理论计算用于预可行性研究以前的前期工作阶段分析，应根据行业划分具体取值；进入可行性研究阶段后，一般采用原位测试、理论计算方法，结合经验查表法确定。在实际应用中，原位测试方法均应以载荷试验为基本方法，其他原位测试为辅，各规范在载荷试验的方法上基本是一致的。由于水利水电工程尚没有编制针对覆盖层的地基设计规范和重力坝设计规范，《土工试验规程》《水闸设计规范》方法仍然是基本依据。

由于国内行业条块分割，国内规范对于承载力的含义存在不同的提法，主要对比分析见表 2.3-15。

表 2.3-15　　　　　　　　国内规范对于承载力含义的对比分析

名称	《土工试验规程》	《建筑地基基础设计规范》	《水利水电工程地质勘察规范》
承载力特征值	由载荷试验测定的坝基土压力变形曲线线性变形段内所对应的压力值，其最大值为比例界限值，无比例界限时为终载时的极限荷载	根据平板载荷等试验比例界限、极限荷载值的一半、沉降标准确定	
承载力基本值	根据平板载荷等试验比例界限、极限荷载值的一半、沉降标准确定		

续表

名称	《土工试验规程》	《建筑地基基础设计规范》	《水利水电工程地质勘察规范》
承载力标准值			根据载荷试验（或其他原位试验）、公式计算确定标准值
承载力建议值			根据若土体岩性、岩相变化，试样代表性，实际工作条件与试验条件的差别，对标准值进行调整，提出地质建议值
设计采用值（特征值）		经深宽修正后可作为地基设计允许限值	由设计、地质，试验三方共同研究确定，对于重要工程以及对参数敏感的工程应做专门研究

可以看出：

（1）承载力特征值在不同规范的含义是不同的，《土工试验规程》中表征 $P—S$ 曲线中的具有几何特征的值，而《建筑地基基础设计规范》中的承载力特征值则相当于《土工试验规程》承载力基本值，不同的是，《建筑地基基础设计规范》中直接取平均值并经深宽修正后作为地基设计允许限值。

（2）《土工试验规程》中确定的承载力标准值是《水利水电工程地质勘察规范》中的基础，经调整后由地质专业提出地质建议值，而设计采用值（特征值）由设计、地质、试验三方共同研究确定，对于重要工程以及对参数敏感的工程应做专门研究。

（3）承载力允许值是传统的定义，在《建筑地基基础设计规范》中已经被承载力特征值概念所替代，而在水利行业的软基中广泛使用，相当于《水利水电工程地质勘察规范》的设计采用值（特征值）。

2.3.1.5 水利《土工试验规程》与《建筑地基基础设计规范》载荷试验的差异

（1）适用范围不同。《建筑地基基础设计规范》中将载荷试验按照浅部、深部分类分别进行浅层深层、平板载荷试验：浅层平板承压板面积不小于 $0.25m^2$，软土不小于 $0.5m^2$；深层载荷板同时适用于大直径桩端土层，承压板直径要求为 $0.8m$，另外加荷等级、终载条件略有差异，其余要点基本相同。《土工试验规程》载荷试验包括平板载荷和螺旋板载荷两种。前者适应于各类地基土，它所反映的相当于承压板下 $1.5\sim2$ 倍承压板直径或宽度深度范围内地基土的强度变形的综合性状；螺旋板载荷试验适用于黏土和砂土地基，用于深层或地下水位以下的土层。

（2）终载要求基本相同。均按曲线陡降、24h 速率稳定、总沉降量、最大加载控制，在总沉降量控制标准上略有差异，《建筑地基基础设计规范》中按照总沉降量超过 0.06 倍载荷板宽（浅层）控制，或者该级沉降量达到前级沉降量 5 倍（深层）。《土工试验规程》按照总沉降量超过承压板直径（宽度）的 1/12 控制。

（3）《土工试验规程》对回弹进行了要求。当需要卸载观测回弹时每级卸载量可为加载增量的 2 倍，历时 1h，每隔 15min 观测一次，荷载安全卸除后继续观测 3h。

（4）承载力特征值的确定，依据《建筑地基基础设计规范》，当极限荷载小于对应比例界限荷载值的 2 倍时，取极限荷载值的一半。《土工试验规程》则对应比例界限的荷载值的 1.5 倍，取极限荷载值的一半。

（5）《建筑地基基础设计规范》基于补偿地基的理论，当基础宽度大于 3m 或埋置深度大于 0.5m 时，从载荷试验或其他原位测试、经验值等方法确定的地基承载力特征值，尚应按下式修正：

$$f_a = f_{ak} + \eta_b(b-3) + \eta_d \gamma_m(d-0.5) \tag{2.3-11}$$

式中　f_a——修正后的地基承载力特征值，kPa；

　　　f_{ak}——地基承载力特征值，kPa；

　　η_b、η_d——基础宽度和埋深的地基承载力修正系数；

　　　γ_m——基础底面以下土的容重，地下水位以下取浮容重；

　　　b——基础底面宽度，m，当基宽小于 3m 按 3m 取值，大于 6m 按 6m 取值；

　　　d——基础埋置深度，m，一般自室外计标高算起，在填方整平地区，可自填土地面标高算起，但填土在上部结构施工完成时，应从天然地面标高算起；对于地下室，如采用箱形基础或筏基时，基础埋置深度自室外地面标高算起：当采用独立基础或条形基础时，应从室内地面标高算起。

而在水利水电相关规范中，一直没有对地基承载力进行深宽修正的规定，在《水闸》《水闸设计》等书籍中，参考《建筑地基基础设计规范》提出了深宽修正的方法，但对水利水电闸坝工程，基础开挖基本采用大开挖形式，埋深部分抗剪强度发挥引起的承载力增加非常有限。因此，笔者认为，对于中小型工程，如果地基承载力接近上部设计值，为节约基础处理投资，从载荷试验或其他原位测试、经验值等方法确定的地基承载力特征值，可适当考虑部分宽度修正，并与理论计算值对比后综合分析选用；而对于大型工程，为安全考虑，是否进行深宽修正，应进一步开展相关试验研究后确定。笔者也曾搜集福堂、多布、雪卡等电站地基承载力试验成果与理论公式对比，发现实际试验成果远大于理论计算公式，主要由于理论公式没有考虑地基土的应力历史，因此，实际工作中，应重视采用原位测试与经验值对比选用为主、理论计算为辅的方法。

另外，水闸规范规定，也可按照汉森公式计算土质地基的允许承载力，而《港口工程地基规范》（JTS 147—1—2010）对此进行了深入研究。虽然汉森公式与该规范推荐的极限平衡理论解成果相差仅 6%，但由于汉森公式为半经验解，参数计算公式均为近似，概念不明确，计算也较烦琐。因此，建议闸坝设计时，宜推荐使用该规范中的公式，代替以往的汉森公式。值得注意的是，该公式也不考虑深度修正，而公式中本身含有宽度考虑，也不需进行深度修正。

2.3.2　压缩变形指标

2.3.2.1　压缩模量、变形模量、弹性模量的区别及适用范围

（1）压缩模量的室内试验操作比较简单，但要得到保持天然结构状态的原状试样很困难。更重要的是试验在土体完全侧向受限的条件下进行，因此试验得到的压缩性规律和指标理论上只适应于刚性侧限条件下的沉降计算，其实际运用具有很大的局限性。现行规范中，压缩模量一般用于分层总和法、应力面积法的地基最终沉降计算。

（2）变形模量是根据现场载荷试验得到的，它是指土在侧向自由膨胀条件下正应力与相应的正应变的比值。相比室内侧限压缩试验，现场载荷试验排除了取样和试样制备等过

程中应力释放及机械人为扰动的影响，更接近于实际工作条件，能比较真实地反映土在天然埋藏条件下的压缩性。该参数用于弹性理论法最终沉降估算中，但在载荷试验中所规定的沉降稳定标准带有很大的近似性。

（3）弹性模量的概念在实际工程中有一定的意义。在计算高耸水工建筑物在风荷载作用下的倾斜时发现，如果用土的压缩模量或变形模量指标进行计算，将得到实际上不可能那么大的倾斜值。这是因为风荷载是瞬时重复荷载，在很短的时间内土体中的孔隙水来不及排出或不完全排出，土的体积压缩变形来不及发生，这样荷载作用结束之后，发生的大部分变形可以恢复。因此，用弹性模量计算就比较合理一些。在计算饱和黏性土地基上瞬时加荷所产生的瞬时沉降时同样也应采用弹性模量。该常数常用于弹性理论公式估算建筑物的初始瞬时沉降。

根据上述三种模量适宜性的论述可看出，压缩模量和变形模量的应变为总的应变，既包括可恢复的弹性应变，又包括不可恢复的塑性应变，而弹性模量的应变只包含弹性应变。在一般水利水电工程中，覆盖层弹性模量就是指土体开始变形阶段的模量，因为土体发生弹性变形的时间非常短，土体在弹性阶段的变形模量等于弹性模量，变形模量更能适合土体的实际情况。常规三轴试验得到的弹性模量是轴向应力与轴向应变曲线中开始的直线段（即弹性阶段）的斜率。

这些模量各有适用范围，本质上是为了在实验室或者现场模拟为再现实际工况而获取的值。一般情况下覆盖层土体的弹性模量是压缩模量、变形模量的十几倍或者更大。

2.3.2.2　变形模量的取值

（1）土体的压缩模量可从压缩试验的压力—变形曲线上，以水工建筑物最大荷载下相应的变形关系选取标准值，或按压缩试验的压缩性能并根据其固结程度选取标准值；土体的压缩模量、泊松比亦可采用算数平均值作为标准值。

（2）对于覆盖层高压缩性软土，宜以试验的压缩量的大值平均值作为标准值。在此基础上应结合地质实际情况并与已建工程类比，对标准值做适当调整，提出变形模量、压缩模量的地质建议值。

（3）坝基变形模量、压缩模量宜通过现场原位测试和室内试验取得，试验方法和试验点的布置应结合坝基的性状和水工建筑物部位等因素确定。对于漂卵石、砂卵石、砂砾石和超固结土地基应以钻孔动力触探试验、现场载荷试验为主，有条件时取原状样进行室内力学性试验；对于砂性土、黏性土坝基，宜采用钻孔标准贯入试验、旁压试验、静力触探试验与室内原状样压缩试验相结合的方法进行测定。

对于水利水电闸坝工程，压缩性指标是沉降变形计算的主要指标，主要参数有变形模量、压缩模量、$e—\lg p$、$e—p$ 曲线等，考虑回弹时，还有回弹再压缩曲线。

变形模量 E_0 是通过载荷试验、旁压试验、动力触探、标准贯入测试等多种现场原位测试试验确定的，每一种现场原位测试试验的原理、考虑的影响因素、对土样的扰动程度、试验误差等方面都有差异。因此，不同的现场原位测试试验获得的变形模量 E_0 是有差异的。

依据室内土工压缩试验和载荷试验、旁压试验、动力触探、标准贯入测试等多种现场原位测试试验结果，结合深厚覆盖层工程特征，采用试验结果、相关计算及地质分析相结合的综合分析方法确定深厚覆盖层的变形参数建议值。

2.3.2.3 现场载荷试验 *p*—*S* 曲线变形模量确定

据试验成果绘制荷载（*p*）—变形（*S*）曲线。按照曲线确定出粗粒土的比例极限、屈服极限和极限荷载，并根据比例极限计算粗粒土的变形模量值，按下列两式计算变形模量：

承压板为圆形时 $\qquad E_0 = 0.79(1 - \mu^2)d\,\dfrac{p}{S}$

$$(2.3 - 12)$$

承压板为方形时 $\qquad E_0 = 0.89(1 - \mu^2)a\,\dfrac{p}{S}$

式中　E_0——试验土层的变形模量，kPa；

$\qquad p$——施加的压力，kPa；

$\qquad S$——对应于施加压力的沉降量，cm；

$\qquad d$——承压板的直径，cm；

$\qquad a$——承压板的边长，cm；

$\qquad \mu$——泊松比。

2.3.2.4 旁压模量

由于细粒土的散粒性和变形的非线弹塑性，土体变形模量的大小受应力状态和剪应力水平的影响显著，且随测试方法的不同而变化。

通过旁压试验测定的变形模量称为旁压模量 E_m，是根据旁压试验曲线整理得出的反映土层中应力和体积变形（亦可表达为应变的形式）之间关系的一个重要指标，它反映了覆盖层细粒土层横向（水平方向）的变形性质。根据梅纳等的旁压试验分析理论，旁压模量 E_m 的计算公式为

$$E_m = 2(1 + \mu)(V_c + V_m)\frac{\Delta P}{\Delta V} \qquad (2.3 - 13)$$

式中　E_m——旁压模量，kPa；

$\qquad \mu$——土的泊松比（对黏土，根据土的软硬程度取 0.45～0.48；对黏土夹砾石土，取 0.40）；

$\qquad V_c$——旁压器中腔初始体积，cm³；

$\qquad V_m$——平均体积增量（取旁压试验曲线直线段两点间压力所对应的体积增量的一半），cm³；

$\Delta P/\Delta V$——*P*—*V* 曲线上直线段斜率，kPa/cm³。

一般情况下旁压模量 E_m 比 E_0 小，这是因为 E_m 综合反映了土层拉伸和压缩的不同性能，而平板载荷试验方法测定的 E_0 只反映了土的压缩性质，它是在一定面积的承压板上对覆盖层细粒土逐级施加荷载，观测土体的承受压力和变形的原位试验。旁压试验为侧向加荷，E_m 反映的是土层横向（水平方向）的力学性质，E_0 反映的是土层垂直方向的力学性质。

变形模量是计算坝基变形的重要参数，表示在无侧限条件下受压时土体所受的压应力与相应的压缩应变之比。梅纳提出用土的结构系数 α 将旁压模量和变形模量联系起来。

$$E_m = \alpha E_0 \qquad (2.3 - 14)$$

式（2.3-14）中 α 值为 $0.25\sim1$，它是土的类型和 E_m/P_L 的函数。梅纳根据大量对比试验资料将其制成表格，给出表 2.3-16 的经验值。常见土的旁压模量和极限压力值的变化范围见表 2.3-17。

表 2.3-16   土的结构系数常见值

土　类		超固结土	正常固结土	扰动土	变化趋势
淤泥	E_m/P_L				
	α		1		
黏土	E_m/P_L	>16	$9\sim16$	$7\sim9$	
	α	1	0.67	0.5	大
粉砂	E_m/P_L	>14	$8\sim14$		
	α	0.67	0.5	0.5	
砂	E_m/P_L	12	$7\sim12$		小
	α	0.5	0.33	0.33	
砾石和砂	E_m/P_L	>10	$6\sim10$		
	α	0.33	0.25	0.25	

表 2.3-17   常见土的旁压模量和极限压力值的变化范围

土类	旁压模量 $E_m/(100\mathrm{kPa})$	极限压力 $P_L/(100\mathrm{kPa})$
淤泥	$2\sim5$	$0.7\sim1.5$
软黏土	$5\sim30$	$1.5\sim3.0$
可塑黏土	$30\sim80$	$3\sim8$
硬黏土	$80\sim400$	$8\sim25$
泥灰岩	$50\sim600$	$6\sim40$
粉砂	$45\sim120$	$5\sim10$
砂夹砾石	$80\sim400$	$12\sim50$
紧密砂	$75\sim400$	$10\sim50$
石灰岩	$800\sim20000$	$50\sim150$

为了便于比较和分析试验结果、评价细粒土力学状态，采用归一法以消除有效上覆压力 σ_v' 的影响，即把在不同有效上覆压力 σ_v' 下的试验结果归一为统一的有效上覆压力 σ_v' 下进行比较。归一中采用旁压模量 E_m（kPa）与有效上覆压力 σ_v' 的如下关系：

$$E_m = E_{m(98)}(\sigma_v'/P_a)^{0.5} \tag{2.3-15}$$

式中　　$E_{m(98)}$——有效上覆压力等于 98kPa 下的旁压模量，kPa；

　　　　P_a——工程大气压力，取 98kPa。

2.3.2.5　动力触探变形模量

不同行业在实践中，形成了不同的成果：

（1）原冶金部勘察总公司资料（表 2.3-18）。

表 2.3-18　　　　　　　　　　N_{10} 与变形模量 E_0 的关系

N_{10}	2	3	4	6	8	10	12
E_0/kPa	5	7.5	10	14.5	19	23.5	28

注　此表《工业与民用建筑工程地质勘察规范》(JT 21—77) 曾推荐过；一般适用于冲、洪积的黏性土、粉土。

(2) 原铁道部第二勘测设计院的研究成果 (化建新等，2018)。

圆砾、卵石土地基变形模量 E_0 (kPa) 可按式 (2.3-16) 或表 2.3-19 取值。

$$E_0 = 4.48 N_{63.5}^{0.735} \tag{2.3-16}$$

表 2.3.19　　　　　　　$N_{63.5}$ 与圆砾、卵石土地基变形模量 E_0 的关系

$N_{63.5}$ 平均值	3	4	5	6	7	8	9	10	12	14
E_0/kPa	10	12	14	16	18.5	21	23.5	26	30	34
$N_{63.5}$ 平均值	16	18	20	22	24	26	28	30	36	40
E_0/kPa	37.5	41	44.5	48	51	54	56.5	59	62	64

对黏性土、粉土：

$$E_0 = 5.48 q_d^{1.435} \tag{2.3-17}$$

对填土：

$$E_0 = 10(q_d - 0.56) \tag{2.3-18}$$

式中　E_0——变形模量，kPa；

　　　q_d——动贯入阻力，kPa。

(3) 动力触探击数与砂土变形模量的关系 (据苏联杜达列尔)。

对淤积、冲积的中细砂 ($N = 1 \sim 20$)：

$$E_0 = (5.5 - 5p)N \tag{2.3-19}$$

对不均匀的砾砂 ($N = 5 \sim 10$)：

$$E_0 = (5.5 - 5p)N - 10 \tag{2.3-20}$$

式中　E_0——变形模量，kPa；

　　　N——动力触探探入 10cm 的锤击数 (苏联中型动力触探)；

　　　p——载荷板单位压力，kPa。

(4) 动贯入阻力与变形模量 E_0、内摩擦角的关系见表 2.3-20。

表 2.3-20　　　　　　动贯入阻力与变形模量 E_0、内摩擦角的关系

q_d/kPa	中粗砂		细砂		粉砂	
	$\phi/(°)$	E_0/kPa	$\varphi/(°)$	E_0/kPa	$\varphi/(°)$	E_0/kPa
2	30	20~16	28	13	26	8
3.5	33	26~21	30	19	28	13
7	36	39~34	32	29	30	22
11	38	49~44	35	35	32	28
14	40	56~50	37	40	34	32
17.5	41	60~55	38	45	35	35

2.3.3　抗剪参数

覆盖层抗剪强度可通过室内直接剪切试验及原位测试试验的动力触探、标准贯入等测试试验，获得深厚覆盖层的抗剪强度指标黏聚力 c 和内摩擦角 φ 等参数。不同的试验方法获得的抗剪强度指标黏聚力 c 和内摩擦角 φ 等参数值不同。因此，为了对深厚覆盖层的抗剪强度指标黏聚力 c 和内摩擦角 φ 等参数进行合理取值，不仅要分析各种试验结果，而且要分析覆盖层各岩组的特征。

原位试验可以确定深厚覆盖层的抗剪强度指标，由于受多种因素影响，而且不同规范的取值标准不同，涉及许多经验值。因此，利用原位测试确定覆盖层的抗剪强度时会存在一些误差。确定覆盖层细粒土岩组的抗剪强度指标时，按原状样的直剪试验成果并适当折减给出抗剪强度参数建议值；其他岩组按照原位测试结果，考虑埋深、结构、物理性质指标等，比照规范，参考其他工程经验进行选取。

2.3.3.1　《水力发电工程地质勘察规范》规定

（1）混凝土坝、闸基础底面与地基土间的抗剪强度，对黏性土地基，内摩擦角标准值可采用室内饱和固结快剪试验内摩擦角值的 90%，黏聚力标准值可采用室内饱和固结快剪试验黏聚力值的 20%～30%；对砂性土地基，内摩擦角标准值可采用内摩擦角试验值的 85%～90%，不计黏聚力值。

（2）土的抗剪强度宜采用试验峰值的小值平均值作为标准值；当采用有效应力进行稳定分析时，对三轴压缩试验成果，采用试验的平均值作为标准值。

（3）当采用总应力进行稳定分析时的标准值，应符合以下规定：

1）当地基为黏性土层且排水条件差时，宜采用饱和快剪强度或三轴压缩试验不固结不排水剪切强度，对软土可采用现场十字板剪切强度。

2）当地基黏性土层薄而其上下土层透水性较好或采取了排水措施，宜采用饱和固结快剪强度或三轴压缩试验固结不排水剪切强度。

3）当地基土层能自由排水，透水性能良好，不容易产生孔隙水压力，宜采用慢剪强度或三轴压缩试验固结排水剪切强度。

4）当地基土采用拟静力法进行总应力动力分析时，宜采用振动三轴压缩试验测定的总应力强度。

（4）当采用有效应力进行稳定分析时的标准值，应符合以下规定：

1）对于黏性土类地基，应测定或估算孔隙水压力，以取得有效应力强度。

2）当需要进行有效应力动力分析时，地震有效应力强度可采用静力有效应力强度作为标准值。

3）对于液化性砂土，应测定饱和砂土的地震附加孔隙水压力，并以专门试验的强度作为标准值。

（5）对于无动力试验的黏性土和紧密砂砾等非液化土的强度，宜采用三轴压缩试验饱和固结不排水剪测定的总强度和有效应力强度中的最小值作为标准值。

（6）具有超固结性、多裂隙性和胀缩性的膨胀土，承受荷载时呈渐进破坏，宜根据所含黏土矿物的性状、微裂隙的密度和建筑物地段在施工期、运行期的干湿效应等综合分析后选取标准值。具有流变特性的强、中等膨胀土，宜取流变强度值作为标准值；弱膨胀土、含钙铁结核的膨胀土或坚硬黏土，可以取峰值强度的小值平均值作为标准值。

（7）软土宜采用流变强度值作为标准值。对高灵敏度软土，应采用专门试验的强度值作为标准值。

根据水工建筑物地基的工程地质条件，在试验标准值基础上提出土体物理力学性质参数地质建议值。根据水工建筑物荷载、分析计算工况等特点确定土体物理力学参数设计采用值。

规划、预可行性研究阶段，或当试验组数较少时，坝、闸基础底面与地基之间的摩擦系数可结合地质条件，根据表 2.3-21 选用地质建议值。

表 2.3-21　　　　　　闸坝基础与地基土间摩擦系数地质建议值

地基土类型	摩擦系数 f	地基土类型		摩擦系数 f
卵砾石	$0.55 \geqslant f > 0.5$		坚硬	$0.45 \geqslant f > 0.35$
砂	$0.5 \geqslant f > 0.4$	黏土	中等坚硬	$0.35 \geqslant f > 0.25$
粉土	$0.4 \geqslant f > 0.25$		软弱	$0.25 \geqslant f > 0.2$

2.3.3.2 《水闸设计规范》规定

没有资料时，混凝土坝、闸基础底面与覆盖层的摩擦系数可按表 2.3-22 选取。

表 2.3-22　　　　　　闸坝基础与地基土间摩擦系数地质建议值

地基土类型	摩擦系数 f	地基土类型		摩擦系数 f
碎石土	$0.4 \sim 0.5$	砂壤土、粉砂土		$0.35 \sim 0.4$
卵石、砾石	$0.5 \sim 0.55$	壤土、粉质壤土		$0.25 \sim 0.4$
砂砾石	$0.4 \sim 0.5$		坚硬	$0.45 \sim 0.35$
中砂、粗砂	$0.45 \sim 0.5$	黏土	中等坚硬	$0.35 \sim 0.25$
细砂、极细砂	$0.4 \sim 0.5$		软弱	$0.25 \sim 0.2$

剪切试验适用条件见表 2.3-23，试验指标取值宜采用小值平均值。

表 2.3-23　　　　　　剪 切 试 验 适 用 条 件

剪切试验方法	饱和快剪	饱和固结快剪
$N_{63.5} \geqslant 4$ 的黏土和壤土	验算施工期不超过的完建期地基强度	验算运用期和施工期超过一年的完建期地基强度
$N_{63.5} < 4$ 的软土和软土夹薄层砂等	验算尚未完全固结状态的地基强度	验算完全固结状态的地基强度
$N_{63.5} > 8$ 的砂土和砂壤土	验算施工期不超过一年或土层较厚的完建期地基强度（直接快剪）	验算运用期和施工期超过一年或土层较薄的完建期地基强度
$N_{63.5} \leqslant 8$ 的松砂、砂壤土和粉细砂夹薄层软土等	验算施工期不超过一年或土层较厚的完建期地基强度（三轴不排水剪）	验算运用期和施工期超过一年或土层较厚的完建期地基强度

注　1. 重要的大型水闸的黏性土地基应同时采用相应排水条件的三轴剪切试验方法验证。
　　2. 软黏土地基可辅以采用野外十字板剪切试验方法。

2.3.4 渗透性参数指标

对于深厚覆盖层上的闸坝工程，主要研究与工程相关的潜水、承压水及其影响。主要关键内容为：根据现场抽水试验、注水试验，结合地质岩土分层，对照《水力发电工程地质勘察规范》的岩土透水性分级表（表2.3-24）以及各覆盖层颗粒特征、成因、年代等因素综合分析，确定各层覆盖层透水性，提供各层渗透系数。

表 2.3 - 24　　　　　　　　　岩 土 透 水 性 分 级

透水性分级	极强透水	强透水	较强透水	弱透水	微弱透水	极弱透水
渗透系数 $k/(\text{cm/s})$	>1	$10^{-2}\sim1$	$10^{-4}\sim10^{-2}$	$10^{-5}\sim10^{-4}$	$10^{-6}\sim10^{-5}$	$<10^{-6}$
透水率 q/Lu	>100		$10\sim100$	$1\sim10$	$0.1\sim1$	<0.1

对于重要工程，应进行野外坝基渗透变形试验，确定土层渗透破坏类型，提供允许渗透坡降参数。

对于大中型工程或重要闸坝，应进行抽水试验；其他小型或一般闸坝工程，可进行现场简易注水试验。抽水试验、注水试验可依据《水利水电工程钻孔抽水试验规程》（SL 320—2005）、《水利水电工程注水试验规程》（SL 345—2007）。工程经验表明，漂卵砾石、卵砾石土一般属于中等至强透水层，中粗砂一般属于中等透水层，粉细砂、黏土属于弱透水层。

在河床深厚覆盖层水文地质勘察中，渗透特性是勘察工作的重点，也是设计和施工中关键参数的组成部分。土的透水性指标以土的渗透系数 k 表示，其物理意义为当水力梯度等于1时的渗透速度。

水利水电工程河床深厚覆盖层水文地质参数测试的主要内容一般有：

（1）地下水水位、水头（水压）、水量、水温、水质及其动态变化，地下水基本类型、埋藏条件和运动规律。

（2）覆盖层水文地质结构，含水层、透水层与相对隔水层的厚度、埋藏深度和分布特征，划分含水层（透水层）与相对隔水层。

（3）覆盖层地下水的补给、径流、排泄条件。

（4）渗透张量计算、给水度、影响半径计算等。

室内测试无黏性土的渗透变形和渗透系数采用常水头法，黏性土的渗透系数采用变水头法。常用的覆盖层室内渗透系数测试方法见表2.3-25。

表 2.3 - 25　　　　　　　　　覆盖层室内渗透系数测试方法表

试 验 方 法	试验得出指标			指 标 的 应 用
	名称	单位	符号	
常水头试验（无黏性土）	渗透系数	cm/s	k	（1）判别土的渗透和抗渗透变形的能力； （2）降水、排水及沉降计算； （3）防渗等设计
变水头试验（黏性土）				
渗透变形试验	渗透系数 临界坡降 破坏坡降	cm/s	k i_k i_f	

目前常规确定渗透系数的现场试验主要有抽水试验、注水试验、压水试验、自振法抽水试验、示踪法试验、渗透变形试验等，这些方法主要缺点是试验周期长，耗费人力和物力多，受野外作业条件制约大。在有些覆盖层勘察中，具有距离远、条件差、勘察难度大

等特点，因此需要开发应用测试方式简单、操作速度快的水文地质试验技术。

2.3.4.1 注水试验

按照《水利水电工程注水试验规程》，注水试验有：单环注水试验、双环注水法试验，以及钻孔注水试验等。

1. 单环注水试验

单环注水试验的优点在于安置简单，但由于未考虑侧向渗透的影响，试验成果精度稍差，适用于地下水位以上的砂土、砂卵砾石等无黏性地层。单环注水试验的基本要求是：①在选定位置挖圆形或方形坑至试验层，在试坑底部再挖一个深 15～20cm 的注水试坑，考虑到计算方便，常按试坑底直径 25.75cm 的圆形开挖，即试坑底面积 $F=1000\text{cm}^2$，坑底修平，确保试验层不扰动，注水环（铁环）嵌入试验土层深度不小于 5cm，且环外用黏土填实，确保四周不漏水；②环底铺 2～3cm 厚粒径为 5～10mm 的细砂作为缓冲层；③向铁环内注水，水深达到 10cm 后，保持波动浮动不大于 0.5cm，开始每隔 5min 量测一次，水量量测精度应达到 0.1L，连续量测 5 次，以后每隔 20min 量测一次并至少观测 2 次；④ 当连续 2 次观测流量之差不大于 10% 时，试验即可结束，并取最后一次注入流量作为计算值。

渗透系数的计算公式为

$$k=\frac{16.67Q}{F} \tag{2.3-21}$$

式中　　k——试验土层渗透系数，cm/s；

　　　　Q——注入流量，L/min；

　　　　F——试坑底面积，cm^2。

2. 双环注水试验

双环注水试验相对单环注水试验操作较复杂，但由于基本排除了侧向渗透的影响，成果精度较高，适用于地下水位以上的黏性土层。双环注水试验要求：①在选定位置挖圆形或方形坑至试验层，在试坑底部一侧再挖一个深 15～20cm 的注水试坑，坑底修平，确保试验层不扰动，在注水坑内压入试环，将直径分别为 25cm、50cm 的两注水环（铁环）按同心圆状嵌入试验土层深度不小于 5～8cm，并确保试验土层的结构不被扰动，环外周边不漏水。②在内环及内环、外环之间环底铺上厚 2～3cm 粒径为 5～10mm 的细砂作为缓冲层；按图 2.3-7 安装瓶架，将流量瓶装满清水，用带 2 个孔的胶塞塞住，孔中分别插入长短不等的 2 根玻璃管（管端切成斜口）作为进气管和出水管。流量瓶进气管管口距坑底应为 10cm，以保持水头不变。③试验中，两个流量瓶应同时向内环、内外环之间注水，水深均为 10cm 后，开始每隔 5min 量测一次，连续量测 5 次，之后每隔 30min 量测一次，连续量测 2 次。④当连续 2 次观测流量之差不大于 10% 时，试验即可结束，并取最后一次注入流量作为计算值。⑤试验前在距 3～5m 试坑处打一个比坑底深 3～4m 的钻孔，并每隔 20cm 取土样测定其含水量。试验结束后，应立即排出环内积水，在试坑中心打一个同样深度的钻孔，每隔 20cm 取土样测定其含水量，与试验前资料对比以确定注水试验的渗入深度。

渗透系数的计算公式为

$$k = \frac{17.67Qz}{F(H+z+0.5H_0)} \qquad (2.3-22)$$

式中 k——试验土层渗透系数，cm/s；

Q——内环的注入流量，L/min；

F——内环的底面积，cm^2；

H——试验水头，cm，$H=10cm$；

H_0——试验土层的毛细上升高度，cm，无试验时，黏土可按 200cm、粉土可按 120cm、粉质黏土可按 160cm、粉砂可按 60cm 考虑；

z——从试坑底算起的渗入深度，cm。

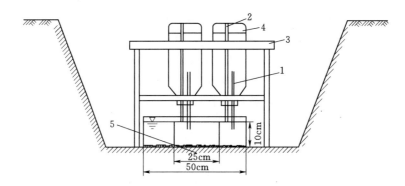

图 2.3-7 双环注水试验示意图

1—出水管；2—进气管；3—瓶架；4—流量瓶；5—试验土层

3. 钻孔注水试验

钻孔注水试验可用于测定土体渗透系数，根据注水头稳定情况可分为常水头注水试验和降水头注水试验。注水试验应考虑试验操作的方便和孔壁稳定情况，宜采用自上而下分段注水。

（1）钻孔常水头注水试验。钻孔常水头注水试验适用于渗透性比较大的壤土、粉土、砂土和砂卵砾石层。

钻孔常水头注水试验应符合下列规定：

1）用钻机造孔，至预定深度下套管，严禁使用泥浆钻进，孔底沉淀物厚度不应大于10cm，并防止试验土层被扰动。

2）试验装置好且进行注水试验前，应进行地下水位观测，作为压力计算零线依据。水位观测间隔5min，当连续2次观测数据变幅小于5cm/min时，水位观测可结束。试段止水可采用栓塞或套管脚黏土等止水方法，应保证止水可靠。对孔壁稳定性差试段宜采用花管护壁。同一试段跨越透水性相差悬殊的两种土层，试段长度不宜大于5cm。向孔内注入清水至一定高度或至孔口并保持稳定，测定水头值。保持水头不变，观测注入流量。

3）开始按5min间隔观测一次流量，连续量测5次，之后每隔20min量测1次并至少连续量测2次，并绘制 $Q-t$ 关系曲线。

4）当连续2次量测流量之差不大于10%时，试验即可结束，取最后一次注入流量作为计算值。

5）当注水试验段位于地下水位以下时，渗透系数宜采用如下方法进行计算：

$$k = \frac{16.67Q}{AH} \tag{2.3-23}$$

式中　A——形状系数，cm，按表 2.3-26 选用；

　　　H——孔中试验水头高度，m。

表 2.3-26　　　　钻孔形状系数 A 值

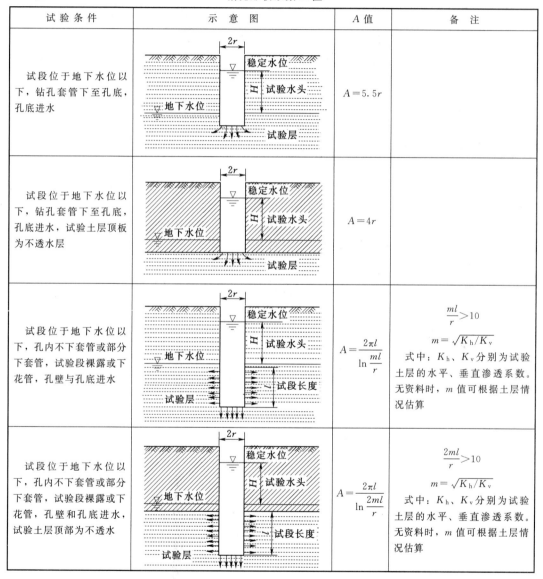

试验条件	示意图	A 值	备注
试段位于地下水位以下，钻孔套管下至孔底，孔底进水		$A = 5.5r$	
试段位于地下水位以下，钻孔套管下至孔底，孔底进水，试验土层顶板为不透水层		$A = 4r$	
试段位于地下水位以下，孔内不下套管或部分下套管，试验段裸露或下花管，孔壁与孔底进水		$A = \dfrac{2\pi l}{\ln \dfrac{ml}{r}}$	$\dfrac{ml}{r} > 10$ $m = \sqrt{K_h / K_v}$ 式中：K_h、K_v 分别为试验土层的水平、垂直渗透系数。无资料时，m 值可根据土层情况估算
试段位于地下水位以下，孔内不下套管或部分下套管，试验段裸露或下花管，孔壁和孔底进水，试验土层顶部为不透水		$A = \dfrac{2\pi l}{\ln \dfrac{2ml}{r}}$	$\dfrac{2ml}{r} > 10$ $m = \sqrt{K_h / K_v}$ 式中：K_h、K_v 分别为试验土层的水平、垂直渗透系数。无资料时，m 值可根据土层情况估算

当注水试验段位于地下水位以上，且 $50 < H/r < 200$、$H \leqslant l$ 时，渗透系数宜采用式（2.3-24）进行计算：

$$k = \frac{7.05Q}{lH} \lg \frac{2l}{r} \tag{2.3-24}$$

式中　r——钻孔半径，cm；

其余符号同前。

（2）钻孔降水头注水试验。钻孔降水头注水试验适用于地下水位以下粉土、黏性土层或渗透系数较小的岩层。

试验应符合下列规定：

1）试验装置好，确认试验段已隔离后，向孔内注入清水至一定高度或套管顶部作为初始水头值，停止供水，开始记录管内水位随时间变化的情况。

2）开始间隔为1min，连续观测5次；然后间隔为10min，观测3次；后期观测间隔时间应根据水位下降速度确定，可每隔30min量测1次。并在现场绘制$\ln(H_t/H_0)$—t关系曲线（图2.3-8），当水头下降比与时间关系不呈直线时说明试验不正确，应检查并重新试验。

3）当试验水头下降到初始试验水头的0.3倍或连续观测点达到10个以上时，可结束试验。

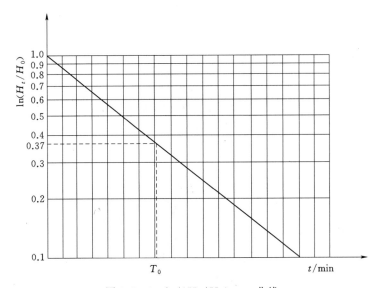

图 2.3-8 $\ln(H_t/H_0)$—t 曲线

渗透系数可按式（2.3-25）进行计算：

$$k = \frac{0.0523r^2 \ln\dfrac{H_1}{H_2}}{A(t_2 - t_1)} \qquad (2.3-25)$$

式中 k——试验土层渗透系数，cm/s；

r——套管内半径，cm；

t_1、t_2——试验某一时刻的试验时间，min；

H_1、H_2——在试验时间 t_1、t_2 时的试验水头，cm；

A——形状系数，cm，按表2.3-26选用。

另外，还可根据 $\ln(H_t/H_0)$—t 关系曲线求得的注水试验特征时间 T_0，采用式（2.3-26）计算试验土层渗透系数：

$$k=\frac{0.0523r^2}{AT_0}\qquad(2.3-26)$$

式中 T_0——注水试验特征时间，min；

r——套管内半径，cm。

$H_t/H_0=0.37$ 时对应的 t 值，可在 $\ln(H_t/H_0)$—t 关系曲线上确定，H_t 为注水时间 t 时的水头值，H_0 为注水试验的初始水头值。

以上公式采用《水利水电工程注水试验规程》(SL 345—2007)。对于水电行业，应依据《水电工程钻孔注水试验规程》(NB/T 35104—2017)开展工作。

4. 现场注水试验工程实例

在金沙江上游某水电站坝址区，为了解河床覆盖层的渗透特性，对覆盖层粗粒土进行了现场试坑注水渗透试验。根据试验观测曲线和数据记录，按照相关公式对覆盖层的渗透系数进行计算，表 2.3-27 为Ⅳ岩组的深部钻孔样注水试验成果，其渗透系数平均值为 1.44×10^{-2} cm/s，临界坡降平均为 0.47。

表 2.3-27 覆盖层Ⅳ岩组注水试验成果表

试验方法	取样深度值别	渗透系数/(cm/s)	临界坡降
钻孔试样	最大值	3.96×10^{-2}	0.58
	最小值	3.28×10^{-3}	0.30
	平均值	1.44×10^{-2}	0.47
探槽试样	最大值	1.04×10^{-1}	0.53
	最小值	1.66×10^{-3}	0.27
	平均值	3.83×10^{-3}	0.40

按照上述方法对其余岩组开展了注水试验，成果表明，Ⅰ岩组试样的渗透系数平均值为 1.80×10^{-5} cm/s；Ⅱ岩组平均值为 7.00×10^{-3} cm/s，临界坡降平均为 0.60；Ⅲ岩组平均值为 7.00×10^{-3} cm/s；地表浅表部岸坡覆盖层平均值为 3.83×10^{-2} cm/s，临界坡降平均为 0.4。总体上看，覆盖层各岩组的渗透性均较强。

2.3.4.2 同位素示踪法

放射性同位素测试技术主要用于测定含水层水文地质参数，从 20 世纪 80 年代开始在我国使用以来，逐步获得较大范围应用和推广，该方法可以测地下水流向、渗透流速（V_f）、渗透系数（k_d）、垂向流速（V_v）、多含水层的任意层静水头（S_i）、有效孔隙度（n）、平均孔隙流速（u）、弥散率（α_1、α_T）和弥散系数（D_1、D_T）等水文地质参数。

该技术相比传统抽水试验的优点为：①适用于厚度很大的松散覆盖层；②获得的成果参数较抽水试验更丰富；③对附近地层的稳定性扰动小；④更能反映自然流场条件下的水文地质条件，成果可信度更高；⑤不受井内水体温度、压力、矿化度影响，测试灵敏度高、方便快捷、准确可靠；⑥环保，人工放射性同位素[131]I 为医药上使用的口服液，该同位素放射强度小、衰变周期短，因此不会对环境产生危害。

1. 基本原理

该方法通过在井孔滤水管中加入少量示踪剂[131]I 标记，由于示踪剂浓度不断被通过滤水管的渗透水流稀释而降低，而稀释速率与所在含水层渗流流速相关，从而依据达西定律可以获得该层渗透系数。同位素示踪法测定覆盖层水文地质参数方法分类见表 2.3 - 28。

表 2.3 - 28　　　　　同位素示踪法测定覆盖层水文地质参数方法分类表

Ⅰ级分类	Ⅱ级分类	可测参数
单孔技术	单孔稀释法	渗透系数、渗透流速
	单孔吸附示踪法	地下水流向
	单孔示踪法	孔内垂向流速、垂向流量
多孔技术	多孔示踪法	平均孔隙流速、有效孔隙度、弥散系数

采用同位素示踪法测试覆盖层水文地质参数时，当河流水平流速测试范围为 $0.05\sim 100\text{m/d}$，垂向流速测试范围为 $0.1\sim 100\text{m/d}$ 时，每次投放量应低于 $1\times 10^8 \text{Bq}$。当水流 $V_v>0.1\text{m/d}$ 时，相对误差小于 3%；当 $V_f>0.01\text{m/d}$ 时，相对误差小于 5%。

2. 计算理论与方法

同位素单孔稀释法测试含水层渗透系数的方法可分为公式法和斜率法。

（1）公式法。示踪剂浓度变化与地下水渗流流速之间的关系为（任宏魏等，2013）

$$V_f=\frac{\pi r_1}{2\alpha t}\ln\frac{N_0}{N}\qquad(2.3-27)$$

式中　V_f——地下水渗透速度，cm/s；

　　　　r_1——滤水管内半径，cm；

　　　　N_0——同位素初始浓度（$t=0$ 时）计数率；

　　　　N——t 时刻同位素浓度计数率；

　　　　α——流畅畸变校正系数；

　　　　t——同位素浓度从 N_0 变化到 N 的观测时间，s。

根据式（2.3 - 27）计算的地下水渗流流速按照达西定律，容易反算得到含水层渗透系数为

$$k_d=\frac{\pi r_1}{2\alpha tJ}\ln\frac{N_0}{N}\qquad(2.3-28)$$

式中　J——水力坡降。

（2）斜率法。由于稳定层流地下水条件下的 $t—\ln N$ 曲线为直线，因此斜率法可根据测试获取曲线斜率计算渗透流速 V_f，从而确定含水层渗透系数。具体方法：先根据测试数据绘制 $t—\ln N$ 曲线，若 $t—\ln N$ 成果呈现直线代表测试成功，然后应用式（2.3 - 29）计算含水层渗透系数：

$$t=\frac{\pi r}{2\alpha V_f}\ln\frac{N_0}{N}=\frac{\pi r}{2\alpha V_f}\ln N_0-\frac{\pi r}{2\alpha V_f}\ln N\qquad(2.3-29)$$

式（2.3 - 29）中的 $\frac{\pi r}{2\alpha V_f}\ln N_0$ 为直线截距，斜率为 m，则

$$m=-\frac{\pi r_1}{2\alpha V_f}，可得到$$

$$V_f = -\frac{\pi r_1}{2\alpha m} \qquad (2.3-30)$$

同样,根据达西定律可计算含水层渗透系数:

$$k_d = \frac{\pi r_1}{2\alpha m J} \qquad (2.3-31)$$

(3) 计算参数的确定。α 为流场畸变校正系数,主要反映钻孔直径、滤管直径、滤管透水率、滤管周围填砾厚度、填砾粒径等因素对测试的影响,其概念是地下水进入或流出滤管时,在距离滤管足够远处的两条平行边界流线的间距与滤管直径之比。

1) 流场畸变校正系数 α 的计算理论。流场畸变校正系数 α 的计算主要分两种情况:

a. 在均匀流场且井孔不下滤水管、不填砾裸孔中,取 $\alpha=2$。有滤水管的情况下一般由式 (2.3-32) 计算获得

$$\alpha = \frac{4}{1+\left(\dfrac{r_1}{r_2}\right)^2 + \dfrac{k_2}{k_1}\left[1-\left(\dfrac{r_1}{r_2}\right)^2\right]} \qquad (2.3-32)$$

式中　k_1——滤水管的渗透系数,cm/s;

　　　k_2——含水层的渗透系数,cm/s;

　　　r_2——滤水管的外半径,cm。

b. 对于既下滤水管又有填砾的情况下,流场畸变校正系数 α 与滤水管内外半径、滤水管渗透系数、填砾厚度及填砾渗透系数等多因素有关。流场畸变校正系数 α 可用式 (2.3-33) 进行计算:

$$\alpha = \frac{8}{\left(1+\dfrac{k_3}{k_2}\right)\left\{1+\left(\dfrac{r_1}{r_2}\right)^2 + \dfrac{k_2}{k_1}\left[1-\left(\dfrac{r_1}{r_2}\right)^2\right]\right\} + \left(1-\dfrac{k_3}{k_2}\right)\left\{\left(\dfrac{r_1}{r_3}\right)^2 + \left(\dfrac{r_2}{r_3}\right)^2 + \dfrac{k_2}{k_1}\left[\left(\dfrac{r_1}{r_3}\right)^2 - \left(\dfrac{r_2}{r_3}\right)^2\right]\right\}}$$

$$(2.3-33)$$

式中　r_3——钻孔半径,cm;

　　　k_2——填砾的渗透系数,cm/s。

其余符号同上。

2) k_1、k_2 和 k_3 的确定方法

a. 滤水管渗透系数 k_1 的确定。滤水管的渗透系数 k_1 的确定涉及测试井滤网的水力性质,可根据过滤管结构类型通过试验确定,或通过水力试验测得,或类比已有结构类型基本相同的过滤管来确定。粗略的估计是 $k_1=0.1f$,f 为滤网的穿孔系数(孔隙率)。

b. 填砾渗透系数 k_2 的确定。填砾的渗透系数 k_2 可由式 (2.3-34) 确定:

$$k_2 = C_2 d_{50}^2 \qquad (2.3-34)$$

式中　C_2——颗粒形状系数,当 d_{50} 较小时可取 $C_2=0.45$;

　　　d_{50}——砾料筛下的颗粒重量占全重 50% 时可通过网眼的最大颗粒直径,mm。通常取粒度范围的平均值。

c. 含水层渗透系数 k_3 的估算。如果在覆盖层钻探时,$k_1>10k_2>10kk_3$,且 $r_3>3r_1$,则 α 与 k_3 没有依从关系。但实际上很难实现 $k_1>10k_2$,而且只有滤水管的口径很小时才

能达到 $r_3 > 3r_1$。虽然 α 依赖含水层渗透系数 k_3，但若分别对式（2.3-30）的条件为 $k_3 \leqslant k_1$ 和式（2.3-31）的条件为 $k_3 \leqslant k_2$ 时，则 k_3 对 α 的影响很小，可忽略不计，也可参照已有抽水试验资料或由估值法确定，也可由公式估算。

3）地下水水力坡降 J 的确定。水力坡降是表征地下水运动特征的主要参数，它可以通过试验的方法确定，也可以通过钻孔地下水水位的变化来确定。应用同位素示踪法测试覆盖层渗透系数时，应测定与同位素测试试验同步的地下水水力坡降，以便计算测试含水层的渗透系数。

（4）测试方法。先根据含水层埋深条件确定井孔结构和过滤器位置，选取施测段；然后用投源器将人工放射性同位素^{131}I投入测试段，进行适当搅拌使其均匀；接着用测试探头对标记段水柱的放射性同位素浓度值进行测量。

为了保证放射源能在每段搅拌均匀，每个测试实验段长度一般取2m，每个测段设置3个测点，每个测点的观测次数一般为5次。在半对数坐标纸上绘制稀释浓度与时间的关系曲线，若稀释浓度与时间的关系曲线呈直线关系，说明测试实验是成功的。

（5）工程实例。九龙河某水电站坝址区河床覆盖层一般厚度为30~40m，最厚达45.5m。根据层位分布和物质组成特征，河床覆盖层可分为三大岩组，即上部的Ⅰ岩组为河流冲积和洪水泥石流堆积的含块石沙砾石层，中部的Ⅱ岩组为堰塞湖相的粉质黏土层，下部的Ⅲ岩组为河流冲积形成含碎石泥质沙砾石层。采用同位素示踪法对ZK331进行渗透系数测试。ZK331河床覆盖层物质组成特征见表2.3-29。

表 2.3-29　　　　　　　　　　ZK331 河床覆盖层物质组成特征

孔深/m	覆盖层名称	物 质 组 成
0~5.6	含块石砂砾石层	块石为变质砂岩占10%。砂砾石中1~3cm的砾石占10%，5~7cm的砾石占2%，其余为中粗砂
5.6~20.5	粉质黏土层	呈青灰色及灰白色，中密状态，部分岩芯呈柱状，含有0.3~1cm的少量砾石
20.5~24.6	含碎石泥质砂砾石层	青灰色，碎石占30%~35%，未见砾石

按照测试要求，每个测试点有5次读数，根据公式法每个测点可以计算4个渗透系数值，根据测试获取的 t—$\ln N$ 半对数曲线应用斜率法可以获得1个渗透系数值。

1）计算参数的确定。根据渗透系数测试孔的结构特征、覆盖层物质特征等条件，通过计算分析，流场畸变校正系数 α 采用2.41。根据同期河水面水位测量结果，测试孔附近的同期河水面水力坡度 J 为6.92‰。

2）ZK331渗透系数测试成果分析。

a.0~5.6m段。测试可靠性分析：该段为含块石砂砾石层，厚度为5.6m。完成了3.5m长度段5个实验点的测试。该段4.0m处的 t—$\ln N$ 曲线如图2.3-9所示，曲线具有良好的线性关系，说明该段测试成果是可靠的。

孔深0~5.6m段的测试成果见表2.3-30，两种计算方法获得的测试结果比较接近。从覆盖层物质组成特征综合分析，该段的渗透系数是合理的。

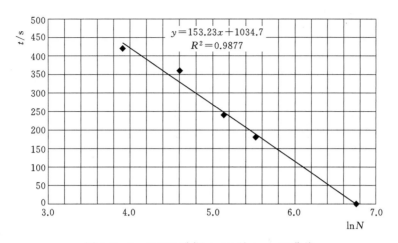

图 2.3-9 ZK331 孔深 4.0m 处 t—$\ln N$ 曲线

表 2.3-30 　　　　ZK331 孔深 0～5.6m 段覆盖层渗透系数测试成果表

测点位置/m	公式法 k_d 平均值/(cm/s)	斜率法 k_d/(cm/s)
2.00	1.504×10^{-1}	1.691×10^{-1}
3.00	1.381×10^{-1}	1.297×10^{-1}
4.00	3.475×10^{-2}	3.441×10^{-2}
4.50	9.026×10^{-2}	8.849×10^{-2}
5.20	8.057×10^{-2}	8.665×10^{-2}

b. 5.6～20.5m 段覆盖层渗透系数测试成果。ZK331 孔深 5.6～20.5m 为粉质黏土层，微透水，用放射性同位素示踪法很难获取该段的渗透系数，根据其物质组成特征将其归为微透水。

c. 20.5～24.6m 段测试成果。测试可靠性分析：完成了 4 个测试点。孔深 23.0m 的 t—$\ln N$ 曲线如图 2.3-10 所示，曲线具有较好的线性关系，说明该段的渗透系数是可靠的。

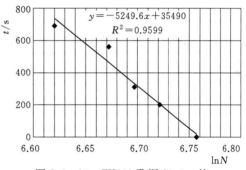

图 2.3-10 ZK331 孔深 23.0m 的
t—$\ln N$ 曲线

孔深 20.5～24.6m 段测试结果见表 2.3-31，属于 $10^{-4} \leqslant k < 10^{-2}$ cm/s 的范围，从物质组成特征综合分析，该段的测试成果是合理的。

表 2.3-31 　　　　ZK331 号钻孔 20.5～24.6m 段覆盖层渗透系数测试成果表

测点位置 /m	公式法 k_d 平均值 /(cm/s)	斜率法 k_d /(cm/s)	测点位置 /m	公式法 k_d 平均值 /(cm/s)	斜率法 k_d /(cm/s)
21.0	1.160×10^{-3}	1.220×10^{-3}	23.0	0.950×10^{-3}	1.004×10^{-3}
22.0	7.464×10^{-4}	7.970×10^{-4}	24.0	0.997×10^{-3}	1.093×10^{-3}

3）渗透系数测试成果综合分析。通过对 ZK331 河床覆盖层各段渗透系数分析汇总，渗透系数测试成果综合成果见表 2.3-32。

表 2.3-32   **ZK331 河床覆盖层渗透系数测试综合成果表**

层位编号	覆盖层名称	孔深/m	公式法 k_d 平均值 /(cm/s)	斜率法 k_d 平均值 /(cm/s)
1	含块碎石砂砾石层	0.0～5.6	9.882×10^{-2}	10.16×10^{-2}
2	粉质黏土层	5.6～20.5	$<1 \times 10^{-5}$	$<1 \times 10^{-5}$
3	含碎石泥质砂砾石层	20.5～24.6	9.634×10^{-4}	1.029×10^{-3}

4）渗透系数测试成果可靠性分析。根据《岩土试验监测手册》（林宗元，2018）中不同试验状态下土体的渗透系数经验和范围值（表 2.3-33 和表 2.3-34），分析对比测试成果的可靠性。

表 2.3-33   **不同颗粒组成物的渗透系数经验数值表**

岩性	土 层 颗 粒		渗透系数/(m/d)
	粒径/mm	所占比重/%	
粉砂	0.05～0.1	<70	1～5
细砂	0.1～0.25	>70	5～10
中砂	0.25～0.5	>50	10～25
粗砂	0.5～1.0	>50	25～50
极粗砂	1.0～2.0	>50	50～100
砾石夹砂			75～150
带粗砂的砾石			100～200
砾石			>200

注 此表数据为实验室中理想条件下获得的，当含水层夹泥量多或颗粒不均匀系数大于2～3时，取小值。

表 2.3-34   **各类典型室内试验土渗透系数的一般范围**

土名	渗透系数/(cm/s)	土名	渗透系数/(cm/s)
黏土	$<1.2 \times 10^{-6}$	细砂	$1.2 \times 10^{-3} \sim 6.0 \times 10^{-3}$
粉质黏土	$1.2 \times 10^{-6} \sim 6.0 \times 10^{-5}$	中砂	$6.0 \times 10^{-3} \sim 2.4 \times 10^{-2}$
粉土	$6.0 \times 10^{-5} \sim 6.0 \times 10^{-4}$	粗砂	$2.4 \times 10^{-2} \sim 6.0 \times 10^{-2}$
黄土	$3.0 \times 10^{-4} \sim 6.0 \times 10^{-4}$	砾石	$6.0 \times 10^{-2} \sim 1.8 \times 10^{-1}$
粉砂	$6.0 \times 10^{-4} \sim 1.2 \times 10^{-3}$		

覆盖层渗透系数具有以下主要特征：

a. 试验成果符合一般经验规律，孔深 0～5.6m 的浅表层含块碎石砂砾石层的渗透系数较大；渗透系数小的是粉质黏土层，孔深 5.6～20.5m 的粉质黏土层的渗透系数小于 10^{-5} cm/s。

b. 不同试验方法成果基本一致、合理可靠。虽然两种方法部分测点渗透系数成果有差异，分析认为系试验误差，总体认为，公式法和斜率法两种成果基本一致，说明上述成果合理可靠。

5）覆盖层渗透系数合理取值。根据测试结果确定的九龙河某水电站覆盖层渗透系数统计结果见表 2.3-35。

表 2.3-35 九龙河某水电站覆盖层渗透系数统计结果表

覆盖层分类	渗透系数 k_d 最大值 /(cm/s)	渗透系数 k_d 最小值 /(cm/s)	渗透系数范围值 k /(cm/s)	k_d 平均值 /(cm/s)
粗粒土（含块碎石砂砾石层）	1.691×10^{-1}	2.177×10^{-2}	$2.177 \times 10^{-2} \sim 1.691 \times 10^{-1}$	8.230×10^{-2}
细粒土（粉质黏土层）	$<10^{-5}$	$<10^{-5}$	$<10^{-5}$	$<10^{-5}$
粗粒土（泥质砂砾石层）	3.605×10^{-3}	3.900×10^{-4}	$3.90 \times 10^{-4} \sim 3.605 \times 10^{-3}$	1.430×10^{-3}

注 渗透系数 k_d 取斜率法计算值。

从表 2.3-36 统计结果可以看出，由于覆盖层的物质组成、粒度特征差异大，致使各类的渗透系数差异大。从物质组成特征与覆盖层渗透系数测试结果看，二者之间具有很好的相关性，即组成覆盖层的物质颗粒越大，则其渗透系数越大，反之越小。

渗透系数等级划分。将测试实验结果与《水力发电工程地质勘察规范》的岩土渗透性等级（表 2.3-36）进行对比，以确定覆盖层渗透性等级。

表 2.3-36 《水力发电工程地质勘察规范》的岩土渗透性分级表

渗透性等级	渗透系数 k/(cm/s)	透水率 q/Lu
极微透水	$k < 10^{-6}$	$q < 0.1$
微透水	$10^{-6} \leqslant k < 10^{-5}$	$0.1 \leqslant q < 1$
弱透水	$10^{-5} \leqslant k < 10^{-4}$	$1 \leqslant q < 10$
中等透水	$10^{-4} \leqslant k < 10^{-2}$	$10 \leqslant q < 100$
强透水	$10^{-2} \leqslant k < 1$	$q \geqslant 100$
极强透水	$k \geqslant 1$	

表 2.3-36 根据岩土渗透系数的大小将岩土渗透性分为 6 级。该表渗透性分级标准主要考虑了渗透系数和透水率指标，其中渗透系数是抽水试验获得的指标，透水率是压水试验获得的指标。

因此，九龙河某水电站覆盖层渗透系数成果中，粗粒土（含块碎石砂砾石层）属于强透水，粗粒土（泥质砂砾石层）属于中等透水，细粒土（粉质黏土层）属于弱透水。

2.3.4.3 自由振荡法

自由振荡法（又称自振法）通过一定激发手段，使覆盖层钻孔中水位发生瞬时变化开始振荡，测量和分析这个振荡过程，测量水位—时间响应数据，以确定含水层渗透系数的方法。适应于含水层涌水量大、水位降深难以得到，或含水层钻孔中水容易被抽干，以及地下水位埋深过大等常规抽水试验实施难度大的情况。同时，由于影响半径相对常规的抽注水试验较小，因此，对试验中影响半径内的地层代表性要求高。

1. 自振法原理

自由振荡法试验主要包括 3 个过程：①钻孔水位发生瞬时变化；②获得水位和时间数据；③依据相关理论，推导出地层渗透系数。

潜水含水层渗透系数计算基本假定为：潜水含水层为均质且各向异性的多孔介质，符合定水头有限直径圆岛形的边界条件，同时忽略含水介质的弹性储水效应。Bouwer 和 Rice 的研究模型适用于潜水层计算假定边界条件，计算岩土体的渗透性参数公式（崔中涛等，2015）为

$$k = \frac{r_c^2 \ln\dfrac{R_c}{r_w} \ln\dfrac{y_0}{y_t}}{2L_k t} \qquad (2.3-35)$$

$$\ln\frac{R_c}{r_w} = \left(\frac{1.1}{\ln\dfrac{H}{r_w}} + \frac{A + B\ln\dfrac{D-H}{r_w}}{\dfrac{L_k}{r_w}} \right)^{-1} \qquad (2.3-36)$$

式中　　r_w——孔水位升降段套管半径，m；

R_c——影响半径，m；

r_c——过滤器半径，m；

L_k——试验段长度，m；

y_0——水位升高最大值，m；

t——选择曲线任意时间；

y_t——选择曲线任意 t 时水位，m；

H——钻孔初始水位距孔底高度，m；

D——钻孔初始水位距隔水顶板高度，m；

A 和 B——无量纲参数，且均为 L_k 和 r_w 的函数。

承压含水层渗透系数计算基本假定为：等厚，均质，各向同性，含水层顶板及底板隔水。Kpp 研究模型推荐的计算渗透系数公式为

$$k = \frac{4\xi \ln\beta\, \hat{t}\, r_w^2 r_S^2}{Mt r_S^2} \qquad (2.3-37)$$

其中　　　　　　　　　　$$\beta = (8\alpha\xi\ln\beta)^2 \qquad (2.3-38)$$

式中　　M——承压含水层厚度，m；

β——无量纲惯性参数（或查表可得）；

r_S——试验段花管半径，m；

$\hat{t}$——无量纲时间；

α——无量纲贮水系数；

ξ——无量纲阻尼系数。

2. 自振法试验基本要求

（1）钻进工艺与质量：试验孔应采用清水钻进，试验段的管径应保持一致，孔壁尽量保证规则。

（2）试验段止水：在覆盖层中进行自振法试验一般利用套管止水分段。

（3）过滤器安装：过滤器安装要求与常规抽水试验相同，可不填过滤料。

3. 自振法试验设备要求

（1）密封器：是对钻孔孔口进行密封加压的装置。现场测试中除加压外，压力传感器

及限位器都需通过密封器放入钻孔中。密封器应设置进气孔、卸压阀、电缆密封孔等。

（2）压力传感器：是用来测量释放压力后钻孔中水位变化值的装置，应确保其灵敏度高，稳定性好，分辨率至少应达到 1cm，量程可选用 0.1kPa。

（3）二次仪表：应精度高、稳定性好，二次仪表中水位和时间的采样应同步，时间精度为 1ms，应能及时记录和打印水位变化与时间关系的历时曲线。

（4）气泵：为适应野外使用，容量不宜太大，宜采用气压约 0.8kPa 的小型高压气泵。

（5）限位器：由自控开关和两个电磁阀组成，用以控制激发水位，即当钻孔中水位下降至激发水位时，自控开关的进气阀自动关闭，排气阀自动打开。为确保试验的准确性，试验时应使用限位器。

4. 自振法试验步骤

（1）试验前准备工作：试验前工作应包括洗孔、下置过滤器或栓塞、静止水位测量、设备安装及量测等步骤，各项工作要求与常规抽水试验和常规压水试验相同。

（2）压力传感器定位：将压力传感器通过密封器放入钻孔中地下水位以下 2～3m 处。若放置得太浅，在加压过程中压力传感器易露出水面；若放置得太深，会影响压力传感器测试的分辨率。

（3）限位器放置：将限位器的浮子部分通过密封器放入钻孔中水位以下激发水位处。向钻孔施压后，激发水位宜控制在 0.5m。

（4）系统施压泄压：用气泵向钻孔中充气，使地下水位下降。当水位下降至激发水位时，自控开关的进气阀自动关闭，排气阀自动开启。泄压后，钻孔中水位开始振荡上升，最终恢复至稳定水位。

（5）试验资料记录：试验前，详细记录试验段含水层特征、试验设备等内容；试验开始时，由仪器记录加压后水位下降—泄压后系统振荡—水位恢复到稳定为止的孔内压力变化的全过程。每段试验的测量和记录宜重复 3～5 次。试验完毕后及时检查资料的准确性和完整性，以确保试验资料的可靠性。

5. 抽水试验资料整理

在抽水试验过程中，及时绘制抽水孔的降深—涌水量曲线、降深历时曲线、涌水量历时曲线和观测孔的降深历时曲线，检查有无反常现象，发现问题及时纠正，同时也为室内资料整理打下基础。

计算成果应根据含水层性质，按照潜水层或承压层计算公式进行计算，同时应注意对成果的对比分析。

2.3.4.4 西藏尼洋河多布水电站覆盖层渗透特性及分析多方法对比（王文革等，2017）

1. 根据覆盖层颗粒特征确定渗透性

多布水电站坝址区河床复杂巨厚覆盖层的组成物质具有粒径范围很广、级配差别大的特点。既有颗粒很大的漂石与块石，也有颗粒非常细小的粉粒与黏土，也有介于两者之间的卵石、砾石、砂粒等。坝址区河床覆盖层不同层位的物质颗粒大小差异大，从而使不同岩层的河床覆盖层渗透系数差异大。其规律为：分层的物质颗粒粒径越大，其渗透系数越大。

多布水电站坝址复杂巨厚覆盖层遇到的土层绝大部分为非均粒土，按土的颗粒组成特征研究河床覆盖层渗透系数时，应考虑土的主要组成颗粒来对土进行分类研究。

计算 k 值见表 2.3-37。

表 2.3-37 覆盖层渗透系数计算成果表

岩组	$Q_3^{al}-Ⅲ$	$Q_3^{al}-Ⅰ$、$Q_2^{fgl}-Ⅴ$	$Q_3^{al}-Ⅳ_1$	Q_4^{del}
不均匀系数 C_u	230.15	78.57	6.42	13.88
等效粒径 d_{20}/mm	0.22	0.28	0.14	0.08
渗透系数 k/(cm/s)	4.0×10^{-2}	9.6×10^{-2}	6.1×10^{-2}	1.5×10^{-2}

可见，$Q_3^{al}-Ⅰ$、$Q_2^{fgl}-Ⅴ$ 岩组透水性最强，$Q_3^{al}-Ⅲ$ 岩组次之，$Q_3^{al}-Ⅳ_1$ 岩组较小。

2. 根据现场抽、注水试验确定渗透性

据 ZK07、ZK14、ZK20 钻孔的抽水试验结果，现代河床表部含漂石砂卵砾石层（$Q_4^{al}-Sgr_2$）为强透水层，渗透系数 k 值为 $3.6\times10^{-3}\sim5.71\times10^{-2}$ cm/s，平均值为 2.33×10^{-2} cm/s。

钻孔注水试验成果表明：砂卵砾石（$Q_4^{al}-Sgr_1$）渗透系数 k 值为 $1.86\times10^{-2}\sim2.2\times10^{-4}$ cm/s，平均值为 5.8×10^{-3} cm/s；含砾中细砂（$Q_3^{al}-Ⅳ_1$）渗透系数 k 值为 $1.43\times10^{-4}\sim1.87\times10^{-3}$ cm/s，平均值为 5.48×10^{-4} cm/s；河床浅部砂卵砾石层（$Q_3^{al}-Ⅲ$）渗透系数 k 值为 $1.78\times10^{-4}\sim4.17\times10^{-3}$ cm/s，平均值 8.49×10^{-4} cm/s。块碎（卵）石土（Q_4^{del}）的渗透系数 k 值为 $1.51\times10^{-4}\sim7.56\times10^{-3}$ cm/s，平均值为 2.33×10^{-3} cm/s。钻探采用植物胶钻进，注水试验前进行清水循环洗孔，受残留循环液的影响，注水试验成果均偏小。

施工准备期，在泄洪闸及厂房部位，又打了两个复勘孔 FK-ZK01 及 FK-ZK02，对第六层（$Q_3^{al}-Ⅳ_1$）做了注水试验，钻孔注水试验成果表明该层渗透系数为 6.8×10^{-6} cm/s 及 1.54×10^{-4} cm/s，平均值为 8.04×10^{-5} cm/s。

3. 室内试验确定渗透性

50 组扰动样室内渗透试验成果表明：含漂石砂卵砾石（$Q_4^{al}-Sgr_2$）渗透系数 k 值为 $2.82\times10^{-2}\sim1.86\times10^{-3}$ cm/s，平均值为 7.52×10^{-3} cm/s；右岸砾砂层（$Q_3^{al}-Ⅴ$）渗透系数 k 值为 $6.57\times10^{-5}\sim2.71\times10^{-5}$ cm/s，平均值为 4.66×10^{-5} cm/s；含砾中细砂（$Q_3^{al}-Ⅳ$）渗透系数 k 值为 $6.32\times10^{-6}\sim1.71\times10^{-3}$ cm/s，平均值为 3.2×10^{-4} cm/s；砂卵砾石层（$Q_3^{al}-Ⅲ$）渗透系数 K 值为 $2.49\times10^{-4}\sim1.84\times10^{-3}$ cm/s，平均值为 9.38×10^{-4} cm/s。含砾中细砂（$Q_3^{al}-Ⅱ$）渗透系数 k 值为 $1.01\times10^{-5}\sim1.12\times10^{-4}$ cm/s，平均值为 5.89×10^{-5} cm/s；含块石砂卵（碎）砾石层（$Q_3^{al}-Ⅰ$、$Q_2^{fgl}-Ⅴ$）渗透系数 k 值为 $3.97\times10^{-4}\sim2.04\times10^{-3}$ cm/s，平均值为 1.14×10^{-3} cm/s。块碎（卵）石土（Q_4^{del}）的渗透系数 k 值为 $8.06\times10^{-4}\sim4.75\times10^{-3}$ cm/s。由于室内试验是在筛除粒径大于 22mm 颗粒后进行的，所得 k 值均偏小。特别是右岸砾砂层（$Q_3^{al}-Ⅴ$），估计与取样所取地表物质有关。

4. 同位素法渗透系数测试

坝址河床覆盖层钻孔同位素法渗透系数测试成果见表 2.3-38。

表 2.3 - 38 坝址河床覆盖层钻孔同位素测试法渗透系数测试成果表 单位：cm/s

钻孔编号	ZK32	ZK43	ZK46	ZK59
含漂石砂卵砾石层（$Q_4^{al} - Sgr_2$）	4.773×10^{-2}	3.661×10^{-2}	5.656×10^{-2}	6.642×10^{-2}
中细～含砾中细砂层（$Q_3^{al} - IV$）	3.769×10^{-4}	3.274×10^{-4}	3.911×10^{-4}	2.776×10^{-4}
砂卵砾石层（$Q_3^{al} - III$）	3.935×10^{-3}		4.207×10^{-3}	
中细砂层（$Q_3^{al} - II$）	2.013×10^{-5}		3.046×10^{-5}	
	2.761×10^{-4}		3.535×10^{-4}	
砂卵砾石层（$Q_3^{al} - I$）	2.516×10^{-3}		4.213×10^{-3}	
冰水积碎石土层（$Q_2^{fgl} - V$）	1.688×10^{-3}		1.735×10^{-3}	
含砾中细砂层（$Q_2^{fgl} - IV$）	3.200×10^{-4}			
	3.259×10^{-4}			
含块石砂卵砾石层（$Q_2^{fgl} - III$）	1.376×10^{-3}			

5. 临界坡降 J_{kp} 的确定

（1）室内试验。室内扰动样的渗透变形试验结果表明：含漂石砂卵砾石（$Q_4^{al} - Sgr_2$）的临界坡降 J_{kp} 平均值为 0.52。含砾砂层（$Q_3^{al} - V$）的临界坡降 J_{kp} 平均值为 1.06，含块石砂卵砾石（$Q_3^{al} - III$）的临界坡降 J_{kp} 平均值为 1.18，破坏坡降 J_f 为 0.55；含块石砂卵（碎）砾石（$Q_3^{al} - I$、$Q_2^{fgl} - V$）的临界坡降 J_{kp} 平均值为 1.04；块碎石土（Q_4^{del}）的临界坡降 J_{kp} 平均值为 0.35，破坏坡降 J_f 为 1.29。

（2）利用土的物理力学指标计算。覆盖层中含砾中细、中细砂层（$Q_3^{al} - IV$、$Q_3^{al} - II$）岩组的渗透变形形式为流土型，可以用太沙基公式计算土的临界坡降 J_{kp}，计算公式如下：

$$J_{kp} = (G_s - 1)(1 - n) \tag{2.3 - 39}$$

式中 G_s——土粒比重；

n——孔隙率（以小数计）。

计算结果：$Q_3^{al} - IV$ 的 $J_{kp} = 1.06$，$Q_3^{al} - II$ 的 $J_{kp} = 1.09$。

管涌型或过渡型宜采用式（2.3 - 40）计算临界坡降 J_{kp} 值：

$$J_{kp} = 2.2(G_s - 1)(1 - n)^2 \frac{d_5}{d_{20}} \tag{2.3 - 40}$$

计算结果：$Q_3^{al} - I$、$Q_2^{fgl} - V$ 的 $J_{kp} = 0.697$，$Q_3^{al} - III$ 的 $J_{kp} = 0.303$，块碎石土（Q_4^{del}）的 $J_{kp} = 0.211$。

（3）利用经验公式计算。采用中国电建集团西北勘测设计研究院有限公司与原成都理工学院在"河谷复杂巨厚覆盖层的工程特性研究"课题中建立的漂石砂卵砾石层的临界坡降（J_{kp}）与渗透系数（k）之间的关系式计算 J_{kp} 值，公式如下：

$$J_{kp} = 0.132 k^{-0.325} \tag{2.3 - 41}$$

计算结果为：含漂石砂卵砾石层（$Q_4^{al} - Sgr_2$）的 $J_{kp} = 0.45$，砂卵砾石层（$Q_4^{al} - Sgr_1$）的 $J_{kp} = 0.70$；含块石砂卵砾石层（$Q_3^{al} - III$）的 $J_{kp} = 0.62$；含块石砂卵（碎）砾石层（$Q_3^{al} - I$、$Q_2^{fgl} - V$）的 $J_{kp} = 1.19$。

（4）允许坡降 J_c 的确定。根据前面获得的临界坡降值 J_{kp} 除以安全系数来获得允许坡降。安全系数取《水力发电工程地质勘察规范》中建议的 1.5～2.0 范围的上限值，即安全系数取 2。

比较上述各种方法所得的渗透系数 k 值及临界坡降值 J_{kp}，并类比国内已建、在建工程建议值，取其平均值大值，提出覆盖层各岩组渗透系数、允许坡降 J_c 建议值。

6. 覆盖层物理力学参数与水力学指标建议值

在室内试验、现场载荷试验及动力触探试验的基础上，通过对不同试验方法的分析整理得到物理力学指标基本值，并类比其他工程的科研成果及经验，提出了坝址区河床覆盖层的物理力学参数建议值。在渗透系数的选取上，由于在室内试验中筛去了粗大颗粒的原因，其所得值普遍偏小；室内试验取得的渗控参数如破坏坡降、临界坡降、允许坡降等均与实际相差较大。因此，在实际应用时建议渗透系数取大值，破坏坡降、临界坡降、允许坡降则取小值。

经统计，覆盖层综合地质特性见表 2.3-39。

表 2.3-39　　　　　　　　　复杂巨厚覆盖层地质特性及建议参数统计表

岩　组	岩　性	渗透系数 k_d/(cm/s)	允许坡降 J_c
第 1 层（Q_4^{del}）	块碎石土	2.33×10^{-3}	0.10～0.15
第 2 层（$Q_4^{al} - Sgr_2$）	含漂石砂卵砾石层	2.33×10^{-2}	0.10～0.15
第 3 层（$Q_4^{al} - Sgr_1$）	砂卵砾石层	5.8×10^{-3}	0.15～0.20
第 4 层（$Q_3^{al} - V$）	含砾粗砂层	4.46×10^{-4}	0.20～0.30
第 5 层（$Q_3^{al} - IV_2$）	堰塞湖相粉细砂层	2.35×10^{-4}	0.25～0.30
第 6 层（$Q_3^{al} - IV_1$）	冲击含砾中细砂层	5.48×10^{-4}	0.20～0.30
第 7 层（$Q_3^{al} - III$）	冲积含块石砂卵砾石层	8.49×10^{-3}	0.15～0.20
第 8 层（$Q_3^{al} - II$）	冲积中～细砂层	5.89×10^{-5}	0.30～0.35
第 9 层（$Q_3^{al} - I$）	冲积含块石砂卵砾石	1.14×10^{-3}	0.20～030
第 10 层（$Q_2^{fgl} - V$）	冰水积含块石砂卵砾石层	1.14×10^{-3}	0.20～030
第 11 层（$Q_2^{fgl} - IV$）	冰水积含块石砾砂层	1.70×10^{-4}	0.25～0.30
第 12 层（$Q_2^{fgl} - III$）	冰水积含砾中细砂层	3.26×10^{-5}	0.35～0.45
第 13 层（$Q_2^{fgl} - II$）	冰水积含块石砂卵砾石层	8.35×10^{-5}	0.30～0.35
第 14 层（$Q_2^{fgl} - I$）	冰水积含块石砾砂层	2.50×10^{-5}	0.30～0.40

7. 渗透变形破坏形式

根据覆盖层渗透性分析，坝址区覆盖层各岩（组）主要以中等透水为主，表部第 2 层含漂石砂卵砾石层为强透水，允许坡降为 0.1～0.2；中下部的第 8 层、第 12 层及以下岩（组）为弱透水，允许坡降为 0.3～0.45；其他各岩（组）均为中等透水。在上下游水头差的作用下，第 2 层含漂石砂卵砾石层、第 1 层块碎石土层、第 3 层砂卵砾石层、第 7 层冲积含块石砂卵砾石层、第 9 层冲积含块石砂卵砾石层及第 10 层冰水积含块石砂卵砾石层等岩（组）的渗透变形形式主要为管涌型渗透破坏；第 5 层堰塞湖相粉细砂层、第 6 层冲积含砾中细砂层及第 8 层冲积中～细砂层岩（组）的渗透变形形式为流土型渗透破坏。坝址区覆盖层整体渗透稳定性差。

2.4 几个应关注的问题

2.4.1 关注地层连续性及架空问题

我国深厚覆盖层具有成因复杂、分布厚度变化大、结构差异显著、组成成分复杂等特征。有杂乱型堆积、层状韵带分布等不同形式，给沉降、渗流控制带来很大的难度。比如采用半封闭式联合防渗体系技术时，由于各分层土空间分布上往往均在厚度上的变化，甚至出现局部缺失的现象，因此应重视相对不透水土层的连续性、空间上的变化。在多布水电站工程中，采用了悬挂式防渗墙，充分利用坝基下第 8 层相对不透水层作为防渗依托层；与此同时，在坝址河段上下游均进行了大量钻孔研究，对整个河段的覆盖层分布连续性进行了分析，确保防渗层插入的相对不透水层在空间上的连续分布，在施工过程中，通过施工抓斗抓取、钻孔、注水试验等多种手段复核，进一步保证该层连续分布、渗透系数在设计的小于 10^{-5} cm/s 范围，获得了良好的工程效果（任苇等，2017）。

对软弱架空地层进行处理是非常重要的，福堂、小天都等一系列水电站均采用了不同方案的地基处理，以满足地基承载力和沉降的要求，但工程实践表明，仅仅依靠各种原位、室内试验获得的指标来确定是否进行地基处理是不够的，还必须结合勘探过程中的野外经验，结合骨架颗粒含量、开挖、钻探情况综合判断，如《水闸设计规范》根据锹镐挖掘难易程度，钻探时钻杆、吊锤跳动剧烈程度以及孔壁稳定程度综合判断砂土密实度，作为是否采取地基处理的重要依据。岷江支流渔子溪河上的耿达水电站（刘世煌，2012）是对该问题重视不足导致止水撕裂的典型案例，该水电站闸坝持力层合理利用了承载力较大的第 5 层漂卵石层，该层厚为 10～28m，漂石直径一般为 0.8～2m，大者可达 4～6m，漂卵石成分以变余闪长岩为主，中等密实，因此设计认为不需要进行地基处理和沉降分析，没有采取地基处理措施。但由于没有重视该层局部架空现象，自 1988 年运行以来，各闸坝坝段均出现持续向下游水平变位和沉降变位，而非溢流坝段却向上游持续变位，2005 年实测 3 号泄洪闸室前排测点累计向下游变位 28.4mm，累计沉降 4.1mm，而相邻的 1 号非溢流坝持续向上游累计变位 -6.9mm，累计沉降 -0.6mm，从而 1 号非溢流坝和 3 号泄洪闸水平位移差 35.3mm，垂直位移差 4.7mm，由此造成门机轨道错开，止水撕裂。2010 年 6 月补充帷幕灌浆钻孔中发现该层分别有长 0.8m 和 0.3m 空洞，帷幕灌浆平均注浆量 196.4～632.8kg/m，可见其架空程度。

2.4.2 特别关注深基坑渗透稳定及承压水抗突涌问题

对于河床闸坝布置方案，一般不存在深基坑的问题，而对于河滩闸坝布置方案，往往需要开挖深基坑。如大渡河沙湾水电站，厂房坝段位于河床右侧深河槽范围内，覆盖层深度达近 70m，除具有典型的深厚覆盖层的工程特征外，工程地质和水文地质条件十分复杂。由于厂房基础面高程很低，在河床覆盖层内开挖并形成了深达 66m、截水面积约 72000m^2、仅围堰防渗墙范围内平面面积有近 20 万 m^2 的深大基坑（厂房深基坑），需经过 2 个汛期洪水的考验，工作条件复杂。沙湾水电站厂房深基坑开挖及施工过程中，由于深基坑大开挖造成的边坡渗透稳定问题十分突出，设计前期对厂房不同建基面高程即基坑开挖至 352m、360m 和 368m 高程等三种方案的渗流特性进行了计算分析和比较，基坑开挖至高程 368m 以上时，坡面没有出逸点，出逸边界（淹没）坡降值最大约 0.269，比允许值的 0.25 稍大，基本满足要求；而 360m 和 352m 方案在背水坡面上仍有出逸，其坡降值为 0.60 左右，需采取工程措施，但 360m 高程方案出逸边界范围相对较小。通过渗流敏感性计算分析表明：厂房建基面高程拟定为 368m 左右是切实可行的，考虑到厂房建基面高程为 360m 左右时，出逸边界范围较小，若保护措施得当，厂房建基面高程拟定为 360m 左右也是可行的。最终得出 368m 高程方案最佳、360m 方案可行、352m 高程方案处理难度较大的结论，为厂房建基面高程拟定提供了依据。同时在上述渗流计算分析及深基坑稳定性有限元计算分析基础上，结合沙湾水电站的具体情况，对深基坑边坡提出了保证渗透和边坡稳定的措施（吴越建等，2008）。

　　而多布水电站情况更为复杂，整个厂房及泄洪建筑物均建基于深厚覆盖层上，位于尼洋河原河床左侧深河槽范围内，河床覆盖层深度达 360m，形成了 14 层渗透性强弱交替、韵带分布的复杂超深厚特征，工程地质和水文地质条件十分复杂；由于原始地面在 3083m 高程，而厂房基础面大面建基高程为 3032.6m，局部齿槽高程为 3029.6m 和 3028.4m，最低点集水井底板建基面高程为 3025.4m，在河床覆盖层内开挖并形成了深度 50 余 m、开挖底面积约 24 万 m^2 的深大基坑。

　　对于多布水电站闸坝深基坑，应特别重视分析地下水补给条件，研究计算施工期基坑涌水量，预测建筑物施工各阶段地下水运动的动态变化，是否发生渗透破坏。计算表明，采取合理的围堰防渗措施后，基坑排水量仍然较大。一般的工程围堰布置是沿河道布置，同时在围堰体上进行防渗，而阶地部位不进行防渗。实际上，在深基坑条件下，阶地往往与河水相关性良好，基坑开挖后河水沿上下游向阶地补给，形成向阶地的绕渗。如西藏尼洋河多布水电站工程，左岸高阶地本身发育有向河道补给的地下潜水。因此，前期重点调查阶地与河水的补给关系，施工图阶段沿左岸阶地进行了补充钻孔，研究单位长度孔内水位降深，按照不同断面流速及过流断面，估算左岸阶地渗漏量，为基坑排水施工组织设计提供依据。经过总结，厂房深基坑开挖及施工过程中，由于深基坑大开挖造成的问题及分析处理主要包括边坡渗流稳定复核、基坑抗突涌稳定复核、高地下水影响下的基坑排水方案确定等方面。

2.4.2.1　边坡渗流稳定

　　多布水电站前期利用数值分析方法表明，河谷覆盖层的总渗流量约为 1.21m^3/s（10.5 万 m^3/d），且不会引起左岸开挖边坡的渗透破坏。但实际开挖发现，受降雨等多因素影响，抽排水量大于设计分析，导致左岸岸坡出现局部地面沉陷，由于及时进行了固结灌浆，沉降得到了有效处理；但同时表明，应重视施工期基坑抽排引起地面沉陷的研究。

　　河海大学在"大型基础降水及其诱发地层沉降控制技术与应用"研究中针对基坑降水一步到位会引起较大地层沉降的问题，基于降水进度与施工进度相匹配的工序降水理念（周志芳，2011），建立了基于沉降变形约束的基坑降水系统控制模型，即以不同工序施工过程中动态水位和周围环境对降水引发沉降变形的最低要求为约束条件，以源（汇）分布、强度为目标函数，抽水井设计参数为变量，建立系统控制模型，为工程降水主动控制地层沉降提供了一种新的思路和方法。该成果已应用于泰州长江公路大桥、润扬长江公路大桥、南京长江四桥、南京地铁、南京过江隧道、十里铺水电站、白鹤滩水电站、成都勘测设计研究院有限公司温江办公大楼地源热泵工程等重大工程。因此，对于水利水电工程大型深基坑，应参考河海大学研究成果，建立模型对施工地下水进行系统分析，确保施工期基坑及边坡稳定，为施工期抽排设施选取提供依据。

2.4.2.2 基坑抗突涌稳定复核

地质勘探表明，第8层［冲积中细砂层（$Q_3^{al}-Ⅱ$）］厚度为9.25~16.92m，下部存在第9~11层厚度较大的相对透水层。该层成为承压水赋存层，压力稳定水位为3044~3046m。基础面距离第8层（冲积中细砂层）顶面高程3010~3011m厚度21m，局部厚度仅16m。特别是由于需要进行灌注桩施工，桩深穿越该承压水顶板，必然将承压水释放，给桩基施工带来困难。

基坑抗突涌复核参考《建筑地基基础设计规范》（GB 50007—2001），当基础上部存在不透水层且不透水层下部赋存承压水层时（图2.4-1），基坑底抗渗流稳定性可按式（2.4-1）验算：

$$\frac{\gamma_m(t+\Delta t)}{P_w}\geq1.1 \tag{2.4-1}$$

式中　γ_m——透水层以上土的饱和容重，kN/m^3；

　　　$t+\Delta t$——透水层顶面距基坑底面的深度，m；

　　　P_w——含水层水压力，kPa。

经计算，多布水电站不透水层为粉细砂，比重约为2.65，孔隙比为0.55，计算饱和容重为20.6kN/m^3。将开挖基坑底面按3032.0m高程进行复核，抗渗稳定系数为20.6×（3032－3011）/（3046－3011）/10≈1.24；在开挖齿槽位置，底面高程为3028.4m，抗渗稳定系数为20.6×（3028.4－3011）/（3046－3011）/10≈1.02，考虑到该计算为简化计算，地下承压水位按最高计算，且局部计算安全系数虽然小于1.1，但也大于1，因此认为，基础底部抗渗稳定是安全的，实际

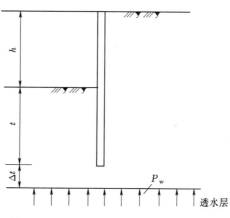

图2.4-1　基坑底抗渗流稳定验算示意图

开挖也印证了计算分析的合理性，整个基坑未出现大面积的渗流破坏。

2.4.2.3 高地下水影响下的基坑排水方案

由于多布水电站厂房基坑采用灌注桩＋旋喷桩的处理方案，桩长分别为25m、17m，灌注桩的施工必然穿透不透水层进入承压水层，造成承压水导出，加大基坑排水量，特别是造成灌注桩的无法施工。实际灌注桩施工中，由于地下水位较高，造成灌注桩施工过程中较易塌孔，严重影响了灌注桩的施工进度和施工质量。尽管采取灌注桩施工平台抬高至3046m高程的方案，在没有采取后续井点降水方案的情况下，仍然难以正常施工。

对于旋喷桩，虽然没有打穿该层，但由于顶板厚度不足，也出现地下水突涌现象。在试验孔开工且其中多个钻孔施工完成后，经测量孔内淤砂2~3m，经过反复扫孔仍有淤砂。即使采用清水将孔内淤砂冲出，在下设PVC管后起拔套管过程中仍出现PVC管与套

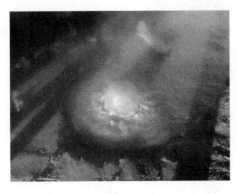

图 2.4-2 孔口涌水（套管在 22.5m 处）

管一起上升的问题，最终未成孔。或者出现拔管后的塌孔，以 X-28-875 号孔为例，钻孔完成时由孔口出现大量涌水现象（图 2.4-2），测量孔深无淤积，下设 PVC 管后起拔套管，13.5m PVC 管内涌水变小开始返砂；在起拔距地面 9m 时孔口塌陷，套管内无涌水距离套管上游侧 50cm 位置地面涌水，水柱高约 30cm，持续 1min 后拔管机及剩余套管下沉 90cm，待处理完毕后，塌陷出以孔中心为中心，直径 1.0m、深度 90cm 的一个坑洞。套管拔完后 PVC 管内细砂完全淤满。

1. 排水减压方案确定（李浩浩等，2013）

常规集水明排方案已经无法解决上述桩基施工的深部承压水问题。因此，必须采取井点降水的方案，由于一期基坑面积大、基础渗透系数大、需降水深度大，如果对其全部基坑采取井点降水，则需要布设的井点多，费用将非常高，经济上不尽合理；另外，发电厂房基坑高程比泄洪闸基坑高程低得多，真正施工难度在厂房。因此，将降水井布置在厂房基坑四周，解决发电厂房基坑范围内大部分涌水渗水，泄洪闸基坑及厂房剩余少量涌水渗水通过明排方式解决，厂房基坑井点降水平面布置示意图见图 2.4-3。

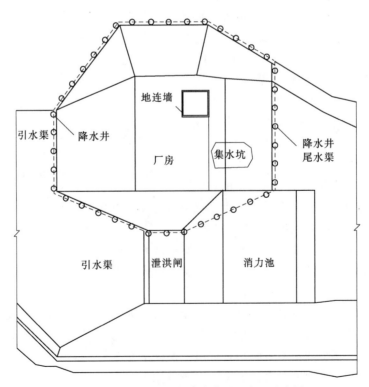

图 2.4-3 厂房基坑井点降水平面布置示意图

2. 基坑排水量估算

多布水电站基坑前期排水量计算利用数值分析方法，选取纵河向三个剖面 $A—A'$、$B—B'$、$C—C'$ 进行模拟计算。数值模拟结果显示：

（1）三个剖面中覆盖层位于表层的第2、第6岩组的水力坡降均超过允许坡降值的低限，具有发生渗透破坏的可能性。

（2）其余岩组水力坡降较小，小于其允许坡降，故不会发生渗透破坏。

根据数值模拟结果，三个剖面不同工况的单宽渗流量以及总渗流量见表2.4-1。

表 2.4-1　　　　　　　　　各剖面单宽渗流量及总渗流量

剖面	$A—A'$	$B—B'$	$C—C'$
单宽渗流量/$[10^{-3}\,m^3/(m \cdot s)]$	0.88～0.97	0.51～0.70	0.47～0.58
总渗流量/(m^3/s)	1.15～1.21	0.98～1.03	0.82～0.96

通过数值模拟，计算出三个剖面不同工况的单宽渗流量 $A—A'$ 为 $0.93 \times 10^{-3}\,m^3/(m \cdot s)$，$B—B'$ 为 $0.62 \times 10^{-3}\,m^3/(m \cdot s)$，$C—C'$ 为 $0.51 \times 10^{-3}\,m^3/(m \cdot s)$。根据三个剖面的单宽渗流量计算，河谷覆盖层的总渗流量取其较大者为 $1.21\,m^3/s$（10.5 万 m^3/d），覆盖层渗漏量为尼洋河平均流量（$538m^3/s$）的 2.25‰。

以上为前期计算成果，实际开挖施工过程中，受左岸山体地下水补给、桩基开挖过程中承压水的释放等影响，以及施工中存在围堰防渗墙封闭不严的问题，导致基坑渗水较计算值增大较多，施工过程中按照抽水试验、基坑明排抽水两种方法综合分析复核渗透系数，计算复核基坑面积内总渗水量。

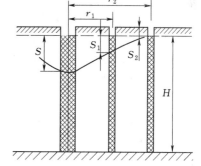

图 2.4-4　潜水完整井计算示意图

1）首先开展抽水试验，现场钻孔抽水试验按《水利水电工程钻孔抽水试验规程》（SL 320—2005），并按照该规范表 B-2 第 2 个公式（潜水完整井示意图见图 2.4-4）计算渗透系数：

$$k = \frac{0.732Q}{(2H - S_1 - S_2)(S_1 - S_2)} \lg \frac{r_1}{r_2} \qquad (2.4-2)$$

现场试验测得的数据为：$Q = 4800\,m^3/d$、$H = 25.65m$、$S_1 = 0.64m$、$S_2 = 0.41m$、$r_1 = 19.44m$、$r_2 = 39.07$，求得渗透系数 $k = 0.106cm/s$。

2）基坑明排抽水估算。基坑平均每天共24台水泵昼夜不停地抽水，每台水泵额定流量为 $460m^3/h$，效率按 85% 计，平均每天总抽水量约为 22.5 万 m^3。厂房基坑开挖现状为等效长 100m、宽度 70m，右岸地下水位从最初的 3054m 降至目前的 3034m，共降深 20m，有效含水层厚度取 40m，根据式（2.4-3）进行推演，得出 k 值约 129.5m/d。

$$k = \frac{1.366(2H_m - S)S}{\lg \dfrac{R}{r_1}} + \frac{6.28kSr_0}{1.57 + \dfrac{r_0}{m_0}\left(1 + 1.185\lg \dfrac{R}{4H_m}\right)} \qquad (2.4-3)$$

综合钻孔法和基坑明排两种方法，结合实践经验，渗透系数取 110.83 m/d≈

0.128cm/s。

3）基坑排水量估算。基坑总涌水量估算见表 2.4-2，发电厂房基坑长 225m、宽 135m，最低高程 3025.40m，地下实际静水位 3054.0m，为保证建基面处于干地施工，地下水位需降至 3024.40m，即最大水位降深为 29.6m。

表 2.4-2　　　　　　　　　　基坑总涌水量估算

有效含水层厚度 H_m/m	渗透系数 k /(m/d)	基坑水位降深 S/m	距不透水层距离 m_0/m	基坑长度 a/m	基坑宽度 b/m	影响半径 R/m	基坑等效半径 r_0/m	坑壁涌水量 Q_1 /(m³/d)	坑底涌水量 Q_2 /(m³/d)	总涌水量 Q/(m³/d)
40	110.83	29.6	10.4	225	135	3941.7	106.2	143898	76447	220344

由表 2.4-2 可以中看出，当地下水位降到设计水位时，基坑的日最大涌水量为 220344m³。

3. 井点降水实施方案

（1）单井抽水量的确定。每口井布置一台 250m³/h 潜水泵进行抽水，水泵运行效率取 90%，考虑到水泵故障或停电等原因，单井抽水量约 5250m³/d。

（2）井点数量及间距的确定。井点数量确定井点数量按式 $n=1.1Q/Q_单$ 计算，式中 Q 为基坑总涌水量，$Q_单$ 为单井抽水量，系数 1.1 为考虑到井点管堵塞、地层不均一等因素而取的 10% 备用系数，计算出厂房基坑四周降水井点 $n=46$。

井点间距确定：井点所围基坑周长为 670m，设计周边井数为 46 口，所以井点平均间距为 15m，考虑到基坑渗水点集中在靠山体侧，故靠近山体侧井点按 10m 布置，剩余井点数量均匀布置。

（3）降水井结构设计。沉砂管、过滤器和井管规格均选用加筋混凝土管，每节规格为内径 40cm、外径 47cm、长 4m。其中用作过滤器的混凝土管为带长条状进水孔的花管，其他为无进水孔混凝土管。过滤器采用在花管外包扎 2 层滤网（80 目纱网）制成。

滤砂层：井管周围有良好的滤砂层才能保证良好的抽水效果，为保证滤层有较大的渗透性，而滤层外围的地下水流速又不至于冲刷土层，砂滤料粒径与土层颗粒粒径需满足以下关系式：

$$(4\sim5)d_{15}<D_{15}\leqslant(4\sim5)d_{25} \tag{2.4-4}$$

式中　D_{15}——砂滤料粒径，约 1cm 大小，小于该粒径的颗粒占总重 15%；

　　　d_{15}——天然土颗料粒径，cm，小于该粒径的颗粒占总重 15%；

　　　d_{25}——天然土颗料粒径，cm，小于该粒径的颗粒占总重 25%。

为了满足进水量和减少含砂量，滤砂层填充宽度为 40cm。

降水井结构图：降水井底部设置沉砂管（4.0m 长），中间设置过滤器，上部设置井管（4.0m 长），井管周围填砂滤料，各井深度依实际地层情况确定。降水井结构参见图 2.4-5。

（4）降水井抽水设备：依据井管大小、单位时间涌水量、井深及排水高差等因素，每口井放置两台流量分别为 200m³/h 和 250m³/h、扬程为 40~55m 的深井潜水泵进行抽水。

（5）降水井施工。首先，进行测量放样，标定出各井位，打入木桩作为井位标记。

1）钻井施工平台形成：由于有些井布置在设计坡面上，机械钻井需要一个操作平台，因此，在钻井前先开挖或填筑出一个施工平台。

2）钻机就位：依据地层情况以及钻孔深度，采用旋挖钻机进行钻孔，依据测量放样的井位，钻机应保持垂直，倾斜度不大于井深的 0.5%。

3）钻井：由于该工程地层以细砂层和砂卵石层为主，土层颗粒粒径小，所以采用回转转进法钻进，钻进中如果遇到大孤石，换用冲击钻将其击碎，再采用正常钻进。钻井直径为 1.2m。钻孔同时加入护壁泥浆以固壁，泥浆材料选用膨润土，泥浆配合比满足相关规范要求。由于孔口部分的土层不够稳定，因此需在孔口安装一定长度的钢护筒以防止坍塌。钻进过程中应取样，记录土层分布成分和厚度等地质资料。钻井至设计深度后应检验井深及深井直径是否满足设计要求。

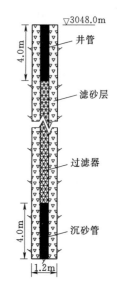

图 2.4-5　降水井结构

4）安装井管：先根据每口井钻井深度配好沉砂管、过滤管、井管，按次序编好号码，摆放在每口井旁边，破损、弯曲的不宜使用。检查钻孔深度，并核对地质报告中土层分布和现场钻井地质情况对比分析，有无较大差异，确保过滤管位置符合设计标高。按顺序将备好的沉砂管、过滤管、井管下放到孔中。各管之间采用焊接。井口处安放一个井架用于暂时固定井口下方管子，用吊车将第一根管子吊装到井架上安放平稳，然后吊下一根管子至于井口上方且与井架上的管子对齐，然后进行焊接，按要求焊接完成后，将这两根连接在一起的管子往井下下放，待上端到井架时再固定，依同样的方法完成其他管子的吊运、焊接、下放等工序。注意焊接时要保证管子周边密实，避免流砂从缝隙中流入井管而造成水泵故障及井底淤积等问题。为保证焊接有足够的强度，沿管壁均匀布置 4 根短钢筋，与上下两根管子焊接在一起。为了满足吊运和井架固定要求，在每根管子端头预先焊接好简易吊环和卡口。

5）填砂滤料：将备好的砂滤料均匀填至井口下 2～2.5m 位置，该深度待抽水后用一般黏土封口填实。注意在填砂滤料之前应先将井口封住，防止杂物掉进管内。

6）洗井：采用泥浆泵抽排浑水法洗井。将泥浆泵放入井中抽水，同时往井中不断注入清水，反复进行多次，直到抽出的水中含泥量满足规范要求为止。洗井应彻底，达到恢复原土的渗透性，保证井点降水效果。

7）水泵及抽排水管路系统安装：按设计及规范要求安装水泵、排水管线、配电箱等设施，遇到与施工便道交叉的地方采用掩埋方式穿过便道，埋设深度不低于 50cm。电缆线应确保绝缘胶无破损，以防漏电造成事故。每口井安装 2 台水泵，考虑到井径大小及水泵工作对周围水流影响，两台水泵按上、下竖向布置，间距 50cm 左右，用 $\phi 6mm$ 钢丝绳悬吊水泵于井里，钢丝绳端头固定井口。

为了保证降水连续运行不出问题，可采取的应急措施包括：备用一定数量的发电机和潜水泵，以防因停电或水泵故障而出现的问题。抽水运行过程中派专人进行值班，随时检查各井点运行情况，发现问题及时处理。

4. 基坑最低处厂房集水井施工

虽然按照以上方案，但厂房基坑集水井最低点距离井点较远、雨季水量增大等原因，该部位施工仍然存在很大难度。为确保防渗效果及开挖后基坑安全，施工地下水控制初拟两种方案：

（1）方案一（利用旋喷桩形成防渗墙）。该方案需要主要考虑的方面：①充分利用施工现场已有的施工设备，可以尽快投入施工；②结合实际地层情况，桩体底部均进入细砂层以起到隔离砂卵砾石层强渗水的作用；③利用多排旋喷桩联结形成具有一定强度的防渗体，确保基坑施工安全。

具体布置如下：因为右侧存在灌注柱及高喷桩，为减少总体工程量，因此该部位高喷墙采用单排孔；另外三面（上、下游及左侧）由于高差较大，布三排孔，孔、排距为0.5m，孔位布置采用梅花形布置。桩体顶高程为各结构物建基面高程，底高程均为3019m（进入细砂层）。采用该方案工序设置842根旋喷桩，桩长共12630m。

（2）方案二（灌注桩间增设旋喷桩形成防渗墙）。由于方案一桩体数量较多，为加快施工进度，减少投资，该方案主要考虑的方面：①充分利用施工现场已有的施工设备，可以尽快投入施工；②结合实际地层情况，桩体底部均进入细砂层以隔离砂卵砾石层强渗水；③适当减少较稳定侧的桩体数量，只对特别薄弱部位进行重点加强，同时利用多排旋喷桩联结形成具有一定强度的防渗体，确保基坑施工安全。

具体布置如下：由于右侧存在灌注柱及高喷桩，因此该部位高喷墙采用单排孔；下游开挖边坡为1:1，较陡，该部位布三排孔，孔、排距为0.5m；左侧及上游开挖边坡为1:1.5，布两排孔；两排、三排孔均采用梅花形布置，孔、排距为0.5m。桩体顶高程为各结构物建基面高程，底高程均为3019m（进入细砂层）。采用该方案工序设置673根旋喷桩，桩长共10095m。

最终实施采用方案二。实施效果表明，该方案有效保障了施工进度，但同时由于对左岸阶地地下水没有采取有效的截渗，基坑排水量大，施工中在厂房尾水左挡墙基础范围内（图2.4-6）出现了地面塌陷。随后范围逐渐扩大，并在左岸边坡也出现了几处不同程度的塌陷，最终采取砂砾石（或级配卵石）置换碾压、固结灌浆的方案，最终保证了工程安全。

通过采取以上井点降水，解决了旋喷桩施工问题，结合灌注桩施工平台抬高至3046m高程，成功解决了承压水条件下灌注桩的施工；另外，采用集水井旋喷成墙保证了最低位置厂房集水井的施工，最终辅以基坑明排抽水，全面解决了厂房及泄洪闸深大基坑富地下水的施工难题。

厂房基坑下游侧电磁沉降管（厂左0+017.85，厂下0+018.80）在安装后拔套管的过程中，第8层以下承压水由观测孔涌出，造成基坑涌水，形成局部管涌。现场采用砂砾石进行反滤压重处理，并对涌水点实施封堵灌浆由灌浆区域的四周开始，而后逐渐向内部缩小的逐层封堵工艺，最后在涌水点周围的第9层上部形成一个厚度不小于6m的封堵包，封堵住第9层的涌水。

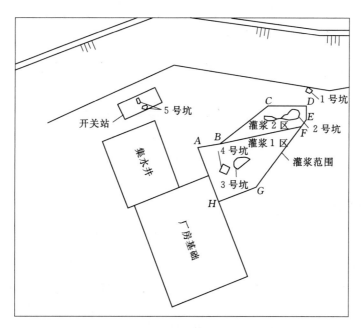

图 2.4-6 厂房下游地面塌陷示意图

综上所述,对于河滩闸坝布置方案形成的深大基坑,要特别重视地下水位带来的施工期边坡渗流稳定、基坑排水量估算、抗突涌复核、施工地下水施工控制等,加强前期勘探及方案模拟分析,同时实施方案中也要加强复核、持续关注其不利影响。

◎ 第 3 章

闸坝布置及结构设计

3.1 工程等别和设计标准

3.1.1 工程等别

混凝土闸坝从属于为了完成某一目标或多目标开发任务所建设的工程项目，按照《防洪标准》（GB 50201—2014），混凝土闸坝工程等别应按其所属工程的规模、效益及在经济社会中的重要性确定，然后再根据其所属工程的等别、作用和重要性等进行分级，闸坝工程所属项目工程的等别是确定混凝土闸坝级别和设计洪水标准的依据与基础，反映了工程防洪安全和结构安全的要求。

（1）发电工程的等别，应根据装机容量，按表 3.1-1 确定。

表 3.1-1　　　　　　　　　　发电工程的等别确定

工程等别	工程规模	装机容量/MW	工程等别	工程规模	装机容量/MW
Ⅰ	特大型	≥1200	Ⅳ	小型	<50，≥10
Ⅱ	大型	<1200，≥300	Ⅴ	小型	<10
Ⅲ	中型	<300，≥50			

（2）水库枢纽工程上的通航工程的等别，应根据其航道等级和设计通航船舶吨级，按表 3.1-2 确定。

表 3.1-2　　　　　　　　　　通航工程的等别确定

工程等别	航道等级	设计通航船舶吨级/t	工程等别	航道等级	设计通航船舶吨级/t
Ⅰ	Ⅰ	3000	Ⅳ	Ⅴ	300
Ⅱ	Ⅱ	2000	Ⅴ	Ⅵ	100
	Ⅲ	1000		Ⅶ	50
Ⅲ	Ⅳ	500			

注　1. 设计通航船舶吨级系指通过通航建筑物的最大船舶载重吨，当为船队通过时指组成船队的最大驳船载重吨。
　　2. 跨省Ⅴ级航道上的渠化枢纽工程等别提高一等。

（3）水库、拦河水闸、灌排泵站与引水枢纽工程的等别，应根据工程规模按表 3.1-3 确定。

表 3.1-3　　　　水库、拦河水闸、灌排泵站与引水枢纽工程的等别确定

工程等别	工程规模	水库工程	拦河水闸	灌溉与排水工程		
		总库容/亿 m³	过闸流量 /(m³/s)	泵站		引水枢纽
				装机流量 /(m³/s)	装机功率 /MW	引水流量 /(m³/s)
Ⅰ	大（1）型	≥10	≥5000	≥200	≥30	≥200
Ⅱ	大（2）型	<10，≥1	<5000，≥1000	<200，≥50	<30，≥10	<200，≥50
Ⅲ	中型	<1，≥0.1	<1000，≥100	<50，≥10	<10，≥1	<50，≥10
Ⅳ	小（1）型	<0.1，≥0.01	<100，≥20	<10，≥2	<1，≥0.1	<10，≥2
Ⅴ	小（2）型	<0.01	<20	<2	<0.1	<2

3.1.2　混凝土闸坝的级别

混凝土闸坝的级别，应根据其水工建筑物所属工程的等别、作用和重要性，按表 3.1-4 确定。

表 3.1-4　　　　　　　水工建筑物级别

工程等别	级别		工程等别	级别	
	主要建筑物	次要建筑物		主要建筑物	次要建筑物
Ⅰ	1	3	Ⅳ	4	5
Ⅱ	2	3	Ⅴ	5	5
Ⅲ	3	4			

（1）失事后损失巨大或影响十分严重的水利水电工程的 2～5 级主要永久性水工建筑物，经过论证并报主管部门批准，可提高一级，设计洪水标准相应提高；失事后造成损失不大的水利水电工程的 1～4 级主要永久性水工建筑物，经过论证并报主管部门批准，可降低一级。

（2）水库大坝的 2 级、3 级永久性水工建筑物，坝高超过规定指标时，其级别可提高一级，但防洪标准可不提高。

（3）当永久性水工建筑物基础的工程地质条件特别复杂或采用实践经验较少的新型结构时，对 2～5 级建筑物可提高一级设计，但防洪标准可不提高。

（4）平区水闸工程的级别，应根据其所属工程的等别按表 3.1-4 确定。山区、丘陵区水利水电枢纽中的水闸级别，应根据其所属枢纽工程的等别和水闸自身的重要性按表 3.1-4 确定。位于防洪（挡潮）堤上的水闸，其级别不得低于防洪（挡潮）堤的级别。

（5）与灌排有关的水闸级别，应按现行国家标准《灌溉与排水工程设计规范》（GB 50288—2018）的有关规定执行。

3.1.3 防洪标准

3.1.3.1 水库枢纽闸坝工程

（1）混凝土闸坝作为水库枢纽工程时，其防洪标准应根据其级别和坝型，按表 3.1-5确定。混凝土闸坝部分按照表 3.1-5 选定，混凝土闸坝两岸的副坝等应按照相应坝型选定。

表 3.1-5　　　　　　　　闸坝工程建筑物的防洪标准　　　　　单位：年（洪水重现期）

建筑物级别	水库枢纽工程					水闸、引水枢纽泵站工程	
	山区、丘陵区			平原区、滨海区			
	设计防洪标准	校核防洪标准		设计防洪标准	校核防洪标准	设计防洪标准	校核防洪标准
		混凝土坝、浆砌石坝	土坝、堆石坝				
1	1000～500	5000～2000	可能最大洪水（PMF）或 10000～5000	300～100	2000～1000	100～50	300～200
2	500～100	2000～1000	5000～2000	100～50	1000～300	50～30	200～100
3	100～50	1000～500	2000～1000	50～20	300～100	30～20	100～50
4	50～30	500～200	1000～300	20～10	100～50	20～10	50～30
5	30～20	200～100	300～200	<10	50～20	<10	30～20

（2）当山区、丘陵区的闸坝挡水高度低于 15m，且上下游最大水头差小于 10m时，其防洪标准宜按平原区、滨海区的规定确定；当平原区、滨海区的闸坝的挡水高度高于 15m，且上下游最大水头差大于 10m 时，其防洪标准宜按山区、丘陵区的规定确定。

（3）闸坝工程两侧如果采用土石坝，一旦失事将对下游造成特别重大的灾害时，1 级建筑物的校核洪水标准应采用可能最大洪水或 10000 年一遇洪水，2～4 级建筑物的校核洪水标准可提高一级。

（4）混凝土坝和浆砌石坝，洪水漫顶可能造成极其严重的损失时，1 级挡水和泄水建筑物的校核洪水标准，经过专门论证并报主管部门批准后，可采用可能最大洪水或 10000年一遇洪水。

（5）低水头或失事后损失不大的水库工程的 1～4 级挡水和泄水建筑物，经过专门论证并报主管部门批准后，其校核洪水标准可降低一级。

（6）规划拟建的梯级水库，其上下游水库的防洪标准应相互协调、统筹规划、合理确定。

3.1.3.2 水电站闸坝工程

（1）水电站闸坝工程挡水、泄水建筑物的防洪标准，应按表 3.1-5 确定。

（2）闸坝工程两侧建筑物中，存在厂房作为挡水建筑物时，其防洪标准应与主要挡水建筑物的防洪标准相一致。

3.1.3.3　水利拦河、挡潮闸坝工程

拦河水闸工程水工建筑物的防洪标准，应根据其级别并结合所在流域防洪规划规定的任务，按表3.1－5确定。挡潮闸工程水工建筑物的防潮标准，应根据表3.1－5中设计洪水标准确定，不设校核标准，对于挡潮闸1～2级建筑物，确定的设计潮水位低于当地历史最高潮水位时，应采用当地历史最高潮水位进行校核。位于防洪（潮）堤上的水闸，其防洪（潮）标准不得低于所在堤防的防洪（潮）标准。

3.1.3.4　灌排、供水闸坝工程

灌排、供水工程中调蓄水库的防洪标准，应按表3.1－5确定。灌溉与排水工程中引水枢纽、泵站等主要建筑物的防洪标准，应根据其级别按表3.1－5确定。

3.2　工程总布置要点

3.2.1　水电闸坝工程枢纽布置

工程实践经验表明，对于河道比降小的低水头、大流量的径流式电站，适合于采用河床式布置形式；而当河道比降较大时宜采用引水式布置。无论对于河床式还是引水式布置，当河床地质条件为深厚覆盖层且挡水水头不大时，均适宜采用混凝土闸坝作为枢纽建筑物。典型枢纽工程布置型式可分为河床闸坝布置、河滩闸坝布置两种方案，具体采用何种方案，应结合地形地质、水力学泄洪排沙、机组机型、施工及导流、工程占地、投资及效益分析综合比选确定。

3.2.1.1　河滩闸坝布置方案

这种布置方案的特点为：主河床作为一期导流，在滩地开挖建设泄洪闸、厂房等建筑物。近年来，对于这种中低水头闸坝工程，随着鱼类保护越来越受到重视，通常同时在滩地建设有鱼道、生态放水建筑物工程。工程实践表明，采用河滩闸坝布置方案时，由于厂房及泄洪闸均布置在河滩上，水力学条件稍差，主体工程开挖量也相对较大，但具有导流施工简便、利于提前发电、节约工期的优点，适宜用于河床式电站开发方案，布置特点分析如下。

1．临建工程量小

河滩闸坝布置方案一期导流采用原河床过流方式，二期导流直接利用建成的泄洪建筑物，导流、临建工程量大大减少。而河床闸坝方案一期在阶地开挖导流明渠并由其过流，施工主河床泄洪闸和引水发电系统；二期由主河床泄洪闸过流填筑导流明渠上的砂砾石坝。除开挖导流明渠程序复杂外，厂房边坡和明渠边坡之间的砂砾石坎体，渗透稳定问题处理突出，导流程序相对复杂、风险相对较大。二期上游围堰不能与坝体结合，导流工程费用总体比阶地布置方案高。

西藏尼洋河多布水电站设计中，对推荐坝线进行了河床闸坝布置、河滩闸坝布置两种方案比较后发现，前者临建工程投资27938万元，后者临建工程投资20630万元。同样，在黄河大河家工程设计中，上坝线采用河滩闸坝布置方案，临建工程投资7906万元，而下坝线采用河床闸坝布置方案，临建工程投资12560万元，即使在上坝线更长的条件下，河滩布置方案的临建工程投资依然具有较大优势。

2. 提前发电效益显著

由于河滩闸坝布置采用原河床过流方式，厂房发电建筑物在滩地直接开挖建成后，在原河床挡水坝建设至一定高度后，即可直接发电，相应总工期及首台机发电工期可以缩短。

西藏尼洋河多布水电站设计中，对推荐坝线进行了河床闸坝布置、河滩闸坝布置两种方案比较后发现，河滩闸坝布置方案，工程施工关键线路为：一期基坑开挖、基础处理→厂房施工→主河床截流→右砂砾石坝施工→后续机组安装、发电。工程施工总工期 44 个月，首批机组发电工期 43 个月，其中施工准备期 7 个月，主体工程施工期 36 个月，工程完建期 1 个月。河床闸坝布置方案，工程施工关键线路为：导流明渠的防护和开挖→主河床截流→一期基坑开挖→厂房施工→二期导流明渠上截流→砂砾石坝施工→首批机组发电→后续机组安装、发电。工程施工总工期 48 个月，首批机组发电工期 47 个月，其中施工准备期 9 个月，主体工程施工期 38 个月，工程完建期 1 个月。两个方案，投入资源、单位工作面施工强度等按同一级别安排工期，左岸阶地布置方案施工总工期和首批机发电工期，比主河床布置方案少 4 个月。

黄河大河家水电站工程设计中，通过方案比较发现，上坝线采用河滩闸坝布置方案，轴线全长 580.10m（不含坝肩防渗墙），施工总工期 46 个月，首台机组发电工期 40 个月。下坝线采用河滩闸坝布置方案，坝轴线全长 566.37m，施工总工期 36 个月，首台机组发电工期 30 个月；其余布置基于一致性原则，可以看出，即使在坝轴线长的上坝线，由于采用河滩闸坝布置方案，工期普遍提前 10 个月，因此，采用河滩闸坝布置方案，其提前发电效益是明显的。

3. 施工难度小

河滩闸坝布置方案无需在厂房、泄水闸之间设中间坝段，纵向导墙因为不单独挡水，体形可以简化，主体混凝土工程量相对较少。而河床闸坝方案导流纵向导墙需在枯水期施工完毕，一般来讲，导墙高度均在 60m 长度以上，高度在 20m 左右，同时要完成导墙基础加固处理、混凝土浇筑及迎水侧墙角防护等工作，施工强度大，工期紧。

可以看出，河滩闸坝布置方案对于河床式电站是非常适宜的，我国大渡河沙湾、黄河大河家、苏只、黄丰及西藏尼洋河多布水电站，均采用这种布置形式。

西藏尼洋河多布水电站：位于西藏自治区林芝市巴宜区多布村，工程主要任务为发电，同时兼顾灌溉。电站装机容量 4×30MW，年发电量 5.06 亿 kW·h，多布水电站水库正常蓄水位 3076m，属三等中型工程，采用河床式电站开发方式，工程枢纽建筑物沿坝轴线呈直线布置（图 3.2-1），从右向左依次布置有主河床土工膜防渗砂砾石坝、8 孔泄洪闸、2 孔生态放水孔、引水发电系统、左副坝、鱼道等建筑物。枢纽建筑物全长 609.2m，坝顶高程 3079.00m，鱼道沿枢纽左岸布置。工程基础均为砂砾石层及砂层互层，最大深度 359.60m，工程防渗采用悬挂式混凝土防渗墙结合右岸灌浆帷幕防渗，右岸灌浆帷幕水平向坝肩延伸 100m，左岸防渗墙向左岸坝肩延伸 80m，坝体防渗采用复合土工膜防渗。

大渡河沙湾水电站（刘世煌，2013）：位于四川省乐山市沙湾区葫芦镇河段，为大渡河干流下游河段梯级开发的第一级水电站，工程开发任务以发电为主，兼顾灌溉和航运。

图 3.2-1 多布水电站工程建成照片

水库正常蓄水位 432.0m，水库总库容 4867 万 m³。装机总容量 480MW，采用河床式电站开发方式，枢纽由左岸混凝土面板砂砾石坝、闸坝储门槽段、泄洪冲沙闸、发电厂房、右岸接头坝、尾水渠等建筑物组成（图 3.2-2）。枢纽工程全长 699.82m，右岸河床厂房坝段最大坝高 86.9m，建基于基岩，泄洪闸建基于软基，最大坝高 30.5m；左岸混凝土面板砂砾石坝最大坝高 22.5m，长 233.66m。

图 3.2-2 沙湾水电站工程建成照片

3.2.1.2 河床闸坝布置方案

这种布置方案是应用更为广泛、工程案例较多的布置形式，其特点为：采用在河滩阶地开挖形成一期导流明渠（一般布置软基闸坝修建导流洞条件较差），主河床建设泄洪闸、溢流坝等建筑物，两侧依次修建副坝等连接建筑物，部分工程建设有鱼道、生态放水建筑物工程。工程实践表明，河滩闸坝布置方案适宜与引水式电站开发方案，我国大部分低水头引水电站采用河床闸坝布置方案。

对于引水式电站，由于厂房与挡水枢纽分开布置，无须考虑提前发电的效益，采用河床闸坝布置方案的优势是显而易见的。

1. 水力条件优越、河道抗冲刷能力强

河床闸坝方案主河床建设泄洪闸、溢流坝等建筑物，进水、出水都与原河道天然地形一致，上下游连接顺畅，不需要修建过多的引水、尾水建筑物。

由于天然河床在长期的造床运动作用下，一般河床表面以漂卵砾石等抗冲能力强的岩层为主，因此河床闸坝方案，可充分利用天然河床的抗冲刷能力，减少引渠、下游河道布置海漫工程量。

四川宝兴、福堂水电站，均充分考虑了这一优势。宝兴水电站河床上部Ⅰ岩组中夹有大量的漂砾或孤石，上游铺盖长度约45m，下游采用抗冲耐磨的斜坡护坦与下游河道相连，不设置消力池，护坦顺水流方向长65m、厚2.5m，护坦下设反滤排水盲沟，护坦末端设钢筋混凝土防冲墙，墙深10m、厚80cm；护坦下游设25m长的钢筋笼海漫。福堂水电站上游铺盖长度仅35m。下游平底消力池兼做护坦，长度仅为80m。

2. 主体工程量小，需增加部分导流工程

河床闸坝方案直接利用主河床建设泄洪闸、溢流坝等建筑物，两侧按照地形修建副坝等建筑物，主体工程量小的优势是显而易见的。施工导流需要在滩地阶地开挖明渠。如果条件许可，可考虑隧洞导流进行比选。

如四川宝兴水电站，可行性研究阶段首部枢纽工程导流方式为隧洞导流方案，在招标设计阶段，从减少工程占地、回避导流洞施工可能存在的地质风险、加快施工进度等因素综合考虑，业主建议采用河床分期导流方案。经设计复核，该方案通过先开挖坝肩拓宽一期导流过水断面后，是可行的；采用分期导流方案的难点是基础覆盖层厚、纵向围堰防渗困难，采用悬挂防渗，工程量较大且渗水量较大，需增加大量的抽水设备。综合比较，虽导流工程投资略增加，但工程施工相对简单，便于业主现场管理。2005年12月，在业主组织进行的《四川华能宝兴水电站首部枢纽工程施工合同及招标文件》评审会上，确定首部枢纽工程采用河床分期导流方案。

国内部分深厚覆盖层上引水式闸坝工程见表3.2-1，以下选取典型工程主体进一步进行说明。

表3.2-1　　　　国内部分深厚覆盖层上引水式闸坝工程统计表

坝名	地点	修建时间	坝高/m	覆盖层厚/m	防渗方案	地基处理
福堂	四川岷江	20世纪70年代	31	92.5	防渗墙+短铺盖	混凝土置换、固灌、振冲
阴坪	四川火溪河		35	106.7		振冲处理
映秀湾	四川岷江		22.5	45		置换、固灌、沉井
小天都	四川瓦斯河		39	96		固结灌浆
太平驿	四川岷江		22.5	86	水平铺盖	

续表

坝名	地点	修建时间	坝高/m	覆盖层厚/m	防渗方案	地基处理
小孤山	甘肃黑河	2006 年	27.5	35	混凝土防渗墙	钢筋混凝土灌注桩
宝兴	四川宝兴河	2009 年	28	45	防渗墙	振冲处理
雪卡	西藏巴河	2009 年	22	55	水平铺盖	
鲁基厂	云南普渡河	2008 年	34	42		固结灌浆、基础置换
江边	四川九龙河	2011 年	32	109	防渗墙+短铺盖	固结灌浆
锦屏二级	四川雅砻江	2012 年	34	42		振冲处理
吉牛	四川革什扎河	2014 年	23	80		高压旋喷灌浆
自一里	四川火溪河		20.0	79.95	水平铺盖悬挂式防渗墙	混凝土置换、固灌
黑河塘	四川白水江		21.5			混凝土置换、振冲
金康	四川金汤河		20.0	>90.0		振冲
南桠河Ⅲ级	四川南桠河		21.0	28.0	混凝土防渗墙	固灌
金沙峡	青海大通河		34.2	82	水平铺盖	
吉鱼	四川岷江干流		20.65			
铜钟	四川岷江干流		26.7			
姜射坝	四川岷江干流		21.5			
薛城	四川杂古脑		23.5			
渔子溪	四川渔子溪		27.8			
耿达	四川渔子溪		31.5	55.7	防渗墙+短铺盖	后期高压旋喷

（1）江边水电站：位于九龙河干流下游河段，是梯级开发的第五个梯级电站，也是该河段最后一级电站，为引水式电站，电站装机容量为 330MW。江边水电站枢纽主要由首部拦河闸、引水系统和发电系统三大部分组成，是一座以发电为主的低闸高水头引水式电站。水库正常蓄水位为 1797m，死水位 1789m，日调节库容 906 万 m³。拦河闸坝自左至右依次为左岸混凝土挡水坝段、冲沙闸段、泄洪闸段、右岸混凝土挡水坝段和右岸岸坡黏土心墙堆石坝段，见图 3.2-3。坝顶全长 179.10m，坝顶高程 1799.50m，最大闸坝高 32m。

根据坝址地形地质条件，施工导流分三期进行施工：第一期在右岸的滩地上修建导流明渠；第二期在主河床上修建上下游横向围堰，在围堰的保护下干地修筑左岸永久水工建筑物，由右岸已建导流明渠过流；第三期为明渠坝段封堵施工（刘得田，2010）。

（2）阴坪水电站（唐海北等，2011）：位于四川省平武县境内的涪江一级支流火溪河上，为火溪河水电梯级开发的最后一级，采用低闸引水式，总装机容量 100MW。首部枢纽建筑物从左到右由左岸挡水坝、2 孔泄洪闸、1 孔冲沙闸段和右岸取水建筑物等组成。坝顶高程为 1249.5m，轴线长 147.5m，坝高 14～29.5m；泄洪、冲沙闸最大闸高 35m，闸结合护坦左边墙作为明渠右边墙进行导流。下游设置护坦和防护段护坦，长 50m。

根据工程的实际情况采用分期导流方式（图 3.2-4），分三个阶段：第一阶段为导流明渠施工阶段，导流建筑物为新填筑的纵向围堰，在其挡水后由束窄的河床过流；第二阶

图 3.2-3　江边水电站工程建成照片

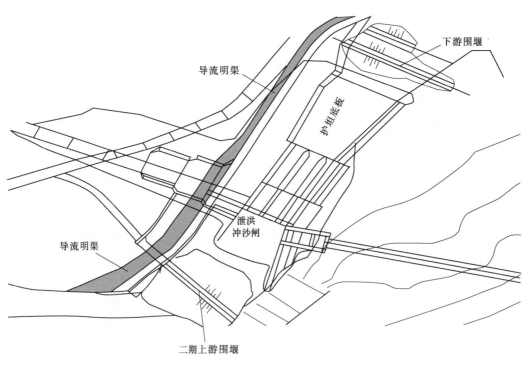

图 3.2-4　阴坪水电站工程导流明渠布置示意图

段为冲沙闸、泄洪闸施工阶段,由二期上游横向土石围堰和下游横向土石围堰围成基坑导流,导流明渠水;第三阶段由明渠封堵围堰挡水。由三孔泄洪冲沙闸过水,其中一期和二期均采用全年导流方案，三期采用枯期导流方案。

3.2.2 水利闸坝工程枢纽布置

水利闸坝工程是更为传统的水利工程设施，从都江堰开始，即作为我国农业水利基础设施，发挥了巨大的作用。中华人民共和国成立以来，我国修建了数万座水利闸坝工作，特别是在长江、淮河流域，为了实现灌溉、防洪排涝、航运等综合效益，修建了大量水利闸坝。近年来，随着城市景观需求的增大，出现了液压坝、气盾门、翻板门、橡胶坝等一批新型挡水低坝，进一步丰富了闸坝的种类。总体来讲，水利闸坝工程是一种低水头挡水兼泄水的水工枢纽，依靠可以升降启闭的闸门控制水位、调节流量，在防洪、灌溉、排水、航运、景观等应用得十分广泛。按照水闸在水利工程中所起的作用，可分为拦河节制闸、进水闸、分洪闸、排水闸和冲沙闸几种类型。

（1）拦河节制闸。节制闸一般在主河道拦河兴建，用来控制和调节河道景观、防洪用水位和流量，枯水时期拦蓄水量、抬高水位、调节流量；洪水时打开闸门、宣泄洪水、控制洪峰。闸门型式可以是平板或弧形钢闸门，也可以采用液压坝、气盾门、翻板门、橡胶坝。

（2）进水闸、分洪闸。进水闸通常根据灌溉、景观、供水等用水量需求，在河道、湖泊或水库岸边建闸引水，下游连接引输水渠系建筑物。分洪闸建设目的在于：在天然河道开辟分洪道分泄洪水，以解决特大洪水面宣泄能力不足问题，此时需要在分洪道口建分洪闸控制。分洪闸在一般情况下关闭，特大洪水时开闸泄洪。另外，我国黄河下游为了防止冬季冰凌阻塞而建排冰闸，实质上也是分水的作用。

（3）排水闸。排水闸在长江、黄河下游易涝地区应用广泛。通过合理调度，排水闸一方面用来排泄江河两岸的积水，另一方面防止江河洪水倒灌，有时也起到蓄水和引水的作用。建造在沿海地区出海口处的挡潮闸，涨潮时关闸挡潮，退潮时则开闸排水，也是一种排水闸。

（4）冲沙闸。冲沙闸用来排除进水闸或拦河节制闸的淤积泥沙，减少引水水流的含沙量，是多泥沙河道闸坝工程的重要组成部分。

水利闸坝工程一般采用河床闸坝布置，以下选取典型工程进行说明。

3.2.2.1 樊口大闸（罗小杰等，2001）

樊口大闸位于湖北省鄂州市，承担着抵御长江洪水及排除梁子湖流域内涝的双重任务。樊口大闸由11孔排水闸、1座100t级船闸和汽-13t级公路桥组成。工程任务以排水、防洪为主，兼顾航运、交通、供水。设计排水流量1050m³/s，其中水闸820m³/s，船闸230m³/s。水闸设平板钢闸门，采用2×400kN移动式卷扬机启闭。樊口大闸是长江中游粑铺大堤上一座大型穿堤建筑物，运行多年后出现了很多病险情，如设计标准偏低、基础渗漏、建筑物混凝土开裂、河床冲毁等。为此，2000年冬季至2002年夏季汛前实施了大闸加固工程，以提高樊口大闸的防洪标准，消除该闸在运行过程中的各种隐患，并新增引江灌溉功能，以解决内湖旱情。工程主要建筑物为1级建筑物，排水闸下游消能工、左岸连接段土坝、翼墙等为2级建筑物。通过采取加重闸室、增设防渗帷幕、新建消能防冲设施、新建启闭机房、更换闸门及其启闭设备、混凝土裂缝补强、混凝土碳化处理、船闸内湖侧增加消力池等措施，防洪标准提高到抵御长江百年一遇设计洪水。

3.2.2.2 高港枢纽闸站工程

高港枢纽闸站工程位于江苏省泰州市高港区口岸镇西北约 3km 处，是泰州引江连接长江的控制性建筑物，由泵站、节制闸、调度闸、送水闸和船闸组成，工程等别为Ⅰ等，主要建筑物为 1 级。高港枢纽闸站工程自流引江水 600m³/s，泵站可抽引江水 300m³/s，反抽里下河涝水 300m³/s。高港枢纽节制闸兼具引水灌溉和挡洪功能，设计流量为440m³/s，闸室型式为胸墙式水闸，底板为整体式平底板低堰结构，闸门采用弧形钢闸门，出水侧采用消力池底流消能，工程于 1999 年 9 月建成，至今运行正常。

枢纽工程采用闸站结合的布置方式，节制闸和泵站之间采用导流墙进行分流。节制闸闸孔总净宽为 50m，共 5 孔，每孔净宽 10m；分 2 块底板，一块为二孔一联，另一块为三孔一联。闸室垂直水流向总宽 59m，顺水流向底板长 31.90m，底板厚 2m，底板顶面高程为 -6.35m。在闸门底板设置高 0.85m 梯形宽顶堰。根据挡水及布置要求，节制闸下游闸顶高程为 9.00m，上游闸顶高程为 4.00m。节制闸布置在泵站西侧，在节制闸与泵站交界处，上下游各设置 42m 长的导流墙，对调整闸站分流比、改善水流条件起到了关键作用。

3.2.2.3 渭河咸阳橡胶坝工程枢纽布置及实践（宁少妮，2017）

咸阳城区段渭河综合治理工程位于渭河咸阳市城区段。工程的主要任务是在不影响河道原有功能的前提下，疏浚整治河道，利用部分河道蓄水；平整两侧滩地，为绿化美化景观工程建设创造条件。

工程区地震基本烈度为Ⅶ度。主要建筑物位于河漫滩及一级阶地，地形平坦，地层为第四纪冲积层，地质结构简单，岩性以中细砂层、粉质黏土为主。该工程蓄水量 240 万m²，每年需要补水 240 万 m³，最大月补水量 24.40 万 m³。

该工程为Ⅳ等工程，橡胶坝、中隔墙、南北护岸、泵房和水池等主要建筑物级别为 4级，导流潜坝等次要建筑物级别为 5 级，咸阳城区段堤防间距不小于 600m，将河床断面设计成复式断面，主河槽宽 500m 为主要行洪断面；两侧滩地平均宽度约 100m，大洪水时参与泄洪。工程治理范围段全长约 4.60km。主河槽宽度 500m，采用清浊分流理念，泄洪蓄水渠为浅槽长 4628m、宽 260m，槽内蓄水深 0.50～3.50m。泄洪浑水渠为深槽，长 4694.94m、宽 240m、深 4.60～4.80m，塌坝流量 2800m³/s。当河道来水流量超过2800m³/s，泄洪蓄水渠橡胶坝全塌，全河槽行洪。

工程设首尾两道橡胶坝。第一道橡胶坝位于上游泄洪蓄水渠首，1 号橡胶坝主坝坝高 3.30m；泄洪浑水渠首为 1 号橡胶坝副坝，坝高 3m。第二道橡胶坝即 2 号橡胶坝，位于工程区下游泄洪蓄水渠尾部，坝高 3.50m。首尾橡胶坝相距 4628m。1 号主坝和 1号副坝共用一个储水池和泵房，布置在南岸堤线外侧；2 号橡胶坝的充排水房及蓄水池位于北岸防洪堤外的古渡公园内，储水池利用古渡公园人工湖（东明湖）。该工程挡水、泄水建筑物采用充水枕式彩色橡胶坝，锚固型式为模块挤压式和螺栓压板式，均采用双错线布置。

中隔墙为蓄水渠与浑水渠的分隔墙，全长 4694.94m，采用钢筋混凝土箱形结构，顶宽 4.60m，箱壁厚 0.40m，底板厚 0.50m，趾板厚 1m，墙高 5.60～5.80m，底宽 7m。底板下两道防渗、防冲墙，采用 C10 混凝土机械造墙，墙厚 0.40m，墙深 6～10m。

橡胶坝的充水和排水采用同一套管路系统，通过闸门的切换来实现充排水功能。同时，专设集中控制室，对3座橡胶坝上下游的水位、坝袋压力、水泵启停、阀切换进行集中监视和控制，并实现自动控制和保护。

该橡胶坝工程于2005年6月底建成投运。

3.2.2.4 气盾闸工程枢纽布置及实践

气盾闸即利用钢闸门门叶挡水，由气压提供动力充排气袋实现控制钢闸门门叶的启闭。气盾闸系统由钢闸门、气袋、埋件、空压系统和控制系统组成。利用空气压缩原理，通过气袋充气与排气，使钢闸门升起与倒伏，以维持特定的水位高度，并可在设计水位内实现任意水位高度的调节，且允许闸顶溢流。闸门倒伏时，门体全部倒卧在河底，可高效泄水，不影响景观和通航。闸门升起时，可以蓄水，超过设定水位时，可形成溢流景观。气盾闸典型结构见图3.2-5。

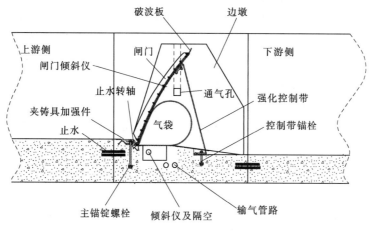

图3.2-5　气盾闸典型结构

气盾闸目前挡水高度一般在3m左右，国内实际工程中最高的为8m，宽度目前国内最大单孔跨度为90m；适用于平缓、淤积不严重、沉降小等水文地质条件的河床，基本不受漂浮物影响，可快速放坝；当水位超过系统设定值（可根据要求设定）时，可实现PLC远程控制自动放坝。如发生意外可用辅助发电机或手动放坝。图3.2-6为某气盾闸工程下游照片。

闸门分节数量应根据实际单跨宽度、挡水水头等进行综合考虑，尽量布置为一种宽度，这样的优点是各个部件具有可替换性，方便施工安装及仓库保管。

气袋数量主要由闸门分节数量确定，气袋宽度大致等同于闸门分节宽度，选用气袋主要

图3.2-6　某气盾闸工程下游照片

考虑水压的水平推力,根据闸门挡水高度选择单气袋或双气袋。气袋目前做法主要是通过锚栓及压板固定,因此对于底板混凝土底板厚度要求相对最高。

目前气压系统的布置均将控制阀组放置在泵站内,对于控制阀组放置位置及对维护检修等因素的影响需要综合考虑。

该工程特点如下:

(1)投资。气盾闸目前核心部件为气袋、止水复合橡皮,有国产和进口2种。由于采用的工艺和材料不同,使用寿命相差较大,造价相差也较大。无论是国产还是进口的造价均高于液压闸和钢坝闸。

(2)结构坚固可靠,抗洪水冲击能力强。该坝坝面升起后,形成稳定的支撑墩坝结构,力学结构科学。不在河中设置支撑墩等任何阻水物体,活动坝面放倒后,排漂浮物效果好。

(3)系统布置。气管系统较复杂,预埋件多且精度要求高。

(4)维护管理。由于气管系统布置于门后河床内,气管系统出现泄漏维护比较困难,更换气袋按目前通用做法也比较困难。

以渭河杨凌气盾坝工程为例来进一步说明。该工程位于渭河中游干流,漆水河入渭河上游,是渭河杨凌示范区河道水面及滩面整治工程的控制工程,是中国西北地区最长的拦河气盾坝。其主要任务是在保障渭河防洪安全的前提下,对工程区河道进行综合整治。气盾坝蓄水后,渭河杨凌段已新增水域面积2524亩,形成3.8km的回水长度,具有汛期防洪和营造城市生态蓄水景观、改善城市区域水生态环境、提升城市生活品质的功能,服务于"将渭河打造成关中最大的生态园,最美的景观长廊"的总体治理目标。工程内容主要包括气盾型闸坝、左右两岸护滩、河道疏浚及泵站等。工程属于Ⅳ等小(1)型;主要建筑物4级,次要建筑物均为5级。主体工程为5孔气动盾型闸坝,挡水高3m,闸室段过流面高程为435.50m,工程于2017年9月8日建成蓄水(杨珂等,2018)。图3.2-7为渭河杨凌气盾坝工程建成后过水泄洪情况。

(a)枯水期　　　　　　　　　　　　　　　(b)丰水期

图3.2-7　渭河杨凌气盾坝工程建成照片

根据渭河杨凌示范区河道水面及滩面整治植绿工程实际情况,5孔气盾型闸单孔闸坝过流宽度90m,5孔合计宽度达450m,受工程实际条件制约,只能在一侧布置泵站,最

远端闸门距离泵站位置超过 1000m。工程单孔
采用 15 节闸门和 15 个气袋，每节闸门高 3m、
宽 6m，每节闸门配置一个气袋，气袋宽
5.75m。充排气管采用 φ50 不锈钢管道，每跨
离控制室最远的一个气囊用一根管控制，其余
每一根充气管道控制两个气囊；单跨共设置 8
根不锈钢管道，总共设置 40 根不锈钢管道。

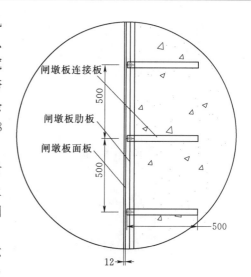

图 3.2-8 杨凌气盾坝侧止水布置
（单位：mm）

该工程闸墩处采用高密度聚乙烯板与水封
配合作为侧止水（图 3.2-8），并在聚乙烯板上
设置肋板。肋板主要作用是和钢板连接，起到
固定高密度聚乙烯板作用。

该工程特点是固定转角水封和固定气袋不
采用同一排锚栓，采用上游侧锚栓固定转角水
封，下游侧锚栓固定气袋的布置方式。此种布
置的优点是如气袋损坏可以在不做围堰的情况

下在下游处理更换气袋。其缺点是气袋的受力情况比固定在上游侧要差，受力条件相对不
好，增加施工难度及安装工作量。

3.2.2.5 液压坝工程枢纽布置及实践

液压闸即利用钢闸门门叶挡水，由液压系统提供动力实现控制钢闸门门叶的启闭。

液压平板坝主要由门叶、底水封、侧水封、液压动力站等组成。坝体是由多个三角支
撑旋转钢闸门（钢闸门门叶、底支铰座、支撑杆、液压杆、锁定装置）组成。液压缸布置
在门叶的背部，通过用液压缸直顶门叶，门叶绕底部轴旋转，实现升坝拦水，降坝行洪的
目的。液压闸工程实例见图 3.2-9 和图 3.2-10。

图 3.2-9 液压闸工程实例一

图 3.2-10 液压闸工程实例二

目前活动拦水高度一般在 3m 左右。跨度受液压管路压力损失影响不宜过长，否则应通过设备或增加管径等方式进行处理。适用于河道比降平缓、淤积不严重、沉降小的河床条件；基本不受漂浮物影响，可实现拦水高度 1~6m，快速放坝，当水位超过系统设定值（可根据要求设定）时，可实现 PLC 远程控制自动放坝，如发生意外可用辅助发电机或手动放坝。

闸门分节数量应根据实际单跨宽度、挡水水头等进行综合考虑，尽量布置为一种宽度，这样的优点是各个部件具有可替换性，方便施工安装及仓库保管。

液压缸数量主要由闸门分节数量确定，具体液压缸的布置位置在宽度方向应通过计算，减少门叶悬臂长度及在简支距离中寻找合理的平衡点。在高度方向上应结合实际水工体型，以充分利用混凝土底板垫层厚度为宜。

液压系统的布置目前均将控制阀组放置在泵站内，主要考虑维护检修便利性、投资等因素的影响。

该工程特点如下：

（1）投资。坝面采用钢筋混凝土结构，基础上部的宽度只要求与活动坝高度相等，因此，工程坝面部分成本较低。总成本只有同等规格的气盾挡水闸约 1/3。

（2）结构坚固可靠，抗洪水冲击能力强。该坝坝面升起后，形成稳定的支撑墩坝结构，力学结构科学。不在河中设置支撑墩等任何阻水物体，活动坝面放倒后，排漂浮物效果较好。

（3）系统布置。液压系统较为复杂，预埋件多，要求精度高。

（4）维护管理。液压缸出现故障维护及更换相对方便，但由于液压管路布置于门后河床上的混凝土底板内，液压管路出现泄漏修理较为困难。

以中国电建集团西北勘测设计研究院有限公司延安市延河综合治理项目为例，结合河道沿岸情况及景观设计规划，工程沿河设置三道闸坝筑坝成湖，分别为：1 号（槐里坪）人工湖、2 号（张家园子）人工湖、3 号（翠屏山）人工湖。整治后湖区河道平均比降为 2.8‰，湖面长度为 900～1350m，水面宽度为 30～80m，3 座人工湖均在主河槽内蓄水。

1 号（槐里坪）人工湖：桩号延 2+519.00～延 3+870.00m，坝体采用液压活动坝，坝体长度 60m，设计湖底纵坡 1.44‰～2.99‰，规划设计坝底高程为 787.63m，坝顶高程 790.63m，坝高 3.0m，湖区长度约 1350m，规划设计水域面积约 90 亩。

2 号（张家园子）人工湖：桩号延 4+740.00～延 6+080.00m，坝体采用液压活动坝，坝体长度 78m，设计湖底纵坡 2.62‰，规划设计坝底高程为 782.82m，坝顶高程 785.82m，坝高 3.0m，湖区长度约 1340m，规划设计水域面积约 80 亩。

3 号（翠屏山）人工湖：桩号延 6+115.00～延 7+025.00m，坝体采用液压活动坝，坝体长度 66m，设计湖底纵坡 2.47‰，规划设计坝底高程为 780.49m，坝顶高程 782.49m，坝高 2.0m，湖区长度约 900m，规划设计水域面积约 70 亩。

该工程闸门型式的选择主要根据工程的地质条件，经方案比选后采用液压闸。上述三个位置的闸门跨度均比较大，分别为 60m、66m、78m。

3 号（翠屏山）人工湖的 66m 跨度液压坝采用 11 扇单节宽度为 6m 的闸门组成，每扇闸门采用 2 个液压缸，共布置 22 套液压缸。对于单节宽度 6m 的闸门，单个液压缸布置在距离中心 1.15m 处，闸门门叶的底铰座布置在距离宽度中心 1.5m 处。建成后照片见图 3.2-11。

图 3.2-11　建成蓄水的 3 号（翠屏山）人工湖液压坝效果

液压缸采用伸缩式双液压缸。采用伸缩式双液压缸的优点是可提高力臂，减小液压机的容量，对于基础要求相对单缸要求低，整体布置紧凑、美观；缺点是造价比单缸高。闸门总布置图见图 3.2-12，闸门底铰座固定锚杆埋深 90cm，为保证埋设位置的精度，采用二期混凝土浇筑。在闸墩处设不锈钢 10mm 的贴板，对贴板的垂直度和平面度均有要求，以达到闸门与混凝土墩接触面不漏水或少漏水。

3.2.2.6　翻板坝工程枢纽布置及实践

翻板闸门主要指水力自控翻板闸门（图 3.2-13），其工作原理是杠杆平衡与转动，具体来说，水力自控翻板闸门是利用水力和闸门重量相互制衡，通过增设阻尼反馈系统来

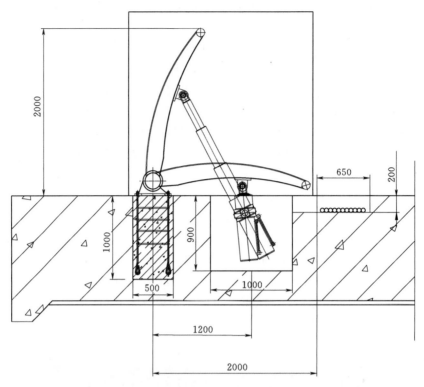

图 3.2-12 闸门总布置图（单位：mm）

图 3.2-13 某已建翻板闸门工程实例

达到调控水位的目的：当上游水位升高则闸门绕"横轴"逐渐开启泄流；反之，上游水位下降则闸门逐渐回关蓄水，使上游水位始终保持在设计要求的范围内。当上游来流量加大，闸门上游水位抬高，动水压力对支点的力矩大于门重与各种阻尼对支点的力矩时，闸门自动开启到一定倾角，直到在该倾角下动水压力对支点的力矩等于门重支点的力矩，达到该流量下新的平衡。流量不变时，开启角度也不变。而当上游流量减少到一定程度，使门重对支点的力矩大于动水压力与各种阻尼对支点的力矩时，水力自控翻板闸门可自行回关到一定倾角，从而又达到该流量下新的平衡。

水力自控翻板闸门是我国水利工程技术人员历经40多年的艰苦奋斗研发出来的，并拥有完全自主知识产权的一种节能、环保型闸门。自20世纪60年代初第一代水力自控翻板闸门诞生，先后经了横轴双支铰型、多支铰型、滚轮连杆式和滑块式水力自控型四个发展阶段。近年来也出现了一种液压控制翻板门，除水力自控外，也可以实现根据需要通过液压控制。自1982年以来，第三代滚轮连杆式闸门便开始广泛应用。特别是1990年以来，广大工程技术人员刻苦钻研、反复实验，从理论到水工模型实验，再到工程实践，近几年终于设计研发出第四代新型滑块式翻板闸门。该闸门无论是技术设计、生产工艺，还是使用性能，均产生了质的飞跃。

1. 发展历程

从技术角度上来讲，翻板闸门发展过程中有几个明显的进步。

（1）1982 年初设计的面板铅垂水流方向的双支点滚轮连杆式闸门。

该种翻板闸门（图 3.2-14）采用双支点带连杆方式，在实际运行过程中，能基本满足工程需要。但不容否认，这种闸门还存在一些不足，主要是在某些水力条件下容易发生小开度振动拍打现象，虽然短期内不至影响到整个闸坝的安全，但长期的小开度振动拍打会导致翻板闸门底部和固定坝的疲劳破损，以致闸坝漏水严重，直至造成整个翻板闸坝工程的破坏。另外，其初启动水位较高、而回关水位偏低，难以满足用户的使用要求。

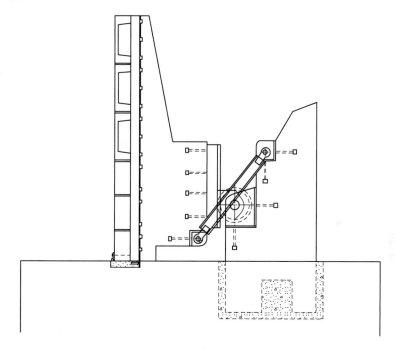

图 3.2-14　垂直挡水翻板闸门

（2）1983 年下半年设计的面板向下游有一定的预倾角度的滚轮连杆式闸门。针对面板铅垂的滚轮连杆式闸门存在的问题，做了如下几个方面的改进：

1）将翻板闸门改进成向下游预倾一个角度的型式（图 3.2-15），经过多次水工模型试验后发现，证明其能有效防止翻板闸门的小开度振动拍打现象，并使初始启门水位得以降低，关门水位得以提高。

2）门下堰顶设有一个斜坡式跌落，使门下的堰型由宽顶堰改造成为梯形断面实用堰，增大了流量系数，使上游洪水位低于采用其他形式的翻板闸门的情况，减少了淹没损失。

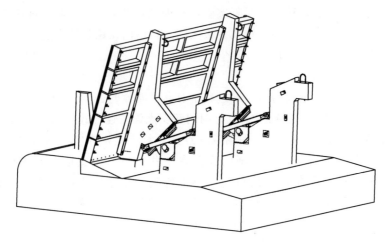

图 3.2 - 15　预倾角连杆滚轮闸门

3）在连杆长度及支铰位置、滚轮直径方面做多次修改和调整，运行更加准确可靠。而且翻板闸门的启门水位可以根据业主要求设计为高于正常水位 5～30cm 的任一值，设计成果与实际使用的水位差值可控制在 5cm 以内，一般只有 1～2cm。

4）在闸门前增设防护墩。防护墩可以有效防止上游来物撞击闸门及漂浮物堵在闸门支铰下造成破坏。

经近 40 年全国近 30 个省级行政区实例工程的运行证明，该种面板有预倾角的滚轮连杆式翻板闸门已相当成熟可靠，具有广泛推广应用的价值。

2. 工程特点

工程特点如下：

（1）原理独特、作用微妙、结构简单、制造方便、运行安全。

（2）施工简便、造价合理，投资仅为常规门的 1/2 左右。

（3）自动起闭，自控水位准确，运行时稳定性良好。管理方便、安全、省人、省事、省时、省力。

（4）门体为预制钢筋混凝土结构，仅支承部分为金属结构。维修方便，费用低。

（5）能准确自动调控水位。在当前水资源短缺情况下，其合理使用和利用水资源有其独到之处。

以凤县城区翻板坝工程为例，该工程位于陕西省凤县嘉陵江河段上。嘉陵江发源于秦岭南坡陕西凤县境内北部的代王山，干流自东北向西南纵贯凤县全境。水力自控翻板坝在洪水来临时能够立即自动开闸泄洪冲沙，洪水末期时能够自动关闭蓄水，从而保障城市防洪安全，同时配套两岸防洪堤及排污渠的建设，以改善嘉陵江的水质，建设城市亲水平台和景观型河道。

拦河坝工程闸门正常蓄水位为 953.50m，共布置 16 扇宽 7m、斜高 3m 的水力自控翻板闸门。坝宽为 6.50m，坝长为 118m，中间加设三道墙，左右各 5.35m 宽的亲水平台（下设排污箱涵）与防洪堤连接。闸门下游侧设有检修工作桥。坝上游设置钢筋混凝土铺盖，坝踵上游侧设置混凝土截水墙，坝下游设置消力池、海漫与防冲槽，消力池底板下设置反滤体。根据国家《防洪标准》（GB 50201—94）和国家行业标准《城市防洪工程设计规范》（CJJ 50—92）的规定，城区防洪标准采用 30 年一遇洪水标准设计，安全加高值为 0.60m。

该工程主要建筑为拦河闸坝。拦河闸属Ⅲ等工程，主要建筑物以 3 级建筑物设计。闸门构造上采用全关时面板有预倾角度的滚轮连杆式翻板闸门。门体为组装式预制钢筋混凝土结构。面板上部为槽形板、下部为矩形板。面板的支承型式为双悬臂式。面板支承在支腿上，每扇门设两条支腿，其中心线间距等于闸门宽度的 0.55 倍，面板每边悬臂长度为闸门宽度的 0.23 倍。支腿将面板传来的力通过运转机构传递到钢筋混凝土支墩上。运转机构由滚轮、轨道、连杆等组成。

水力自控翻板闸坝工程建成后，当门前水位高于门顶 0.20m 时，闸门开始开启。随上游水位升高，闸门及时地自动调整并逐渐加大开度，以满足泄流量等于洪水来流量，泄洪、冲淤效果良好。在每次洪水末期，闸门都会自动、准确、及时地回关，拦截住洪水尾水。既减少下游洪水总量，减轻下游洪水威胁，在上游形成碧波荡漾的人工湖同时，从门顶越过的水流形成了非常壮观的人工瀑布。工程于 2006 年建成并投入使用，目前运行良好。

3.2.3 软基闸室结构型式

3.2.3.1 几种常见结构

水利水电工程泄洪建筑物一般分为深孔、表孔两种。深孔一般上游设置胸墙，兼有排沙、分期导流等作用；表孔超泄能力强，安全度高，而且中、小洪水运行方便，可提高枢纽工程泄洪的安全性和运用的灵活性，有时兼做排漂作用。按照闸门布置，表孔也可分为不设闸门或者加设闸门。但对于水站闸坝工程，从充分利用发电水头、灵活泄洪方面考虑，一般均在表孔加设闸门。闸门型式也可分为平面钢闸门、弧形闸门等。弧形闸门由于支臂长，在开门过程中占用的闸室空间比较大，支铰受力集中，闸墩受力相对复杂；优点是闸墩厚度较薄，启门力小，可以封闭大面积的孔口，无影响水流流态和闸墩受力结构的门槽。平面闸门厚度小，上下升降，不会妨碍上部结构的布置，但闸门在高流速时易发生共振问题，相对弧形门闸墩厚度较厚，存在影响水流流态和闸墩受力结构的门槽。另外，翻版门、橡胶坝在水电站闸坝工程中应用较多，但常见于岩基工程，在软基水电闸坝工程较为少见。

闸室结构可根据泄流特点和运行要求，选用开敞式、胸墙式、涵洞式或双层式等结构型式。闸底板高程较高、挡水高度较小的水闸，可采用开敞式；泄洪闸或分洪闸宜采用开敞式；有排冰、过木或通航要求的水闸，应采用开敞式。闸底板高程较低、挡水高度较大的水闸，可采用胸墙式或涵洞式；挡水水位高于泄水运用水位，或闸上水位变幅较大，且有限制过闸单宽流量要求的水闸，也可采用胸墙式或涵洞式。胸墙式孔口可以减小闸门的高度。安徽省五河县张家沟（带胸墙）平面钢闸门剖面见图 3.2-16。要求面层溢流和底层泄流的水闸，可采用双层式；软弱地基上的水闸，也可采用双层式（图 3.2-17）。

按照过流堰型分为平底宽顶堰、实用堰（图 3.2-18）、迷宫堰（图 3.2-19）等。其中宽顶堰型式应用较广，它的优点是结构简单，施工方便，自由泄流的范围较大，当

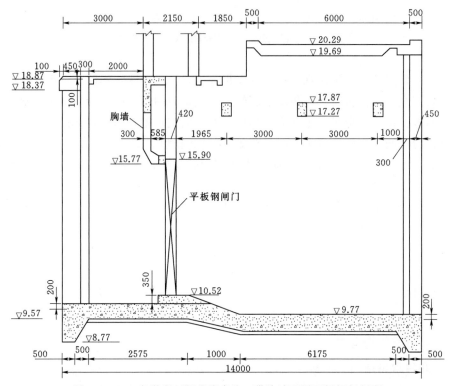

图 3.2-16　安徽省五河县张家沟（带胸墙）平面钢闸门剖面
（单位：高程为 m，尺寸为 mm）

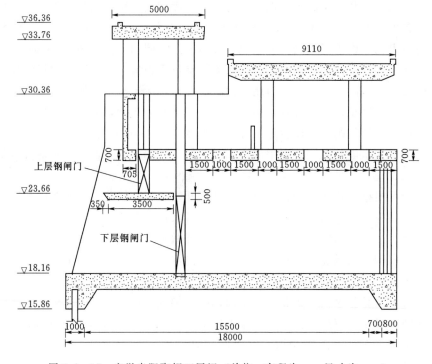

图 3.2-17　安徽阜阳陶坝双层闸（单位：高程为 m，尺寸为 mm）

h_o（下游水头，为下游水位至堰顶距离）大于$0.8H_o$（上游水头）时，才开始变为淹没出流，所以它的泄流能力比较稳定，同时有利于冲淤排沙；而宽顶堰的缺点是流量系数较小。实用堰（图3.2-20）与宽顶堰相比，具有较大的流量系数，可以缩短闸孔总宽和减小闸门的高度，并能阻止泥沙进入渠道，但实用堰的泄流能力受下游水位变化影响较为显著，一般当h_o大于$0.35H$时，即开始受淹没的影响，当h_o大于$0.6H$时，泄流能力很快降低。迷宫堰作为低水头壅水建筑物使用，特点是综合流量系数大。

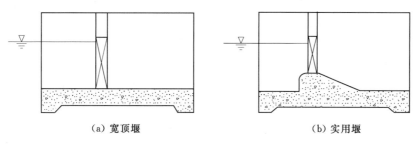

（a）宽顶堰　　　　　　　　　　　　（b）实用堰

图3.2-18　宽顶堰、实用堰剖面

图3.2-19　直线迷宫堰平剖面

图3.2-20　巴河雪卡水电站实用堰

3.2.3.2　闸室一般组成

闸室上部结构包括胸墙、主闸门和检修门的工作桥、交通桥等。胸墙是闸室顶部的挡水结构，只有在孔流式水闸中才出现。它在闸室中的位置总是与闸门相配合，一般都是布置在闸门的上游侧。当排水闸采用弧形闸门防止洪水倒灌时，则把胸墙设置在闸门的下游侧（图3.2-21）。

水利工程胸墙一般采用平板结构直接支承在闸墩上。胸墙与闸墩的连接方式可根据闸室地基、温度变化条件、闸室结构横向刚度和构造要求等采用简支式或固支式。当永久缝设置在底板上时，不应采用固支式。当闸孔净跨过大时，则采用板梁结构，水平横梁支承在闸墩上，板支承在横梁上。折线形板梁结构过流能力略小，胸墙底面圆弧形过流能力较大，水电工程底孔胸墙底面一般按照过流要求做成椭圆形或流线形，如图3.2-22所示。胸墙顶宜与闸顶齐平，胸墙底高程应根据孔口泄流量要求计算确定。胸墙厚度应根据受力条件和边界支承情况计算确定。对于受风浪冲击力较大的水闸，胸墙上应留有足够的排气孔。

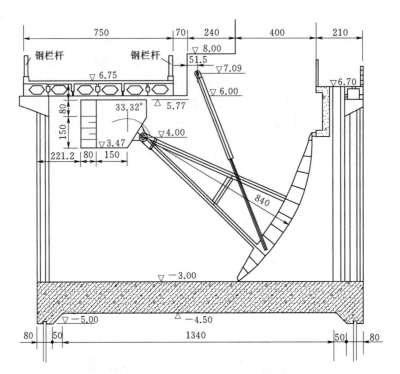

图 3.2-21　江苏灌云县海口北闸

（单位：高程、水位为 m，尺寸为 mm）

主闸门工作桥必须满足闸门启闭要求。检修门亦应设置工作桥，位置与检修门槽相配合，一股都在闸门的上游。交通桥与它并排布置。闸室顶部所有的板梁结构都应高出最高洪水位，在泄洪水位与桥底（指板梁结构的底）之间要有一定的净空，避免洪水期的漂流物阻塞桥孔。闸室的上部结构（包括胸墙和各种桥梁）与闸墩的连接方式采用简支方式受力明确，计算简单，施工亦最方便。但是当地基软弱、压缩性特别大，可能出现较大的不均匀沉降，则宜采用铰支或固支连接，利用上部结构的刚度增加闸室的横向刚度，以防产生过大的变形。这时上部结构的设计必须充分考虑温度变化、支座变位等因素引起的次应力。

闸室结构布置除要求各构成部分结构合理、工作可靠、运用方便以外，还要求布置紧凑、相互协调，整个闸室的结构重心尽可能接近底板中心。一般闸室完建工况时基底应力最大，应考虑闸室的结构重心不偏离中心，以降低基地应力比，避免不均匀沉降。水闸挡水以后，由于扬压力的作用，闸室作用于地基的总荷载减小，基底应力有减少的趋势，当然受上游水压力和基础扬压力的顺时针弯矩影响，下游地基应力可能增大，需要通过计算进行复核。

闸室结构垂直水流向分段长度（即顺水流向永久缝的缝距）应根据闸室地基条件和结构构造特点，结合考虑采用的施工方法和措施确定，对坚实地基上或采用桩基的水闸，可在闸室底板上或闸墩中间设缝分段；对软弱地基上或地震区的水闸，宜在闸墩中间设缝分段。闸室的分段长度需要综合考虑各方面的影响因素，权衡利弊，加以确定。根据实践经验，一般水闸闸室的分段长度在 15～25m 的范围内选定为宜。闸室根据变形缝的位置分

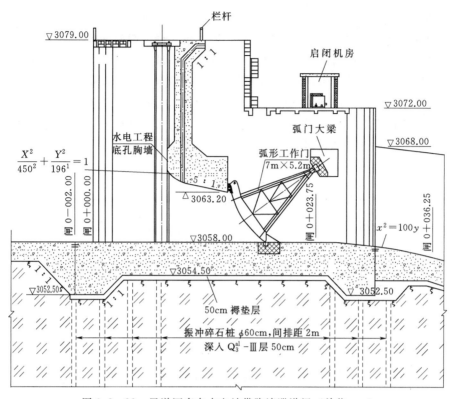

图 3.2-22　尼洋河多布水电站带胸墙泄洪闸（单位：m）

为整体式和分离式。整体式缝墩是把变形缝放在闸墩上，采用通缝的构造型式，自闸墩顶一直贯穿到基底，变形缝两侧的结构完全分开，各自独立，互不联系，水电工程软基闸墩布置一般采用一跨一个闸孔。水利工程由于闸门数量较多，为节约造价及提高整体性，通常两跨多至三跨闸室构成一个整体，视闸孔跨度大小而定（图 3.2-23）。整体式缝墩适用于地基条件差、单宽流量大、容易发生不均匀沉降的闸坝工程。分离式闸墩把变形缝放在底板上，一般隔一跨或两跨布置一个分缝跨，在分缝跨的底板上设置一条变形缝（图 3.2-24），适用于地基条件均匀坚实、单宽流量小的闸坝工程。

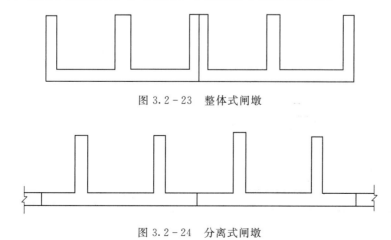

图 3.2-23　整体式闸墩

图 3.2-24　分离式闸墩

3.2.3.3　阻滑板结构

该结构利用闸室上游钢筋混凝土铺盖作为阻滑板，增大阻滑面积的同时，充分利用铺盖自重和铺盖上水压力以增加闸室的抗滑稳定性。以高港枢纽闸为例，该工程位于江苏省泰州市高港区口岸镇，挡洪水位较高，挡洪期同上下游水位差大，抗滑稳定较难满足规范要求，设计中采取阻滑板措施进行处理，为了上游铺盖与闸室保持各自伸缩和沉降，阻滑板与闸室间设置伸缩缝，缝间采用橡胶或铜片止水，为了保证阻滑力的传递，缝间采用 2 根交叉布置的 32mm 钢筋进行铰接（图 3.2 - 25），间距 1m。

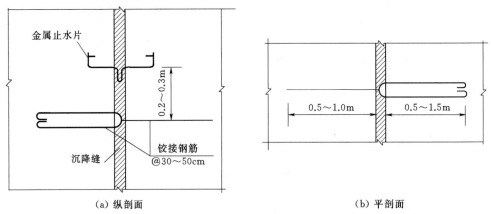

（a）纵剖面　　　　　　　　　　　　　　　　（b）平剖面

图 3.2 - 25　阻滑板铰接钢筋构造示意图

应特别注意的是，《水闸设计规范》规定，利用钢筋混凝土铺盖作为阻滑板，但闸室自身的抗滑稳定安全系数不应小于 1，这是为了防止阻滑板铰接传力失效而采取的安全措施。

阻滑板受力示意见图 3.2 - 26，设有阻滑板的闸室抗滑稳定，按式（3.2 - 1）计算：

$$K_C = K_1 + K_2 = \frac{f \sum W}{\sum P} + \frac{f \sum Q}{\sum P} \left.\begin{array}{l} \\ \\ \end{array}\right\} \tag{3.2 - 1}$$

$$\text{或 } K_C = K_1 + K_2 = \frac{f_0 \sum W + CA'}{\sum P} + \frac{f_0 \sum Q}{\sum P}$$

$$\sum Q = Q_1 + Q_2 - Q_3 \tag{3.2 - 2}$$

式中　K_C——抗滑稳定安全系数，应满足《水闸设计规范》要求；

K_1——不考虑阻滑板作用时的安全系数，一般要求不小于 $1'$；

K_2——考虑阻滑板增加的安全系数；

$\sum Q$——限滑板的有效重量，kN；

Q_1——阻滑板自重，kN；

Q_2——阻滑板上的水重，kN；

Q_3——阻滑板底部的扬压力，kN；

W——审室竖向荷载，kN；

f_0——黏性土摩擦系数，kPa；

C——黏聚力，kPa；

f——非黏性土基底摩擦系数；

P——闸室水平滑动力，kN；

其他符号的意义同前。

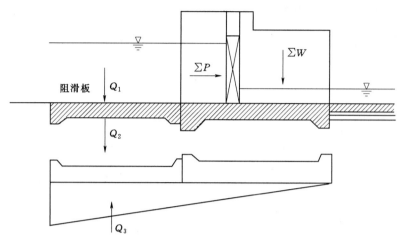

图 3.2－26　阻滑板受力示意图

为了使阻滑板与闸室能共同抵抗水平滑动，应在接缝处用钢筋将阻滑扳与底板连接起来。受拉钢筋面积 A_g（mm²）按阻滑板承受最大阻滑力确定：

$$A_g = \frac{K \cdot f \sum Q}{f_y}$$ (3.2－3)

式中　K——强度安全系数；

　　$f \sum Q$——阻滑板的摩擦力，kN；

　　　f_y——钢筋的屈服强度，MPa。

3.2.3.4　反拱底板

在我国东部平原地区建闸时，由于地基多为软基，承载力较低，沉降量较大，故往往采用筏式基础：即平底板结构型式。这种结构型式的底板面积较大，单位面积上地基反力较小，地基承载能力易于满足。除此建筑物各部分沉降差也较小，在实际工程中使用最为广泛，但是这种结构型式钢筋用量较多，三材耗量大，造价较高。

针对平底板结构存在的缺点，江苏及山东部分地区采用了反拱底板结构型式，利用拱内应力主要是轴向压应力这一特点，使闸底板厚度减薄，底板内钢筋用量减少，甚至于在闸底板内基本上不配置钢筋，大大节约了钢筋与水泥的用量。例如一孔净宽 6.0m 的节制闸，如采用平底板，底板厚为 1.2～1.5m，所常的钢筋为 4～5t。采用反拱式底板，拱厚仅为 0.6m，所需钢筋只有 0.8t。反底板结构型式虽然有以上的优点，但是它也存在着一系列问题：

（1）地基不均匀沉降在拱内将产生较大的内力，按实际工程中所采用的计算方法，当拱两端产生几厘米不均匀沉降差，即足以使拱圈拉断。虽然这种计算存在着一定问题，但仍可以定性说明地基不均匀沉降在拱内将产生较大的内力。

（2）反拱底板目前多修建于土质条件较好的地基上，如地基为黏土、粉质壤土等，其标准贯入击数一般应在 8 以上。如地基为中砂与细砂，其标准贯入击数应在 12 以上，在较差的地基上，如松散砂或淤泥质软土，目前采用反拱底板者较少，且有底板断裂的案例，因此反拱底板目前可以认为只限于使用在中等偏密实性的地基上。

（3）下游消能较复杂。由于闸底板表面形态为圆弧形，因此泄流时，在孔中间部分形成单宽流量集中现象，对消能不利。

3.3　水力设计

3.3.1　闸孔尺寸确定

3.3.1.1　上下游水位确定

1. 一般确定原则

水电闸坝工程在河道上建闸，主要通过修建闸首枢纽控制水位，分为无调节径流式、日调节、月调节、年调节或多年调节水库进行开发利用，其上游正常蓄水位一般由河道规划决定，在可行性研究阶段，在规划确定的正常蓄水位上下区间进行方案比选，从水库淹没因素、环境影响、工程地质、工程造价等方面综合分析确定，设计洪水位、校核洪水位、防洪限制水位等通过调洪演算成果得到；下游水位可从原河道水位流量关系曲线查得，同时考虑下游河床可能发生冲刷或淤积对水位的抬高或降低影响。

水利闸坝工程在河道上建闸，分为修建水库供水和河道防洪排涝两类。其上游水位一般由河道规划决定，下游水位可从原河道水位流量关系曲线查得，同时考虑下游河床可能发生冲刷或淤积对水位的抬高或降低影响。对于水库工程，上游水位一般包括正常蓄水位、设计洪水位、校核洪水位，对于有下游防洪要求的水库，还应设置防洪限制水位；对于防洪排涝主要利用上下游水头差、河道宽度满足设计流量要求，为了保证在最不利的工况下，能通过设计流量，在确定闸孔总宽时，应选上游可能偏低而下游可能较高的水位相组合。《水闸设计规范》规定，闸孔总净宽应根据泄流特点、下游河床地质条件和安全泄流的要求，结合闸孔孔径和孔数的选用，经技术经济比较后确定；各地规范中对闸孔总净宽确定形成了独特经验。如《杭嘉湖圩区整治技术导则（试行）》（浙水农〔2011〕26号）中规定水闸净宽不宜小于原河道或规划拓宽河道宽度的1/3，且不得小于4m。

在实际工程中，上下游水位差是影响河道闸门过流能力的关键参数。该参数受河道比降、宽度等影响，一般来讲，丘陵地区较大，平原地区较小。当上下游水位差较小时，闸孔尺寸需要较大，闸上水位壅高值较小；当上下游水位差选用较大，即在同样条件下闸孔尺寸较小，但由于水流扩散消能条件较差以及闸上水位壅高值太大，将增加上游防洪设施。

江苏、浙江由于处于平原地区，用上下游水位差选用较小，上下游水位差大多选用0.1m。以浙江平原地区海宁市洛塘河圩区为例，通过对周边桐乡站、硖石站、欤城站3个水文站1991年以来的实测平均水位资料进行分析，桐乡为1.09m、硖石为1.03m、欤城为0.98m。海宁规划城区范围内的水流方向由西北向东南方向为主，平均水位差约0.06m。而浙江一些丘陵地区由于河流回水影响距离较短，上下游水位差采用0.2m。

安徽省过去选用上下游水位差较大，如蚌埠闸1960年建成，上下游水位差选用0.6m。后淮河规划认为偏大，改为0.3m，则原闸孔需增加0.4倍后，宣泄洪水时上游两岸防洪压力仍然很大。

在上海地区，由于土地少，为减少田亩的挖废与压废，闸孔的过水断面亦采用较大，上下游水位差多小于 0.1m。

值得关注的是水利工程闸坝布置的另外一种布置形式——闸站。闸站工程是沿海平原地区防洪排涝工程中的常见形式，闸站枢纽一般由水闸、泵站联合布置组成，当上下游水位差满足目标河道水流向时，开启水闸工程，而到达目标水位时则关闭闸门；当需要河道水流方面与自然水位差形成的流向相反时，则启动水泵工程实现需要的目标水位、流量。以下通过浙江省水利勘测设计研究院编制的《海宁市城市规划区水系控制详细规划》中浙江海宁市洛塘河圩区案例，简单分析其上下游水位及闸门运行方式的关系。

浙江海宁市洛塘河圩区属于杭嘉湖圩区，整个杭嘉湖圩区尽量对小圩区进行联圩并圩，总体形成中格局为主、太湖边局部大格局的总体方案，以增大水面面积，实现河系连通，保证航运，"十三五"期间安排整治圩区 88 个。各个圩区均为独立设防，各圩区的工程等别根据其保护对象的重要性分别确定，其中城市圩区防洪标准 50 年一遇，非城市圩区防洪标准 20 年一遇，城市圩区排涝标准 20 年一遇，非城市圩区排涝标准 10 年一遇。治理遵循"因地制宜、上下兼顾，嵌套设防、分级控制，突出重点、分步实施"的原则。所谓嵌套设防、分级控制，是指对大圩区内嵌套有农防等低标准小圩区的布置格局，其调度运行实行分级控制，泵结工程应考虑分级限排管理。当内河水位达到或超过控制水位，而外河水位高于内河水位时，按调度指令关闭外围控制线上水闸，开启排涝泵站，降低圩内水位；由多个独立小圩联并成的大圩，实施分级排水，先实施独立小圩调度，当外河水位达到一定高水位时，按调度指令关闭大圩外围闸门，启动大圩外围排涝泵站，避免在遇到超标准大洪水时盲目排涝。

洛塘河圩区北以长山河为界，南和东均到洛溪河，西边界为地善桥港—杨园坝港—和尚港—桐乡港—周家木港—陆家桥港—石后桥港—同仁桥港—洛塘河—洛溪河，面积为 72.1km² （约 10.8 万亩），涉及海洲街道、海昌街道、碳石街道、斜桥镇等。洛塘河圩区格局、面积与《浙江省杭嘉湖圩区整治"十三五"规划》中的洛塘河圩区一致。海宁市城市防洪工程总体布局采用两包围形式，以长山河为界，分为北包围和南包围。北包围外围堤防长 27.0km （列入该工程 11.6km），南包围外围堤防长 40.9km （列入该工程 23.6km），防洪标准为 50 年一遇，设计洪水位 3.24m。洛塘河圩区为海宁市城市防洪工程的一部分，属于南包围。

圩内控制水位，主要根据圩内地面标高、城市雨水管网排水要求及现状圩区防洪排涝安全需要综合确定。原城市防洪规划区地坪标高基本在 3.36m 以上，为确保涝水及时排泄，圩内控制最高水位宜低于地坪标高 1m 以上；此外，现状圩区的堤顶高程为 2.96～3.76m，考虑圩堤的安全超高 0.6m，因此，20 年一遇降水条件下，洛塘河圩区内控制最高水位不宜超过 2.36m。经综合分析确定，防洪标准为 50 年一遇；排涝标准为内河水位 20 年一遇 24h 暴雨维持在控制水位 2.36m 以下。

浙江海宁市区洛塘河圩区整治考虑水环境、防洪排涝的综合调度目标，实际上下游水位确定及闸门调度分为水环境调度、防洪排涝调度、嵌套圩区调度三种模式。

（1）水环境水位选择及调度。

1）水环境控制水位。洛塘河圩区工程建成后，在非汛期可以通过关闭沿线水站，抬高圩内部常水位，增强河道的亲水性，增加河道的水环境容量。现状河道游步道高程为2.0m，河道水面应距游步道距离适中，也不宜超过警戒水位（1.96m）。综合考虑，洛塘河圩区建成后，圩内部常水位抬高至1.6m。

洛塘河圩区具备抬高常水位的条件及需求，圩内正常水位抬高至1.6m。水环境调度时，先将圩内水位降至1.0m，再通过引水泵站将圩内水位恢复至常水位1.6m。

2）水环境调度。通过调度圩区沿线水闸、泵站的运行，实现圩内河道换水，换水目标是保证圩内河道水质不劣于长山河水质。

非汛期，关闭圩区沿线水闸，保持圩内正常水位1.6m，当洛塘河圩区内河道水质劣于水质标准时：第一步，开启水闸，将内水位降至与外围水位；第二步，关闭水闸，再开启泵站排水，将圩内水位降至1.0m；第三步，开长山河、洛塘河侧水闸引水，至圩内水位与外围河道水位一致时，关闭水闸；第四步，开启泵站引水，将洛塘河圩区内水位抬升至1.6m。

（2）防洪排涝水位选择及调度。

1）防洪排涝控制水位。根据分析，洛塘河圩区内控制水位选定为2.36m，由此进一步分析泵站起排水位与停排水位。洛塘河圩区泵站的起排水位应满足3个条件：①应低于控制水位（2.36m）；②为避免频繁起泵，起排水位应高于海宁市城区常水位（1.2m）；③根据控制水位的要求，设置不同的泵站规模与起排水位的组合方案，选定合理的泵站规模，同时得到起排水位。

设置不同的起排水位（1.2～1.6m）、泵排流量（150m³/s、180m³/s、210m³/s、240m³/s）的计算方案，根据排涝设计标准的逐时降雨量，对比分析不同方案的排涝效果，确定排涝泵站的起排水位及排涝泵站规模。洛塘河圩区排涝计算结果见表3.3-1。对同一起停排水位，排涝流量越大，圩内的最高水位越低；排涝流量相同的情况下，起排水位越高，圩内相应的最高水位也越高。排涝泵站规模选择遵循原则为：①控制内部最高水位不超过2.36m；②为减少工程投资，在控制水位满足要求情况下，宜选择排涝流量较小的方案；③为避免泵站频繁启用，起排水位不宜偏低。结合以上原则，洛塘河圩区的排涝起排水位为1.4m，停排水位为1.3m，排涝泵站规模为210m³/s。

表3.3-1　　　　　　　　　　洛塘河圩区排涝计算成果表

起排水位/m	水 位/m			
	排涝流量 150m³/s	排涝流量 180m³/s	排涝流量 210m³/s	排涝流量 240m³/s
	排涝模数 2.08m³/(s·km²)	排涝模数 2.5m³/(s·km²)	排涝模数 2.91m³/(s·km²)	排涝模数 3.33m³/(s·km²)
1.2	2.49	2.29	2.15	2.06
1.3	2.59	2.39	2.26	2.16
1.4	2.7	2.49	2.35	2.26
1.5	2.81	2.58	2.45	2.35
1.6	2.9	2.68	2.55	2.45

2）防洪排涝调度。

a. 当预报有小雨（降雨量在20mm以下）时：

若洛塘河圩区内河道水质满足水质标准，视降雨强度逐步开启水闸排涝，以尽可能保持圩内水位在 1.6m。

若洛塘河圩区内河道水质为劣于水质标准，第一步，开启水闸，将圩内水位降至与外围河道水位后，关闭水闸，再开启泵站抽水，将圩内水位降至 1.0m。

第二步，降雨后，当圩内水位低于外围河道水位时，开启长山河侧水闸内水位与外围河道水位一致时，关闭水闸，再开启泵站，圩内水位抬升至 1.6m；当圩内水位低于外围河道水位时，关闭水闸，再开启泵站，圩内水位抬升至 1.6m。

b. 当预报有中雨及中雨以上的强降雨（降雨量在 20mm 以上）时：

第一步：预降。开启水闸，将圩内水位降至与外围河道水位后，关闭水闸，再开启泵站排水，将圩内水位降至 1.0m。

第二步：排涝。当圩内水位低于 1.4m 时，若圩内水位高于外围河道水位，开启沿线水闸排水；若圩内水位低于外围河道水位，则保持水闸关闭；

当圩内水位高于 1.4m 时，保持水闸关闭，开启排涝泵站，并视降雨强度逐步加大泵站流量，以尽可能保持圩内水位在 1.6m 以下。当降雨强度逐渐减弱，圩内水位降至 1.3m 时，逐步关闭排水泵站。

（3）嵌套圩区调度。非汛期，洛塘河圩区现存农村圩区沿线水闸开启，与洛塘河圩区河道保持河道连通。汛期，出现降雨，河道水位持续上升时，与洛塘河圩区实施分级排水。洛塘河圩区按嵌套设防、分级控制原则调度。

2. 多布水电站下游河道开挖对水位的影响

多布水电站枢纽工程位于西藏自治区林芝市境内的尼洋河干流上，主要由拦河坝、引水发电系统、泄洪建筑物等组成。水库正常蓄水位 3076.00m，校核洪水位 3078.30m，总库容 0.85 亿 m³；电站装机容量 120MW，水轮发电机组采用 4 台灯泡式贯流机组或轴流机组，设计引用流量 816.0m³/s。

坝址处峡谷河段宽度仅 190m，长度约 740m，其上下游河道地形突然展宽至 1000m 以上，由于地形剧烈变化，准确测量和计算水面线高程都十分困难。另外，工程修建后，从左岸滩地上挖出了一条 200m 宽、600m 长的人工电站尾水渠，与建坝前的过水边界条件差别较大，所以重新复核电站尾水位—流量关系曲线，对合理确定机组安装高程、机组电能指标是非常重要的。

复核计算在电站尾水渠内设置的控制过水断面共 14 个。过水宽度是根据水工模型试验测量的平面流速分布图确定的，即流速较大的部分可视为过水断面，流速接近零的范围尽管具有水深和水面宽度，但被视为不过水边界。按照这一原则在地形图切割的横断面见图 3.3 - 1。其中，前 3 个图均含大小两个断面，小断面是流量小于 816m³/s，仅电站过水时的横断面；大断面是开挖后电站和泄洪闸同时出流时的横断面。

数模计算采用原始实测的 C—C 断面水位—流量关系作为下边界条件，因为 C—C 断面宽度、深度在大坝修建前后没有变化，也就是说建坝前与建坝后 C—C 断面水位—流量关系是相同的。而 A—A 断面、B—B 断面建坝前后的水位—流量关系就不相同了。

综上所述，对于下游河道存在开挖或河道断面形式改变的情况，应进行分析论证，按照复核后的下游河道水位—流量关系确定相应下游水位。

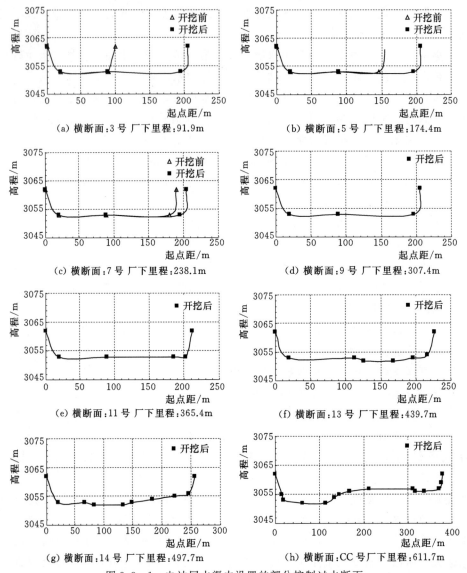

图 3.3-1 电站尾水渠内设置的部分控制过水断面

计算原理采用准二维明渠恒定非均匀流方程，其间考虑了沿程水头损失和局部水头损失、壅水曲线和降水曲线、水跌和水跃、急流与缓流，以及临界水深与均匀流水深判别等。程序经过多个工程实测资料和模型试验资料的验证，已经在若干工程设计中得到了广泛应用。

图 3.3-2 为 21 组流量下，电站尾水渠内沿程水面线变化，可见大流量均为壅水型曲线，仅有 65.8m³/s 以下两组流量为降水曲线。当 C—C 断面水位低于尾水渠 3053.00m 平台时，在尾水渠出口呈现水跌现象，此时尾水渠内为降水曲线。依据 C—C 水尺水位流量关系，推算的电站尾水处水位流量关系见图 3.3-3。

3.3.1.2　闸室底板高程

水利水电工程水闸底板高程应满足运行要求，并结合地质和经济条件一并考虑。对于

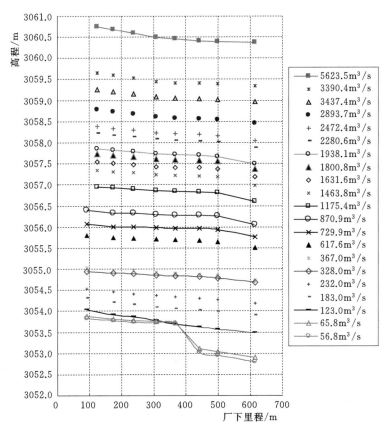

图 3.3-2　不同流量电站尾水渠内沿程水面线变化

排水闸来说，底板高程定得低些，可以迅速排水，使农田不致受涝。在小型水闸中，因两岸建筑物所占整个工程量比重较大，如将闸底板高程定得高些，虽然闸室宽度增加了，但闸室和两岸建筑物的高度却减小了，水闸总的投资可能是经济的；大型水闸降低闸底板高程，可缩短闸身总宽度，对于减少工程投资，常常是有利的。此外，还应结合地质条件来考虑，如地质条件较差，而河底板高程定得过低，则增加地基开挖或处理的困难。所以闸底板高程是由多方面的因素决定的，有时需要进行技术经济比较。对于灌溉进水闸闸底板高程通常与河道底平，或稍高于河底 1～2m，以防止泥沙进入渠道。根据我国部分省份建闸的经验：河南、江苏闸底板多选择与河底平。安徽地区由于上下游水位差选用较大，并认为只要满足泄流条件就行了，因此闸底板高程高于河道。

在黄森军等《基于流域概化模型的感潮河口水闸设计》（2019）一文中，为了解决茅洲河河口水污染治理及排涝、通航综合要求，设置挡潮闸，平时闸外潮位较低，通过水控制，保持 1.50m 常水位，维持滨岸景观；当预报 5 年一遇以上暴雨时，提前 2d 预泄至 0.5m，满足排涝需求；当遭遇大潮时，关闭闸门，当遭遇大洪水和大潮同时出现时，若潮水位高于洪水位，关闭闸门，若潮水位低于洪水位时，开启闸门泄洪。通过上述调度，水闸能够阻挡高潮时污水团进入河口，实现综合效益。该文介绍了上述调度模式下的闸门底板高程确定方法为：据现状－3.0～－1.0m 的河底高程和通航水深要求，进行－3.0m、

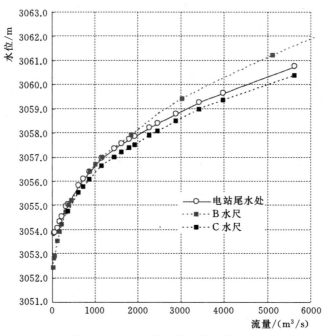

图 3.3-3 电站尾水处水位流量关系

—2.5m、—1.5m 和—0.5m 四个闸门底板高程比选，各方案下的控制断面水面线如图 3.3-4 所示，当闸门底板高程分别为—0.5m 和—1.5m 时，建闸后会对上游产生 4～69cm 和 1～13cm 的壅水；当闸门底板高程为—2.5m 时，壅水高度为 1～2cm；当闸门底板高程为—3.0m 时，壅水高度为 0～1cm，门上游几乎不产生壅水，但疏浚量较大，综上分析，底板高程选取—2.5m 较为合理，既保证泄洪能力，又满足通航水深。

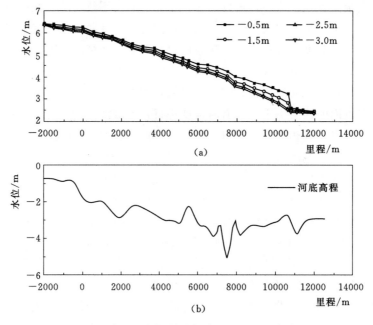

图 3.3-4 不同闸门底板高程下的干流水位

水电闸坝工程底板高程与功能相适应，对于河床式泄洪排砂闸，闸底板高程一般与河道齐平，同时低于厂房取水枢纽进口底板高程，以利于排砂。而表孔溢流坝顶部高程一般根据泄量分配，通过水力学泄流能力计算分析确定。

3.3.1.3 坝顶高程

对水利工程而言，水闸闸顶高程应根据挡水和泄水两种运用情况确定。挡水时，闸顶高程不应低于水闸正常蓄水位（或最高挡水位）加波浪计算高度与相应安全超高值之和；泄水时，闸顶高程不应低于设计洪水位（或校核洪水位）与相应安全超高值之和。水闸安全超高下限值见表 3.3-2。

表 3.3-2　　　　　　　　　　　水闸安全超高下限值　　　　　　　　　　单位：m

运用情况		安全超高下限值			
		1级	2级	3级	4级
挡水时	正常蓄水位	0.7	0.5	0.4	0.3
	最高挡水位	0.5	0.4	0.3	0.2
泄水时	设计洪水位	1.5	1.0	0.7	0.5
	校核洪水位	1.0	0.7	0.5	0.4

位于防洪挡潮堤上的水闸，其闸顶高程不得低于防洪挡潮堤堤顶高程，闸顶高程的确定，还应考虑下列因素：

（1）软弱地基上闸基沉降的影响。

（2）泥沙河流上下游河道变化引起水位升高或降低的影响。

（3）防洪挡潮堤上水闸两侧堤顶可能加高的影响等。

对水电工程闸坝，坝顶应高于水库最高静水位，坝顶上游防浪墙顶的高程应高于波浪顶高程，其与正常水位或校核洪水位的高差，可由式（3.3-1）计算，应选择两者中防浪墙顶高程的高者作为最低高程，并取整。当采用土石坝接头时，坝顶高程需与土石坝坝顶高程衔接。

$$\Delta h = h_{1\%} + h_z + h_c \qquad (3.3-1)$$

式中　Δh——防浪墙顶至正常蓄水位或校核洪水位的高差，m；

　　　$h_{1\%}$——波高，m；

　　　h_z——波浪中心线至正常蓄水位或校核洪水位的高差，m；

　　　h_c——安全超高，m，按表 3.3-3 用。

$h_{1\%}$、h_z 按照《水工建筑物荷载设计规范》（DL 5077—1997）的有关规定计算。

表 3.3-3　　　　　　　　　　　　安　全　超　高　　　　　　　　　　　单位：m

相应水位	安全超高		
	安全级别Ⅰ级	安全级别Ⅱ级	安全级别Ⅲ级
	1级建筑物	2级、3级建筑物	4级、5级建筑物
正常蓄水位	0.7	0.5	0.4
校核洪水位	0.5	0.4	0.3

坝顶采用防浪墙是水电闸坝工程常用的坝顶结构，能有效降低坝高，节约工程量，防浪墙宜采用与坝体连成整体的钢筋混凝土结构，墙身应有足够的厚度以抵挡波浪及漂浮物

的冲击；在坝体横缝处应留伸缩缝，并设止水，墙身高度可取 1.2m。坝顶下游侧应设置栏杆。

3.3.1.4　单宽流量

1. 单宽流量限制

对于深厚覆盖层闸坝工程，水力学闸室泄流能力、下游消能工水面线计算、流速、流态等基本内容在水力计算相关手册中已经形成了整套成熟理论，而过闸单宽流量是软基闸坝泄洪建筑物的重要水力学参数，必须专门论述。按照《水闸设计规范》，过闸单宽流量应根据下游河床地质条件、上下游水位差、下游尾水深度、闸室总宽度与河道宽度的比值、闸的结构构造特点和下游消能防冲设施等因素选定。单宽流量大，所需的闸孔净宽就越小，闸的总宽就可以缩短，但过闸单宽流量过大，会造成闸下游消能防冲的困难，增加消能防冲设施的投资。单宽流量的选择，必须考虑下列水流形态和地基特点等因素合理选定：

（1）闸上下游水头差越大，出闸水流的能量越大，因此单宽流量应采用小些。

（2）尾水越浅，水流连接越困难，单宽流量应小些。

（3）土壤抗冲能力越小，采取的单宽流量应越小。

（4）单宽流量选用过大，则水与原河道宽度的比值较小，出闸水流不均，扩散不易，有流量集中的可能。

（5）建筑物结构如较单薄，过闸流量较大，容易发生振动，因此单宽流量应小些。

一般在砂质和黏土河床，单宽流量为 $20\sim30m^3/(s\cdot m)$；对于细砂和泥质河床，可取小些，一般不超过 $15m^3/(s\cdot m)$。根据江苏的有关统计资料来看，黏土和砂质河床单宽流量为 $5\sim16m^3/(s\cdot m)$，砂黏土为 $12\sim21m^3/(s\cdot m)$，细砂为 $4\sim9m^3/(s\cdot m)$，软淤土为 $9m^3/(s\cdot m)$，黏土夹砂砾为 $9\sim12m^3/(s\cdot m)$。根据已知的设计流量，初步选定的闸孔型式和底板高程，以及上下游水位差，分析判别闸孔泄流时的流态，按水力学公式可初步定出孔总宽度。计算时，先假定孔宽度，然后再验算通过的流量，是否满足设计要求。

根据毛昶熙南京水利科学研究所 1984 年第一期《水利学报》上《土基上闸坝下游冲刷消能问题》（毛昶熙，1984）一文中的研究成果，河床等价砂卵石粒径 $d_{85}\sim d_{90}$、下游水深与过闸单宽流量关系见表 3.3-4。

表 3.3-4　　　　　　　　　各种土基上过闸单宽流量的适宜值

等价砂卵石粒径 /mm	相应下游水深的过闸单宽流量/[m³/(s·m)]		
	3m	5m	8m
0.2～0.5	3.4～4.6	6.1～8.3	10.6～14.4
0.5～1	4.6～5.8	8.3～10.5	14.4～18.1
1～2	5.8～7.3	10.5～13.2	18.1～22.8
2～4	7.3～9.2	13.2～16.6	22.8～28.7
4～8	9.2～11.5	16.6～20.9	28.7～36.2
8～12	11.5～13.2	20.9～23.9	36.2～41.4
12～20	13.2～15.7	23.9～28.4	41.4～49.1
20～30	15.7～17.9	28.4～32.5	49.1～56.2
30～40	17.9～19.7	32.5～35.8	56.2～61.9

部分软基闸坝工程单宽流量见表3.3-5。

表 3.3-5 部分软基闸坝工程单宽流量

工程名称	设 计			校 核		
	洪峰流量 /(m³/s)	过闸单宽流量 /(m³/s)	出口单宽流量 /(m³/s)	洪峰流量 /(m³/s)	过闸单宽流量 /[m³/(s·m)]	出口单宽流量 /[m³/(s·m)]
多布	3580	58.7	32.8	4800	78.7	44
福堂	2240	46.88	23.27	3330	69.7	34.6
小天都	360	60	10.8	453	75.5	13.67
太平驿	3300	55	38	5240	87	60
宝兴	729	45	25.38	1040	77	36.2
雪卡	619	34.4	15.5	660	36.7	16.5
鲁基厂		38.83	34.6		61.49	
江边	947	27.8	47.35	1300	65	38
沙湾	10700	76.42	52.45	14000	100	68.6
金沙峡	1670	65.6	21.3	2440	69.7	34.6
吉鱼	2030			2670		/140

按照《土基上闸坝下游冲刷消能问题》文中成果，30年一遇以及设计洪水情况下，河道下游水深为7.5～8.8m，因此，过闸单宽流量应控制在60m³/(s·m)附近，考虑到直接制约下游河道冲刷的是消力池出口的单宽流量，因此，按照消力池出口单宽流量控制更为合理，从表3.3-5中可以看出，很多工程虽然过闸单宽流量很大，但消力池出口单宽流量大多已经降低到40 m³/(s·m)以内，甚至不足20 m³/(s·m)的水平，对于下游河道安全无疑更为有利。参考《溢洪道设计规范》(SL 253—2018)"非岩基溢洪道设计"专题报告中"我国非岩基溢洪道最大单宽流量不超过60 m³/(s·m)"(天津市水利勘测设计院，2002)。笔者认为，应按照消力池出口单宽流量考虑单宽流量限值，其最大单宽流量一般控制在60m³/(s·m)左右，不宜超过80m³/(s·m)，对于重要的大型水闸，应进行模型试验验证。

2. 单宽流量控制措施

对于一定地质条件的河道，如何从工程布置结构上考虑，以适应软基闸坝单宽流量要求，可以从以下几个方面考虑：

(1) 采用扩散式、差动坎等消力池结构：由于池后单宽流量直接影响下游河道冲刷深度，因此采用扩散式消力池，可有效减少单宽流量，如西藏巴河雪卡水电站、大通河金沙峡水电站均采用了这种结构。金沙峡水电站消力池在60m长度范围内将宽度由9m渐变至15m，斜坡末端增设消力坎，使消力池提前发生水跃，效果较好。沙湾水电站设置扩散式等消力池后，单宽流量由100m³/(s·m)减小至68.6m³/(s·m)(刘世煌，2013)。

差动式消力坎对于流速小于16m/s的情况比较适用，多布水电站和雪卡水电站也采用了差动式消力坎，对于有效消能，降低下游河道能量效果明显。以多布水电站为例，为保证池内良好流态，消力池内上游（起始桩号闸0+039.19）处增设9个4m高的差动坎，差动坎顺水流方向长 9m，上、下游宽度分别为 3.0m、5.0m，坎间净距为 7m，过流顶面为半径 10m 的圆弧。在消力池出口底板上对应每个差动坎位置，设置 3.5m 宽导砂槽，以利于泥沙冲出消力池，防止汛期泥沙在池内淤积。试验表明，消力池流态及下游冲刷情况均无不利情况出现。

（2）采取宽顶堰以及过流系数小的结构型式，一般来讲，各种堰型中，宽顶堰的过流系数较小，而进口翼墙采用"八"字形较圆弧形过流小，闸墩采用流线形过流能力较大，因此，在选择堰型和闸墩形式时，选择过流系数小的可以有效减少单宽流量。

（3）采用带胸墙结构、宽扁形泄流孔口，可有效降低单宽流量，在水利工程平原地区的节制闸，为了限制过闸的最大单宽流量，防止下游产生局部冲刷，常采用带胸墙结构形成孔流，效果良好。福堂、多布、宝兴等诸多水电工程软基闸坝一般布置带胸墙泄洪冲沙闸，不仅有利于排砂，也具有限制过闸的最大单宽流量的考虑。同时，过流孔口尺寸采用宽扁形尺寸，对于降低单宽流量也是有效的，如多布水电站孔口尺寸采用 7m×5.2m（宽×高），大通河金沙峡水电站泄洪冲沙闸孔口尺寸采用 8m×4m（宽×高）（赵永宣，2008）。

3.3.2 泄流能力计算

3.3.2.1 孔流、堰流两种基本形式

对于多泥沙河流闸坝工程而言，厂房发电流量不宜参与泄洪。泄洪建筑物作为闸坝宣泄洪水的主要通道，其泄流能力一般根据其过流形式不同，采用相应的公式进行计算，主要包括闸孔出流、堰顶出流，堰顶出流；根据堰型不同，又分为宽顶堰、实用堰、迷宫堰等；另外，根据下游淹没条件，又分为淹没出流、自由出流等。目前，各种出流方式的泄流能力计算已经非常成熟。

值得注意的是，当底坎上设有闸门（胸墙）时，同样也会出现堰流，对于宽顶堰底坎而言，只有当闸门相对开度 $e/H \leq 0.6$ 时，或者实用堰 $e/H \leq 0.65$ 时，才可以用孔流公式进行计算。

闸孔出流流量计算常用的公式有下列两种形式：

$$Q = \sigma_s \mu \varepsilon n b \sqrt{2g(H_0 - \varepsilon e)} \tag{3.3-2}$$

$$或 \quad Q = \sigma_s \mu_0 \varepsilon n b \sqrt{2H_0} \tag{3.3-3}$$

式中　e——闸门开启高度，m；

n——孔数；

H_0——包括行近流速水头的总水头，m；

b——每孔净宽，m；

μ——闸孔自由出流的流量系数，它综合反映闸孔形状和闸门相对开度对流量的影响；

ε——垂直收缩系数；

σ_s——淹没系数，自由出流时取 1；

μ_0——闸孔自由出流的流量系数，与式（3.3-2）中 μ 的关系为 $\mu_0 = \mu \sqrt{1 - \varepsilon \dfrac{e}{H_0}}$。

在一般情况下，行近流速水头比较小，计算时常忽略，用 H 代替 H_0 计算。

横向侧收缩对闸孔出流的泄流能力影响较小，一般当计算闸孔流量时不予考虑，故在式（3.3-2）、式（3.3-3）中没有反映侧收缩的影响。

堰流基本计算公式：

$$Q = \sigma_s \varepsilon m n b \sqrt{2g} H_0^{\frac{3}{2}}$$
(3.3-4)

式中　b——每孔净宽，m；

　　　m——流量系数；

　　　ε——侧收缩系数；

　　　n——闸孔孔数；

　　　H_0——包括行近流速水头的堰上水头，$H_0 = H + \dfrac{v_0^2}{2g}$，m；

　　　v_0——堰前 $3H_0 \sim 6H_0$ 行近流速，m/s；

　　　σ_s——淹没系数，自由出流时取 1。

该式适合于包括宽顶堰流在内的任何形式的堰流，例如对曲线型和折线型实用堰流均适合，但流量系数 m 值和侧收缩系数值不同。

一般的闸孔出流和堰流计算公式可查阅相应图表进行。目前，迷宫堰作为一种新型过流堰型，在水库工程、溢洪道工程或改建溢洪道工程中逐步得到推广应用。其特点是流量系数大，一般为 0.6～1.2。国外自 20 年代以来，已建成了不少迷宫堰。国内第一座迷宫堰式拦河坝于 1986 年在安徽广德县建成。其工作原理可理解为薄壁堰体按周期折曲并排列在溢洪道的总宽度内，通过增加溢流前沿的长度，在较低的水头下通过较大流量。因此，对于需要抬高正常蓄水位，又不至于抬高设计、校核洪水位的溢洪道改造工程，比较适宜。

为了进一步增大泄流能力，迷宫堰轴线可布置成弧线形，增大堰前沿宽度。目前，已建迷宫堰工程轴线多为直线，弧线型尚为试验阶段，笔者结合某工程试验成果和相关资料分析，认为弧线型迷宫堰应参考拱坝向心水流，增加了向心折减系数，提出泄量计算公式为

$$Q = n \eta m_w w B \sqrt{(2g)} H^{3/2}$$
(3.3-5)

式中　Q——流量，m^3/s；

　　　H——计入行近流速的堰上水头，m；

　　　n——宫数；

　　　η——考虑轴线弧形的折减系数，取 0.95；

　　　m_w——流量系数。

m_w 按式（3.3-6）计算：

$$m_w = \frac{0.477 + 0.0145 e^{2.87\frac{H}{P}}}{\left(\dfrac{l}{w}\right)^{\left(0.92\frac{H}{P} - 1\right)}}$$
(3.3-6)

式中　w——单宫宽度，m；

　　　l——单宫长度，m；

　　P——堰高，m。

　　模型试验成果表明，对于弧形迷宫堰而言，随着水位逐步升高，堰后水流对过堰水流产生了明显的顶托作用，从流态及观察的水面线分析，迷宫堰靠近左、右岸局部范围水流不淹没或淹没较小，而中部则淹没较大，呈现从中间出现逐步向两岸扩散直到全线淹没的淹没流特征。笔者通过采取降低堰下游中部的底板高程的措施，对消除其向心集中影响效果明显，泄流能力相当于直线型迷宫堰的 λ 倍（$\lambda = S/L$，S 为轴线弧长，L 为弦长）。进一步提高了迷宫堰的泄流能力。"一种下游落差式陡坡泄槽弧形迷宫堰装置"技术已获国家实用新型专利技术（ZL201110049509.1）。

　　下面简述一般直线迷宫堰泄流能力计算的方法。

3.3.2.2　迷宫堰泄流能力

　　目前迷宫堰泄量计算方法，主要有戴维斯法、犹他州水工试验室法、美国垦务局法和国内的张志军-何建京法（张-何法）等。而美国垦务局法和国内的张-何法两者所考虑的影响因素基本一致，但在适用范围及精度方面，张-何法具有优势。因此，一般建议采用张-何法计算。

　　（1）美国垦务局公式：

$$Q_L = C_W \left[\frac{\dfrac{w}{P}}{\dfrac{w}{P} + k} \right] W H_0 \sqrt{g H_0} \qquad (3.3-7)$$

式中　Q_L——下泄流量，$\mathrm{m^3/s}$；

　　　　C_W——迷宫堰的流量系数；

　　　　W——溢洪道宽度，m；

　　　　w——单宫宽度，m；

　　　　P——迷宫堰高度，m；

　　　　k——常数，三角形布设为 0.18，梯形布设为 0.1；

　　　　H_0——包括行近流速水头的堰上水头，m。

　　该公式适用于 $w/P \geqslant 2$。

　　（2）张-何法公式：

$$Q_L = m_W W \sqrt{2g} H_0^{\frac{3}{2}} \qquad (3.3-8)$$

式中　m_W——按宽度 W 计算的流量系数，$m_W = f_1 \left(\dfrac{w}{P}, \dfrac{L}{W}, \dfrac{H_0}{P} \right)$，根据不同的 w/P，

　　　　查图 3.3-5；

　　其他符号同前，适用范围为 $w/P = 1 \sim 4$。

　　根据国内模型试验及工程实践认为，迷宫堰的设计参数宜按下列要求控制：

　　（1）单宫宽度与堰高比 w/P 宜大于 2（梯形布置）或大于 2.5（三角形布置）。

　　（2）过大的展长比将导致工程不经济，因此展长比 L/W 宜小于 5。

　　（3）堰上水头与堰高之比越小，则迷宫堰的效率越高，因此 H_0/P 宜小于 0.7。

　　（4）宫数 n 取决于堰上水头 H_0、溢洪道宽度以及造价，采用单宫是不经济的，宫太多，

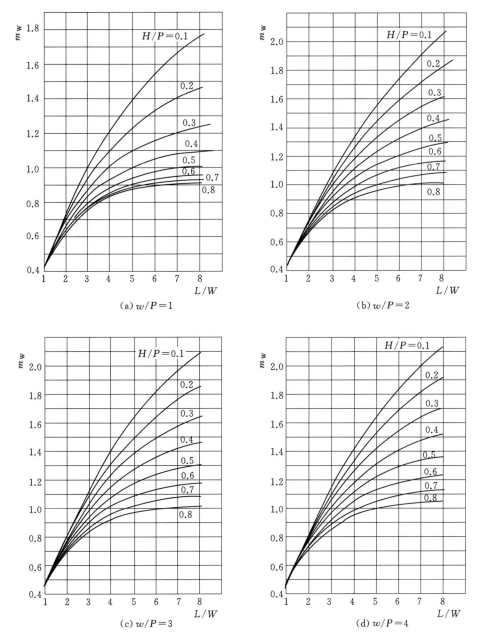

图 3.3-5 不同影响参数与综合流量关系曲线

w 值又较小，会因水舌干扰而使堰的泄流效率下降，一般以取 $w/P=3\sim4$ 来决定 n 值。

当流量很小时，泄流量的增加倍数几乎等于堰的展长比（L/W），原因是小流量时，沿堰长度上的单宽流量可以认为按标准的堰流公式计算；随着 H_0/P 的继续加大，迷宫堰的效率下降，特别对于 L/W 大的迷宫堰，其下降的趋势更为明显。这是由于每个宫内由两侧堰下泄水流的相互碰撞，水舌之间产生干扰，使堰段上局部出现"自淹现象"，这也是一般折线形溢流堰具有的共同特性，有的研究认为，当两侧堰墙的间隔小于运行水头的两倍时，就有水舌相互干扰现象，其严重程度随泄流量的加大而加剧；当堰下水位超过溢流堰顶后，迷宫堰同样是由自由溢流变成淹没泄流，此时效率大幅度下降。

3.3.3　下游消能与防护

对于软基闸坝工程，受上下游水头差、下游河床地质地形条件等限制，挑流消能对下游冲刷影响较大一般多不采用，其基本消能方式有底流消能和面流消能两种方式。底流消能对尾水位变动的适应性较好，所以应用最普遍。面流消能对尾水位的变动很敏感，流态变化多端，不很稳定，因此其仅适用于尾水深度大，变幅小，而且河床质较粗（例如砂卵石河床）的情况。因此本书主要介绍底流消能。

底流消力池一般布置在闸室后面，池底与闸室底板之间，常用 $1:3\sim1:4$ 的斜坡连接，斜坡顶端，可以紧靠闸室底板的下游端。对于底流消能工，当尾水深度小于跃后水深 $1.0\sim1.5\mathrm{m}$ 时，宜降低护坦高程构成消力池；当尾水深度小于跃后水深 $1.5\sim3.0\mathrm{m}$ 时，则宜采用降低护坦高程和构筑一定高度的尾坎相结合的型式，构成所谓综合式消力池。尾坎高度的确定，应以过坎水流处于高淹没流状态为依据，一般采用跃后水深的 0.1 倍。

如果出现过闸单宽流量较大、下游水跃处于淹没状态，而过闸单宽流量较小、尾水深度反而不足的情况，在护坦前部设置消力墩比较合适，出闸急流与消力墩直接撞击，消除部分能量，并使水流横向扩散，促成水跃发生，借以减小护坦长度。当尾水深度小于跃后水深的数值超过 $3\mathrm{m}$ 时，应作一级消能和分级消能的方案比较，选择技术上可靠、经济上合理的方案。过深的消力池中水流的流速和脉动压力显著增大，而且由于跃前跃后水面高差所引起的池底扬压力很大，消力池的稳定性和结构强度是需要慎重对待的问题，此时宜采用分级消能，以改善消力池的受力条件。

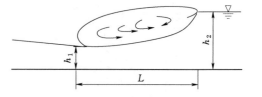

图 3.3-6　矩形断面水平光面护坦上的水跃示意图

3.3.3.1　底流消能工设计原理

1. 矩形断面水平光面护坦上的水跃

矩形断面水平光面护坦上的水跃示意如图 3.3-6 所示，其水跃消能计算按下列公式进行。

自由水跃共轭水深 h_2 计算公式为

$$h_2 = \frac{h_1}{2}\left(\sqrt{1+8Fr^2}-1\right) \tag{3.3-9}$$

$$Fr = \frac{v_1}{\sqrt{gh_1}} \tag{3.3-10}$$

式中　Fr——收缩断面弗劳德数；

　　　　h_1——收缩断面水深，m；

　　　　v_1——收缩断面流速，m/s。

当 $Fr = 4.5\sim15.5$ 时，自由水跃长度 L 可按式（3.3-11）进行计算：

$$L = (5.9\sim6.15)h_2 \tag{3.3-11}$$

式中　h_2——跃后共轭水深，m。

自由水跃长度 L 也可按式（3.3-12）进行计算：

$$L/h_1 = 9.4(Fr-1) \tag{3.3-12}$$

2. 矩形断面下挖式消力池池深 d 计算

矩形断面下挖式消力池水跃示意如图 3.3-7 所示。其池身计算公式为

$$d = \sigma h_2 - h_t - \Delta Z \tag{3.3-13}$$

$$\Delta Z = \frac{Q^2}{2gb^2}\left(\frac{1}{\varphi^2 h_t^2} - \frac{1}{\sigma^2 h_2^2}\right) \tag{3.3-14}$$

$$h_2 = \frac{h_1}{2}(\sqrt{1+8Fr^2} - 1) \tag{3.3-15}$$

$$h_1^3 - E_0 h_1^2 + \frac{q^2}{2g\varphi^2} = 0 \tag{3.3-16}$$

式中　h_1——收缩断面水深，m；

　　　E_0——以下游河床为基准面的泄水建筑物上游总水头，m；

　　　q——收缩断面处的单宽流量，$m^3/(s \cdot m)$；

　　　h_2——跃后共轭水深，m；

　　　Fr——收缩断面弗劳德数；

　　　d——池深，m；

　　　σ——水跃淹没度，取 $\sigma = 1.05$；

　　　h_t——消力池出口下游水深，m；

　　ΔZ——消力池尾部出口水面跌落，m；

　　　Q——流量，m^3/s；

　　　b——消力池宽度，m；

　　　φ——消力池出口段流速系数，可取 0.95。

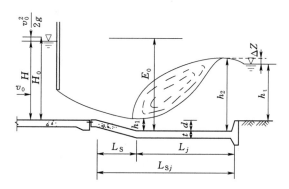

图 3.3-7　矩形断面下挖式消力池水跃示意图

消力池长度计算：

$$L_{Sj} = L_S + \beta L_j \tag{3.3-17}$$

$$L_j = 6.9(h_2 - h) \tag{3.3-18}$$

式中　L_{Sj}——消力池长度，m；

L_s——消力池斜坡段水平投影长度，m；

β——水跃长度校正系数，可采用 $0.7\sim0.8$；

L_j——水跃长度，m。

跃后共轭水深计算：

$$h_2=\frac{h_1}{2}\left(\sqrt{1+8Fr^2}-1\right) \tag{3.3-19}$$

Fr——收缩断面弗劳德数；

h_1——收缩断面水深，m。

海漫长度计算：

当 $\sqrt{q_s\sqrt{\Delta H'}}=1\sim9$，且消能扩散良好时，海漫长度可按式（3.3-19）计算：

$$L_p=K_s\sqrt{q_s\sqrt{\Delta H'}} \tag{3.3-20}$$

式中 L_p——海漫长度，m；

q_s——消力池末端单宽流量，$\text{m}^3/(\text{s}\cdot\text{m})$；

K_s——海漫长度计算系数，由表 3.3-6 查得。

表 3.3-6 海漫长度计算系数 K_s

河床土质	粉砂、细砂	中砂、粗砂、粉质壤土	粉质黏土	坚硬黏土
K_s	$14\sim13$	$12\sim11$	$10\sim9$	$8\sim7$

3. 梯形消力池跃后水深计算公式推求

水闸采用底流消能是河床式水闸常用的型式，消力池一般为矩形断面，常常有扩散形状，但一般按等宽矩形断面进行计算，水流扩散作为安全储备。也有的陡坡下游的消力池，由于陡坡开挖成梯形断面，为保持水流平顺，消力池常采用梯形断面，这时，应按基本方程进行推求，计算跃后水深。首先，根据动量方程，推求任意断面自由水跃公式（图 3.3-8）如下：

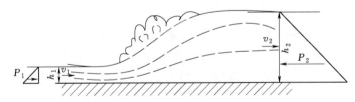

图 3.3-8 自由水跃公式推求示意图

$$\frac{\gamma\beta Q^2}{gA_1}+P_1=\frac{\gamma\beta Q^2}{gA_2}+P_2 \tag{3.3-21}$$

可改写为

$$\frac{\gamma\beta Q^2}{gA_1}-\frac{\gamma\beta Q^2}{gA_2}=P_2-P_1 \tag{3.3-22}$$

公式右端为跃后断面与跃前断面的压力差。

对边坡 $1:m$ 的梯形断面（图 3.3-9），采用微积分求得水深 h 的压力公式为

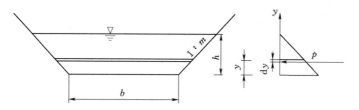

图 3.3-9　梯形断面水压力计算示意图

$$P = \frac{bh^2}{2} + 2\int_0^h my(h-y)\mathrm{d}y = \frac{bh^2}{2} + \frac{mh^3}{3} \qquad (3.3-23)$$

得到

$$\frac{Q^2}{g}\left(\frac{1}{A_1} - \frac{1}{A_2}\right) = \left(\frac{bh_2^2}{2} + \frac{mh_2^3}{3}\right) - \left(\frac{bh_1^2}{2} + \frac{mh_1^3}{3}\right) \qquad (3.3-24)$$

式中　A_1、h_1——跃前断面面积、水深，$A_1 = bh_1 + mh_1^2$；

A_2、h_2——跃后断面面积、水深。

$$A_2 = bh_2 + mh_2^2 \qquad (3.3-25)$$

可以看出，当 $m=0$ 时，令 $q=Q/b$，即为矩形断面自由水跃公式：

$$h_1^2 h_2 + h_1 h_2^2 - 2q^2/g = 0 \qquad (3.3-26)$$

有

$$\frac{h_2}{h_1} = \frac{1}{2}\left(\sqrt{1+8Fr^2} - 1\right) \qquad (3.3-27)$$

式中　Fr——跃前断面弗劳德数。

式（3.3-24）为关于跃后水深的一元三次方程，可以采用迭代法、试算法、图解法进行求解，也可采用加速遗传算法，笔者推荐采用 EXCEL 的单变量求解功能，先按需要建立电子表格如表 3.3-7 所示，将 $Y_2 - Y_1$ 设为目标单元，假定目标单元值为接近于 0 的极小值，跃后水深为可变单元值，进行单变量求解即可方便得到跃后水深。

表 3.3-7　　　　　　　　　　　梯形断面自由水跃跃后水深算例

跃后水深/m	A_1/m²	A_2/m²	$1/A_1 - 1/A_2$	方程左 Y_1	方程右 Y_2	$Y_2 - Y_1$
5	55	590	0.01653	1276.4065	1276.4059	0001

4. 水闸消力池深度与长度计算中应注意的问题

在消力池底板顶面算起的总势能确定的情况下，消力池的深度与过闸单宽流量 q（由于水闸净宽是不变的，单宽流量的大小由过闸流量决定）之间的关系最密切。

某灌区渠道设计流量 50m³/s（聂世虎，2004），渠道底宽 10m，边坡系数 1.75，设计水深 2.35m，纵坡 1/3000；在该渠道上修建一座 3 孔节制闸，单孔净宽 3m；在通过设计流量 50m³/s 时，闸前水深为 2.61m。

经计算绘制消力池深度与过闸流量的关系曲线如图 3.3-10 所示。

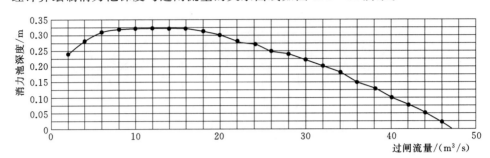

图 3.3-10　消力池深度与过闸流量关系曲线

由消力池深度与过闸流量的关系曲线可以看出，随着过闸流量增加，消力池深度先逐渐增加，然后逐渐减小，也就是消力池最深时，相应的过闸流量不是最大。而在实际设计中，往往对二者关系认识模糊，习惯认为消力池深度最大时过闸流量也最大，从而导致计算上的不准确。因此在进行消力池深度计算时，在确定出最大过闸流量的前提下，先假定不同过闸流量，对应算出消力池深度，然后通过比较选出其中最大值作为消力池深度的设计依据；或做出消力池深度与过闸流量的关系曲线，从曲线中查出消力池最大深度。另外，当计算出的消力池深度较浅时，也就是下游水深可满足淹没水跃的要求，通常仍需把挖深式消力池深度降低到 0.5m 以下，这对于稳定水跃位置，充分消能及调整消力池后流速分布等都十分有利。

3.3.3.2　消力池结构设计

消力池的底板（护坦）承受高速水流的冲击、脉动压力的颤动以及扬压力的顶托，受力条件十分恶劣，必须具备足够的强度、刚度、整体性和稳定性。一般都采用标号较高的混凝土浇筑，并配置一定数量的受力钢筋和分布钢筋。如果过闸水流含有大颗粒推移质，还要加强消力池表层的耐磨性。

为了消除不均匀沉降与温变伸缩的影响，在消力池与闸室底板、边墙与下防冲海漫之间，均应设置变形缝。闸宽较大的工程，还需设置顺水流方向的纵缝，纵横缝间距不大于30m，宜错开布置。当池深超过 4m，或池长超过 20m（软弱的工程取较小值），可在斜坡末端设置铰接的变形缝，借以减小护坦板的内力，铰接的变形缝的构造，与闸室和上游阻滑板的接缝构造大体相同。

为了增大护坦的抗滑稳定性，减轻内力负担，应在护坦的某些关键部位（如消力墩部位以及护坦的首尾端）设置齿槽。斜坡段的顶底端设置齿槽可以增加抗倾覆的稳定性，齿槽的深度一般为 0.8～1.5m，厚度为 0.6～0.8m。如果消力池后端的水面高差相差较大，齿槽深度应适当加大以发挥防渗的作用。

为了减小消力池底的扬压力，可在水平护坦板的后半部设置冒水孔，并在该部位的整个底面铺设反滤层。冒水孔孔径一般为 5～8cm，间距为 1.0～1.5m，按梅花形排列，由于斜坡段和水平段的前端，位于水跃发生的起点，水面最低，脉动压力最大，不宜设置冒水孔，否则将显著增大消力池底的渗透坡降，容易导致渗透变形。消力池护坦一般采用C15～C20 混凝土浇筑，按强度计算进行配筋。如果计算内力不大，不需要配置受力钢筋时，一般配置分布钢筋，直径为 $10\sim12\mathrm{mm}$，间距为 $25\sim30\mathrm{cm}$。大型水闸的护坦，顶底面均配筋，中小型水闸的护坦只配顶面。对于消力墩等辅助消能工，为了增强抵抗空蚀磨损和撞击的性能，应采用更高标号的混凝土，并取较大的计算成果进行配筋。

消力池护坦厚度计算，根据《水闸设计规范》，消力池护坦厚度可根据抗冲和抗浮要求，分别按下式计算：

抗冲要求应满足：

$$t = k_1\sqrt{q\sqrt{\Delta H'}} \qquad (3.3-28)$$

式中 t——消力池护坦始端厚度，m；

    $\Delta H'$——闸孔泄水时上下游水位差，m；

    q——消力池单宽流量，$\mathrm{m^3/(s\cdot m)}$；

    k_1——消力池护坦计算系数，$k_1=0.15\sim0.2$。

抗浮要求应满足：

$$t = k_2\frac{U-W\pm P_\mathrm{m}}{\gamma_\mathrm{b}} \qquad (3.3-29)$$

式中 t——消力池护坦始端厚度，m；

    U——作用在消力池护坦底面上的扬压力，kPa，根据《溢洪道设计规范》（DL/T 5166—2002）中，消力池护坦底部设有纵横排水廊道或排水沟等，扬压力系数可取 $0.8\sim0.9$；

    W——作用在消力池护坦顶面上的水重，kPa；

    γ_b——消力池护坦的饱和重度，$\mathrm{kN/m^3}$；

    k_2——消力池护坦安全系数，$k_2=1.2$；

    P_m——作用在消力池护坦上的脉动压力，kPa，根据《水工建筑物荷载设计规范》（DL 5077—1997）9.5.1，作用于一定面积上的脉动压力代表值计算公式为

$$P_\mathrm{fr} = \beta_\mathrm{m}p_\mathrm{m}A \qquad (3.3-30)$$

式中 P_fr——脉动压力代表值，N；

    p_m——脉动压强代表值，$\mathrm{N/m^2}$；

    β_m——面积均化系数，依据《水工建筑物荷载设计规范》，参照溢洪道泄槽及鼻坎，由于结构块顺水流向长度为 15m，β_m 取 0.10；

    A——作用面积，$\mathrm{m^2}$。

根据《水工建筑物荷载设计规范》9.5.2，脉动压强标准值可按式（3.3-31）计算：

$$p_\mathrm{fr} = 2.31K_\mathrm{p}\rho_\mathrm{w}v^2/2 \qquad (3.3-31)$$

式中 p_fr——脉动压强代表值，$\mathrm{N/m^2}$；

    K_p——脉动压强系数；

    ρ_w——水的密度，为 $1.0\times10^3\mathrm{kg/m^3}$；

    v——相应设计工况下水流断面的平均流速，m/s。

（2）脉动压强实测值：根据《水工建筑物荷载设计规范》条文说明 9.5.4，对大量原型观测和模型试验资料的统计分析结果表明，水流脉动压强幅值近似服从正态分布。取 2.31 倍均方差为脉动压强标准值。

3.3.3.3 海漫设计

在底流水跃消能的消力池后，一般布置一定长度的海漫，借以消散池后的剩余能量保护河床免受冲刷。海漫末端设置柔性防冲槽或刚性防冲墙，其作用是确保海漫的安全。

柔性防冲槽可以适应河床的变形，盖护海漫后面局部冲刷坑的上游坡，防止它向上游扩展。深埋的刚性防冲墙不仅可以制止冲刷坑向上游扩散，还可以防止沙性地基的细粒泥沙在冲刷坑形成过程中向下游流失，避免海漫因底部架空而塌陷，因而在技术上更为可靠，但施工困难，投资相对较大。

海漫两侧应设置直立的边墙或护坡，引导水流在平面上连续渐变。直立边墙扭曲边坡的水面扩散角是影响下游流态的重要因素。当扩散角超过一定限度以后，主流与墙面分离，流态立即恶化，因而需作严格控制。当水闸宽度与下游河床宽度相差很大时，常在两侧布置专用的导流墙，与岸坡分开，一方面导引过闸水流平顺扩散，另一方面隔断两侧的回流，防止它压缩主流而加剧水流平面分布的不均匀性。

水闸下游出现局部冲刷是难免的，其深度取决于水流的衔接流态、消能和扩散的效果、水流的含泥量以及河床的抗冲能力等因素。由于这些影响因素比较复杂，内在的联系也不完全明确，因而只能作近似的估算。

1. 底流消能的局部冲刷深度估算

南京水利科学研究所在总结分析了 40 个水工模型试验冲刷资料的基础上，提出半理论、半经验的冲刷深度计算公式：

$$T = \frac{0.164q\sqrt{2a_0 - \dfrac{z}{h}}}{\sqrt{d}\left(\dfrac{h}{d}\right)^{\frac{1}{6}}} \tag{3.3-32}$$

式中　T——局部冲刷坑的水深，m；

　　　q——海漫末端的最大单宽流量，$\mathrm{m^3/(s \cdot m)}$；

　　　h——海漫末端的水深，m；

　　　z——海漫末端流速分布图中最大流速的位置高度，当流速分布均匀时，$z = 0.5h$；

　　　a_0——海漫末端的动量修正系数；

　　　d——河床质的计算粒径，m。

$\sqrt{2a_0 - \dfrac{z}{h}}$ 是反应海漫末端流态的因子。如果有模型试验资料，a 和 z 值不难确定，如果没有流速分布资料，可参照表 3.3-8 选用。

海漫末端的最大单宽流量 q 与水流的平面扩散情况有关，如果没有模型试验资料，可参照表 3.3-9 选用。

砂砾石河床，计算粒径取 $d_{85} \sim d_{90}$。黏性土河床，因颗粒之间的黏结性和团粒结构的作用，抗冲能力增大，必须采用超过其本身粒径的等价粒径作为计算粒径。根据许多水闸的实测冲刷资料分析，建议黏性土的抗冲等价计算粒径按 3.3-10 选用。

表 3.3-8 水闸下游冲刷公式中流态参数的取值

消能情况	进入冲刷河床前垂直流速分布图形	a_0	$\dfrac{z}{h}$	$\sqrt{2a_0-\dfrac{z}{h}}$
消力池消能良好，尾坎后有较长的倾斜海漫		1.05~1.15	0.8~1.0	1.05~1.2
消能良好，尾坎后有较长的水平海漫，或不产生水跃的缓流		1~1.1	0.5~0.8	1.1~1.3
尾坎后没有海漫或海漫极短，且坎前产生水跃		1.1~1.5	0~0.5	1.3~1.73

注 表中右侧图形应取相应较大的值。

表 3.3-9 水闸下游冲刷公式中的单宽流量 q 的数值

消能扩散情况	进入冲刷河床前横向平面扩散流速分布图形	$\dfrac{q}{q_0}$	$\dfrac{q}{q_m}$
消力池消能良好，翼墙扩散张角适宜，出水流没有侧边回流，或经过模型验证者		0.6~1.0	1.05~1.5
消能扩散不良，海漫末端两侧有回流，或者是闸门间隔开启放水		1.0~1.6	1.5~3
没有翼墙或导墙，消能工很差，形成折冲水流或者闸门个别几孔集中开启放水		1.6~2.6	3~5.5

注 q_0 为水闸全宽度（包括闸墩）上的平均单宽流量，q_m 为进入冲刷河床前宽度上的平均单宽流量。

表 3.3-10 黏性土的抗冲等价计算粒径

土 质 种 类		抗冲等价计算粒径/mm	对应于水深1m时的抗冲流速/(m/s)
粉土、砂淤土或夹有粉细沙层		0.2~0.5	0.350~0.476
粉质壤土、黄土、黏土质淤泥或夹有沙层	不密实，干容重<1.3g/cm³	0.5~1	0.476~0.600
	较密实，干容重 1.3~1.8g/cm³	1~2	0.600~0.760
	很密实，干容重>1.8g/cm³	2~4	0.760~0.952

土 质 种 类		抗冲等价计算粒径/mm	对应于水深1m时的抗冲流速/(m/s)
粉质黏土、粉质壤土或夹较多砂砾	不密实，干容重<1.3g/cm³	2～4	0.760～0.952
	较密实，干容重1.3～1.8g/cm³	4～8	0.952～1.200
	很密实，干容重>1.8g/cm³	8～12	1.200～1.374
黏土、粉质黏土夹砂砾或铁、锰结核	不密实，干容重<1.3g/cm³	8～12	1.200～1.374
	较密实，干容重1.3～1.8g/cm³	12～20	1.374～1.630
	很密实，干容重>1.8g/cm³	20～30	1.630～1.860
胶结性岩土、风化石带		30～40	1.860～2.050

安徽水利科学研究所王艺雄分析国内38个水闸工程52组冲刷试验观测资料后提出了更为简单的冲刷深度的计算公式如下：

$$T = K_t q^{0.83} \qquad (3.3-33)$$

式中　T——冲刷坑的水深，m；

　　　q——单宽流量，$m^3/(s \cdot m)$；

　　　K_t——经验系数，硬黏土地基取0.8，一般黏性土地基取1.1，粉细砂地基如果水流含沙量较大（13～14kg/m³）取1.8，否则取2.3。

该公式适用于缓流过闸或闸下底流水跃衔接，消力池后有一定长度海漫的情况。

2. 海漫的布置和构造

海漫位于最后一级消力池尾下游或面流鼻坎的下游，消力池后的海漫，一般呈水平或向下游倾斜的布置（图3.3-11）。前者适用于局部冲刷坑深度不大的情况。反之则采用倾斜海漫，借以减小冲刷坑底与海浸末端的高差，有利于海漫的安全，并可减小海漫末端的防冲加固工程量。倾斜海漫不利于水流的平面扩数，单宽流量相对集中，冲刷深度较水平海漫有所增加。为了减小这种不良倾向，海漫的倾斜坡度应不陡于1:10，在选定海漫布置形式时，还要考虑河床的地层变化情况，尽可能把海漫末端置于比较耐冲的坚实黏性上层之上。

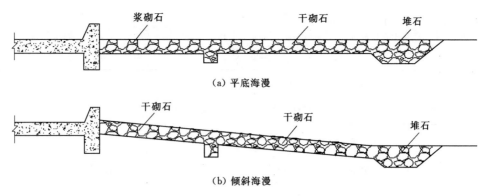

图3.3-11　海漫布置

海漫所采用的材料，主要是混凝土和砌石，基本要求是粗糙、耐冲而且透水，并具有一定程度的柔韧性。海漫表面粗糙可以有效地消耗水流的剩余能量，海漫的透水性可以消除底面的渗透压力，柔韧性则使海漫能在一定程度上适应河床的变形而不致架空。只有海漫本身不被水流冲动，才有可能保护河床，所以要有较大的抗冲能力。海漫的构造，大体上有以下几种：

（1）混凝土海漫。其厚度一般为 30～40cm，分块尺寸为 8～10m，表面可以浇筑加糙条或梅花形分布的凸块，借以加大表面的粗糙度。加糙条和凸块的高度可取 10～20cm，中心距离取高度的 8～10 倍。这种表面加糙物，一般只布置在海漫的前部，并适用于消力池后的水面跌落较显著、流速较大的情况。这种海漫适应河床变形的能力差，一旦破坏，修补困难，应用并不广泛。

（2）浆砌块石海漫。其一般用 M8 水泥砂浆砌筑块石，厚度为 30～40cm，分块尺寸为 8～10m。由于它的强度和耐冲性不如混凝土，故做成平整的表面，避免与水流直接冲撞。它适应河床变形的能力亦差，但破裂后比较容易修补。这种构造亦多用于海漫的前端。

（3）混凝土框格中砌筑块石的海漫。用混凝土浇筑井字形的框格梁，梁宽为 20～25cm，梁高为 50～60cm，框格中填以 30～40cm 厚的浆砌块石或干砌块石。混凝土框格表面与砌石面齐平，也可高出砌石表面 10～20cm，借以加大海漫表面的粗糙度。这种海漫的优点是既有一定的整体性，又有一定的适应河床变形的能力，并把局部破坏限制在个别框格之内而不致迅速扩大。实践证明，这是一种很好的构造型式，可用于海漫前端流速较大的部位。在流速较低的部位，可采用浆砌块石的井字形框格梁，框格中填以干砌块石。根据浆砌石的构造，梁宽要适当加大到 50～60cm，顶面亦不宜高出干砌块石表面。

（4）预制混凝土块海漫。用预制混凝土块体铺砌成海漫，块体的形状和尺寸，可根据流速的大小以及海漫粗糙度的要求确定，掌握比较灵活，但是施工工序多，要有一定起重能力的吊装工具进行安装，故在我国的水闸建设中很少采用。

（5）干砌块石海漫。采用尺寸较大的块石砌筑而成，厚度为 30（单层）～50cm（双层）。其最大优点是适应河床变形的性能好，耐冲能力大于堆石。一般用于海漫的后段。各种海漫的底面均需铺设一层碎石，一般厚度为 10cm。如果河床质是粉细砂，在碎石层下面，再铺设一层粗砂，起反滤作用，防止因水流脉动将细粒吸出。如果海漫是不透水的混凝土或浆砌块石，还应设置冒水孔，借以保证海漫的透水性。

（6）格宾石笼。格宾石笼（又称格宾网笼、格宾笼、蜂巢格网、双绞格网、多绞格网，见图 3.3-12）防护工程技术是指由专用机械将涂塑或不涂塑（PVC 树脂）的热镀锌铝低碳钢丝编织成格宾网片，然后将其裁剪、拼装成符合设计要求的格宾网箱笼，用块石等填满后用于河岸的防护。格宾石笼防护属于柔性防护工程，有利于保护河道、堤防岸坡的安全稳定，可实现水土自然交换，增强水体自净能力，同时又可以实现墙（坡）面植被绿化，使工程建筑与生态环境保护达到有机结合。

（7）土工格栅。土工格栅（图 3.3-12）是一种土工合成材料。与其他土工合成材料相比，它具有独特的性能与功效，常用作加筋土结构的筋材或复合材料的筋材等。土工格栅分为塑料土工格栅、钢塑土工格栅、玻璃纤维土工格栅和聚酯经编涤纶土工格栅四大类。

(a) 填石后　　　　　　　　　　　(b) 填石前

图 3.3-12　格宾石笼

图 3.3-13　土工格栅

布置海漫时，可以根据水流流速及其脉动强度向下游逐渐衰减的趋势，分段采用各种抗冲性能不同的构造型式，以达到既经济合理又安全可靠的要求。

3. 海漫长度的估算

海漫长度原则上应以海漫末端不发生冲刷或局部冲刷坑深度不超过允许数值为标准，视水流情况和河床土质情况而定。由于水流情况复杂，多借助模型试验和实际工程资料的统计分析得出的经验公式估算海漫的长度。

底流消能后的海漫长度：南京水利科学研究所通过 30 多个水闸模型试验资料的分析以及实际工程的调查验证，提出了计算公式：

$$L = Kq^{\frac{1}{2}}Z^{\frac{1}{4}} \tag{3.3-34}$$

式中　L——海漫长度，m；

q——出池水流的最大单宽流量，一般可近似地取过闸的单宽流量，$m^3/(s \cdot m)$；

Z——上下游水头差，m；

K——经验系数，可按表 3.3-11 取值。

表 3.3-11   **海漫长度计算公式中的经验系数 K 取值**

河床土质	坚硬黏土	粉质黏土	粉质壤土或中粗沙	粉细砂
K	7～8	9～10	11～12	13～14

过闸缓流的海漫长度：以泄洪时期的过闸缓流为防冲设计条件的水闸，应根据过闸水流的平面扩散条件拟定海漫长度，至少应延伸至水流扩散段的末端。如果下游引河宽度与闸宽相差很大，边墙扩散角过大，下游可能出现回流时，海漫应延伸至回流区的末端。

安徽水利科学研究所王艺雄对 12 座缓流过闸的水闸模型试验资料进行综合分析后，提出海漫长度的经验公式：

$$L=\lambda_l Fr(b_2-b_1) \tag{3.3-35}$$

其中

$$Fr=\sqrt{\frac{2z}{h}}$$

式中 L——从导流边墙末端算起的海漫长度，m；

      Fr——过闸水流的弗劳德数；

      z——上下游水位差，m；

      h——闸坎以上的尾水深度，m；

      b_1——导流翼墙末端的水面半宽，m（图 3.3-14）；

      b_2——闸下河渠的水面半宽，m（图 3.3-14）；

      λ_l——经验系数，黏土河床取 3～4，细砂河床取 6～8，一般取 4～6。

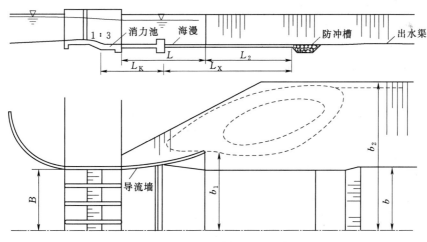

图 3.3-14   过闸缓流的导流布置

式（3.3-35）的适用条件是下游的导流布置要满足下列几点要求：

（1）导流边墙高度不低于防冲设计控制条件的尾水位，长度不小于 4 倍闸坎上的尾水深度。平均扩张角不大于 $10°\sim12°$。

（2）若下游水位漫滩，应在深槽两侧修筑高出水面的导流堤，长度不小于 24 倍的

$Fr(b_2-b_1)$，符号意义与式（3.3-35）式相同。

4. 海漫末端的保护措施

当海漫长度确定以后，按允许倾斜的坡度确定其末端高程，若仍高于局部冲刷坑的坑底高程，应在海漫末端设置适当的防护措施，以防海漫塌陷。常用的工程措施有防冲槽和防冲墙两种类型，分述如下。

（1）防冲槽。防冲槽（图3.3-15）是在海漫末端开挖的土槽中堆放块石而形成，槽顶与海漫末端齐平，槽底高程取决于堆石数量，并适当考虑施工冲坑上坡开挖条件的限制，应尽可能集中堆放。

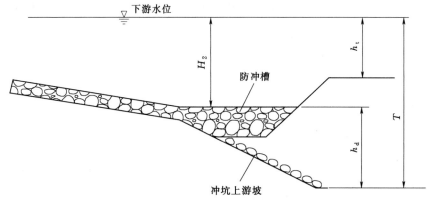

图3.3-15　防冲槽示意图

堆石厚度一般不宜小于1.5m，根据相关块石坍塌试验，防冲槽中的块石随着冲刷坑的发展向下液动，形成1:12~1:14的坡度。盖护冲刷坑的上游坡，防冲槽的单宽堆石量可按式（3.3-36）估算：

$$W=Ah_d \tag{3.3-36}$$

式中　W——防冲槽的单宽堆石体积，m^3；

　　　h_d——防冲槽顶面以下的冲刷深度，m；

　　　A——经验系数，一般采用2~4，黏土河床取下限值，粉细砂河床取上限值。

防冲槽中的堆石粒径一般取0.3~0.5m。堆石在塌落过程中并不能按设计要求均匀地盖护在冲刷坑的上游坡上。因此，对于特别重要的、建造在粉细砂地基上的水闸，槽底宜铺设柴排。这时应减小槽深，增加槽宽，等于冲刷坑深度的2~3倍，将更能有效地保护冲刷坑的上游坡。

（2）防冲墙。海漫末端的防冲墙构造有齿墙、板桩、沉井等。齿墙的深度一般为1~2m，适用于冲刷坑深度较小的工程。如果冲刷深度很大，河床为极易流失的粉细砂，柔性防冲槽不足以保证安全时，采用刚性的井柱或沉井结构，较为安全可靠，但工程量较大。因此，应当尽可能缩短海漫长度，使防冲工程的总工程量不致增加过多。

水利防冲墙也常采用防冲板桩构造（图3.3-16），一般用预制板桩打入地基，在其顶部浇筑钢筋混凝土板墙，把板桩连成整体；另在板桩上游一定距离处（根据计算确定）再浇筑一道高度较大的钢筋混凝土板墙，在两道板桩之间，用钢筋混凝土纵梁连接，形成框格。框格中用干砌块石护砌。这样，依靠上游板墙上的被动土压力锚定板桩的顶部，可

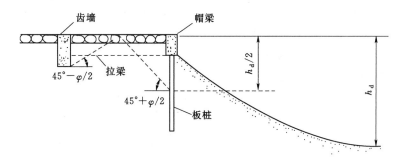

图 3.3-16 防冲板桩构造

以改善板桩的受力条件，减小板桩的插入深度，并显著改善防冲墙的稳定性。

水电工程防冲墙采用混凝土或钢筋混凝土结构，与垂直 WKS 防渗墙施工工艺相同，常采用槽孔型防渗墙，西藏雪卡、多布水电站消力池末端均采用该技术。

两道板墙的间距，可用式（3.3-37）计算：

$$s = d_1 \tan\left(45° - \frac{\varphi}{2}\right) + d_2 \tan\left(45° + \frac{\varphi}{2}\right) \tag{3.3-37}$$

其中

$$d_2 = \sqrt{\frac{2p}{\gamma}} \tan\left(45° - \frac{\varphi}{2}\right) \tag{3.3-38}$$

式中　s——两道板墙的净距，m；

　　　　d_1——紧靠板桩下游的冲刷深度，m，采用桩顶与冲刷坑底的高差之半，已够安全；

　　　　d_2——上游板墙的深度，m；

　　　　γ——河床质的浮容重，kg/m^3；

　　　　φ——河床质的内摩擦角，（°）；

　　　　p——板桩顶端的锚着力，kg/m，可参考有关板桩设计的书籍计算，同时亦可算出板桩需要的入土深度。

3.3.4　消能工布置关键技术典型案例

3.3.4.1　下游斜坡+平底消能工护坦

平底消能工一般是经过水力计算，不用挖深即可产生淹没水跃的情况。如宝兴工程，通过工程类比，采用抗冲耐磨的斜坡护坦与下游河道相连，不设置消力池。工程布置泄洪冲沙闸共 3 孔，孔口尺寸为 4.5m×5m，泄流量为 865.81m³/s；在校核洪水位 1348.8m、闸门全开时，最大泄流能力为 1042.04m³/s。护坦顺水流方向总长 75m，其中斜坡段长 65m，坡降为 1:22。护坦末端底部设防冲墙，墙深 10m，墙厚 0.8m。覆盖层主要为Ⅰ岩组和Ⅲ岩组。Ⅲ岩组分上、下两层，上层在护坦下，埋深约 7m。由于上部Ⅰ岩组中夹有大量的漂砾或孤石，其抗冲蚀性能较好，护坦后接长为 25m 的钢筋笼块石海漫进入原河道。

石跋河闸也是不用挖深即可产生淹没水跃的工程案例。该工程位于安徽省和县境内，在长江左岸、石跋河入江口内 30m 处。石跋河闸以防长江水倒灌为主，兼有排涝和引水灌溉的作用。工程采用底流式消能，下游布置消力池、海漫与防冲槽。由于闸室高度仅9.5m，上下游河道高差为 3.5m，采用了折线底板，将闸门后的闸室底板降低至消力池底高程，成为消力池的一部分。不仅可以减少消力池护坦长度，相应缩短了下游翼墙长度，而且可以减少三元水流对水跃的压缩影响。

3.3.4.2　差动坎＋消力池消能工典型案例

1. 多布水电站闸墩上游侧差动消力坎＋消力池消能工

多布闸室底板末端以1：4缓坡与消力池底板衔接，消力池长107m，底板顶高程为3047.50m，厚2.50m。根据模型试验成果，为使校核洪水时消力池内形成淹没水跃，消力池内上游（起始桩号闸0+039.19）处并排设置9个4m高的差动坎（图3.3-17），间隔布置，坎间净距为7m，各差动坎顺水流方向长9m，上下游宽度分别为3.0m、5.0m，过流顶面为半径10m的圆弧。在消力池出口底板上对应每个差动坎位置，设置宽3m、坡比2.5：7（高：宽）导砂槽，以利于泥沙冲出消力池，防止汛期泥沙在池内淤积。

泄洪闸消力池底板为混凝土，按照渗流计算及监测成果，上游防渗墙防渗效果较好，底板底部扬压力与下游水位基本一致，经底板抗浮计算，枯水期检修工况为控制工况，为

图3.3-17　多布水电站闸墩差动
消力坎＋消力池消能工

降低底板下部扬压力，在底板设置间排距3m、$\phi50mm$排水孔，孔内填充小石，经计算满足底板抗浮要求。同时，为防止泄洪闸发生渗透破坏，在消力池底部铺设25cm厚碎石排水层，排水孔内设置PVC排水花管插入排水层20cm，排水层下部设置15cm反滤层，同时反滤层间设1层反滤土工布以增强反滤效果。在施工过程中，首先施工左侧部分，至1/3进度时，发现孔内填石有局部堵塞现象，在要求施工方清理重新填充的同时，要求后续混凝土底板排水孔间距调整至2m。根据以往工程经验，一般排水孔间距为1.5～3m，孔径为5～10cm。该工程基础均为覆盖

层，透水性较好，且设置反滤层、反滤土工布两种反滤保护措施，确保了排水、反滤设计安全可靠。另外，为防止消力池检修工况下排水孔减压效果不良时的不利情况，在检修抽水前，对检修范围内底板进行编织袋填充砂卵石压脚处理，按1/2面积填压即可，填压厚度为1.5m。检修完成后进行拆除清理。

2. 雪卡水电站消力池出口侧差动消力坎＋消力池消能工

雪卡水电站泄水冲沙闸采用底流消能。消力池桩号为坝下0+021.000～坝下0+078.650，宽26～40m，平面上呈扩散形态，池底高程3327.70m，混凝土底板厚2.0m，下设25cm的卵石层（粒径5～20mm）、土工反滤布、5～10cm细砂层的反滤层，底板采用间排距1.5m、$\phi80mm$排水孔，以降低底板扬压力。根据模型试验，尾端设2m宽、净间距5.0m消力齿坎（图3.3-18）加强消能效果，坎顶高程3330.00m。消力池后接29.35m长的混凝土海漫与62m长的钢筋笼海漫，海漫顶高程3330.00m，混凝土海漫排水孔及底部排水反滤布置与消力池排水孔一致，在海漫末端设12m长的钢筋笼块石防冲槽。

3.3.4.3 下游防冲墙技术

工程实践证明，消力池末端设置防冲墙是行之有效地确保消能工安全的措施，应按照不同工况下下游河道的流态及流速、冲淤地形，考虑检修条件、河床地质分层等因素综合确定，一般深度按照模型冲坑深度结合底部沙砾石地质条件分析确定，平面范围结合冲淤地形、流速分布、地质条件考虑。

多布水电站按照不同库水位进行了14组的泄水组合试验。从试验成果可以分析出，校核洪水时，下游河道的流态及冲淤分布见图3.3-19。

图 3.3-18 雪卡水电站差动消力坎＋
消力池消能工

（a）下游河道流态

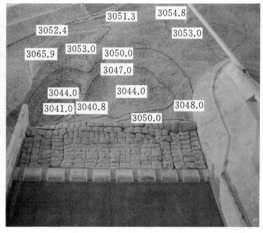

（b）冲淤局部地形图

图 3.3-19 多布水电站下游河道的流态及冲淤地形图

消力池钢筋笼防护体后冲坑最低高程为 3040.8m，以 3053.0m 高程计算，冲深12.2m；右岸最低高程为 3048.0m，冲深 5m；河中最大淤积高程为 3055.9m。若按校核洪水防护，则消力池后防护最低高程应为 3040.9m，左岸防护最低高程应为 3048.5m。针对以上成果，考虑海漫部位检修困难，因此设计按照校核冲淤成果进行设计，且按照模型试验未采取防护时的冲坑深度考虑设防深度。设计中，将图示模型中消力池末端绿色防护范围采用混凝土护坦，护坦末端设置混凝土防冲墙墙底高程为 3038.00m，该防冲墙顺延至两侧护坡后，继续沿左右岸护坡向下游延伸，延伸长度分别为 10m、78.5m，后接左、右岸下游混凝土护坡底部高程为 3047.00m，均满足防冲深度要求。

宝兴水电站枢纽根据水工泥沙模型试验报告，发现在校核洪水流量下，护坦末端基础淘刷较严重，为避免下游水流产生冲刷，在护坦末端坝下 0＋098.600 处设置 10m 深、80cm 厚的防冲墙。

雪卡水电站根据水工泥沙模型试验报告，设计工况时，护坦末最大冲刷深度为

4.1m，校核工况时，护坦末最大冲刷深度为4.0m。因此混凝土海漫末端设5m深的混凝土防冲墙，钢筋笼海漫末端设长12m、深2m钢筋笼块石防冲槽，能够满足冲刷要求。

3.3.4.4 多布水电站格宾笼海漫防冲技术

1. 设计方案考虑

多布水电站原设计海漫采用钢筋石笼结构，实际施工中，为加快施工进度，对原有海漫防护形式进一步的优化。其具体优化方案措施为：对泄洪闸、厂房下游海漫区消力池下游护坦、两侧护坡周边回填20m宽干砌块石，粒径应不小于80cm，密实碎石粒径选用30~80mm。原设计网格梁修改为两层0.5m厚格宾石笼护底。格宾护底、挡墙所用格宾笼的材料为热镀锌低碳钢丝，外涂PVC树脂保护膜，网孔不大于8cm。边端钢丝的直径为3.6mm，网面钢丝的直径3.0mm，绑扎线钢丝与网面钢丝材质相同；钢丝的抗拉强度不少于380kPa，钢丝的表面采用热镀锌保护，镀锌的保护层的厚度要求按镀锌量300g/m²。填充料（片石、鹅卵石或混凝土碎块）的粒径为150~300mm，余为碎石填充石缝，密实碎石粒径选用30~80mm，以增加填充密度，填充料平均粒径不小于250mm。

格宾石笼由于其良好的抗冲性能以及生态效果，目前在国内得到了极大的推广与发展，应用于各个行业的护坡、支挡、水土保持等工程，并且由于其柔性、整体性、透水性、生态性和施工便捷性得到了多方好评。而格宾垫作为海漫、消力池等结构在国内一些工程中也有了应用，特别对于海漫结构而言，格宾垫的柔性、透水性以及粗糙程度均十分适合于海漫工程。目前多项海漫工程的成功应用也证实了这一点。如在株洲航电枢纽中，消力池出口流速约为4m/s，实际工程中采用0.5m格宾垫作为海漫防护，工程2006年完工经过数次泄水运行良好。潮州供水枢纽拦河水闸消能工抢险工程中，海漫出现了大面积冲刷坑后，增设格宾石笼护垫海漫和雷诺护垫海漫。格宾石笼护垫抗冲流速可达到6m/s，护垫为1:30的缓坡，长40m，厚50cm，内装填120~250mm粒径块石。经过2007年6月韩江超10年一遇暴雨洪水和8月中旬的第9号超强台风"圣帕"带来大洪水的考验，未发现有明显的冲刷坑出现。根据美国马克菲尔公司于1983年和美国科罗拉多大学合作，做了详尽的格宾垫抗冲刷模型和原型试验，结合多年工程经验的总结，得出了格宾系列防护同流速的关系表（表3.3-12）。

表3.3-12　　　　　　　　　　　格宾护垫厚度与流速参照表

类型	厚度/m	填充石		流速/(m/s)	
		石料规格/mm	d_{50}/mm	临界流速	极限流速
格宾护垫	70~100	70~100	0.085	3.5	4.2
	70~150	70~150	0.110	4.2	4.5
	0.23~0.25	70~100	0.085	3.6	5.5
		70~150	0.120	4.5	6.1
	0.3	70~120	0.100	4.2	5.5
		100~150	0.125	5.0	6.4
格宾石笼	0.5	100~200	0.150	5.8	4.6
		120~250	0.190	6.4	8.0

注 临界流速指铺面保持稳定而没有因填石发生移动的流速，极限流速指尽管由于笼体内石块移动导致格宾护垫部分变形而整体不致失稳的流速。

因此，对于该工程，海漫区校核最大流速不超过 6m/s，采用两层 0.5m 厚格宾石笼护底。填充料（片石、鹅卵石或混凝土碎块）的粒径为 150～300mm，平均粒径不小于 250mm。从工程类比及资料分析来看，都是安全的。

2. 施工技术要求

施工测量的精度指标应符合要求：①平面位置允许误差±40mm；②高程允许误差±30mm；③坡面不平整度的相对高度差允许范围±30mm。

（1）材料要求。格宾护底、挡墙所用格宾笼的材料为热镀锌低碳钢丝，外涂 PVC 树脂保护膜。钢丝材质必须符合《碳素结构钢》（GB/T 700—2006）标准规定。镀锌钢丝采用优质低碳钢丝，边端钢丝的直径 3.6mm，网面钢丝的直径 3.0mm，绑扎线钢丝与网面钢丝材质相同；钢丝的抗拉强度不少于 380kPa，钢丝的表面采用热镀锌保护，镀锌保护层的厚度要求按镀锌量 300g/m^2。

格宾护底，格宾网必须由专用机械编织成的热镀锌低碳钢丝六边形网格的网片组装而成。

格宾网片网孔必须均匀，不得扭曲变形。网孔孔径偏差应小于设计孔径的 5%。

格宾网片的抗压、抗剪强度及有关力学指标、耐腐蚀性必须达到设计要求，钢丝的力学性能必须符合《钢丝镀锌层》中的 5.2 条关于镀锌钢丝的规定。

钢丝与 PVC 树脂膜必须紧密结合，在 5cm 长度范围两侧切割使其与外侧树脂膜断开，但注意不能损伤钢丝，再以手指扭转，不可有转动现象。

外涂树脂膜热镀锌低碳钢丝的网片，涂膜质量、厚度必须符合设计规定。涂膜材料抗拉强度应不小于 20kPa，断裂伸长率不低于 180%。

格宾材料必须有出厂质量证书。

现场抽样检验，施工方应委托有资质的检验机构对格宾材料进行抽检。每 5 万 m^2 的格宾作为一个批次抽样送检一次。检验依据是设计图纸及技术文件要求和国家相关的标准。

填充料必须是坚固密实、耐风化好的材料。填充料规格和质量应符合《水利水电工程天然建筑材料勘察规程》（SL 251—2015）的规定。严禁使用风化石。填充料（片石、鹅卵石或混凝土碎块）的粒径为 150～300mm，余为碎石填充石缝，密实碎石粒径选用 30～80mm，以增加填充密度，填充料平均粒径不小于 250mm。

（2）格宾护底的施工。格宾护底一般护坡或护底，首先按设计要求回填或削坡并平整铺设面，坡面或基地面应平整、密实、无杂质。

现场如遇较差的地基土质时（如遇流沙、淤泥等），应另作地基处理后再铺设护底。

组装格宾护底的原则：形状规则、绞合牢固、所有竖直面板上边缘在同一水平面上并且确保盖板边缘能够与面板上端水平边缘绞合。

组装格宾护底需安排在一块平整坚硬的场地上开展作业，选择场地时请注意既要方便格宾的组装、搬运，又要不影响现场其他作业内容的实施。

对于一个完整的格宾单元，需注意以下几方面：格宾面板之间的折痕弯曲；2m 长格宾对折时中间的折痕；搬运过程中由于操作不当所产生的弯曲变形。对于变形部位用钳子等工具或人工脚踩等方式校正弯曲、变形的部分。

间隔网与网身应成 90°相交后，才可绑扎成护底状。

护底组的间隔网与网身间绑扎道必须符合的要求有：①间隔网与网身的四处交角各绑扎一道；②间隔网与网身交接处，每间隔 10～15cm 双圈-单圈-双圈进行绞合（图 3.3-20）；③护底组必须按设计图示位置依次安放到位；④护底组间相邻的上下框线或折线，必须符合每间隔 10～15cm 双圈-单圈-双圈进行绞合（图 3.3-20）；⑤绑扎线必须是与网线同材质的钢丝；⑥每道绑扎必须是双股线并绞紧；⑦用于转弯段的格宾，绞合时注意搭接重合面的竖直面板无需绞合，可考虑取下该面板或者折放到底板上。

格宾摆放原则：摆放时应面（板）对面（板）、背（板）对背（板）（图 3.3-21）；①尽量将边板一侧朝向面墙；②摆放好的格宾外轮廓线应该整齐划一，边缘链接、绞合紧密。

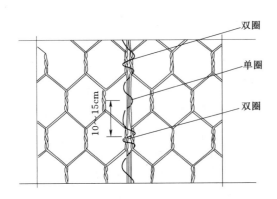

图 3.3-20 双圈-单圈-双圈绞合示意组图　图 3.3-21 格宾护底各部分组成示意图

将组装好的格宾按照一定的要求紧密整齐地摆放在恰当的位置上。碰到需要拐角及弧形处理时，通过裁剪或者重叠进行处理。

用一定长度的绞合钢丝将左右相邻格宾及上下层的格宾连接在一起。绞合严格按照间隔 10～15cm 双圈-单圈-双圈进行绞合，绞合 1m 长的边缘采用 1.4～1.5m 长的绞合钢丝，且每根整丝的绞合长度不少于 1m（中间不能断开）。

填充料规格除必须符合设计要求外，同时均匀地向一组护底的各网格内填料，严禁往单个网格内填料；填充料可一次填满高度，填充石料顶面必须密实，空隙可用小碎石填塞；填充料的容重应达到 1.80t/m³；封盖施工要求面层石料必须砌垒整平；封盖网与网身、间隔网间相交边框线必须每隔 10～15cm 绑扎一道。绑扎后的扎丝头应隐入笼内。

（3）质量控制。工程质量检测人员所需资质条件以及工程质量检验的职责范围、工作程序、事故处理、数据处理等要求，均应符合《水利水电工程施工质量检验与评定规程》（SL 176—2007）的规定。

应保证检测成果、材料检验资料的真实性，严禁伪造或任意舍弃成果和资料；质量检测记录应妥善保存，严禁涂改或自行销毁。

格宾防护工程质量应包括内在质量和外观质量。

必须在每一道工序进行自检、抽查合格后，方可继续下道工序。

质量检测部位应有代表性，且应在上面均匀分布，不得随意挑选。

隐蔽工程应会同监理一起检验，或拍照留底。

格宾网的规格质量应重点检查下列内容：

1) 用于编织格宾网材料的化学性能、力学指标是否符合设计要求。

2) 土工织物的质量控制，应重点检查下列内容：①透水土工织物的质量和规格是否符合设计要求；②铺设护底的坡面、铺设面的平整度、土体密实度是否符合设计要求；③检验坡面、铺设坡面的平面位置、高程是否符合设计要求。

3) 检查护底几何尺寸是否符合下列要求：①高度允许偏差：±10%；②宽度允许偏差：±3%；③长度允许偏差：±3%。

4) 抽查护底面层平整度是否符合高差不大于3cm的规定。

3.3.4.5 庞口闸土工格栅石笼防冲体的应用（端木凌云等，2006）

庞口闸位于东平湖退水入黄河的大堤上，具有正向泄水、反向挡水的双重功能东平湖泄水时，开启闸门向黄河退水；平时关闭闸门，防止黄河水沙倒灌淤积河道。该闸建在软土地基上，采用底流式消能，设置综合式消力池促成闸下水流形成淹没式水跃。由于过闸水流受到闸孔的约束，部分势能转化为动能，水流流速增大，需设置消能防冲设施。

庞口闸下泄水流经200m宽的黄河嫩滩至黄河主河槽，闸下游河床冲刷对黄河河势影响不大，但冲刷不能向上游发展，否则将冲毁消力池、淘空闸基、威胁闸身的安全。若采用传统防冲设施，需建40m长的海漫和长10m、深3m的抛石防冲槽，而该处为淤泥质地基，加上地下水影响，开挖非常困难。因此，需要找一种既能适应河床动态变化又便于施工，技术上可行、经济合理的防冲体，解决庞口闸的防冲问题。

土工格栅是由聚合物材料（高分子聚丙烯或高密度聚氯乙烯）经过定向拉伸工艺而形成的具有开孔网格和较高强度的网状材料。土工格栅石笼不仅具有良好的柔性和适应基础变形的能力，还具有良好的整体性、透水性。作为防冲设施，土工格栅石笼随下游河床的冲刷而发生变形，靠自动下沉保护上游土体，限制冲坑向上游发展。当过闸水流冲刷下游河床达到一定深度时，冲坑内水体形成水垫消能，当冲坑内水垫达到一定深度时消能平衡，冲坑不再发展。

在庞口退水闸工程海漫设计中，采用土工格栅石笼代替传统海漫结构，不仅施工方便，而且节省造价。土工格栅石笼的长度可根据过闸水流对下游河床冲刷深度确定：

$$L_s = d_m \sqrt{1 + m^2} \qquad (3.3-39)$$

其中

$$d_m = \frac{1.1 q_m}{[v_0]} - h_m \qquad (3.3-40)$$

式中　L_s——土工格栅石笼的长度，m；

　　　d_m——海漫末端河床冲刷深度，m，可由式（3.3-40）确定；

　　　m——土工格栅石笼稳定坡度，考虑到土工格栅石笼的整体性，取 $m=2$；

　　　q_m——海漫末端单宽流量，$m^3/(s \cdot m)$；

　　　h_m——海漫末端河床水深，m；

　　　$[v_0]$——河床土质允许不冲流速，m/s。

根据河床土质情况从水力学计算手册上查"无黏性土的允许不冲流速表"和"黏性土的允许不冲流速表"确定，庞口闸下游河床为壤土，查表取允许不冲流速 $[v_0]=0.85\text{m/s}$。庞口闸土工格栅海漫石笼长度计算成果见表3.3-13。

表3.3-13　　　　　　庞口闸土工格栅海漫石笼长度计算成果表

$Q/(\text{m}^3/\text{s})$	B/m	$q/[\text{m}^3/(\text{s}\cdot\text{m})]$	$[v_0]/(\text{m/s})$	h_m/m	d_m/m	L_s/m
740	83.26	8.89	0.85	2.35	9.15	18.30

根据闸后冲刷坑深度和土壤特性，考虑到土工格栅石笼的整体性和一定的安全余幅，确定土工格栅石笼长度为20m。石笼厚度根据水流紊动情况下的稳定计算确定，可由式（3.3-41）计算求得

$$T=\frac{1.33q}{\sqrt{(G-1)gd}}\left(\frac{h_1}{d}\right)^{\frac{1}{6}} \tag{3.3-41}$$

$$\frac{q_2}{q_1}=k\sqrt{\frac{h_2}{h_1}} \tag{3.3-42}$$

$$d=\frac{q^3}{[0.75g(G-1)]^3 h_2^{\frac{7}{2}}} \tag{3.3-43}$$

式中　T——海漫的冲刷深度，m；

　　q——局部最大的单宽流量，$\text{m}^3/(\text{s}\cdot\text{m})$；

　　G——块石的体积质量，取 $2.65\times10^3\text{kg/m}^3$；

　　d——石笼厚度，m；

　　q_1——海漫前端的单宽流量，$\text{m}^3/(\text{s}\cdot\text{m})$；

　　h_1——海漫末端水深，m；

　　q_2——冲刷坑上的最大单宽流量，$\text{m}^3/(\text{s}\cdot\text{m})$；

　　h_2——冲刷坑上的水深，m，$h_2=T$；

　　g——重力加速度，取 9.8m/s^2；

　　k——系数，取值范围为0.8~1，值随冲坑深和回流变化，当冲坑很深时（$h_2/h_1>$
　　　　6）可取较小的系数。

经计算，石笼厚度 $d=0.582\text{m}$，考虑到海漫上水流的紊动，确定石笼厚度0.7m。

整体石笼平面尺度过大，彼此成为一个整体。由于夹在两层格栅之间的块石随着冲刷变形会产生移动，为了对其限制就要利用格栅材料隔离成若干个单元格。这样块石只能在一个单元格中移动，就不会造成块石的堆积。划分单元格主要考虑格栅材料变形模量因素和水流情况，单元格太大不能有效地控制格栅内的石块移动，太小则施工复杂且造价也高，一般为2~4m。在此工程中，土工格栅划分成3m×3m的单元格。

土工格栅石笼在平面上分成3m×3m的单元格，顶底各一层网片，单元格由竖向网片分隔而成。由于土工格栅石笼不具备反滤性，在石笼下面平铺一层无纺土工布作反滤层。反滤布的选取符合《水利水电工程土工合成材料应用技术规范》（SL/T 225—98）规定的3个要求，即保土性、防淤堵性、透水性要求。

海漫土工格栅石笼施工施工要求：

（1）平整和夯实基础，清除树根和尖刺物。

（2）在无大风天施工，铺设时顺卷打开，不要牵拉过紧，但也不宜过松，以适应基础地形变化。

（3）不得在坡面上穿硬质带钉鞋行走。

（4）铺好土工织物后应尽快铺设垫层和面层，不得长时间在阳光下暴露，否则应加覆盖保护。

（5）块石不得沿土工织物坡面下滚，铺块石时应尽可能轻放。

（6）护面块石应平面朝下，必须砌筑紧密，啮合良好，填缝密实，以保护土工织物的稳定。

土工格栅石笼采用就地绑扎的方法，底层格栅直接铺设在无纺土工布上，块石与底层格栅间铺设 0.1m 厚碎石保护层，块石投放采用人工搬运，避免块石棱角刺伤格栅和土工布。格栅纵横向连接处用高密度聚乙烯绳绑牢，绳的接头打成死结，捆绑间距不大于0.5m。块石摆平后铺放顶层格栅，铺设完毕后，石笼顶部覆土 0.5m 厚加以保护。顶底层格栅的长幅方向应按顺水流向铺设。

3.4 闸室稳定分析及基底应力

3.4.1 基底抗滑稳定、基底应力分析

3.4.1.1 基底抗滑稳定分析

沿砂土基础底面抗滑稳定公式为

$$K_c = \frac{f \sum G}{\sum H} \tag{3.4-1}$$

式中　K_c——抗滑稳定安全系数；

　　$\sum G$——计算截面上全部垂直力总和，kN；

　　$\sum H$——计算截面上全部水平力总和，kN；

　　f——滑动面上的抗剪摩擦系数，按中粗砂取 0.45。

表 3.4-1　　　　　　　　　　φ_0、C_0 值（土质地基）

土质地基类别	φ_0	c_0
黏性土	0.9φ	$(0.2\sim0.3)c$
砂性土	$(0.85\sim0.9)\varphi$	0

注　表中 φ 为室内饱和固结快剪（黏性土）或饱和快剪（砂性土）试验测得的内摩擦角；c 为室内饱和固结快剪试验测得的黏聚力，kPa。

在没有试验资料的情况下，闸室基础底面与地基之间的摩擦系数 f 值，可根据地基类别按表 3.4-1 所列数值选用。

对于黏性土，建议按式（3.4-2）计算：

$$K_c = \frac{\tan\varphi_0 \sum G + c_0 A}{\sum H} \tag{3.4-2}$$

式中 φ_0——闸室基础底面与土质地基之间的摩擦角，(°)；

      c_0——闸室基础底面与土质地基之间的黏聚力，kPa。

采用 φ_0 值和 c_0 值时，应按表 3.4-1 折算闸室基础底面与土质地基之间的综合摩擦系数。对于黏性土地基如折算的综合摩擦系数大于 0.45，或对于砂性土地基如折算的综合摩擦系数大于 0.5，采用的 φ_0 值和 c_0 值均应有论证。

对于特别重要的大型水闸工程，采用的 φ_0 值和 c_0 值还应经现场地基土对混凝土板的抗滑强度试验验证。

土基上沿闸室基础底面的抗滑稳定性安全系数，不应小于表 3.4-2 中规定的值。

表 3.4-2   土基上沿闸室基础底面的抗滑稳定性安全系数

荷载组合		水 闸 级 别			
		1	2	3	4
基本组合		1.35	1.30	1.25	1.20
特殊组合	I	1.20	1.15	1.1	1.05
	II	1.10	1.05	1.05	1.05

注   特殊组合 I 适用于施工工况、检修工况和校核洪水位工况；特殊组合 II 适用于地震工况。

3.4.1.2   泄洪闸闸室基底应力

泄洪闸闸底基底应力计算公式为

$$P_{\max,\min} = \frac{\sum G}{A} \pm \frac{\sum M}{W} \tag{3.4-3}$$

式中 $P_{\max,\min}$——闸室基底应力的最大值或最小值，kPa；

      $\sum G$——作用在闸室上的全部竖向荷载（包括闸室基础底面上的扬压力在内），kN；

      $\sum M$——作用在闸室上的全部竖向和水平向荷载对于基础底面垂直水流方向的形心轴的力矩，kN·m；

      A——闸室基础底面的面积，m^2；

      W——闸室基础底面对于该底面垂直水流方向的形心轴的截面矩，m^3。

土基上闸室基底应力最大值与最小值之比的允许值，见表 3.4-3 中规定的值。

表 3.4-3   土基上沿闸室基础底面抗滑稳定性安全系数

地基土质	荷 载 组 合	
	基本组合	特殊组合
松软	1.5	2
中等坚实	2	2.5
坚实	2	3

注   1. 对于特别重要的大型水闸，其基底应力最大值与最小值之比的允许值可按表列数值适当减小。

      2. 对于地震区的水闸，其基底应力最大值与最小值之比的允许值可按表列数值适当增大。

      3. 对于地基特别坚实或可压缩土层甚薄的水闸，可不受该表的规定限制，但要求闸室基底不出现拉应力。

当沿闸室基础底面抗滑稳定安全系数计算值小于允许值时，可在原有结构布置的基础上，结合工程的具体情况，采用下列一种或几种抗滑措施：①将闸门位置移向低水位一侧，或将水闸底板向高水位一侧加长；②适当增大闸室结构尺寸；③增加闸室底板的齿墙深度；④加铺盖长度或帷幕灌浆深度或在不影响防渗安全的条件下将排水设施向水闸底板靠近；⑤利用钢筋混凝土铺盖作为阻滑板，但闸室自身的抗滑稳定安全系数不应小于1，计算由阻滑板增加的抗滑力时，阻滑板效果的折减系数可采用0.8，阻滑板应满足抗裂要求；⑥设钢筋混凝土抗滑桩或预应力锚固结构。

3.4.2 闸室段整体稳定分析

当土质地基持力层内夹有软弱土层时，还应采用折线滑动法（复合圆弧滑动法）对软弱土层进行整体抗滑稳定验算，整体抗滑稳定安全系数不小于表3.4-4和表3.4-5的规定。

表3.4-4 土基上闸基整体抗滑稳定性安全系数（一）

荷载组合		水 闸 级 别			
		1	2	3	4
基本组合		1.50	1.35	1.30	1.25
特殊组合	I	1.30	1.25	1.20	1.15
	II	1.20	1.15	1.15	1.10

注 表中安全系数为计及条块间作用力的简化毕肖普法计算的允许值。

表3.4-5 土基上闸基整体抗滑稳定性安全系数（二）

荷载组合		水 闸 级 别			
		1	2	3	4
基本组合		1.35	1.30	1.25	1.20
特殊组合	I	1.20	1.15	1.10	1.05
	II	1.10	1.05	1.05	1.05

注 表中安全系数为不计条块间作用力的瑞典圆弧法计算的允许值。

以多布水电站工程为例，按照《水闸设计规范》，计算按照瑞典圆弧滑动法计算整体抗滑稳定，计算采用SLIDE软件并假定采用竖直条带法，对计算范围内不同土层进行分层模拟，自动计算安全系数，搜索最不利滑弧。各土层地质参数采用地质报告建议值，考虑饱和水影响。计算工况同闸室抗滑稳定及基底应力计算，计算成果简图见图3.4-1，地基土层按实际地质剖面分层模拟。

不同工况计算成果见表3.4-6，可以看出，成果均满足规范要求。

表3.4-6 闸室地基整体稳定不同工况计算成果

荷载组合	计 算 情 况	整体稳定系数	
		规范要求	计算值
基本组合	完建情况	1.25	2.228
	正常蓄水位1情况		2.094
	正常蓄水位2情况		2.042
	设计洪水情况		2.323

续表

荷载组合	计 算 情 况	整体稳定系数	
		规范要求	计算值
特殊组合	止水失效	1.1	2.423
	检修情况		2.107
	校核洪水情况		2.285
	地震情况	1.05	1.761

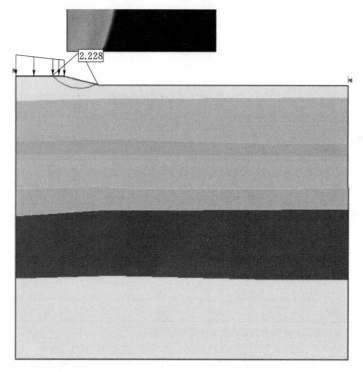

图 3.4-1 闸室地基整体稳定计算成果示意图

3.4.3 坝体侧向抗滑稳定分析

以多布水电站左副坝为例进行说明。该工程左副坝1号、2号、3号坝段基础为回填砂砾石基础，基础高程均为3059.00m，此3个坝段不存在侧向稳定问题；左副坝4号、5号坝段部分基础布置在左岸覆盖层开挖边坡上，基础高程分别为：4号坝段基础由3059.00m抬高至3066.00m、5号坝段基础由3066.00m抬高至3078.00m，边坡开挖坡比由下至上依次为：1:1.5、1:1.75、1:1，此2个坝段可能存在侧向稳定问题，因此对4号、5号坝段正常蓄水工况、设计洪水工况、校核洪水工况、施工完建工况和正常蓄水＋水平地震工况的侧向抗滑稳定进行计算。

左副坝4号、5号坝段为坐落在左岸覆盖层开挖边坡上的混凝土重力坝，参照软基上的水闸即按《水闸设计规范》要求进行计算分析。坝基底面的侧向抗滑稳定安全系数不小于《水闸设计规范》中的允许值。地震力采用拟静力法，考虑坝轴线方向水平地震动峰值

加速度取 $0.206g$。

左副坝4号、5号坝段基础主要为回填的含块石砂（碎石）卵砾石层（Q_4^{al} – Sgr_1）。坝基底面与地基之间的摩擦系数 $f'=0.50$，不考虑与地基之间的黏结力。侧向稳定采用刚体极限平衡法按"等K法"计算侧向抗滑稳定安全系数。

各工况计算公式分别如下。

（1）施工完建工况：

滑动块的稳定
$$k_c = \frac{f(W\cos\theta + Q\sin\theta) + cA}{W\sin\theta - Q\cos\theta} \tag{3.4-4}$$

阻滑块的稳定
$$k_c = \frac{f_2 W_2 + c_2 A_2}{Q_2} \tag{3.4-5}$$

$$Q = Q_2 \tag{3.4-6}$$

通过试算使两个公式中的 k_c 值相等（下同）。

（2）正常蓄水工况、设计洪水工况、校核洪水工况：

滑动块的稳定
$$k_c = \frac{f(W\cos\theta - U + Q\sin\theta) + cA}{W\sin\theta - Q\cos\theta} \tag{3.4-7}$$

阻滑块的稳定
$$k_c = \frac{f_2(W_2 - U_2) + c_2 A_2}{Q_2 - p_2} \tag{3.4-8}$$

$$Q = Q_2$$

（3）地震：

滑动块的稳定
$$k_c = \frac{f[W\cos\theta - U + (Q-F)\sin\theta] + cA}{W\sin\theta - (Q-F)\cos\theta} \tag{3.4-9}$$

阻滑块的稳定
$$k_c = \frac{f_2(W_2 - U_2) + c_2 A_2}{(Q_2 + F_2) - p_2} \tag{3.4-10}$$

$$Q = Q_2$$

以上式中　W_2——阻滑块＋上游水的重量，kN；

$\quad\quad\quad\quad W$——滑动块＋上游水的重量，kN；

$\quad\quad\quad\quad A_2$——阻滑块与基础接触面积，m^2；

$\quad\quad\quad\quad A$——滑动块与基础接触面积，m^2；

$\quad\quad\quad\quad f$——基础滑动面抗剪断摩擦系数；

$\quad\quad\quad\quad c$——基础滑动面抗剪断黏聚力，kPa；

$\quad\quad\quad\quad f_2$——阻滑面抗剪断摩擦系数；

$\quad\quad\quad\quad c_2$——阻滑面抗剪断黏聚力，kPa；

$\quad\quad\quad\quad Q$——滑动块与阻滑块分界面上的反力，kN；

$\quad\quad\quad\quad Q_2$——滑动块与阻滑块分界面上的反力，kN；

$\quad\quad\quad\quad p_2$——阻滑块受到的静水压力，kN；

$\quad\quad\quad\quad U_2$——阻滑块阻滑面的扬压力，kN；

$\quad\quad\quad\quad U$——滑动块滑动面上的扬压力，kN；

$\quad\quad\quad\quad F_2$——阻滑块水平地震惯性力，kN；

$\quad\quad\quad\quad F$——滑动块水平地震惯性力，kN。

坝体侧向稳定根据各个工况的计算公式，推导出 Q_2 值和 Q 值，阻滑块与滑动块的外作用力值相等，即 $Q=Q_2$，不断调整 k_c 值使 $Q-Q_2$ 接近于 0，即可得到满足需要的 k_c。

左副坝 4 号、5 号坝段侧向抗滑稳定计算成果见表 3.4-7。

表 3.4-7　　　　　　　　　左副坝 4 号、5 号坝段侧向抗滑稳定计算结果

计算工况	4 号坝段安全系数	5 号坝段安全系数	安全系数允许值
正常蓄水工况	1.585	1.828	1.25
设计洪水工况	1.579	1.810	1.10
校核洪水工况	1.585	1.842	1.10
施工完建工况	1.551	1.758	1.10
正常蓄水＋水平地震工况	1.508	1.594	1.05

从左副坝 4 号、5 号坝段侧向抗滑稳定计算成果表可见：正常蓄水工况（荷载基本组合）左副坝 4 号、5 号坝段侧向抗滑稳定的安全系数均大于 1.25；设计洪水工况、校核洪水工况和施工完建工况（荷载特殊组合 I）左副坝 4 号、5 号坝段侧向抗滑稳定的安全系数均大于 1.10；正常蓄水＋水平地震工况（荷载特殊组合 II）左副坝 4 号、5 号坝段侧向抗滑稳定的安全系数均大于 1.05。

因此，左副坝 4 号、5 号坝段侧向抗滑稳定均满足设计要求。

3.5　闸室结构计算一般内容及方法

闸室结构计算是闸坝工程重要内容，主要计算内容、方法分述如下，下面以整体式闸室为例进行说明。

3.5.1　工程概况

对于水闸上常用的较小或较薄的闸墩，应力计算以材料力学为主。按材料力学法计算时，一般将闸墩视为固结于底板的悬臂梁。配筋计算主要参照梁正截面受弯构件和偏心受压构件计算。

介绍闸室形式，以整体式闸墩为例，由于在闸墩中央设沉降缝，闸室底板结构计算以两道沉降横缝之间的闸室为计算闸段。

闸室结构配筋计算的荷载组合及计算工况见表 3.5-1。

表 3.5-1　　　　　　　　　闸室结构配筋计算的荷载组合及计算工况

设计状况	荷载组合	计算工况	主　要　荷　载			
			自重	水压力	扬压力	地震力
短暂状况	基本组合	施工完建	√			
持久状况	基本组合	正常挡水	√	√	√	
	基本组合	设计洪水	√	√	√	
偶然状况	特殊组合	校核洪水	√	√	√	
短暂状况	特殊组合	检修	√	√	√	
偶然状况	特殊组合	地震	√	√	√	√

3.5.2 计算依据

对水利水电工程，闸室结构计算应依据水利或水电能源行业规范作为依据。另外，渗流计算成果、闸室段抗滑稳定及基底应力计算是本计算的基础数据来源依据。

3.5.3 计算基本资料

介绍闸室建筑物等级、工程场地 50 年超概率 10％时的地表和基岩峰值加速度、地震基本烈度等；计算相关的水库特征水位应根据不同计算工况下库水位及泄流量对应下游水位进行组合。

3.5.4 闸墩应力与配筋的计算方法

闸墩的结构型式，最常见的有实体闸墩和排架与实体相组合的闸墩；就受力条件来看，有分散传递水推力并作用于门槽的平面闸门闸墩，还有集中传递水推力作用于牛腿的弧形闸门闸墩。

3.5.4.1 平面闸门闸墩

水闸闸墩应力及配筋计算主要包括闸墩水平截面上的应力和配筋计算、闸墩垂直截面上的应力和配筋计算、闸门门槽处的应力和配筋计算。

水闸水平截面应力计算包括纵向（顺水流向）和横向（垂直水流向）的水平截面都要计算。

1. 纵向计算［结构受力示意图见图 3.5-1（a）］

纵向计算的最不利情况是闸门全关挡水，闸墩承受最大上、下游水位差产生的水压力。这时闸墩水平截面上、下游端正应力为

$$\sigma = \frac{\sum G}{A} \pm \frac{\sum M_x}{I_x} \frac{L}{2} \tag{3.5-1}$$

其中

$$I_x = d(0.98L)^3/12 \tag{3.5-2}$$

式中　$\sum G$——计算截面以上竖向力总和，kN；

$\sum M_x$——计算截面以上各力对截面形心轴 x—x 的力矩总和，kN·m；

A——水闸水平截面的截面积，m²；

I_x——计算截面对其形心轴 x—x 的惯性矩，m⁴；

L——闸墩长度，m；

d——闸墩厚度，m。

截面在顺水流方向剪力 Q 的作用下，某点的剪应力 τ 可用式（2.5-3）计算：

$$\tau = \frac{QS_x}{dI_x} \tag{3.5-3}$$

式中　S_x——计算点所在纤维层以外的截面面积对形心轴 x—x 的面积矩。

最大剪应力发生在形心轴 x—x 上：

$$\tau_{max} = \frac{3Q}{2dL} \tag{3.5-4}$$

闸门关闭时的缝墩，在水平截面上还有扭矩的作用。设各力对截面形心轴的扭矩为 M_t，位于 x—x 轴上闸墩边缘的最大扭矩剪应力可近似用式（3.5-5）计算：

$$\tau_{\text{tmax}} = \frac{M_t}{0.4 L d^2} \qquad\qquad (3.5-5)$$

2. 横向计算［结构受力示意图见图 3.5-1 (b)］

横向计算的最不利条件是一孔检修的情况，这时该孔上下游检修闸门关闭，相邻闸孔过水，闸墩承受侧向水压力。自身及上部结构重力，此时水平截面两侧正应力 σ'，可按式 (3.5-6) 计算：

$$\sigma' = \frac{\sum G}{A} \pm \frac{\sum M_y}{I_y} \frac{L}{2} \qquad\qquad (3.5-6)$$

式中　$\sum M_y$——计算截面以上各力对交界面形心轴 y—y 的力矩总和，kN·m；

$\quad\quad\ I_y$——计算截面对 y—y 轴的惯性矩，m⁴；

$\quad\quad\ A$——水闸水平截面的截面积，m²；

$\quad\quad\ L$——闸墩长度，m。

横向剪应力 Q' 引起的剪应力 τ' 用式 (3.5-7) 计算：

$$\tau' = \frac{Q' S_y}{I_y L} \qquad\qquad (3.5-7)$$

式中　S_y——计算点所在纤维层以外截面积对 y—y 轴的面积矩。

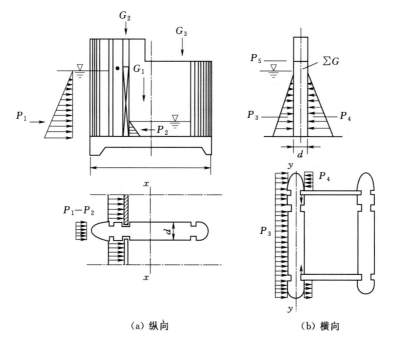

图 3.5-1　闸墩垂直截面上的应力计算

P_1、P_2—上、下游水平水压力；G_1—闸墩自重；P_3、P_4—闸墩两侧横向水压力；

G_2—工作桥重及闸门重；P_5—交通桥上车辆刹车制动力；G_3—交通桥重

为计算闸墩垂直截面上的应力，可在任意高程取高度为 1m 的闸墩作为脱离体，作用在脱离体上的水压力，顶面、底面上的正应力和剪应力分布（正应力沿直线分布，由 $\sigma=$

$\dfrac{\sum G}{A}\pm\dfrac{\sum M_x}{I_x}\dfrac{L}{2}$ 的边缘应力确定；剪应力由 $\tau=\dfrac{QS_x}{dI_x}$ 求取），均可视为已知。于是根据脱离体的静力平衡条件就可以求出任意垂直截面上的平均正应力和剪应力。

由于闸墩顶部与底部的尺寸一般相同或相近，而水压力及其力矩与水深的平方或立方成正比，故通常只需验算闸墩底部及门槽部位的应力。而对于实体闸墩，除位于下游端的门槽或弧形闸门支撑牛腿附近外，应力一般不会超过闸墩的材料强度所能承担的极限，只需按构造配筋。

门槽平均拉应力可用式（3.5-8）进行计算：

$$\sigma_\tau=\frac{PA_1}{Ad'} \tag{3.5-8}$$

式中　P——1m 高闸门门槽所受的水平压力，kN；

　　　A_1——门槽颈部以前的闸墩水平截面面积，m^2；

　　　d'——门槽颈部厚度，m；

　　　A——闸墩水平截面总面积，m^2。

根据闸墩水平截面应力计算、门槽截面应力计算结果，确定闸墩配筋计算方法，当计算的应力未超过闸墩材料强度所能承担的限度时，配筋方法采取按构造配筋。当应力超过闸墩材料强度所能承担的限度时，闸墩按结构力学方法进行配筋计算。以往常将闸墩视为固结于底板的悬臂梁，按照纯受弯结构进行计算。对于软基闸坝工程，由于底板刚度一般与闸墩接近，因此，应将闸墩与底板组成的框架结构，采用逐次逼近法求解得出的荷载值进行配筋计算。

逐次逼近法的基本原理是先假定地基反力分布（例如按直线分布），根据框架外力平衡的条件，求得地基反力的具体数值；然后把它作为框架的已知荷载，用结构力学方法求框架各竖杆底端的轴向力 N 和内力矩 M；再把这些内力作为底板上的荷载，同时考虑边载的影响，按弹性地基梁查郭氏表计算地基反力，把求得的地基反力分布与原来假定的地基反力分布比较，如果在误差范围外，则把求得的地基反力分布再作为框架的已知荷载，计算框架内力。重复上述计算步骤，直至前后两次所求得的地基反力分布基本一致为止。一般经过两次循环就可以获得比较满意的结果。最后一次算得的地基反力及结构内力就是所要求取的解答，计算可以同时得到闸墩、底板的最终内力分布。

配筋计算需要同时考虑承载能力极限状态计算和正常使用状态的裂缝计算，按现行《水工混凝土结构设计规范》的方法进行即可，此处不再赘述。

3.5.4.2　弧形闸门闸墩计算

弧形闸门闸墩受力较为复杂，需要根据实际工况综合考虑。对于闸门全开泄流工况，闸墩受力与平面闸门闸墩基本一致，按 3.5.4.1 节计算方法计算即可。对于弧门挡水工况，主要有通过闸门支铰传递的闸门推力、闸室上部结构自重、水压力、地震惯性力等，此时弧形闸门闸墩内力计算一般采用弹性力学的方法，将闸墩视为一边固定、三边自由的弹性矩形板（图 3.5-2；华东水利学院，1985），可利用程序计算，也可利用华东水利学院编的《水闸设计》表格查表计算。

随着有限元计算方法的不断成熟，采用 Ansys 等结构分析软件进行大中型闸坝工程闸室结构仿真分析已经成为主流，上部闸室混凝土一般按线弹性材料模型考虑；地基采用摩尔-库仑材料模型，其成果可获得闸室不同部位较为精确的应力应变成果，包括胸墙、闸墩、平板闸门闸墩，特别适应于弧形闸门闸墩等复杂结构的内力分析。最后根据通过闸墩典型部位的应力计算结果，并按照《水工混凝土结构设计规范》（DL/T 5057—2009）附录 D，采用应力图形法对弧形闸门闸墩进行配筋计算。

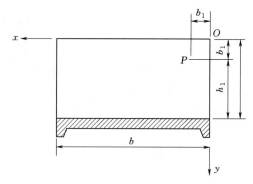

图 3.5 - 2　闸门作用点的位置

当截面在配筋方向的正应力图形接近线性分布时，可换算为内力，按照《水工混凝土结构设计规范》（DL/T 5057—2009）开展相应配筋计算及裂缝宽度控制计算。

当截面在配筋方向的正应力图形偏离线性较大时，受拉钢筋截面面积 A_s（mm^2）应符合下列规定：

$$T \leqslant \frac{1}{\gamma_d}(0.6T_c + f_y A_s) \tag{3.5 - 9}$$

式中　T——由荷载设计值（包含结构重要性系数 γ_0 及设计状况系数 Ψ）确定的主拉应力在配筋方向上形成的总拉力，$T = Ab$，此处 A 为截面主拉应力在配筋方向投影图形的总面积，b 为结构截面宽度；

　　　T_c——混凝土承担的拉力，$T_c = A_{ct}b$。此处 A_{ct} 为截面主拉应力在配筋方向投影图形中拉应力值小于混凝土轴心抗拉强度设计值 f_t 的图形面积（图 3.5 - 3 中的阴影部分）；

　　　f_y——钢筋抗拉强度设计值；

　　　γ_d——钢筋混凝土结构的结构系数。

混凝土承担的拉力 T_c 不宜超过总拉力 T 的 30%，当弹性应力图形的受拉区高度大于结构截面高度的 2/3 时取 T_c 等于零。

当弹性应力图形的受拉区高度小于结构截面高度的 2/3，截面边缘最大拉应力小于或等于 $0.5f_t$（轴心抗拉强度设计值，N/mm^2）时，可不配置受拉筋或仅配置构造钢筋。

受拉钢筋的配置方式应根据应力图形及结构受力特点确定，当配筋主要为了承载力且结构具有较明显的弯曲破坏特征时，可集中配置在受拉区边缘；当配筋主要为了控制裂缝宽度时，钢筋可在拉应力较大的范围内分层布置，各层钢筋的数量宜与拉应力图形的分布相对应。

根据在闸墩支座部位受力，沿受力方向范围布置扇形筋是常规方法，现行《水工混凝土结构设计规范》对此进行了详细规定。

闸墩局部受拉区的扇形受拉钢筋截面面积应

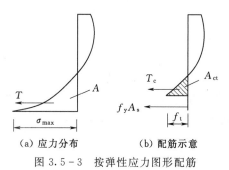

（a）应力分布　　（b）配筋示意

图 3.5 - 3　按弹性应力图形配筋

符合下列规定。

（1）闸墩受两侧弧门支座推力作用时：

$$F \leqslant \frac{1}{\gamma_d} f_y \sum_{i=1}^{n} A_{si} \cos\theta_i \qquad (3.5-10)$$

（2）闸墩受一侧弧门支座推力作用时：

$$F \leqslant \frac{1}{\gamma_d} \left(\frac{B_0' - \alpha_s}{e_0 + 0.5B - \alpha_s} \right) f_y \sum_{i=1}^{n} A_{si} \cos\theta_i \qquad (3.5-11)$$

式中 F——闸墩一侧弧门支座推力的设计值；

γ_d——钢筋混凝土结构的结构系数，按表 3.5-2 选取；

A_{si}——闸墩一侧局部受拉有效范围内的第 i 根局部受拉钢筋的截面面积；

f_y——局部受拉钢筋的抗拉强度设计值；

B_0'——受拉边局部受拉钢筋中心至闸墩另一边的距离，m；

α_s——纵向钢筋合力点至截面近边缘的距离，m；

θ_i——第 i 根局部受拉钢筋与弧门推力可方向的夹角，（°）。

表 3.5-2　　　　　　　　承载能力极限状态计算时的结构系数 γ_d 值

素混凝土结构		钢筋混凝土及预应力混凝土结构
受拉破坏	受压破坏	
2.0	1.3	1.2

注　1. 承受永久作用（荷载）为主的构件，结构系数 γ_d 应按表中数值增加 0.05。

　　2. 对于新型结构或荷载不能准确估计，结构系数 γ_d 应适当提高。

闸墩局部受拉钢筋宜优先考虑扇形配筋方式，扇形钢筋与弧门推力方向的夹角不宜大于 30°，且扇形钢筋应通过支座高度中点截面（图 3.5-4 中截面 2—2）上的 $2b$ 有效范围内，b 为支座宽度。

闸墩局部受拉钢筋从弧门支座支承面（图 3.5-4 中截面 1—1）算起的延伸长度，不应小于 $2.5h$（h 为支座高度）。局部受拉钢筋宜长短相间地截断。闸域局部受拉钢筋的另一端应伸过支座高度中点截面（图 3.5-4 中截面 2—2），并且至少应有一半钢筋伸至支座底面（图 3.5-4 中截面 3—3），并采取可靠的锚固措施。

当弧门支座距闸墩顶面和下游侧面的距离较小时，在闸墩顶面和下游侧面宜配置 1~2 层水平和竖向限裂钢筋网，钢筋直径可取 16~25mm，间距可取 150~200mm。

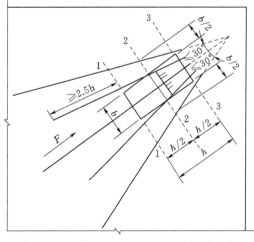

图 3.5-4　闸墩局部受拉钢筋的有效分布范围

3.5.5 闸室底板的应力与配筋计算方法

3.5.5.1 计算对象的选取

由于底板与闸墩的相对刚度比较接近，需要按照3.5.4.1节中的逐次逼近法，经过迭代计算得出的最终荷载值进行配筋计算。考虑底板在顺水流方向的弯曲变形远小于垂直水流方向的变形，因此选取垂直水流方向截取的单宽结构作为计算对象。

3.5.5.2 常用计算方法

常用计算方法有倒置梁法、反力直线分布法、弹性地基梁法。

3.5.5.3 计算方法选取

（1）对于 $D_r \leqslant 0.5$ 的松软砂土，由于地基变形容易得到调整，地基反力较接近于直线分布，可用反力直线分布法或倒置梁法进行底板计算。但倒置梁法忽视了闸墩处变位不等的重要因素，误差较大，因此不宜在大、中型水闸设计中采用。

（2）根据水闸设计规范：当地基为黏性土或相对密度 $D_r > 0.5$ 的紧密砂土时，由于变形缓慢或难以调整，可采用满足底板与地基变形相容条件的弹性地基梁法。

3.5.5.4 弹性地基梁法计算原理

一般把闸室底板转化为两个方向的平面问题处理。在顺水流方向，闸墩与底板固结在一起，共同抵抗弯曲变形，可假定地基反力呈直线分布，用偏心受压公式计算；在垂直水流方向，底板单独抵抗弯曲变形，刚度相对较小而变形较大，故截取横向单宽板条，按平面变形的弹性地基梁，计算地基反力和底板内力，如图3.5-5所示。

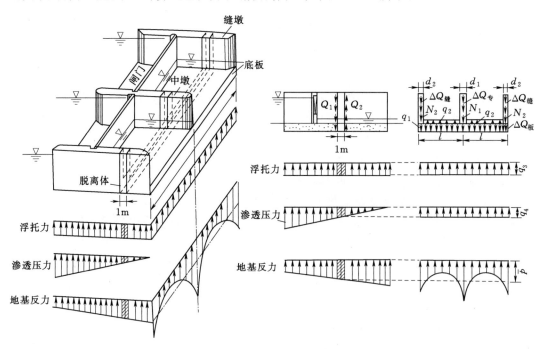

图3.5-5 底板结构计算图

3.5.5.5 常用模型与选取

模型一：地基反力为直线分布的模型，即将地基视为半无限弹性体。假设地基反力为直线分布，则地基反力的计算就变成静定问题。地基反力为直线分布的模型没有考虑基础梁与地基之间的相对弹性。因此当基础梁刚度很大，没有弹性形变或变形很小可忽略不计时，可假定地基反力按直线型分布。

模型二：文克勒模型。由捷克工程师文克勒在 1867 年提出：地基表面任一点的沉陷 $y(x)$ 与该点单位面积上所受的压力 $p(x)$ 成正比。这一模型是用刚性底座上一系列相互独立的弹簧来模拟地基的。它的重要特征是只在荷载作用的区域下面产生位移，但在此区域外位移为零。当地基上部为较薄的土层而下部为坚硬的岩石时，按文克勒模型（即床基系数法）计算可得出比较符合实际的结果。

模型三：弹性连续介质地基模型。用一个以弹性理论为依据的方法来计算基础梁，即认可地基土是密实而均质的弹性体。应用弹性理论计算地基的沉降。用材料力学计算梁的变形，然后根据接触和平衡条件确定地基反力。

计算模型的选取要适应底板与地基的具体条件：当地基可压缩层很厚（即厚度远大于梁的最大水平尺寸），可将地基视为半无限弹性体进行计算；当地基可压缩层较薄，与梁最大尺寸比成为很薄的垫层时，可按反力和地基变形成正比的文克勒模型进行计算；当地基可压缩层厚度与梁的最大尺寸同量级时，可按弹性连续介质地基模型进行计算。

3.5.5.6　计算假定

（1）地基反力在顺水流方向直线分布。

（2）地基反力在垂直水流方向呈弹性（曲线）分布，为待求未知数。

3.5.5.7　计算步骤

1. 用偏心受压公式计算纵向（顺水流方向）地基反力

未知反力 P_{max}、P_{min} 和 $\overline{P}$ 计算公式为

$$\overline{P} = \frac{\sum G}{BL} \tag{3.5-12}$$

$$\left. \begin{aligned} P_{max} &= \frac{\sum G}{BL} + \frac{6\sum M_x}{BL^2} \\ P_{min} &= \frac{\sum G}{BL} - \frac{6\sum M_x}{BL^2} \end{aligned} \right\} \tag{3.5-13}$$

式中　$\sum G$——作用在闸室的全部竖向力之和，kN；

$\sum M_x$——全部竖向力和水平向力对基底面垂直水流方向形心轴 x 力矩之和，kN·m；

　　B——计算闸段宽度，m；

　　L——底板顺流向长度，m；

　P_{max}——底板下闸基面压应力边缘最大值，kPa；

　P_{min}——底板下闸基面压应力边缘最小值，kPa；

　$\overline{P}$——底板下闸基面压应力平均值，kPa。

按所取单宽板条处位置，经直线内插计算该处地基反力 $\overline{p}$。

2. 取横向单宽板条计算不平衡剪力 ΔQ

$$q_2' = q_2 \frac{2l - d_1 - 2d_2}{2l} \qquad (3.5-14)$$

$$N_1 + 2N_2 + (q_1 + q_2' - q_3 - q_4 - \overline{p}) \times 2L + \Delta Q = 0 \qquad (3.5-15)$$

式中　N_1——单位宽度中墩重，kN/m；

　　　N_2——单位宽度缝墩重，kN/m；

　　　q_1——底板自重均布荷载值，kPa；

　　　q_2——水重均布荷载值，kPa；

　　　q_3——浮托力，kPa；

　　　q_4——渗透压力，kPa；

　　　$\overline{p}$——横向单宽板条处地基反力，kPa。

ΔQ 的方向假定向下为正，如计算结果为负值，则 ΔQ 的实际方向向上。

3. 对不平衡剪力进行分配

不平衡剪力 ΔQ 应由闸墩和底板共同承担。

由材料力学可知，ΔQ 相应的剪力 τ 的分布可由式（3.5-16）表示：

$$b\tau = \frac{\Delta Q S}{I} \qquad (3.5-16)$$

式中　S——所求剪应力作用层以上（或以下）的面积对形心轴的面积矩，m^3；

　　　I——整个截面对形心轴的惯性矩，m^4；

　　　b——所求剪应力作用层处的截面宽度，m。

对既定截面 $\Delta Q/I$ 为常数，$b\tau$ 与 $S = S(y)$ 成正比，作 $S(y)$ 曲线，就能反映 $b\tau$ 随 y 的变化规律。

不平衡剪力分配示意图见图 3.5-6。

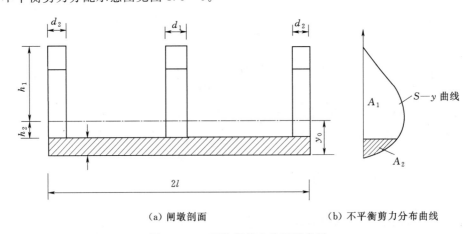

（a）闸墩剖面　　　　　　　　（b）不平衡剪力分布曲线

图 3.5-6　不均衡剪力分配示意图

设 S—y 曲线与闸墩、底板相应面积分别为 A_1、A_2，则两者分担的不平衡剪力分别按式（3.5-17）计算：

$$\left.\begin{aligned} \Delta Q_1 &= \frac{A_1}{A_1 + A_2} \Delta Q \\ \Delta Q_2 &= \frac{A_2}{A_1 + A_2} \Delta Q \end{aligned}\right\} \tag{3.5-17}$$

ΔQ_1 和 ΔQ_2 各由闸墩、底板承担；ΔQ_1 还要由中墩和缝墩按厚度再分配，二者各分配 $\Delta Q_1'$ 和 $\Delta Q_1''$：

$$\left.\begin{aligned} \Delta Q_1' &= \frac{d_1}{d_1 + 2d_2} \Delta Q_1 \\ \Delta Q_1'' &= \frac{d_2}{d_1 + 2d_2} \Delta Q_1 \end{aligned}\right\} \tag{3.5-18}$$

弹性地基梁上荷载确定：分配给闸墩的不平衡剪力连同包括上部结构的闸墩重力可示为集中力作用在梁上，中墩为 P_1，缝墩为 P_2，则

$$\left.\begin{aligned} P_1 &= N_1 + \Delta Q_1' \\ P_2 &= N_2 + \Delta Q_1'' \end{aligned}\right\} \tag{3.5-19}$$

将分配给底板的不平衡剪力转化为均布荷载，并与底板自重、水重、浮托力、渗透压力等合并，则作用在底板梁上的均布荷载为

$$q = q_1 + q_2 - q_3 - q_4 + \frac{\Delta Q_2}{2L} \tag{3.5-20}$$

底板自重 q_1 的取值应根据地基的具体情况确定。对于砂土地基，变形在底板混凝土凝固前几乎已经全部完成，底板自重对地基变形影响不大，故可不计底板自重；对于黏性土地基，由于固结缓慢，在水闸完建期和运用期，地基变形仍在继续，可根据底板混凝土凝固后地基的固结程度，采用底板自重的 $50\% \sim 100\%$ 计算。此时地基反力的横向分布为待求未知荷载。

根据《水闸设计规范》规定，当采用弹性地基梁法时，可不计闸室底板的自重，但当作用在基底面上的均布荷载为负值时，则仍应计及底板自重的影响，计及的百分数以使作用在基底面上的均布荷载值等于 0 为限度确定。

如果计算对象包括直接挡土的边墩，则侧向土压力、侧向水压力等引起的弯矩对弹性地基梁也有影响。在有些水闸工程设计中，从安全考虑，当弯矩使梁内力减小时，考虑弯矩计算值的 50%；使梁内力增加时，考虑弯矩计算值的 100%。

4. 地基反力及梁的内力计算

梁上荷载确定后，对于半无限弹性地基梁可查郭氏表计算。

3.5.5.8　郭氏表的使用

（1）使用郭氏表时（沈英武，1980），首先算出基础梁的无因次的柔度指数 t：

t 近似地可用式（3.5-21）计算：

$$t = 10 \frac{E_0}{E} \left(\frac{l}{h}\right)^3 \tag{3.5-21}$$

式中　E_0——地基的压缩变形模量，kPa；

$\quad\quad E$——梁的弹性模量，kPa；

$\quad\quad l$——梁长的一半，m；

$\quad\quad t$——梁高（闸底板厚），m。

郭氏表中只给出了 $0 \leqslant t \leqslant 10$（集中荷载）或 $0 \leqslant t \leqslant 50$（均布荷载）的影响系数。当 $t > 10$（集中荷载）或 $t > 50$（均布荷载）时称为长梁。长梁的计算可查阅有关文献中的长梁计算表。

（2）当全梁受均布荷载 q 时，根据 t 值由郭氏表查出右半梁各截面处的弯矩系数 $\overline{M}$，然后用式（3.5 - 22）求出各截面处的弯矩 M：

$$M = \overline{M}ql^2 \tag{3.5 - 22}$$

显然左半梁各截面的 M 与右半梁各对应截面的 M 绝对值相等。

在梁端（$\xi = 1$），反力 P 理论上应是无限大。

对于不均匀的分布荷载，可改变为若干个均布荷载再查表计算。

（3）当全梁受集中荷载 p 时，根据 t 值和 a 值（集中荷载作用位置）由郭氏表查出各截面处的弯矩系数 $\overline{M}$，然后用下列公式求出各截面处的 M：

$$M = \overline{M}pl \tag{3.5 - 23}$$

（4）当梁上受力偶荷载 m 时，当 $t \neq 0$ 时，根据 t 值和 a 值由郭氏表查出各截面处的弯矩系数 $\overline{M}$，然后用式（3.5 - 24）求出各截面处的 M：

$$M = \pm \overline{M}m \tag{3.5 - 24}$$

式中正（负）号对应于右（左）半梁上的荷载。力偶 m 以顺时针为正。

（5）梁上有若干个荷载时，可根据每一荷载分别计算，然后对所有的 M 进行叠加。

（6）按工况求出各工况下底板 P 图，比较选取最不利反力值加载至闸墩与底板组成的框架结构上，同样，需要按照 3.5.4.1 节中的逐次逼近法，经过迭代计算得出的最终荷载值进行配筋计算。

3.5.5.9　结构的配筋计算

水闸底板结构配筋计算时应根据在弹性地基梁上底板弯矩图，分析得出结构所受绝对值最大的负弯矩和最大正弯矩，按照受弯构件进行配筋计算。当 $l_0/h \geqslant 5$ 时（式中 l_0 为地基梁的计算跨度，h 为梁的厚度），按一般梁计算；当 $l_0/h < 5$ 时，按深受弯构件计算。

对于深受弯构件的正截面受弯配筋计算应按式（3.5 - 25）计算：

$$M \leqslant 1/\gamma_d f_y A_s z \tag{3.5 - 25}$$

$$z = \alpha_d (h_0 - 0.5x) \tag{3.5 - 26}$$

$$\alpha_d = 0.80 + 0.04 l_0/h \tag{3.5 - 27}$$

式中　z——内力臂，m，当 $l_0/h < 1$ 时，$z = 0.6 l_0$；

$\quad\quad \gamma_d$——钢筋混凝土结构的结构系数，钢筋混凝土结构 $\gamma_d = 1.2$；

$\quad\quad M$——弯矩设计值，kN·m；

$\quad\quad f_y$——钢筋抗拉强度设计值，kN；

$\quad\quad A_s$——纵向受拉钢筋截面面积，m²；

x——截面受压区高度，m；

h_0——截面有效高度，m。

3.6 闸坝工程与两岸连接及翼墙设计

3.6.1 一般布置及结构

岸墙和翼墙是闸坝工程与两岸（或坝体）的连接建筑物，主要起挡土、引导水流和防冲的作用。翼墙分上游翼墙和下游翼墙，其作用除挡土、防冲、防渗外，上游翼墙还起引导水流平顺地进入闸室的作用。向上游延伸的距离，一般为闸上水头的 $5\sim8$ 倍，与上游防渗辅盖同长。下游翼墙使水流均匀扩散，并保护下游河岸不道受水流的冲刷，向下游应延伸到消力池的末端或稍长。由于上游翼墙所受冲刷等影响较小，这里不专门论述，下面着重叙述下游翼墙的设计。

底流水跃消能条件下的下游翼墙长度，一般等于或略大于消力池的长度，大型工程宜将导流墙延伸至刚性海漫的末端，借以增大水流平面扩散的效果。原安徽水利科学研究所根据试验资料，总结缓流泄洪条件下的导流墙长度，为闸坎顶面的下游水深的 $4\sim5$ 倍；粉细砂地基上的重要水闸，导流墙尚需适当延长。

下游导流墙的顶高程，无论是水跃衔接或缓流衔接，均应高于相应的最高尾水位，借以截断回流，促使水流均匀扩散，导流墙一般兼作两岸的挡土墙。如果闸室总宽度与下游河渠宽度相差过大，或墙身过高、填土压力过大，也可采用不挡土或半挡土的导流墙，借以减小导流墙的长度和工程数量，并改善墙基的受力条件。导流墙的近水面直立，当它兼作挡土墙时，与下游河渠岸坡的连接，宜采用扭曲渐变的形式。导流墙在平面上应采用逐渐扩张的布置，在急流段应采取最小的扩张角，发生水跃后的缓流段，则可采用较大的扩张角。原南京水利科学研究所在综合分析水闸模型试验资料的基础上，提出了导流墙平均扩张角的计算公式：

$$\tan\theta = 1 - 0.56\left[\frac{\sqrt{\dfrac{z}{h_2}}}{\sum\dfrac{P}{h}}\right]^{\frac{1}{4}} \qquad (3.6-1)$$

式中　θ——导流墙的平均扩张角，按出闸水流开始扩散点起至衔接段末端计算；

z——上下游水位差，m；

h_2——闸下尾水深度，m；

$\sum\dfrac{P}{h}$——各种消能工高度 P 与该处水深 h 的比值总和，例如消力池的尾坝高度（以高出池底计 P 值）与池中水深之比，消力墩高度与池水深之比，出流平台上的小坎，取其平均高度与平台上的水深之比等。

下游河道的岸坡，一般开挖后采用护坡对一定范围内岸坡进行保护。采用底流消能的水闸，下游护坡的构造大体上与海漫构造相配合，可以采用浆砌块石、预制混凝土板以及干砌块石等。混凝土板的厚度一般采用 $10\sim100\text{cm}$，砌石厚度采用 $30\sim40\text{cm}$。如果考虑

波浪对护坡的作用，护坡厚度 d 计算公式为

$$d = K \frac{p_m}{(\gamma_k - 1)\cos\alpha} \tag{3.6-2}$$

其中

$$p_m = Ah_B$$

式中　p_m——波浪的挖掘力，kg/m；

　　　h_B——波浪高度，m；

　　　A——系数，堆石护坡取 0.28，砌石护坡取 0.21，混凝土护坡取 0.19；

　　　γ_k——护砌材料的密度，kg/m³；

　　　α——岸坡坡角，（°）；

　　　K——安全系数，通常取 1.25～1.50。

海漫下游的护坡段，宜在坡脚设置浆砌块石齿墙，埋入河底，必要时，还应设置一定宽度的堆石防冲槽，一旦下游河床发生冲刷，堆石可以随之塌落并盖护冲刷坑的边坡，防止岸坡坍塌。

消力池两岸一般采用挡墙形式进行连接，其结构型式，常用的有重力式、半重力式、悬臂式、扶壁式、空箱式、装配式等，其剖面形态与受力的情况，类同于一般挡土墙结构，下面简要说明各种类型挡土墙的特点。

重力式和半重力式：重力式挡土墙主要依靠其自重来维持抗滑稳定，常用浆砌石及混凝土建造而成。随着社会经济发展、人工费的不断增长，混凝土材料应用更为普遍。

重力式挡土墙（图 3.6-1）可就地取材、施工方便，常为工程上所采用；其缺点是工程量大，材料强度得不到充分发挥。重力式岸翼墙基底反力较大，当地基较差时不宜采用。当墙身较高，为了节省材料，可采用半重力式结构（图 3.6-2）。半重力式挡土墙常用混凝土建造，堰身较薄，为了使地基反力分布均匀，底板前趾往往伸出较长，当前趾的某些局部地方强度不够时，可适当配置一些钢筋。

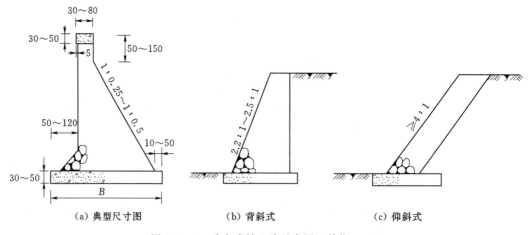

（a）典型尺寸图　　　　　　（b）背斜式　　　　　　（c）仰斜式

图 3.6-1　重力式挡土墙示意图（单位：cm）

衡重式挡土墙（图 3.6-3）也是一种重力式挡土墙，它利用衡重台上填土以增加稳定，并利用衡重台以适当削减下部墙身的土压力。

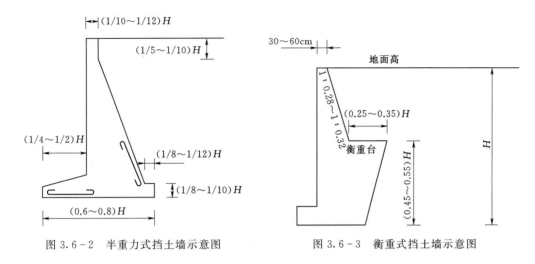

图 3.6-2 半重力式挡土墙示意图 　　　　　图 3.6-3 衡重式挡土墙示意图

悬臂式挡土墙（图 3.6-4）：由前墙和底板两部分组成，是钢筋混凝土轻型结构，特点是结构尺寸小、自重轻、构造简单。可通过调整底板长度及前趾尺寸，以满足墙身稳定及地基承载力的要求。建筑高度不宜太高，超过 8m 则不经济。

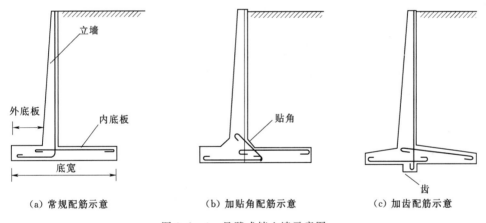

（a）常规配筋示意 　　　　（b）加贴角配筋示意 　　　　（c）加齿配筋示意

图 3.6-4 悬臂式挡土墙示意图

扶壁式挡土墙：由立墙、底板和扶壁三部分组成（图 3.6-5），这种结构一般用钢筋混凝土构造，其工作原理同悬臂式挡土墙。由于扶壁对立墙与底板起了支撑作用，使墙身和底板由悬臂状态改变为等跨支承板，从而改善了结构的受力情况，有利于建筑高度的增加，当闸身高度较大时（大于 9m），采用钢筋混凝土扶壁式结构比悬臂式结构经济。

空箱式挡土墙除前墙外，再建一道或几道直墙，直墙之间设隔墙连接构成若干个空箱，因而称为空箱式挡土墙。空箱式挡土墙的基本组成有底板、前墙、隔板，后墙及盖板等。其优点是结构重量轻、地基反力比较均匀、结构的整体刚度大，适用于软土地基；缺点是结构复杂、造价较高不便于施工。其多采用钢筋混凝土结构。江苏等地区采用的连拱空箱式挡土墙同样由前墙、底板、隔墙、后墙等四部分组成。其中后墙系采用连拱结构，故称连拱空箱式挡土墙，如图 3.6-6 所示。一般前墙和隔墙采用浆砌石结构，底板采用混凝土浇筑，连拱结构为预制混凝土拱圈。这种结构型式的优点是利用拱的受力特性，使

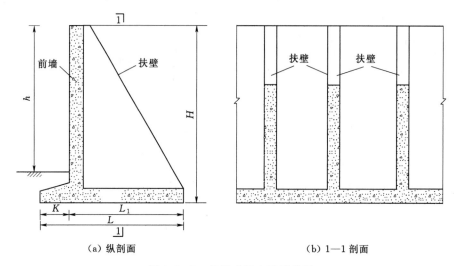

（a）纵剖面　　　　　　　　　　　　（b）1—1 剖面

图 3.6-5　扶壁式挡土墙示意图

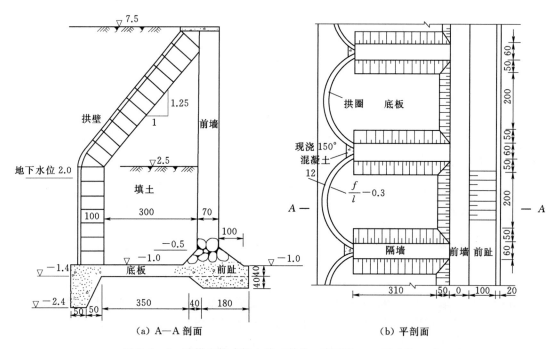

（a）A—A 剖面　　　　　　　　　　（b）平剖面

图 3.6-6　连拱空箱式挡土墙（单位：高程为 m，尺寸为 cm）

后墙可采用混凝土结构，从而节省了钢材。

上述挡墙形式选择原则如下：

（1）在中等坚实地基上，挡土高度在 8m 以下时，宜采用重力式、半重力式或悬臂式结构；挡土高度在 6m 以上时，可采用扶壁式结构；当挡土高度较大且地基条件不能满足上述结构型式要求时，可采用空箱式或空箱与扶壁组合式结构。

（2）在松软地基上，宜采用空箱式结构，也可采用板桩式结构。当采用板桩式挡土墙时，可根据土质条件和施工方法选用打入式或现浇式（地下连续墙）墙体，并可根据稳定要求选用无锚碇墙或有锚碇墙的结构。

（3）在坚实地基和人工加固地基上，挡土墙的结构型式可不受挡土高度的限制，但应考虑材料特性的约束条件。

（4）在稳定的地基上建造挡土建筑物时，可采用加筋式挡土墙结构。加筋式挡土墙的墙面宜采用带企口的预制混凝土块砌筑，但应妥善处理好墙面结构的防渗或导滤问题，并可根据墙后填土的潜在破坏面的形状选用刚性筋式或柔性筋式，前者采用加筋带或刚性大的土工格栅，后者采用土工织物。

（5）Ⅷ度及Ⅷ度以上地震区的挡土墙不宜采用砌石结构。

3.6.2 细部结构

沉降缝与伸缩缝：由于地基的不均匀沉降，需设置沉降缝。例如为避免岸翼墙因不均匀沉降面产生裂缝，在岸墙与翼墙的交界处应设沉降缝。当岸翼墙较长时，为避免因混凝土及块石砌体的收缩和温度变化等作用引起裂缝，必须设置伸缩缝。一般沉降缝与伸缩缝可结合设置，缝距为 10～25m，缝宽约 2cm。

止水：翼墙如有防渗要求时，缝间应设有止水设备，即使没有防渗要求，为了防止地下水自缝内逸出，将缝间填料冲走，进而将墙后淘空，也要在缝间设置简易的止水设备。

排水：当挡土墙墙前无水或水位较低而墙后水位较高时，可在墙体内埋设一定数量的排水管。排水管可沿墙体高度方向分排布置，排水管间距不宜大于 3.0m。排水管宜采用直径 50～80mm 的管材，从墙后至墙前应设不小于 3％的纵坡，排水管后应设级配良好的滤层及集水良好的集、排水体。

栏杆：为了维护人员安全，上下游墙边缘应设置栏杆。当地基条件较差时，为了降低填土高度，可将墙顶高程适当降低，并在其上建筑一定高度的轻型挡墙，以兼作栏杆。

另外，对透水地基，且墙前、墙后水位差较大时，挡土墙底板下宜设置垂直防渗体，墙前渗流出逸处应满足反滤要求。

3.6.3 计算分析要求

水工挡土墙的稳定计算应根据地基情况、结构特点及施工条件进行计算。在各种运用情况下，挡土墙地基应能满足承载力、稳定和变形的要求。应该进行的计算包括承载力复核、抗滑稳定、抗浮稳定、抗倾覆稳定、整体抗滑稳定、沉降等内容。

土质地基上的水工挡土墙，凡属下列情况之一者，应进行地基沉降计算：

（1）软土地基或下卧层有软弱夹层的地基。

（2）挡土墙地基应力接近地基允许承载力。

（3）相邻建筑物地基应力、基础底面高程、岩性相差较大时。

当挡土墙墙后地下水位高于墙前水位时，应验算挡土墙基底的抗渗稳定性，必要时可采取有效的防渗排水措施。位于所属水工建筑物防渗段的挡土墙，应进行墙后侧向渗流计算。

土质地基和软质岩石地基上的挡土墙基底应力计算应满足下列要求：在各种计算情况下，挡土墙平均基底应力不大于地基允许承载力；最大基底应力不大于地基允许承载力的1.2 倍；挡土墙基底应力的最大值与最小值之比不大于允许值。

上述要求均为《水工挡土墙设计规范》要求，工程中应严格遵循该规范进行布置及结构设计、计算分析。

3.6.4　任意形状几何图形几何特征求解

在挡墙计算及工程设计中，平面图形几何特征求解是工程中的常见问题。一般将图形分解成矩形＋三角形组成的小块，利用加权求矩的方法求解。这种方法容易理解，目前在工程计算中广泛应用。但对于复杂图形分解后分块太多，计算过程比较烦琐。由于平面几何图形都可简化分解为由线段连接组成的图形，笔者利用高等数学中知识对平面坐标中一根线段与 x 轴组成的体形进行分析，计算其面积矩的基础上，得到任意形状平面几何图形形心及其他几何特征指标的数值分析求解，并通过在 Excel 中建立图表，可方便地得到图形几何特性指标（任苇，2005）。

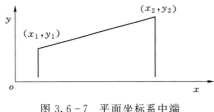

图 3.6-7　平面坐标系中端点为 1、2 的线段

首先在平面坐标系中画端点为 1、2 的线段，如图 3.6-7 所示，计算其与 x 轴组成的梯形的面积及对 x 轴惯性矩。

（1）求面积 A，可按梯形或积分易得到

$$A_{1-2} = y_1(x_2 - x_1) + \frac{(y_2 - y_1)(x_2 + x_1)}{2} - (y_2 - y_1)x_1 \qquad (3.6-3)$$

（2）对 y 轴的面积矩 W：

利用两点式建立直线方程：

$$y = \frac{(y_2 - y_1)(x - x_1)}{x_2 - x_1} + y_1 \qquad (3.6-4)$$

求面积矩：

$$W_y = \int_{x_1}^{x_2} yx \, \mathrm{d}x \qquad (3.6-5)$$

推导可得

$$W_{1-2} = \frac{y_1(x_2^2 - x_1^2)}{2} + \frac{(y_2 - y_1)(x_2^2 + x_1^2 + x_1 x_2)}{3} + \frac{(y_2 - y_1)(x_2 + x_1)x_1}{2} \qquad (3.6-6)$$

（3）对 y 轴的惯性矩 I：

$$I_y = \int_{x_1}^{x_2} yx^2 \, \mathrm{d}x \qquad (3.6-7)$$

推导可得

$$I_{1-2} = \frac{(x_2^4 - x_1^4)(y_2 - y_1)}{2(x_2 - x_1)} + \frac{(y_2 x_1 + y_1 x_2)(x_2^3 - x_1^3)}{3(x_2 - x_1)} \qquad (3.6-8)$$

以图 3.6-8 中 1、2、3、4 共 4 个点组成的四面形为例，可求得

$$A = \sum_{n=1}^{3} y_n(x_{n+1} - x_n) + \frac{(y_{n+1} - y_n)(x_{n+1} + x_n)}{2} - (y_{n+1} - y_n)x_n \qquad (3.6-9)$$

$$W = \sum_{n=1}^{3} \frac{y_n(x_{n+1}^2 - x_n^2)}{2} + \frac{(y_{n+1} - y_n)(x_{n+1}^2 + x_n^2 + x_{n+1}x_n)}{3}$$

$$+ \frac{(y_{n+1} - y_n)(x_{n+1} + x_n)x_n}{2} \tag{3.6-10}$$

$$I = \sum_{n=1}^{3} \frac{(x_{n+1}^4 - x_n^4)(y_{n+1} - y_n)}{2(x_{n+1} - x_n)} + \frac{(y_{n+1}x_n + y_n x_{n+1})(x_{n+2}^3 - x_n^3)}{3(x_{n+1} - x_n)} \tag{3.6-11}$$

形心坐标：$x_0 = \dfrac{W}{A}$。

按照式（3.6-9）~式（3.6-11）即可得到由 1、2、3、4 个任意点组成的图形的实际几何特性指标。而各线段的指标推求只需给出两端点的坐标即可。同理可得到任意个点组成的任意平面图形的几何特性指标。

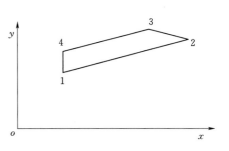

图 3.6-8 平面坐标系中端点为 1、2、3、4 的四边形

对于有孔洞的平面图形，只需在孔洞与外边界之间采用缝宽无限小的窄缝连接，形成一个闭合图形即可，通常只需将宽度设为 0.0001，即可满足计算要求。

对于两块或多块图形进行整体求面积、形心时，原理同上，只需采用缝宽无限小的窄缝将各图块连接即可。

对于弧形或任意曲线组成的图形，采用由诸多个小线段进行拟合，采用上述方法计算即可。

这种方法可作为小的程序模块，笔者结合 Excel 将图形顶点输入后，不仅可得到该图形的面积、形心。还可利用 Excel 本身的图表功能，将图形方便画出，非常直观。以下是一个水闸胸墙部分（图 3.6-9）的算例，将前后两片图形采用窄缝连接的方法形成一个大的闭合图形进行计算。

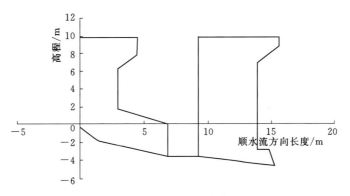

图 3.6-9 水闸胸墙

第 4 章

深厚覆盖层闸坝工程防渗处理

4.1 渗流安全标准研究

渗流设计一般需要考虑渗漏量和渗透坡降安全两个方面，但渗流量达到多少，会对工程安全产生不利影响，各规范或资料中均没有明确。笔者通过搜集部分复杂巨厚覆盖层闸坝渗流计算成果发现，在满足渗透坡降安全前提下，已建工程计算渗流量均较小，福堂水电站各种工况组合下的渗流量都很小，约为岷江枯水期多年平均流量的 3‰；小天都水电站不到枯水期多年平均来流量的 1‰；太平驿水电站通过闸轴线剖面的总渗透流量约 0.1m³/s（杨光伟，2003），锦屏二级水电站枢纽计算总渗透流量约 0.03m³/s（顾小芳，2006），不到枯水期多年平均来流量的 1‰；多布水电站计算总渗透流量约 0.05m³/s，约枯水期多年平均来流量（81m³/s）的 0.6‰。对于软基闸坝工程，鲜有进行渗流量监测的案例，也未出现对工程安全及效益的不利影响。渗流量控制需要设置量水堰，一般来讲，软基闸坝工程河床相对较宽且覆盖层深厚，施工截渗墙、设置量水堰的难度相当大，从造价来看基本不具备设置量水堰条件，已建工程均不考虑设置量水堰。同时，对于深厚软基闸坝工程，渗透坡降一旦超过允许值，无论是发生管涌或者流土，其后果均会对工程乃至下游影响区安全造成严重不利影响，而同时，混凝土建筑物与覆盖层接触部位往往是发生接触冲刷破坏的薄弱环节，在工程实践中需要严格控制。因此，对于软基闸坝工程，防渗安全控制可采取渗透坡降为主、渗透量为辅的原则，渗透坡降应重视与混凝土间接触冲刷的安全性。本章结合分析，初步建立了完整的软基闸坝渗流控制标准，即在坡降控制、渗量合理的设计原则下，提出了防渗墙折减系数分析法、允许渗透坡降法的渗流安全控制标准，经分析，多布水电站渗流量应按枯水期多年平均流量的 3‰作为合理标准，防渗墙折减系数按 0.4 作为控制标准，同时控制渗透坡降小于各部位允许坡降值。

在闸坝接触冲刷中水平接触冲刷起控制作用，闸坝底部与基础接触面基本上由水平和垂直两种形式构成。根据试验，垂直方向的破坏比降为 1 左右，而水平方向一般仅为 0.1~0.5。我国南京水利水电科学研究院毛昶熙等根据室内试验和 30 座水闸资料的调查分析，提出了控制闸基水平段抗接触冲刷渗流破坏的允许渗透坡降值和出口段向上方向的允许渗透坡降值，见表 4.1-1，这是我国目前水闸设计规范编制和开展水闸设计采用的主要理论根据。

表 4.1 - 1　　　　　　　　　　　闸基水平段、出口段允许渗透坡降值

地基类别	允许渗透坡降值		备　　注
	水平段	出口段	
粉砂	0.05～0.07	0.25～0.30	当渗流出口处设置滤层时，表列数值可增大30%
细砂	0.07～0.10	0.30～0.35	
中砂	0.10～0.13	0.35～0.40	
粗砂	0.13～0.17	0.40～0.45	
中砾、粗砾	0.17～0.22	0.45～0.50	
粗砾夹卵石	0.22～0.28	0.50～0.55	
砂壤土	0.15～0.25	0.4～0.5	
壤土	0.25～0.35	0.5～0.6	
软黏土	0.3～0.4	0.6～0.7	
坚硬黏土	0.4～0.5	0.7～0.8	
极坚硬黏土	0.5～0.6	0.8～0.9	

通过分析总结，提出了防渗墙折减系数分析法、允许渗透坡降法两种渗流安全评价方法。对于采用垂直防渗的闸坝工程，可采用上述两种方法综合分析，对于采用水平铺盖的闸坝工程，可采用允许渗透坡降法进行分析。

4.1.1　防渗墙折减系数分析法

本方法参考《水工建筑物荷载设计规范》混凝土坝的扬压力计算公式的有关概念（表 4.1 - 2），对于一般岩基上的重力坝来讲，一般在上游坝内设置帷幕灌浆及排水，规范规定：当坝基设有帷幕和排水孔时，坝底面上游（坝踵）处的扬压力水头为 H_1，排水孔中心线处为 $H_2 + \alpha(H_1 - H_2)$，下游（坝址）处为 H_2，其余各段依次以直线连接，α 为渗透压力强度系数，笔者称为防渗墙折减系数。

表 4.1 - 2　　　　　　　　　　坝底面的渗透系数、扬压力强度系数

坝型及部位		坝 基 处 理 情 况		
		（A）设置防渗帷幕及排水孔	（B）设置防渗帷幕及主副排水孔并抽排	
部位	坝型	渗透压力强度系数 α	主排水孔前扬压力强度系数 σ_1	残余扬压力强度系数 σ_2
河床坝段	实体重力坝	0.25	0.2	0.5
	宽缝重力坝	0.2	0.15	0.5
	大头支墩坝	0.2	0.15	0.5
	空腹重力坝	0.25		
	拱坝	0.25	0.2	0.5
岸坡坝段	实体重力坝	0.35		
	宽缝重力坝	0.3		
	大头支墩坝	0.3		
	空腹重力坝	0.35		
	拱坝	0.35		

注　1. 当坝基仅设排水孔而未设防渗帷幕时，渗透压力强度系数 α 可按表中（A）项适当提高。

　　2. 拱坝拱座侧面排水孔处的渗透压力强度系数 α 可按表中"岸坡坝段"采用0.35，但对于地质条件复杂的高拱坝，则应经三维渗流计算或试验验证。

对于建筑在覆盖层的闸坝，在上游设置垂直防渗后，由于坝基本身透水性较强，不需要设置排水孔，但扬压力分布一致，工程实测扬压力亦同时验证了该特点，因此，为分析防渗墙对上下游水头的折减作用，根据布设的渗压计监测资料，分别选取防渗墙下游不同部位渗压计测值，与同期上游库水位进行对比分析，如图4.1-1所示，上游库水位$H_{上}$，下游水位为$H_{下}$，按照图示（图4.1-1）防渗墙后第一支渗压计渗压测值计算水位为H_1，则防渗墙折减系数计算公式为

$$\alpha = \frac{H_1 - H_{下}}{H_{上} - H_{下}} \tag{4.1-1}$$

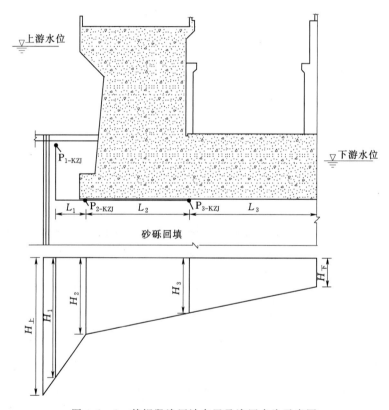

图4.1-1　某坝段渗压计布置及渗压水头示意图

在西藏尼洋河多布水电站工程中，首先进行三维有限元分析，计算上述部位渗压成果，推求防渗墙折减系数基本在0.3左右，见表4.1-3，同时，考虑到计算理论边界条件等的误差，参考荷载规范参数，选取折减系数允许值为0.4。根据已有资料进行分析显示，采用悬挂式防渗墙的闸坝工程，在计算闸基扬压力时，常偏安全选用0.3～0.4，如太平驿工程设计选取0.4。经运行期监测成果分析，实际折减系数为0.1～0.24，吉牛水电站三维计算折减系数成果为0.34（肖培伟等，2014）、福堂水电站计算值为0.1～0.2。5年运行期监测成果分析，实际折减系数为0.1～0.3，工程实测值一般较计算值更小，分析认为，对于悬挂式防渗墙，墙后折减系数宜取0.3～0.4。

表 4.1-3　　　　　多布水电站不同坝段典型断面防渗墙折减系数计算成果

断面位置	计算工况	$H_上/m$	$H_下/m$	H_1/m	α
泄洪闸	正常蓄水	3076.00	3054.53	3058.85	0.20
	设计洪水	3076.00	3060.26	3061.56	0.08
	校核洪水	3077.35	3061.38	3062.48	0.07
厂房	正常蓄水	3076.00	3054.53	3060.54	0.28
	设计洪水	3076.00	3060.26	3062.86	0.17
	校核洪水	3077.35	3061.38	3064.15	0.17

4.1.2　允许渗透坡降法

如图 4.1-1 所示坝体剖面示意，沿坝体基础面依次布设 P_{1-KZJ}、P_{2-KZJ}、P_{3-KZJ} 三支渗压计，某次监测所测的渗压水头分别 H_1、H_2、H_3，监测时上下游水头分别为 $H_上$、$H_下$，各渗压计间渗径依次为 S_1、S_2、S_3、S_4。

则测点间的水力坡降为

$$J_1 = \frac{H_上 - H_1}{S_1} \tag{4.1-2}$$

$$J_2 = \frac{H_1 - H_2}{S_2} \tag{4.1-3}$$

$$J_3 = \frac{H_2 - H_3}{S_3} \tag{4.1-4}$$

$$J_4 = \frac{H_3 - H_下}{S_4} \tag{4.1-5}$$

将计算得到的渗透坡降与计算部位允许渗透坡降比较，评价渗透坡降是否满足设计及规范要求。

4.2　防渗系统布置

目前，国内外针对深厚覆盖层的防渗进行了大量的理论研究及工程实践，按布置型式主要分上游水平铺盖防渗和垂直防渗，或者是将两者相结合。

水平铺盖防渗按材料包括黏土铺盖、混凝土铺盖、防渗膜料等。它可以增加渗径、降低渗透坡降，减少渗漏量，但不能完全截断渗流。防渗铺盖的优点是造价低、施工简单，但当长度超过一定限度时，防渗效果并不能显著增加。垂直防渗能够可靠、有效地截断渗流，是基础防渗的一种行之有效的处理措施，在不完全封闭透水地基的情况下防渗效率也比水平铺盖防渗效率高。

4.2.1　垂直防渗

垂直防渗作为一种行之有效的防渗措施已在国内外水利水电工程中得到了广泛的应用。主要有各种防渗墙、帷幕灌浆和高压喷射灌浆等。

4.2.1.1　混凝土防渗墙

混凝土防渗墙已由最初的"板桩式"发展为"槽板式"。板桩式由灌浆材料灌注而成，厚度一般为 10～30cm，造价低、能快速成墙，常用于防汛抢险等紧急加固工程中。槽板式是成熟的防渗墙技术，成墙厚度最大可达到 1.3m，应用广泛，其按照混凝土性质又分为塑性混凝土防渗墙和常规混凝土防渗墙。其中塑性混凝土防渗墙一般通过在配比中掺加膨润土与黏土混合料，具有变形模量小，极限应变大，墙体应力小，不易出现裂缝，节省大量水泥等优点。但对于西藏等缺乏膨润土与黏土的地区，由于造价问题，采用塑性混凝土防渗墙不具备优势。

现阶段"槽板式"混凝土防渗墙施工已发展到相当高的水平，成槽工艺主要为钻孔式、抓斗式，随着液压洗槽机、冲击反循环钻机等施工造孔设备的研发及施工工艺的不断更新、优化，施工水平的不断提高，防渗墙的施工工效、造墙深度在不断增加。国内外成功案例促进了该技术的不断突破。

目前，国外深度最大的混凝土防渗墙为加拿大的马尼克－3 工程主坝的混凝土防渗墙（高钟璞等，2000），其坝基覆盖层最大深度 130.4m，防渗墙最大深度 131.0m。设计选用两道厚 0.60m 的混凝土防渗墙，两墙中心距 3.2m，墙顶长约 200m，两道墙总截水面积 20740m²，墙底嵌入基岩最小深度 0.61m，两道防渗墙间做了左右两道顺河向的横隔墙，将两墙间分为三个间隔。防渗墙分两部分施工，河床部分大于 52m 的墙段采用连锁桩柱，两侧墙段采用槽孔法。

我国防渗墙施工技术已经位居世界前沿，其中 2019 年完建的新疆大河沿水利枢纽的混凝土防渗墙深度达 186m，为世界上深度最大、工作水头最高的混凝土防渗墙（黄华新等，2019）。目前，国内已能够在各种特殊地层中修建各种用途的混凝土防渗墙。通过大量实践，积累了丰富经验，在科学研究、勘测设计和施工技术及现代化管理方面也获得很大进展，解决了在复杂地质条件下较大规模开展该类地基处理应用的关键技术。目前国内深度超过 40m 的防渗墙已有 70 道左右，小浪底主坝防渗墙最大墙深 81.9m，防渗墙设计厚度 1.2m，墙体嵌入基岩 1～4m，截水面积 10541m²，采用槽孔法；三峡水利枢纽二期上游围堰防渗墙（蒋定国等，2005），最大深度 73.5m，双排防渗墙，两墙中心间距 6m，墙厚分别为 1.0m、0.8m，该墙地质条件复杂，覆盖层中包裹着最大块径为 5～7m 的块球体，石质坚硬完整，采用在防渗墙内预埋灌浆管，墙下进行帷幕钻孔灌浆的技术；新疆下坂地水利枢纽工程（王根龙等，2006）混凝土防渗墙业厚 1.0m、深 85m。总体上，我国的防渗墙技术整体上已接近国际先进水平，有的工程已达到国际领先水平。

在西藏，截至 2012 年最深的混凝土防渗墙为旁多水利枢纽混凝土防渗墙，最大墙深 158.5m（孔祥生等，2012）；直孔水电站混凝土防渗墙，最大墙深 79m，墙厚 0.8m；狮泉河水电站混凝土防渗墙最大墙深 67m（车义军，2007）；老虎嘴水电站混凝土防渗墙最大墙深 80m。上述工程均已投产运行，防渗效果良好。

表 4.2-1 列出了目前国内外部分深厚覆盖层地基上帷幕灌浆防渗的工程特性。

4.2.1.2　帷幕灌浆

在冲积砂砾石地层中采用防渗帷幕也是坝基防渗处理重要的方法之一，国内外已取得了相当成功的经验。最早采用此法的是法国久兰斯河上的谢尔邦松坝，坝高 125m，基础为 115m 深的夹有大砾石及细砂的砂砾石冲积层，帷幕灌浆截水面积 4200m²，帷幕厚度 15～35m，灌入地层最大深度 115m，灌浆以后帷幕体渗透系数由原来的平均 3×10^{-3}～

表 4.2-1 　　　　　　　国内外部分深厚覆盖层地基上防渗墙的工程特性表

序号	坝名	国家	施工年份	坝型	坝高/m	覆盖层特性	覆盖层深度/m	最大墙深/m	墙厚/m	截水面积/m²	施工方法
1	旁多水利枢纽	中国	2016	沥青混凝土心墙土石坝	72.3	冲积物和冰水堆积物	150	158.5	1	/	槽孔墙
2	邓康坝	加拿大	1968	心墙堆石	32		380	18			
3	碧口坝	中国	1973	壤土心墙坝	101.0	黏土砂卵石层		65.5	0.8	7865	
4	铜街子堆石坝	中国	1986	堆石坝	28			74.4	1.0	7954	槽孔墙,冲击钻造孔
5	小浪底主坝	中国	1994	心墙堆石坝	154	粉细砂,砂卵石夹漂石	80.0	81.9	1.2	10541	槽孔墙,钢绳冲击钻及抓斗造孔
			1998					70.3	1.2	5101	槽孔墙,抓斗、液压洗槽机造孔
6	阿湖水库主坝	中国	1989	黏壤土心墙坝	33	砂卵石、崩塌体及漂卵石		67.0	0.8	3654	
7	横山水库坝体加固	中国	1991	薄黏土心墙面板堆石坝	70.2			72.26	0.8	14715	
8	直孔电站	中国	2009	心墙堆石	47.6	冰积砂砾石		79	0.8		槽孔墙
9	马尼克-3坝	加拿大	1972	黏土心墙坝	107	粉细砂,下部颗粒较大,夹有大孤石	130.4	131.0	两道0.6	20740	槽孔墙和连锁柱墙,双反弧接头
10	纳沃霍坝	美国	1987	土坝	110	砂岩	110.0		1.0	11000	槽孔墙
11	穆得山坝	美国	1990	土石坝	128			122.5	0.85	11000	槽孔墙
12	马莱罗斯坝	墨西哥	1966	心墙	60		80	91.4	2×0.61	15160	连锁桩柱墙

9×10^{-4} cm/s 降至 2×10^{-7} cm/s。阿斯旺坝的防渗帷幕是目前世界上规模最大的防渗帷幕（米应中，2002），该工程大坝为 110m 高的黏土心墙坝，河槽内部的冲积层厚度达 225m，并含有细粒砂层的透镜体。该帷幕灌浆材料为水泥黏土浆，呈上宽下窄典型对称性的阶梯式帷幕，最大深度 250m，最大厚度 40m，帷幕面积 54700m²。冲积层经过灌浆处理后，渗透系数由 $10^{-3} \sim 5 \times 10^{-5}$ cm/s 降至 3×10^{-6} cm/s。

我国的密云水库、下马岭水库等均采用了覆盖层内帷幕灌浆防渗，密云水库最大灌浆深度 44m，平均厚度 11m，砂砾石层经过灌浆处理后，渗透系数由 $(0.36 \sim 1.2) \times 10^{-2}$ cm/s 降至 $6.3 \times 10^{-6} \sim 5.5 \times 10^{-7}$ cm/s（钱天寿，2011）。

表 4.2-2 列出了目前国内部分深厚覆盖层上帷幕灌浆防渗的工程特性。

表4.2-2　　国内外部分深厚覆盖层地基上帷幕灌浆防渗的工程特性表

序号	坝名	国家	施工年份	水头/m	覆盖层特性	灌浆压力/大气压	最大深度/m	排数/m			平均间距/m		平均渗透系数/(m/s)	
								上	下	总计	排距	孔距	灌浆前	灌浆后
1	密云水库	中国			砂卵石	5~15	44			3	3.5	4	$(0.36\sim1.2)\times10^{-2}$	$6.3\times10^{-6}\sim5.5\times10^{-7}$
2	下马岭	中国				30	40			3	3	3	$(1\sim6)\times10^{-2}$	$10^{-6}\sim10^{-7}$
3	阿斯旺	埃及	1967	110	砂层	30~60	250	8	7	15	2.5~5	2.5	$10^{-3}\sim5\times10^{-5}$	3×10^{-6}
4	米松·太沙基	加拿大	1960	60	砂夹黏土	0.5H~0.6H	150	3	2	5	3	3~4.5	2×10^{-3}	4×10^{-6}
5	霍尔卡约	阿根廷						150	4	2	6			5×10^{-2}	2.5×10^{-6}
6	昔勒文斯丹	西班牙	1958			0.3H~0.6H	120	4	3	7	3	2~3	5×10^{-2}	1.3×10^{-6}
7	谢尔邦松	法国	1957	100	砂砾	0.6H	115	15	4	19	2~2.5	2.5~4	$3\times10^{-3}\sim9\times10^{-4}$	2×10^{-7}
8	马特马克	瑞士	1967	110	冲积砂卵石	20~25	110	7	3	10	3	3.5	$10^{-2}\sim10^{-4}$	6×10^{-5}
9	卡沙坝	日本	1977					150							
10	斯特拉门梯佐	意大利	1959	60				100	4		4				

4.2.1.3　混凝土防渗墙＋帷幕灌浆

从工程安全、技术、经济的角度，"防渗墙＋帷幕灌浆"的联合防渗方案是既安全又经济的方案。目前国内已建成的四川冶勒水电站的基础防渗工程，最深为140m（混凝土防渗墙）＋120m（帷幕灌浆），帷幕灌浆共3排，孔距2.0m，上游两排间距约0.8m，下游排距中间排为1.5m。

已完成的新疆下坂地水利枢纽工程，85m（混凝土防渗墙）＋66m（帷幕灌浆），帷幕灌浆共5排12.5m厚，孔距3.0m，外侧排距为1.4m，内侧排距为2.5m。

表4.2-3列出了国内部分深厚覆盖层地基上防渗墙＋帷幕灌浆的工程特性。

表4.2-3　　国内部分深厚覆盖层地基上防渗墙＋帷幕灌浆防渗的工程特性表

序号	坝名	省份	施工年份	防渗墙厚度/m	防渗墙最大深度/m	帷幕灌浆深度/m	排数/m			平均间距/m	
							上	下	总计	排距	孔距
1	尼尔基	黑龙江		0.8	39.8						
2	三峡二期下游围堰	宜昌	2003	1.0	29.5	83.1			1		1.5
3	冶勒	四川	2004	1.0	140	57.5			3	2.0	2.0
4	下坂地	新疆		1.0	85	66	2	3	5	2.5	3.0

在软基闸坝工程中，由于坝高限制，水头差一般在30m以内，防渗墙＋帷幕灌浆很少采用，垂直防渗以防渗墙技术为主流，基本可以分为三种：

（1）封闭式防渗墙：墙底深入基岩一定深度，一般适宜于覆盖层厚度较小的闸坝。

（2）悬挂式防渗墙：防渗墙底不深入基岩，且直接在闸坝基础上游布置，一般适宜于覆盖层厚度较大的闸坝，对于具备防渗依托层的相对不透水地层的工程，可将防渗墙底插入该层以下一定深度，也称为半封闭联合防渗墙技术。

（3）防渗墙＋短铺盖：为施工方便、延长渗径，在闸坝上游设置短铺盖，铺盖上游底部设置防渗墙，同样，可分为封闭式防渗墙＋短铺盖、悬挂式防渗墙＋短铺盖两种。

以下选取闸坝工程典型垂直防渗技术案例进行说明。

4.2.1.4　封闭式防渗墙典型工程——宝兴水电站

宝兴水电站位于四川省宝兴县境内东河上，主要由拦河闸坝首部枢纽、引水系统和地下厂房三部分组成。其为日调节水库，开发任务是发电。电站总装机容量 195MW（3×65MW）。拦河闸坝首部枢纽自左向右依次布置有电站进水口、1 个左岸混凝土重力坝段、1 个排漂表孔、3 孔泄洪冲沙闸和 4 个右岸混凝土重力挡水坝段。

泄洪冲沙闸闸顶高程 1353.50m，最大坝高 28m，闸坝总长 116m。坝基位于现代河床和右岸漫滩，坝基范围内竖向覆盖层主要分布有 I 岩组和 III 岩组，作为建基层的 I 岩组实测渗透系数为 18.4～39.89m/d，最大 134.44m/d，属强透水层，在采取防渗措施时渗透系数按 50～70m/d 考虑。III 岩组渗透性相对较弱，综合渗透系数为 10～15m/d。通过综合试验分析认为，I 岩组为管涌型；III 岩组为流土型。因此，设计应采取有效的防渗措施。I、III 岩组的允许水力坡降分别为 0.1～0.2、0.4～0.5。

混凝土闸坝基础防渗采用全封闭式混凝土防渗墙，直接布置在泄洪闸底部上游侧，混凝土防渗墙厚 0.8m，深入基岩不小于 1m，两岸坝肩通过在廊道内帷幕灌浆减小绕坝渗漏。设计分析认为，防渗方案能较好地控制闸坝基础渗流，入渗、出渗坡降均未超过所在土层的允许坡降。渗透量也较小，总渗量约为 29.82m³/d，占天然河道枯期日均流量的 0.0016%，能够满足防渗设计要求。工程自发电运行以来，未发现渗流破坏等不安全现象，渗流控制措施安全有效。

4.2.1.5　悬挂防渗墙典型工程——福堂水电站（杨光伟等，2005）

福堂水电站地处四川省阿坝藏族羌族自治州汶川县境内，系沙坝水库混合式开发的一期工程，位于岷江干流上游，尾水接已建成发电的太平驿水电站。电站采用低闸、长引水洞、地面厂房式开发，主要任务是发电。电站装机容量 360MW，水库正常蓄水位 1268.00m，总库容 297 万 m³，调节库容 220 万 m³，具有日调节特性。电站枢纽为 II 等大（2）型工程，闸坝等主要建筑物为 2 级，抗震设防烈度 7 度。电站首部枢纽由左至右依次为左岸侧向 5 孔取水闸、左岸挡水坝、1 孔排沙闸、1 孔表孔溢流坝、1 孔冲沙闸、4 孔泄洪闸和右岸挡水坝。拦河闸闸顶高程 1270.5m，闸轴线长 187m，最大闸（坝）高 31m。

福堂水电站闸址地基覆盖层深厚，结构层次较复杂。根据物探及钻孔揭露，河床覆盖层厚 34～92.5m，按其结构、成因和组成，可划分为 6 层，基中闸基下有 5 层，各层自下而上简述如下：第①层，含（漂）碎（卵）石层，层厚一般 20～50m，此层结构不均一，较密实，透水性中～强，局部架空处透水性强；第②层，粉质砂及粉质土层，层厚一般 6.75～11m，局部厚仅 2m；第③层，漂卵石层，结构不均一，较松散，具中等～强透水性，局部架空处透水性极强；第④层，微含粉质砂土及含砂粉质土层，层厚一般 2～

3.5m，类似第②层，局部为粉质砂土与卵砾石土堆积；第⑤层，漂卵石层，一般厚 6～11m，结构不均一，较松散，透水性中等～强，局部透水性极强；第⑥层，块碎石土层，为近源谷坡崩坡堆积。

原设计防渗墙位于闸坝前缘，由于施工平台高程太低，施工降水措施不力，导向槽内大量涌水，泥浆固壁失效，槽壁垮塌严重，闸基下部土体遭到严重破坏，防渗墙位置被迫上移到铺盖处。在原防渗墙施工中回填了大量黏土护壁，槽孔形成不同深度、方量不等的黏土桩及黏土墙，在闸基下形成软弱夹层。为了彻底清理淤泥、浮渣，对已造孔进行固灌处理，并在灌前进行高压冲洗，而后在廊道内进行了 2 次补强灌浆。

闸基防渗主要解决两个关键问题：①渗透流量控制，防止水量的过多损失；②闸基渗透稳定控制，主要是防止闸基土层发生渗透破坏，保证建筑物的安全。同时也需考虑经济合理的原则。设计过程中对闸坝基础进行了二维和三维渗流分析，通过分析认为：各种组合下的渗流量都很小，约为岷江枯水期多年平均流量的 3‰，渗透量损失并不是闸基防渗的重点。

闸坝的渗流监测主要通过埋设在闸基的 19 个测压管进行扬压力监测。测压管于 2003 年 10 月 29 日安装完毕开始观测，除蓄水阶段发现安装于排沙闸和冲沙闸之间的测压管出现异常和库水位相关外，其余测压管水位均和上游库水位没有明显关系，而接近或略低于下游水位。此后对有异常部位进行灌浆处理后，该部位测压管观测值也趋于正常。河床段观测扬压力水头一般在 11～13m，两岸受岸坡地下水影响扬压力水头略高，达到 14～16m。通过观测成果分析，闸坝河床坝段的渗压系数很小，一般都小于 0.1，闸坝两岸坡坝段的渗压系数较高但一般也只有 0.2～0.3，这说明福堂水电站防渗体系的防渗效果明显。闸基扬压力中的主要部分是浮托力，河床坝段的渗透压力较小。在闸坝两侧岸坡上还设置了 8 个绕坝渗流测孔，几年的观测资料反映绕坝渗流地下水位与库水位相关性不大，而与降水关系密切，说明福堂水电站两岸的防渗帷幕设置是成功的。

4.2.1.6　防渗墙+短铺盖典型工程案例

1. 锦屏二级水电站（全封闭）

锦屏二级水电站位于四川省凉山彝族自治州木里、盐源、冕宁三县交界处的雅砻江干流锦屏大河湾上，工程主要由首部枢纽、引水系统和尾部地下厂房三大部分组成，为一低闸、长隧洞、大容量引水式电站。拦河闸坝主要建筑物由泄洪闸和两岸重力式挡水坝段组成，全长 165m。从左向右依次为左岸挡水坝、泄洪闸（5 孔，每孔宽 13m，从左往右编号依次为①、②、③、④、⑤）、右岸挡水坝。拦河闸建于深厚覆盖层上，上游设 30m 长的防渗铺盖，下游设 60m 长的护坦，护坦后接 100m 长的块石海漫。左、右岸通过挡水坝与基岩相接。拦河闸上游铺盖、闸室、下游护坦之间均设有沉降缝。

拦河闸坝建在深厚覆盖层上（最大厚度达 47.75m），地质条件复杂，河床覆盖层主要由漂（块）石、卵砾石、碎石、砂（壤）土组成。总体来说，覆盖层在水平和垂直两个方向上组成物质变化较大，岸坡多（期）次崩塌形成的块碎石及碎屑物质与河流冲积形成的卵砾石及砂土多呈不规则分布，河床覆盖层不均匀性很强。砂砾石覆盖层按其结构、成因和组成，自上而下分为三大层四小层，各层岩性如下：

（1）块碎石夹砾卵石层。主要分布于河床表部，一般厚 4～8m，为岸坡崩积与现代

Ⅲ、Ⅱ河床冲积的混合层，河床中部卵石含量稍高，往两侧岸边逐渐过渡为块碎石，粒径一般为10～20cm，大者约100cm，此层架空现象较为普遍。

（2）含孤块石卵砾石层。分布于河床上部右岸，为现代河床冲积层，厚度一般为8～14m，卵砾石成分复杂，以大理岩、砂板岩为主，粒径1～2cm。该层局部有架空。

（3）含砂壤土碎砾石层。碎砾石成分单一，主要为白色粗晶大理石，碎石粒径6～8cm，岩质较软。

（4）含漂石卵砾石层。一般厚10～20m，大多分布于左侧河槽，厚度可达30m，块石粒径一般为25～40cm，碎石粒径7～10cm，并有少量大于1m的孤石分布。

闸基覆盖层渗透性强、结构较松散，存在承载力、不均匀沉降、地基稳定性、渗流场及渗透稳定、液化等问题。经方案比较分析，拦河闸基础防渗设计采用上游铺盖＋垂直全封闭式防渗墙及闸下护坦反滤排水层设计，两岸接头绕坝防渗采用水泥帷幕灌浆的防渗体系；同时为方便施工，加快施工进度，防渗墙设在闸前铺盖下面。

渗流分析表明，采用薄防渗墙，改变了地下水流的通道，水流绕过防渗墙底部通过地基渗透到下游。经过防渗墙及帷幕灌浆的削减，防渗体后的渗透压力均得到较大的削减：正常蓄水工况下，③号闸室中间断面闸基渗透水头由最大值25m降低至1.3m，折减系数约为0.05。防渗体系的防渗效果较好，闸基扬压力比较小，能满足防渗要求。

由于防渗体系的有效作用，墙后覆盖层内渗透坡降均在允许值内。防渗墙前后各覆盖层内的渗透坡降小于0.1。正常蓄水工况下基础出逸坡降最大为0.028，发生在护坦下游末端，小于规范允许坡降，水平段两种工况下各覆盖层渗透坡降为0.0003～0.023，均小于各覆盖层允许坡降。可见，实施防渗墙后，其作用主要体现为降低坝后逸出点位置的水力比降，保证了渗透稳定安全。

由于防渗墙深入到基岩，有效地隔断透水层，加之两岸采用帷幕灌浆以控制绕坝渗流，因此通过基础和两岸的渗流量不大，正常蓄水工况下通过基础的渗流量约为904m³/d，可见，垂直防渗对降低渗透压力和控制渗透流量是非常有效的。

2. 小天都水电站（悬挂式＋短铺盖）

小天都电站于瓦斯河龙洞村建闸，右岸引水至日地村建厂发电，下游尾水与已建冷竹关电站水库水位相接，电站装机容量240MW。闸址区河床覆盖层最大厚度96m，结构复杂，地质分层按照自上而下依次为⑥～①层，闸址覆盖层主要为③、⑤层冰水堆积层、④层湖相堆积层和⑥层冲积堆积层，③、⑤、⑥层透水性中～强，④层透水性中～微，可视为天然相对隔水层，厚6.8～31m。

闸基防渗措施采用了混凝土防渗墙垂直防渗与水平铺盖防渗相结合的措施。各层平均层内比降值小于相应的允许比降值，最大比降发生在②层中靠近防渗墙底部位置。闸底扬压力较小，接触渗透比降也比较小，不会对闸室的安全运行产生影响。④层的渗透系数相对较小、埋深较深、层厚较厚，是一道天然的水平相对隔水层，因此闸坝基础在各种工况下的渗透量都很小，计算分析不到枯水期多年平均来流量的0.1%。其主要原因是悬挂式防渗墙底部穿过④层深入③层，截断了闸基覆盖层中相对隔水层以上的主要渗流通道，约80%以上势能水头经防渗系统得到削减。经运行后的原型观测分析，各实测扬压力均小于设计工况时扬压力，防渗效果好（杨光伟，2006）。

4.2.2 水平铺盖

水平铺盖防渗一般并不能完全截断渗流，但可以增加渗透途径，减小坝基渗流的水力坡降和渗漏量至允许的安全值范围以内。

这种防渗形式在土坝工程应用中更为常见（表 4.2 - 4），大多数为中低坝，铺盖长度一般为 4～8 倍的水头，通常为 100～200m，铺盖前端厚度一般采用 1.0m，不小于 0.5m；末端厚度采用 (1/6～1/10) 水头。国内较大的为王快水库上游水平铺盖，此工程为壤土斜墙坝，最大坝高 62.0m，铺盖长度 200m，为人工碾压粉质壤土铺盖，承受的水头为 53m，铺盖前端厚度 1.0m，末端厚度 6.0m。国外最大的水平铺盖防渗为巴基斯坦的塔贝拉坝，坝型为黏土心墙坝，最大坝高 147m，坝基覆盖层厚度 210～230m，采用水平铺盖防渗，原设计铺盖长度 1740m，端部厚度 1.5m，至心墙处增至 12.8m，后来水库放空后，发现铺盖有裂缝和 362 个沉陷坑，修复时，将铺盖加厚加长，铺盖长达 2347m，最小厚度 4.5m。后来再次蓄水后，经过水下探测，又出现沉陷坑 429 个，用抛土船抛土 67 万 m³ 后，铺盖逐步稳定。

表 4.2 - 4　　　　国内外深厚覆盖层地基上水平铺盖防渗的工程特性表

序号	坝名	国家	坝型	最大坝高 /m	水头 /m	铺盖长度 /m	水头的倍数	铺盖渗透系数 /(m/d)	坝基渗透系数 /(m/d)	铺盖水力坡降
1	临城	中国	黏土斜墙	33	25.5	130	5.1	0.0004	69～191	5
2	王快	中国	壤土斜墙	62.0	53	200	3.8	0.013	15～126	<6
3	西大洋	中国	均质土坝	54.3	45.5	180	4.0	0.03	7～30	4～6
4	庙宫	中国	均质土坝	42	37	200	5.4	0.002	130～150	<6
5	鸭河口	中国	黏土心墙	32	29.5	224	7.5		120～400	8～15
6	昭平台	中国	黏土斜墙	33.8		158	4.7		29	8
7	白龟山	中国	均质土坝	22.7		92	4.1		172	8
8	雪卡	中国	混凝土闸坝	22.3	19	175	9.2	0.0008	25～47	8
9	塔贝拉坝	巴基斯坦	心墙坝	147		2347				

深厚覆盖层上闸坝工程采用水平铺盖处理的实践相对较少，根据防渗材料不同，有混凝土、黏土、土工膜等。2010 年投产发电的西藏雪卡水电站，即采用水平铺盖的防渗形式，在招标设计阶段，开展了方案比选：首先，黏土铺盖上下均有反滤层及过渡层，施工工艺复杂，施工进度慢，而混凝土铺盖具有施工工艺简单、施工进度快的优势；其次，混凝土铺盖在汛期过水时其抗冲性要好于黏土铺盖，更适应于枢纽汛期基坑过水的导流方式；再次，混凝土材料在与坝体及左右岸混凝土护坡连接方面，较黏土铺盖具有更高的可靠性，加之黏土料场远离坝址区，运距较远。综合分析认为混凝土铺盖较原可研阶段黏土铺盖方案有许多的优越性，最终推荐采用了混凝土水平铺盖型式。实际施工过程中，由于水情预报不及时、基坑内抽排水措施不到位等原因，部分铺盖出现隆起、变形现象。后期加固处理采用 SR 止水加固及铺盖面上铺设 0.7m 厚的湖相土和 1.3m 厚的砂卵石压重方

法进行处理。

可以看出，水平铺盖防渗可靠性相对垂直防渗方案相对较差，当然，作为工程防渗方案，大多数工程实践仍然是成功的，以下选取典型软基闸坝水平铺盖防渗工程案例进行说明。

4.2.2.1 水平铺盖典型案例———太平驿水电站

该电站闸坝建于双层地基上，深部Ⅰ、Ⅱ层为强透水层，上部Ⅲ、Ⅳ层为弱透水地基，闸基渗漏主要是通过Ⅰ、Ⅱ层的渗漏。闸坝设计渗压水头39m，采用水平铺盖防渗。根据渗流计算分析，闸基总渗漏量一般为$0.24\sim0.27\text{m}^3/\text{s}$，约占岷江枯水期常年流量$142\text{m}^3/\text{s}$的2‰；而铺盖前Ⅲ层内计算平均最大坡降值1.702，铺盖前Ⅲ、Ⅱ层接触处计算坡降最大值1.642，计算坡降值远大于同类地基常规控制参数，经过多次论证和咨询，并进行了现场大型原状土渗透试验，根据试验成果分析得出相对隔水层（Ⅲ层）内允许坡降值可大幅提高到$1\sim1.3$，认为采取下游反滤后，工程防渗设计仍然是可靠的。

根据工程运行后的《安全检查综合报告》，分析运行情况和运行后地下水位跟踪监测成果，对该电站运行后进行了定期复核、检查和论证，结果表明：闸坝安全系数和基础应力与设计成果基本相当；据监测成果分析没有发现防渗措施失效，闸基下的渗透压力变化在正常范围内；观测数据分析得出上游铺盖、闸室底板、下游护坦的渗透坡降分别为0.7、0.06和0.16，均小于设计允许坡降，较原设计分析成果偏安全；采用三维渗流反演计算分析，通过闸轴线面的总渗透流量约$0.1\text{m}^3/\text{s}$，铺盖前Ⅲ层内最大坡降值为0.52，其渗透量、渗透坡降均在允许值范围内；闸基渗压系数一般小于0.1，最大处为0.24，低于0.4的设计值，说明闸基扬压力值小于设计值；铺盖测缝计测值稳定，一般开度小于2mm，个别缝达到4.73mm，但不足以破坏止水，表明上游铺盖运行正常（陈卫东等，2006）。

4.2.2.2 水平铺盖典型案例———雪卡水电站

雪卡首部枢纽枢纽区覆盖层按颗粒组成和结构的不同，以及物理力学性质和工程特性的差异，分为两个岩组：Ⅰ岩组为含漂石砂卵砾石层；Ⅱ岩组为含砾中粗砂层，厚度一般$1\sim3\text{m}$，呈透镜状夹于Ⅰ岩组中。根据试验成果，类比其他工程资料给出岩组主要参数建议值见表4.2-5。

表 4.2-5　　　　　　　　各岩组主要参数建议值表

岩组		天然密度/(g/cm³)	天然干密度/(g/cm³)	渗透系数/(cm/s)	参数建议值					
					允许承载力/kPa	变形模量/kPa	抗剪指标		允许渗透坡降	开挖边坡值
							f'	c'/kPa		
Ⅰ岩组	Ⅰ-1	$2.19\sim2.26$	$2.12\sim2.23$	4.53×10^{-2}	$0.60\sim0.70$	$70\sim80$	$0.55\sim0.60$	0	$0.10\sim0.20$	水上1:1.0～1:1.5 水下1:1.5～1:2.0
	Ⅰ-2				$0.50\sim0.60$	$60\sim70$	$0.50\sim0.55$			
Ⅱ岩组		$2.15\sim2.22$	$1.52\sim1.54$	2.9×10^{-2}	$0.40\sim0.45$	$20\sim30$	$0.40\sim0.45$	0	$0.20\sim0.30$	水上1:1.5～1:2.0 水下1:2.0～1:2.5

雪卡首部枢纽地质资料显示，河床覆盖层为冲积漂石砂卵砾石层，其允许渗透坡降为0.1～0.2。其水平防渗长度是以河床覆盖层不发生渗透破坏为设计依据的，即坝体的作用水头为17.50m，按允许渗透坡降为0.1控制，经计算水平铺盖长度为175.0m。混凝土铺盖厚40cm，其下设10cm厚的砂浆垫层。水平铺盖与坝体及左、右岸护坡间均采用1道铜止水、1道橡胶止水系统，水平铺盖之间采用底部W型铜止水，至水底部铺设6mm后的橡胶垫片，橡胶垫片比铜止水宽10cm。坝上游左岸采用混凝土护坡，右岸为混凝土板与导流明渠混凝土底板相连，形成一封闭的防渗系统。

2007年4月27日，浇筑铺盖中标117、118及119仓位时，仓位内渗水严重，后经各方讨论后，在仓位中下挖形成几条排水浅槽，用PVC管将渗水引排至上游开挖的积水深坑，随后进行混凝土浇筑。后续铺盖混凝土浇筑过程中，仓面内的积水均采用集中抽排形式排除。铺盖浇筑完成后，于2007年5月23日部分铺盖出现隆起、变形现象，随后大部分铺盖陆续出现隆起、变形现象。原因分析表明，由于施工期处于5月底。上游主河床来水量陡增，加之导流引渠段上游无混凝土防渗板，且纵向导流围堰没有设置防渗体系。致使河床内渗流量较大，河床基坑抽水不及时，导致基坑内水位偏高，上游铺盖混凝土板底部扬压力过大引起。

后期对上游铺盖根据不同变形程度采取不同措施处理：对变位超过10cm且铜止水已破坏漏水的铺盖凿除，重新浇筑混凝土铺盖。对铺盖表面缝宽大于1mm或铺盖表面缝宽大于0.2mm的张开缝，均采用SR表面止水进行处理。对铺盖与坝体的接缝、铺盖间伸缩缝、表面的裂缝均采用SR鼓包处理。处理完成后的铺盖表面上分别铺设0.7m厚湖相土和1.3m厚砂卵石压重。所有铺盖表面压重进行简单的整平压实处理。经处理后工程运行以来，情况良好。

4.2.3　闸坝工程防渗体系建设原则
4.2.3.1　深厚覆盖层高闸坝原则上应优先采用垂直防渗的形式

在水利水电领域，垂直防渗的成熟代表技术为防渗墙，我国防渗墙施工技术已经位居世界前沿，其中2019年完建的新疆大河沿水利枢纽的混凝土防渗墙深度达186m，为世界上深度最大。目前，国内已能够在各种特殊地层中修建各种用途的混凝土防渗墙。通过大量实践，积累了丰富经验，总体上，我国的防渗墙技术整体上接近或已达到国际先进水平。相比之下，我国水平铺盖防渗的土坝大多数为中低坝，防渗系统可靠性相对较差，巴基斯坦的塔贝拉坝、我国河北省的邱庄水库，均出现过较为严重的渗漏塌陷事故。西藏雪卡水电站水平铺盖长为175.0m，实际施工过程中，由于水情预报不及时，基坑内抽排水措施不到位等原因，部分铺盖出现隆起、变形现象。因此从施工成熟度、防渗可靠性方面，垂直防渗墙优势较为明显。

理论实践表明，垂直防渗长度大约为水平铺盖长度防渗效果的3倍以上，随着垂直防渗技术不断更新，投资上水平铺盖更大；特别对于在河滩阶地上修建闸坝的工程，上游铺盖防渗面广，出现沉降变形、裂缝等问题的概率更大，检修、维护难度更大，相比之下，垂直防渗墙已发展成为投资小、安全性高的成熟技术。

综合以上分析，垂直防渗更适宜于以下情况：

（1）河滩阶地上修建的闸坝工程。

（2）深厚覆盖层上修建超过 30m 的高闸坝。

（3）坝基覆盖层具有良好的防渗依托层条件的工程。

4.2.3.2　垂直防渗墙可优先选用结合短连接板的联合防渗形式

资料显示，覆盖层上修建的重力式挡水坝建筑物，采用混凝土垂直防渗墙方案的工程较多，早期防渗墙直接设置在闸室底部上游段，如四川宝兴电站；近年来，趋向于把防渗墙设置在泄洪闸上游，采用较短的连接板与挡水坝段联合防渗。

一般来讲，垂直防渗墙布置在泄洪闸底部上游或通过短水平铺盖布置在闸上游，均是可行的技术方案，但比较之下，后者的优点较为明显，主要包括：

（1）施工期。防渗墙与下游挡水建筑物可以同时施工，互不干扰，加快了施工进度；而且，防渗墙位于泄洪闸基础时，由于塌孔等实际影响，可能对泄洪闸基础底层产生不利影响，比如在福堂水电站施工中，受此影响，最终将防渗墙上移至泄洪闸上游，并对泄洪闸基础范围原部分防渗墙进行固结灌浆处。

（2）运行期。防渗墙与下游建筑物分离，受力变形明确，避免了防渗墙直接置于建筑物下部时的变形协调不一致，有时甚至会出现顶托上部建筑物的不利情况。其缺点是增设了连接板，不仅增加了工程量及造价，其连接段的止水安全也是影响防渗体系安全的因素之一。

综合比较认为，垂直防渗墙＋短水平铺盖布置方案施工条件好、结构受力明确、安全度高，其增加的工程量及造价有限，因此，软基高闸坝可优先采用短连接板＋防渗墙组合防渗形式。

4.2.3.3　对于覆盖层深度超过 80m 或具备良好防渗依托层的闸坝，可优先采用悬挂式防渗墙

目前，我国闸坝挡水水平最大在 50m 水头，其上下游水头差一般在 30m，防渗墙深度按照 80m 全封闭考虑，基础渗透坡降一般小于 0.2，基本满足渗透安全要求，对于覆盖层深度超过 80m 的闸坝，仍采用封闭式防渗墙的方案，显然是不经济的，也是没有必要的，福堂水电站工程覆盖层最大深度 92.5m，防渗墙最大深度仅 36m。同时结合在上游设置短铺盖布置，一方面有利于加快施工进度，同时延长渗径，可以进一步确保满足工程防渗安全要求。

另外，对于古堰塞湖积成因或河流积成因、具有层状韵带分布特征的闸坝坝址，一般在上部现代漂卵砾石层下部分布砂层或黏土层等细粒静水沉积层，并向深部韵带交替出现。这种情况下，可利用渗透系数小、弱透水性的砂层或黏土层作为防渗依托层，可大大减小防渗墙深度、降低造价，这种防渗墙与相对不透水层联合防渗的半封闭式体系应该优先考虑采用。

如四川福堂水电站，河床覆盖层共五层，①、②、③、④、⑤层依次呈上叠结构，各层渗透性不均一，但仍显示出②≤④≤①≤③≤⑤层的总体特征。其中②、④层属河流堰塞沉积物（但不同期），颗粒组成上②层由粉土、粉土质砂夹含卵砾组成，④层由粉土质砂、极细砂、中细砂含砾组成，虽然②、④层厚度在空间分布上显示出较大的变化性、非均一性及复杂的沉积构造环境，降低了其隔水和抗渗作用，但在一定深度范围内，②、

④层仍不失为相对抗渗层，在闸基或堰基下的悬挂式防渗上，仍具有一定的利用价值。①、③、⑤层同属粗砾土，出于骨架孔隙填料充填密实程度存在差异，其渗透性在空间上变化极大，一般中～强透水，局部达极强透水性，相对于②、④层，属良好的含水透水层。因此，闸基选择承载力较大的③层漂卵砾石层作为持力层，而将相对不透水的②层粉质砂及粉质土层作为防渗依托层，是科学的，取得了良好的工程效果。

同理，多布水电站在工程实践中，根据覆盖层颗粒级配、粒径大小和物质组成，综合分析研究，将坝址区覆盖层划分为 14 层，第 6 层以下至第 14 层位于闸坝工程建基面以下，渗透系数明显表现出强弱交替的韵带分布特征：第 6 层（$Q_3^{al}-IV_1$）冲积含砾中细砂层（弱）～第 7 层（$Q_3^{al}-III$）冲积含块石砂卵砾石层（强）～第 8 层（$Q_3^{al}-II$）冲积中细砂层（弱）～第 9 层（$Q_3^{al}-I$）冲积含块石砂卵砾石层、第 10 层（$Q_2^{fgl}-V$）冰水积碎石砾石层、第 11 层（$Q_2^{fgl}-IV$）冰水积含块石（砂）砾石层（强）～第 12 层（$Q_2^{fgl}-III$）冰水积含砾石中细砂层（弱）～第 13 层（$Q_2^{fgl}-II$）冰水积含块石砂（碎）卵砾石层（强）～第 14 层（$Q_2^{fgl}-I$）冰水积含块石砾砂层（弱）。其中第 8 层（$Q_3^{al}-II$）冲积中～细砂层（弱）渗透系数为 10^{-5} cm/s 量级，是第 7 层渗透系数的 1/100，为良好的相对不透水层，因此，整个枢纽工程充分利用该层作为防渗依托层，泄洪闸坝段防渗墙墙底高程为 3021.0m，墙体底部深入到第 8 层（$Q_3^{al}-II$）岩组中，局部厂房及安装间坝段由于开挖深度大，将该坝段墙底高程加深为 3011.00m，墙体底部深入到（$Q_3^{al}-I$）岩组中，两侧以 1:1 的斜坡过渡到 3021.00m 高程。

在采用半封闭式联合防渗方案时，应重视相对不透水土层厚度在空间上连续性变化导致的厚度减小甚至缺失问题。多布水电站悬挂式防渗墙实践中针对这一问题，在河段上下游均进行了大量钻孔研究，确保防渗层底部相对不透水层厚度在空间上的连续。在施工过程中，通过施工抓斗抓取、钻孔、注水试验等多种手段复核，确保该层连续分布基础上，渗透系数也在设计的 10^{-5} cm/s 范围，获得了良好的工程效果。

达嘎水电站、金沙江上江坝和硬梁包水电站等工程实践也证明了这一原则的合理性。另外有关文献结合上江坝工程，进一步对这种防渗方案分析，得出以下主要结论。

（1）防渗墙和坝基中弱透水层共同使用能形成联合防渗体，该联合防渗体能提高垂直防渗墙的控渗效果，且半封闭式防渗墙的控渗效果优于悬挂式防渗墙。

（2）二元结构深厚覆盖层上土石坝垂直防渗墙的最优深度为防渗墙嵌入弱透水层 2～3m 时对应的深度；当防渗墙嵌入弱透水层时，防渗墙底部渗透坡降急剧上升，出现极大值，工程应用中应引起足够的重视。

（3）坝基不采用垂直防渗体防渗时，弱透水层所处的位置越靠近表层，其抑制坝基坡降、降低渗流量的效果越显著；弱透水层所处的位置离建基面越远，对大坝的防渗越不利。

（4）若在坝基中设置垂直防渗墙，埋藏较深的弱透水层与防渗墙形成的半封闭式联合防渗体系，相比位置较浅的半封闭式联合防渗体系，抑制坝基出逸坡降和降低渗流量的效果更好。

（5）弱透水层与防渗墙能形成联合防渗体系，能发挥显著的隔水作用。弱透水层以下岩组的主应力应变值降低，但弱透水层上部岩层和防渗墙的主应力应变值均会有所增大。

对于上述第（2）条防渗墙底部渗透坡降急剧上升，出现极大值的现象，本书在4.3.4 节中进行了分析，可供参考。

4.2.3.4 重视止水体系的完整性及排水反滤措施应用

首先，防渗体系是包括防渗墙等基础防渗和建筑物上部结构及止水防渗的整体，一般来讲，软基闸坝工程混凝土结构防渗性很容易通过防渗标号及防止裂缝等措施实现，而止水体系的完整性值得高度重视。在多布水电站工程中，为防止不均匀沉陷引起的防渗止水破坏，对厂房与安装间、厂房与泄洪闸、泄洪闸与右侧挡墙之间，竖向止水采用两道铜止水间加设沥青井的方式，从方案设计上确保关键部位防渗安全；在止水施工质量控制上进一步采取了预留检查槽、分区止水检查的方式，确保止水封闭，详见 4.2.4.2 节。

另外，按照上游防渗、下游排水反滤原则，根据以往工程经验，一般在下游消力池底板设置排水孔，间距为 1.5～3m，孔径为 5～10cm，同时做好渗流出口的反滤保护，可提高土基允许渗透坡降 30%。在多布水电站工程中，下游消力池底板设置的排水孔、反滤层具体结构为：消力池混凝土底板排水孔间距为 2m，底板底部铺设 25cm 厚碎石排水层，排水孔内设置 PVC 排水花管插入排水层 20cm，排水层下部设置 15cm 反滤层，同时反滤层间设 1 层反滤土工布以增强反滤效果。在施工过程中，首先施工左侧部分，至 1/3 进度时，发现孔内填石有局部堵塞现象，要求施工方清理重新填充。

4.2.4 止水结构技术要点

水工混凝土建筑物设计时，在不同功能要求建筑物之间、为适应不同地基条件和施工浇注要求，常常在相邻建筑物之间，设置伸缩缝。伸缩缝内设置止水，与混凝土建筑物以及坝基防渗一起，形成完整的防渗体系。

为提高水工建筑物接缝止水带的技术水平，防止或减少由于接缝渗漏造成的危害和损失，确保水工建筑物发挥效益，国家发展和改革委员会发布了《水工建筑物止水带技术规范》（DL/T 5215—2005），对橡胶止水带、塑料止水带、铜止水带、不锈钢止水带的设计、施工，进行了规范性要求。

4.2.4.1 不同止水材料特性

结合不同施工工序情况下应力应变分析成果，确定沉陷缝、止水耐久性设置原则，按照沉降变形差大小、止水部位、复杂程度，提出不同部位的止水变形参数要求。以下分别介绍常用止水的形式、特性及适用条件。

1. 铜止水

按照《水工建筑物止水带技术规范》，铜止水带的厚度宜为 0.8～1.2mm。可伸展长度：变形缝的止水带可伸展长度应大于接缝位移矢径长，常见止水可伸展长度形式见图 4.2-1。

剪切变形：当剪切位移较大时，铜止水带断面尺寸的确定遵照表 4.2-6 的方法，适用于接缝剪切位移大于 12mm 的铜止水带断面尺寸校核，表 4.2-6 的结果是根据伸长率为 30%、极限拉伸强度为 205kPa 的软铜得到的。

根据面板坝最近止水材料研究成果：采用适当断面结构和材质的铜止水（鼻子高150mm、宽 30mm），或采用由 3 根 ϕ80mm PVC 棒组成的支撑体和 6 波的波形止水带，采用流动止水长度达 165mm 的 GB 塑性填料，均可以独立满足 300m 面板坝的接缝止水

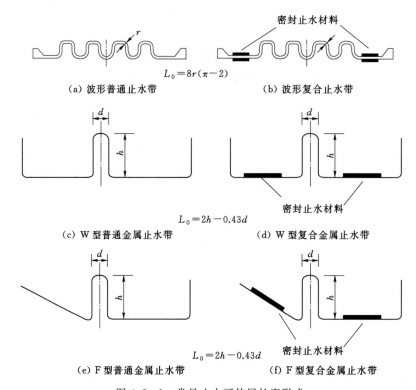

图 4.2-1　常见止水可伸展长度形式

表 4.2-6　　　　　　　　铜止水在不同接缝剪切位移时的应力水平

序号	H/d	d/mm	t/mm	H/mm	L_n/mm	接缝剪切位移				
						12mm	24mm	36mm	48mm	60mm
1	1.5	20	1.0	30	71	0.702	0.876	破坏	破坏	破坏
2	1.5	30	1.2	45	107	0.624	0.834	0.924	0.969	破坏
3	2.5	20	1.0	50	111	0.627	0.800	0.882	0.968	破坏
4	2.5	30	1.2	75	167	0.426	0.763	0.863	0.849	0.880
5	3.5	20	1.2	70	151	0.498	0.784	0.770	0.860	0.899
6	3.5	30	1.0	105	227	0.412	0.573	0.719	0.749	0.796
7	4.5	20	1.2	90	191	0.421	0.649	0.764	0.791	0.928
8	4.5	30	1.0	135	287	0.299	0.533	0.583	0.653	0.678

注　H—铜止水带鼻子直立段高度；d—铜止水带鼻子的宽度；t—铜止水的厚度；L_n—铜止水带鼻子的展开长度，$L_n = 2H + d(\pi/2 - 1)$。

要求，均能承受 $80 \sim 100$mm 的沉陷变形、$80 \sim 100$mm 的张开变形和 $60 \sim 80$mm 的剪切变形以及 350m 的水头作用。

2. 橡胶止水

可伸展长度：变形缝的止水带可伸展长度应大于接缝位移矢径长，常见止水可伸展长度见图 4.2-2 和图 4.2-3。对于橡胶或塑料止水带当止水带可伸展长度大于接缝位移矢径长时接缝位移引起的应力很小。

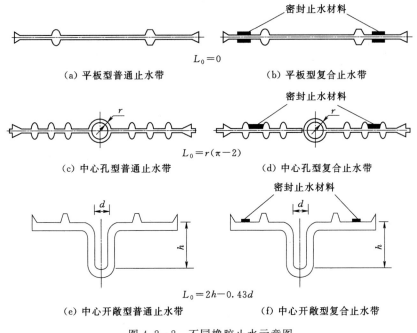

（a）平板型普通止水带　　　　　　（b）平板型复合止水带

$L_0 = 0$

（c）中心孔型普通止水带　　　　　　（d）中心孔型复合止水带

$L_0 = r(\pi - 2)$

（e）中心开敞型普通止水带　　　　　　（f）中心开敞型复合止水带

$L_0 = 2h - 0.43d$

图 4.2-2　不同橡胶止水示意图

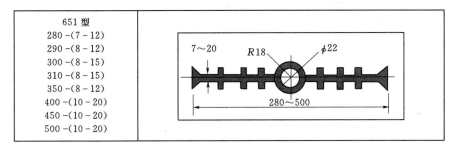

651 型
280 -(7 - 12)
290 -(8 - 15)
300 -(8 - 15)
310 -(8 - 15)
350 -(8 - 12)
400 -(10 - 20)
450 -(10 - 20)
500 -(10 - 20)

图 4.2-3　651 橡胶止水示意图

3. 沥青井

资料显示，当永久性横缝采用 2 道止水时，通常在两道止水片之间，使用热沥青灌入缝腔，形成止水沥青井，达到较好的止水效果。这种措施在美国、印度的重力坝中较为常见，上下游止水均采用铜止水。《混凝土重力坝设计规范》规定：高坝上游面附近的横缝止水应采用两道止水片，其间设一道沥青井或经论证的其他措施，止水沥青井宜采用边长为 15～25cm 的正方形或内径为 15～25cm 的圆形，沥青井底部也应埋入基岩内 5cm，井内应设置加热设备，可预埋钢筋通电或预埋管路通蒸气，沥青井底部应设置老化沥青排出管，管径可为 15～20cm。

新安江水电厂、罗湾水电站、刘家峡和大峡等工程先后采用该型式。近年来，在 1998 年蓄水的万家寨水库枢纽大坝横缝、1992 年建成的岩滩大坝伸缩缝均采用该型式。沥青井止水示意见图 4.2-4。

鉴于闸坝工程为覆盖层基础，采用沥青井底部不能像岩基上的重力坝那样，满足深入

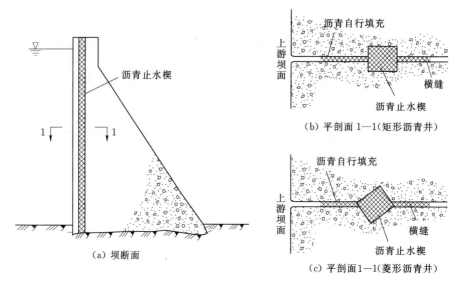

图4.2-4 沥青井止水示意图

基岩50cm要求，须考虑采用何种形式进行封闭，是问题的关键。

4. 接缝塑性嵌缝密封材料

该类材料常用SR、GB两种，目前在高面板坝接缝止水中普遍采用，止水效果好。

这两种柔性填料的主要性能特点如下：

（1）具有优良的耐水耐化学性，经5个月浸泡后，重量变化不超过2%。

（2）与混凝土具有优良的黏结性能。

（3）具有优良的流动止水性能。

据了解，在SR盖板保护下，可抗冲流速为5m/s，适用于面层止水。

4.2.4.2 多布水电站止水组合体系成套防渗关键技术（王君利等，2017）

永久伸缩缝面止水是防渗体系的重要组成部分，对于复杂巨厚覆盖层闸坝而言，要重视不同建筑物间沉降差对止水的剪切影响，结合三维应力应变分析及工程经验，合理选择止水结构，确保工程安全。

根据多布水电站工程设计经验，应重视不同建筑物间的止水结构设计，通过合理安排工序，确保施工全过程沉降差与上部止水相适应，研发了止水组合防渗关键技术，该技术创新包含了一套理论、一套止水组合系统、一套标准工艺等关键防渗技术。主要实施方式包括以下内容。

一套理论：首先采用广义塑性理论计算止水接缝空间作为止水设计的基础，该理论基于多布水电站建基于大开挖后砂砾石基础上超固结特性的实际，创新提出了对塑性模量进行超固结系数、应变累积系数修正，更客观反映土体的超固结特性。如防渗墙顶部与挡墙止水连接时，需要计算顶部预留凹槽高度及上下游宽度。以多布水电站工程泄洪闸上游右挡墙为例，广义塑性分析表明：凹槽高度、上游侧宽度分别受竣工期沉降差（3.15cm）、顺河向位移控制（1.45cm），下游侧宽度受蓄水期顺河向位移控制（5.59cm）。

一套止水组合系统：包括软基沥青井、大翼缘止水、"连接板与防渗墙缝间连接的SR

止水结构及其止水方法""新型防渗墙顶部凹槽止水结构",其中"连接板与防渗墙缝间连接的 SR 止水结构及其止水方法""新型防渗墙顶部凹槽止水结构"获得国家发明专利。主要为:①5~9 号泄洪闸、厂房坝段间沉降差均小于 2cm,按照常规 2 道止水设计;②泄洪闸与右侧挡墙、生态放水孔与左侧厂房间沉降差分别为 3.6cm、2.7cm,为此,在该部位除上下游侧设 2 道止水外,同时止水间各设置 1 道沥青井;③5~9 号泄洪闸基础位于回填砂卵石上,考虑回填压实不易控制,采用大翼缘(鼻子高 150mm、宽 30mm)的铜止水;④防渗墙穿过挡墙底部时的结构止水、连接板防渗及与防渗墙止水连接均采用专利技术。

一套标准工艺:水工建筑物止水分区检查处理标准工艺。为确保施工止水缺陷得到全面处理,将建筑物分缝两道止水之间采用竖向止水分段隔离,并设置通水孔(兼灌浆孔)、排气孔,在全部止水结构及混凝土浇筑待强后,压水检查,发现缺陷及时灌浆封堵,确保止水系统埋设质量及封闭完整。

以下详细叙述止水组合防渗关键技术创新的具体实施工艺。

1. 泄洪闸与右侧挡墙、生态放水孔与左侧厂房间沥青井设计

在泄洪闸与右侧挡墙、生态放水孔与左侧厂房间两道结构缝各设置一道。止水沥青井在上下游止水间设置,采用内径为 30cm 的圆形,沥青井底部与水平向止水铜片封闭。井内加热设备采用预埋两根十字交叉的 U 形 φ16mm 加热钢筋,沥青井底部设置老化沥青排出管,排出管采用 φ80 无缝钢管,见图 4.2-5 和图 4.2-6。

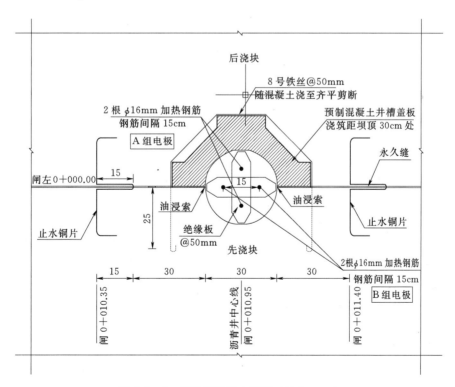

图 4.2-5 沥青井平剖大样图(单位:cm)

2. 5~9号泄洪闸间止水设计

5~9号泄洪闸三维计算成果缝间沉降差不大于3cm，但考虑到基础位于回填砂卵石上，而回填压实对沉降的影响不易控制，竖向剪切对竖向止水影响较大。为此，该段泄洪闸采用面板土工膜防渗砂砾石坝经验，采用鼻子高150mm、宽30mm的铜止水（图4.2-7），能承受80~100mm的沉陷变形、80~100mm的张开变形和60~80mm的剪切变形。其余止水设计按照常规形式，设置两道铜止水，确保止水安全。

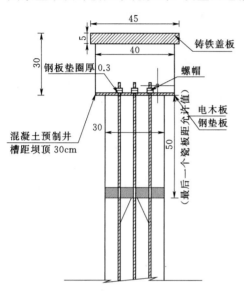

图4.2-6　沥青井纵剖大样图（单位：cm）　　　图4.2-7　高鼻大翼缘铜止水示意图（单位：cm）

3. 防渗墙穿过挡墙底部时的结构止水

对于防渗墙穿过挡墙底部时的结构问题，分别计算防渗墙、挡墙相对沉降及顺河向相对变位，各挡墙沉降均为挡墙沉降大于防渗墙，需预留沉降缝；竣工期相对顺河向位移均指向上游，蓄水期相对沉降略有减小，相对顺河向位移方向指向下游；最大相对沉降为6.15cm，相对顺河向位移指向上游为1.45cm、指向下游为5.59cm。设计考虑防渗墙与挡墙间设置15cm宽沉降缝。缝内嵌填SR填料。防渗墙顶部设置两道铜止水，确保止水安全，受混凝土挡墙沉降时对防渗墙顶部的SR塑性填充材料的挤压影响，在与防渗墙衔接部位的厂房左侧混凝土挡墙、泄洪闸左侧混凝土挡墙及泄洪闸右侧混凝土挡墙内分别设置预埋铁盒，其尺寸为0.15m×0.15m（宽×高）。挡墙底板预埋的铁盒可与底板钢筋进行焊接固定，与防渗墙顶部SR填充材料连通。预埋铁盒应焊接牢靠，孔内贯通，沿防渗墙顶轴线剖面示意见图4.2-8。

上述止水结构在建筑物底部凹槽与防渗墙顶部嵌填沥青，一方面，可能存在沥青干缩时止水失效的风险；另一方面，由于在闸室作用下沥青可能产生塑性压缩，当沿墙长度方向建筑物较长时，没有提供沥青压缩的空间，长期作用下，沥青可能沿两侧或未知部位挤出，导致其他未知结构的损坏。

针对以上问题，提出一种新型防渗墙顶部凹槽止水结构，主要内容包括：①在墙顶设置一道或两道铜止水；②采用塑性更为良好的SR材料代替沥青；③在凹槽顶部建筑

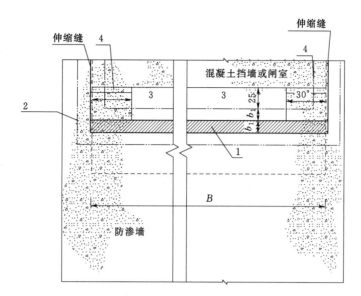

图 4.2-8 沿防渗墙顶轴线剖面示意图（单位：cm）
1—SR 填料；2—铜止水；3—SR 出流盒；4—5cm PVC 排气孔

物底板内设置预埋 SR 出流盒，如果压缩，凹槽填料可挤入出流盒内；④在出流盒两侧设置排气孔连接出流盒与两侧伸缩缝，当出流盒内填料挤入，盒内空气可沿排气孔排出伸缩缝。

由于墙顶设置一道或两道铜止水，可以避免由于填料干缩导致的止水失效风险，而且通过预埋 SR 出流盒，为填料变形提供了有效空间，使问题变得可控。

一种连接板与防渗墙缝间连接的 SR 止水结构，主要包括：

（1）防渗墙顶部现浇段预先设置一道铜止水（图 4.2-9），在重要工程中，可设置两道。

（2）在防渗墙上部建筑物底面按照设计要求设置如图 4.2-9 中凹槽，凹槽竖向的宽度应能适应建筑物与防渗墙间的沉降差，两侧宽度应能适应建筑物与防渗墙间的水平变位。

（3）按照图 4.2-9 尺寸在防渗墙顶部凹槽 1 处填入 SR 填料 3，其指标应满足设计要求的防渗及各项物理特性指标。

（4）在距上部建筑物底面长度 B 两侧各 30cm 固定预埋 SR 出流盒，SR 出流盒两侧设置 5cm PVC 排气孔，按照常规方法将预埋 SR 出流盒、PVC 排气孔浇入混凝土。

4. 连接板防渗及与防渗墙止水连接

厂房及泄洪闸基础三维静动力有限元仿真分析计算成果显示，连接板与防渗墙以及下游泄洪闸等建筑物结构的相对位移在蓄水后的相对位移成果为：最大的竖向相对位移为2.43cm，最大的顺河向相对位移为 6.25cm，发生在泄洪闸与防渗墙之间。设计考虑连接板与防渗墙、连接板与泄洪闸、厂房伸缩缝宽度分别采用 5cm、2cm、2cm，以适应相对变位。相邻伸缩缝间设置两道铜止水，确保止水安全。另外，为进一步加强防渗，在厂房、泄洪闸、左岸重力坝等建筑物与上游防渗墙间连接板表面设置 SR 止水，在工程设计

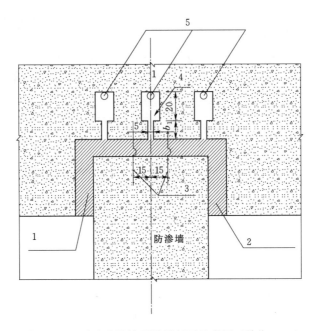

图 4.2-9　垂直防渗墙顶轴线剖面示意图（单位：cm）
1—凹槽；2—SR 填料；3—铜止水；4—SR 出流盒；5—5cm PVC 排气孔

基础上，提出了"一种连接板与防渗墙缝间连接的 SR 止水结构"，见图 4.2-10，目前该技术已申请专利。

（1）在常规水平铜止水施工时，在距防渗墙与下游连接板伸缩缝长度范围内，按照设计图纸要求，将水平铜止水鼻端在堵头连接处两侧各 2cm 焊死，并在该部位采用双面焊接工艺将铜止水堵头固定，铜止水堵头顶端应按 SR 止水结构表面盖片凸起弧度制作成弧形，并与 SR 盖片间距保持 5cm 左右，不能损伤 SR 盖片。然后按照常规混凝土施工工艺浇注，将铜止水及堵头埋入混凝土。

（2）墙与下游连接板伸缩缝顶面两侧分别凿出 1∶1 的 V 形槽，深度一般为 10～20cm；用钢丝刷将伸缩缝 V 形槽两侧各 15cm 范围内混凝土表面的松动物、污物除去，并用水冲洗干净，自然晾干或烘干。

（3）刷涂 SR 底胶，待其表干后（黏手但不沾手，常温下刷 SR 底胶后 30～60min），底部预置 2 橡胶棒，应符合现行国标氯丁橡胶 GB/T 14647 的要求，直径应比相应缝宽大 10mm，应确保在水运动过程中能够滞留在缝口，不被压入接缝以发挥支撑作用。

（4）V 形槽内嵌缝 3-SR 塑性材料，将搓成细条的 SR 材料，沿混凝土接缝 V 形槽，从缝中间向两边贴 3～5mm 厚 SR 材料找平层到 SR 盖片宽度，然后在缝槽内堆填出设计规定的 SR 材料形状，并使表面平滑。

（5）粘贴 6-SR 盖片：逐渐展开 6-SR 盖片，撕去面上的防粘保护纸，沿缝将其粘贴在 SR 材料找平层上，用棍子或手从盖片中部向两边赶尽空气，使盖片与基面粘贴密实。对于需搭接的部位必须再用 SR 材料做找平层，而且搭接长度要大于 5cm，搭接部位先刷 SR 底胶，再进行搭接粘贴。

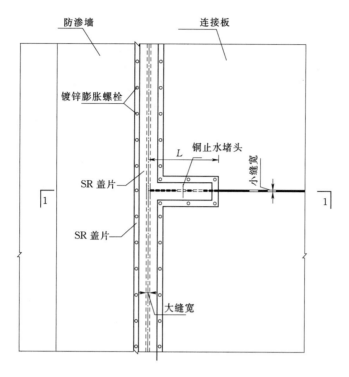

图 4.2-10 连接板与防渗墙缝间连接的 SR 止水结构平面示意图

（6）料封边：用 HK961 封边剂对粘贴好的 SR 盖片各边缘进行封边，要求封边密实、粘贴牢固。

（7）锚固：对表面缝全施工段进行 3-PVC 压条、4 扁钢、5 螺栓锚固。

（8）施工质量检查：SR 盖片施工完毕后，采用一揿、二揭的方法检查、评定。

一揿：对 SR 盖片施工段的表面高低不平和搭接处，用揿压，检查是否存在气泡、粘贴不密实。

二揭：每一施工段（如 15～20m 缝长为一施工段）选 1～2 处，将 SR 盖片揭开大于20cm 长，检查混凝土基面上粘有 SR 塑性止水材料的面积比例，黏接面大于 90% 的，表明 SR 盖片施工黏接质量为优秀；黏接面大于 70% 的为合格；黏接面小于 70% 的为不合格。对不合格的施工段，须将施工的 SR 盖片全部揭开，在混凝土面上重新用 SR 材料找平后，再进行 SR 盖片粘贴施工，直至通过质量验收。

5. 止水分区检查设计

多布水电站为复杂巨厚覆盖层地基，结构防渗的要求严格，均采用两道止水结构。泄洪闸边墙、底板各结构块之间设有两道铜止水片，间距为 50cm，厂房坝段则是采取一道铜止水、一道橡胶止水的止水形式；止水是保证结构安全运行的重要设施，一旦止水效果失效，将对工程的正常运行、混凝土结构安全造成直接危害。为检查止水片的埋设质量和止水效果，在两道止水片之间设有骑缝方形检查槽，检查槽尺寸为 10cm×10cm。先对止水进行分区设计，将连通的止水采用竖向止水分隔成封闭的区间。每个区间设置进水管、

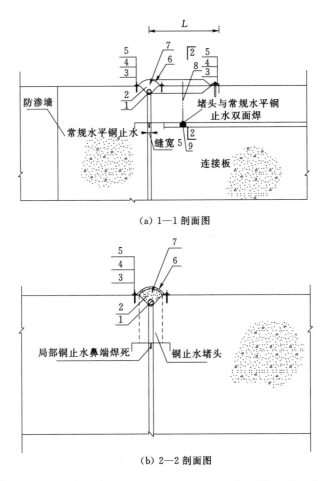

（a）1—1剖面图

（b）2—2剖面图

图4.2-11 连接板与防渗墙缝间连接的SR止水结构剖面示意图

1—V形槽；2—SR塑性材料；3—PVC压条；4—镀锌扁钢；5—镀锌膨胀螺栓；6—SR盖片；
7—SR塑性填料；8—铜止水堵头；9—水平铜止水鼻端在堵头连接处两侧各2cm焊死

出水管。在结构块浇筑完成并满足强度要求后，通过进出水管，对止水检查槽向各个止水分区进行压水检查，压力为1.5倍设计水头。观测止水片是否漏水，若压水时止水片漏水超标，则通过引管对止水检查槽和两道止水片之间的缝面进行低弹聚合物灌浆，将止水检查槽及止水片之间的缝面填实，以期与两道止水片一起形成一道有效的防渗体。

止水检查系统示意见图4.2-12。

4.2.4.3 多布水电站工程止水检查施工技术要求

多布水电站为深厚覆盖层地基，结构防渗的要求严格，均采用两道止水结构。泄洪闸边墙、底板各结构块之间设有两道铜止水片，间距为50cm。厂房坝段则是采取一道铜止水、一道橡胶止水的止水形式。止水是保证结构安全运行的重要设施，一旦止水效果失效，将对工程的正常运行、混凝土结构安全造成直接危害。为检查止水片的埋设质量和止水效果，在两道止水片之间设有骑缝方形检查槽，检查槽尺寸为10cm×10cm，止水检查槽的功能如下：

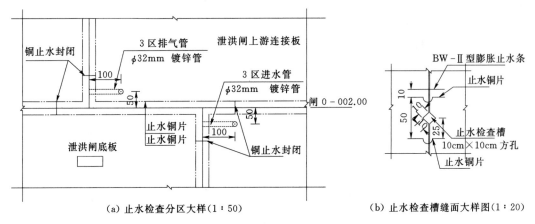

(a) 止水检查分区大样 (1∶50)　　　　　　(b) 止水检查槽缝面大样图 (1∶20)

图 4.2-12　止水检查系统示意图（单位：cm）

（1）在结构块浇筑完成并满足强度要求后，通过基础引管，对止水检查槽进行压水检查，压力为 1.5 倍设计水头，观测止水片是否漏水。

（2）若压水时止水片漏水超标，则通过引管对止水检查槽和两道止水片之间的缝面进行低弹聚合物灌浆，将止水检查槽及止水片之间的缝面填实，以期与两道止水片一起形成一道有效的防渗体。

该技术要求规定适用于合同施工图纸所示或监理人指示的所有设置止水检查槽的止水工程。

在施工前，施工方应根据设计通知、招标文件和该技术要求，制定切实可行的施工组织设计，施工组织设计一般应包括以下内容（但不限于）：施工平面布置图，材料和设备，施工程序和工艺，施工质量保证措施，试验大纲，施工人员配备，施工进度计划等。上述各项须报监理工程师批准后，方可实施。

施工中，如果发现实际条件与设计资料不符时，施工方和监理工程师应及时提出并会同设计人员共同研究处理方案。

该技术要求应配合相应的施工图纸、设计通知单和招标文件等设计文件使用。

各项试验报告，均应提交监理工程师和设计单位，原始资料应作为验收资料一并归档。

应执行下列相关现行的施工及验收规范：

（1）《水电水利工程振冲法地基处理技术规范》（DL/T 5214）。

（2）《建筑地基处理技术规范》（JGJ 79）。

（3）《工程测量规范》（GB 50026）。

（4）《建筑桩基技术规范》（JGJ 94）。

（5）《建筑地基基础工程施工质量验收规范》（GB 50202）。

（6）《建筑地基基础设计规范》（GB 50007）。

（7）《建筑基桩检测技术规范》（JGJ 106）。

（8）《水电水利工程施工通用安全技术规程》（DL/T 5370）。

（9）《水电水利工程基本建设工程单元工程质量等级评定标准·第一部分：土建工程》（DL/T 5113.1）。

其他在设计文件提出的需执行的规范和标准及设计图纸。

1. 止水检查槽疏通

由于止水检查槽尺寸偏小，而施工工期长，因此部分止水检查槽在主体混凝土施工结束后存在不同程度的堵塞现象。竖向止水检查槽采用底部引管轮番通高压风（压力不大于0.3kPa，下同）的方法进行疏通，对垂直段必要时，在距离底部铜止水以上1m，采用轻型机钻从闸顶向下扫孔，至少要保证竖直段检查槽畅通。底板水平止水采取分段从预埋钢管内轮番通高压风或高压水的方法进行疏通，由于底板止水十分重要，因此底板检查槽要保证全部畅通，以便于随后压水和灌浆。

如果出现预埋钢管通气困难、无法疏通现象，采用对原预埋钢管灌浆封堵的方法进行封堵，并在距原进水、排气管50cm处用手持水钻打斜孔至止水检查槽。重新造孔的进水及排气孔均埋设ϕ32mm的镀锌管，管口车丝，前期用管堵临时封堵保护，灌浆时安装变径球阀。

2. 压水检查

对于泄洪闸、厂房竖向止水检查槽，从底部预埋钢管内引管进水，当槽内水位距坝顶部3m时停止进水，观察30min，记录底部的压力变化和观察结构缝表面及竖向排水管内有无渗漏现象；若漏水量偏大，则从引管进水保证槽内水位在距止水顶部3m左右，记录此时的进水量。

对于泄洪闸底板水平止水，先从进水管进水，待排气管口出水后关闭，将水压提升并稳定在0.15kPa后，根据压入流量测漏水量。若测得的漏量大于2L/min，或缝面已出现渗漏现象，则结束检查，否则将压力提升至0.2kPa重复检查一次。检查时详细记录缝面漏水及渗水情况。

对于厂房底板水平止水，先从进水管进水，待排气管口出水后关闭，将水压提升并稳定在0.3kPa后，根据压入流量测漏水量。若测得的漏水量大于2L/min，或缝面已出现渗漏现象，则结束检查，否则将压力提升至0.5kPa重复检查一次。检查时详细记录缝面漏水及渗水情况。

3. 结构缝处理方法

对止水检查槽压水检查不合格的部位，采取将止水检查槽不合格分段灌注LW水溶性聚氨酯回填。处理用的LW水溶性聚氨酯性能见表4.2-7。

表 4.2-7　　　　　　　　　　　LW 水溶性聚氨酯性能

项　　目	指　　标	项　　目	指　　标
黏度/(25℃，kPa·s)	200±30	伸长率/%	130~180
比重/(g/cm³)	1.05~1.10	抗渗性能/(cm/s)	1.8×10⁻⁹
凝胶时间	几分钟至几十分钟可调	包水量/倍	＞20
黏结强度（潮湿表面）/kPa	＞0.7	遇水膨胀倍数/%	＞100
抗拉强度/kPa	＞2.1		

4. 止水检查槽灌浆处理施工工艺

主要作业程序：灌区冲洗及试压→LW灌浆。

灌区冲洗及试压：向预埋钢管压水将孔内及止水检查槽内冲洗干净，再用无油压缩空气将水吹干。封闭孔封闭24h后对试验段检查槽进行试压，当压力能提升至0.3kPa时即满足要求。

LW灌浆实施工艺：压缩空气检查灌浆孔的通畅性并吹孔→灌丙酮→灌浆→封口。吹孔：采用无油压缩空气从高程最低的孔进行连续吹孔检查灌浆孔的通畅性，同时排除槽内积水。灌丙酮：从高程最低的孔灌注丙酮。注入量为不超过50L。灌浆：首先从进水管开始灌浆，排气孔打开进行排气，待左右分支廊道的灌浆孔出原浆后，关闭该孔进行屏浆，直至达到结束标准后封闭灌浆孔结束灌浆。

开始灌浆时应采取大流量快速灌注，当排气孔出浆后应采取小流量进行灌注；全部灌浆过程的灌浆压力应控制在0.3kPa以内，最高不得超过0.5kPa。

灌浆结束标准：满足下列条件之一，经监理工程师检查，验收签字后，方可进行孔口处理：在最大压力下，持续15min不吸浆；邻孔出浆。

灌浆孔孔口处理：对所有预埋钢管采用灌浆封口处理，如果管口周围混凝土表面出现质量缺陷，应凿除至稳定混凝土面，并不小于10cm，并采用弹性环氧砂浆嵌填，并保证表面平整。

如因故中断，应按以下原则处理：尽可能缩短中断时间，尽早恢复灌浆；如恢复灌浆后吸浆量较中断前减少很多，且在极短时间内停止吸浆，则认为该灌浆段不合格应予重灌。

5. 质量检查

施工过程中应做好施工记录，保证齐全、清晰、准确。灌浆过程质量检查表见表4.2-8。

表 4.2-8　　　　　　　　　　　灌浆过程质量检查表

序号	检查项目	质 量 标 准
1	灌浆段长度	达到设计要求
2	灌浆压力	达到技术要求
3	灌浆材料	施工前进行质量检查合格，浆液制备至用完不超过4h
4	浆液配置	在干燥环境下，严防浆液发泡
5	仪器校准	见相关规范

检查孔应在灌浆区灌浆完工后14天以上进行，数量按总数的10%布置或监理工程师现场要求的孔位，尽量选取耗浆量大的部位或对质量影响大的部位，应沿化学灌浆中心线钻取。

灌浆效果判断：应观察检查孔芯样中浆液充填情况，作好拍照、描述工作，对不合格情况，应进行附加灌浆，直至达到标准。

6. 安全文明施工

应严格按照《水电水利工程施工通用安全技术规程》（DL/T 5370—2007）有关内容

执行，施工单位应参照该规范要求制定相应的措施。另外，对以下方面应加强：

（1）各类施工机械必须配有安全操作牌和安全防护装置，使所有操作人员都能够按照安全规程操作。严禁非机械操作人员操作机械，严禁违章作业。定期进行安全大检查，发现事故隐患要书面上报，并及时消除隐患。

（2）加强对危险作业的安全检查，建立专门检查机构，配备专职的安检人员；施工人员进入施工场地必须佩戴安全帽；高空作业必须系好安全带，遇大风时，不准擅自进行高空作业；工地机电用具、电器开关必须设置雨棚，配触电保护器；电线应架空或埋入地下，接头用绝缘胶布包好，严禁违章作业。

（3）对作业环境设置必要的安全警示标志，对工序实行挂牌标示，场地按规划要求保证运输道路畅通，材料堆放整齐有序，防火设施规范齐全。施工中做到工完场清，促进文明施工。

（4）物资按类别采取库房储放，做到料架整齐合理，产品标示正确，检验状态无遗漏。做到机具到位，性能可靠。

（5）由于灌浆材料均具一定毒性，施工人员应穿工作服、护目镜、口罩及胶鞋，注意防止进入人眼、口及皮肤等部位，工后洗手，盛浆容器应密封加盖、随用随盖，浆液拌制及灌注应在密闭设备内进行；施工现场应通风良好，加强防火防盗，严禁周围存在火源、现场严禁饮食、吸烟。

制定合理的安全防毒制度，以及事故处理预案，确保施工安全。同时加强环境保护工作。对未用完的废液，及有毒残留物，应专门收集回收，合理排放。

（6）抓好综合治理工作，教育职工遵纪守法，杜绝打架斗殴、酗酒赌博等不文明现象。建立现场巡查保卫及值班交接制度，防止外部闲散人员破坏现场的施工设备和材料。

（7）该工程施工区位于藏区，施工方应尊重当地风俗习惯，加强团结，搞好当地群众关系，为顺利施工创造必要条件。

4.3　渗流分析

人类利用地下水已有几千年的历史，但对地下水运动规律的认识却经历了漫长的探索过程。1856 年，法国工程师 Darcy 通过试验提出了线性渗透定律，为渗流理论的发展奠定了基础。1889 年，茹可夫斯基首先推导出渗流的微分方程。渗流计算即是在已知模型参数和定解条件下求解渗流控制微分方程，获得渗流场水头分布和渗流量等渗流要素。继茹可夫斯基后许多数学家和地下水动力科学工作者对渗流数学模型及其解析解法进行了广泛深入的研究，并取得了一系列成果。1922 年，巴甫洛夫斯基正式提出了求解渗流场的电模拟法，为解决比较复杂的渗流问题提出了一个有效工具，渗流理论的发展与研究逐步成熟完备。目前，国内外研究的重点在于渗流模型的建立和具体工程问题的求解等方面。

目前，工程应用主要包括解析数学法、数值模拟法（毛昶熙，1981）（分为电网络法、有限元法、边界元法、有限解析法、有限积分法、无限元分析法以及新近发展的数值流形法），以饱和-非饱和渗流理论为代表在闸坝工程渗流计算中得到广泛应用，该方法认为闸坝不仅在自由面以下的饱和区存在渗流运动，而且在自由面以上的非饱和区，由于土的基质势和重力势的作用，将产生非饱和流动，单纯用饱和渗流理论不能有效解决因水位升降和降雨入渗等引起的不稳定渗流问题。无疑用饱和-非饱和渗流理论来描述闸坝渗流运动，在概念上更正确，理论上更严密。

常用的数学解析法包括改进阻力系数法，直线展开法（张世儒等，1988），通过计算各控制点不同工况压力水头、渗透坡降，计算渗漏量。资料显示，水平方向渗径长度对于渗透坡降的影响仅为垂直向的 $1/3$，因此有：$L_{垂直} + L_{水平}/3 = CH$。H 为上下游水头差；C 为莱因渗径系数，对于中砂～粗砂，取 $5\sim6$，有反滤层时取 $3.5\sim4.2$。

《水闸设计规范》规定，土基上水闸基底渗透压力计算可采用改进阻力系数法或流网法，复杂土质地基上的重要水闸，应采用数值计算法。笔者曾采用改进阻力系数法对某韵带分布地质条件深厚闸基渗流进行分析发现，由于该法没有考虑闸基以下各土层渗透系数强弱交替的实际情况，特别不能正确模拟防渗墙底部相对不透水层的隔水作用，因此，对于复杂地基条件渗流计算不宜采用改进阻力系数法，应采用数值计算法。

4.3.1 多布水电站工程改进阻力系数法分析

改进阻力系数法是一种解析方法，是在独立函数法、分段法和阻力系数法的基础上，综合发展起来的一种精度较高的计算方法。此法适用于计算有限深的透水地基，也能计算无限深透水地基。

改进阻力系数法是把具有复杂地下轮廓的渗流区域分成若干简单的段，对每个分段应用已知的流体力学精确解，求出各分段的阻力系数，再将各段阻力系数累加求得解答。

地基轮廓分段：分段位置是取在板桩前后的角点，将沿着实际的地下轮廓线的地基渗流分成垂直的和水平的几个段单独处理。

多布水电站按照《水闸设计规范》，将闸底轮廓简化，划分为进口段①、水平段②、垂直段③、水平段④、出口段⑤区，见图4.3-1。

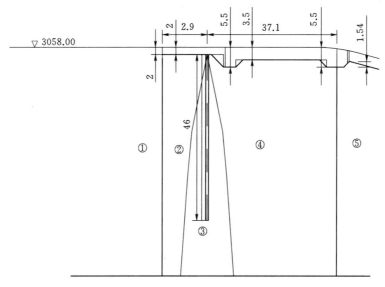

图 4.3-1 改进阻力系数法计算简图（单位：m）

（1）地基有效深度 T_e 计算。从图 4.3-1 中可以计算，水平投影长度 $L_0 = 12.9\text{m} + 37.1\text{m} = 50\text{m}$，垂直投影长度 $S_0 = 48\text{m}$，则 $L_0/S_0 = 1.04 < 5$：

$$T_e = \frac{5L_0}{1.6\dfrac{L_0}{S_0} + 2} \approx 68\text{m} \qquad (4.3-1)$$

实际地基深度大于 200m，因此地基有效深度 $T_e = 68\text{m}$。

（2）进出口段阻力系数计算：

$$\xi_0 = 1.5\left(\frac{S}{T}\right)^{\frac{3}{2}} + 0.441 \qquad (4.3-2)$$

式中　S——板桩或齿墙入土深度，m；

　　　T——地基透水层深度，m。

（3）水平段阻力系数计算：

$$\xi_x = \frac{L_x - 0.7(S_1 + S_2)}{T} \qquad (4.3-3)$$

式中　L_x——水平段长度，m；

　S_1、S_2——进出口板桩或齿墙入土深度，m。

（4）内部垂直段阻力系数计算：

$$\xi_y = \frac{2}{\pi}\cot\left[\frac{\pi}{4}\left(1 - \frac{S}{T}\right)\right] \qquad (4.3-4)$$

各分段水头损失值计算：

$$h_i = \xi_i\frac{\Delta H}{\sum\xi_i} \qquad (4.3-5)$$

式中　h_i——各分段水头损失值，m；

　　　ξ_i——各分段的阻力系数；

　　ΔH——上下游水头差，m。

（5）进出口段修正计算：

$$h_0' = \beta'h_0 \quad h_0 = \sum h_i$$

$$\beta' = 1.21 - \frac{1}{\left[1.2\left(\dfrac{T'}{T}\right)^2 + 2\right]\left(\dfrac{S'}{T} + 0.059\right)} \qquad (4.3-6)$$

式中　h_0'——修正后进出口水头损失值，m；

　　　h_0——进出口水头损失值，m；

　　　β'——阻力修正系数；

　　ΔH——上下游水头差，m；

　　　S'——底板埋深与板桩或齿墙入土深度之和，m；

　　　T'——板桩另一侧地基透水层深度，m。

修正后的水头减小值 $\Delta h = (1 - \beta')h_0$。

（6）水平段、内部垂直段修正计算。

当水平段水头损失值 $h_x \geqslant \Delta h$ 时，仅对水平段水头损失进行修正，修正后为

$$h'_x = h_x + \Delta h \qquad (4.3-7)$$

当水平段水头损失值 $h_x < \Delta h$ 时，如果 $h_x + h_y \geqslant \Delta h$，按式（4.3-8）和式（4.3-9）修正：

$$h'_x = 2h_x \qquad (4.3-8)$$

$$h'_y = h_y + \Delta h - h_x \qquad (4.3-9)$$

式中 h_y、h'_y——修正前后内部垂直段水头损失值。

如果 $h_x + h_y < \Delta h$，按式（4.3-10）和式（4.3-11）修正：

$$h'_y = 2h_y \qquad (4.3-10)$$

$$h'_{cd} = h_{cd} + \Delta h - (h_x + h_y) \qquad (4.3-11)$$

式中 h_{cd}、h'_{cd}——修正前后进出口板桩或齿墙段水头损失值。

上游正常蓄水位为3076.00m，下游正常尾水位为3056.39m，水头差为19.61m。修正前、后各段水头损失计算结果分别见表4.3-1和表4.3-2。

表 4.3-1　　　　　　　　　修正前各段水头损失计算结果表

部位	段号	S/m	T/m	L_x/m	S_1/m	S_2/m	ζ	各段水头损失/m
进口段	①	2	66.2				0.449	4.769
水平段	②		66.2	12.9	1	46	0.000	0.000
垂直段	③	46	66.2				0.897	9.531
水平段	④		64.7	37.1	46	2	0.054	0.575
出口段	⑤	1.54	64.7				0.447	4.745
合计							1.847	19.62

表 4.3-2　　　　　　　　　进出口修正后各段水头损失计算

部位	β'	h'_0/m	$\Delta h/m$
进口段	0.359	1.713	3.056
出口段	0.360	1.706	3.038

可以看出，$h_x < \Delta h$，且 $h_x + h_y \geqslant \Delta h$，按相应公式对内部垂直、水平段修正计算成果见表4.3-3。

表 4.3-3　　　　　　　　　渗 流 计 算 成 果 表

部位	段号	修正前/m	修正后/m	渗透压力水头/m	渗透坡降
进口段	①	4.769	1.713	17.907	0.857
水平段	②	0.000	0.000	17.907	0.000
垂直段	③	9.531	15.051	2.856	0.164
水平段	④	0.575	1.150	1.706	0.031
出口段	⑤	4.745	1.706	0.000	1.108
合计		19.620	19.620		

4.3.2 多布水电站工程直线展开法分析

该方法由沙金宣提出，适用于透水层深度不小于地下轮廓线水平长度的 $\frac{1}{2}$ 的情况，该工程透水层深度为68m，地下轮廓线水平长度/2＝40m/2＝20m，因此，可以采用。按照该理论，将图4.3-2轮廓线转化为水平轮廓线，见图4.3-3。

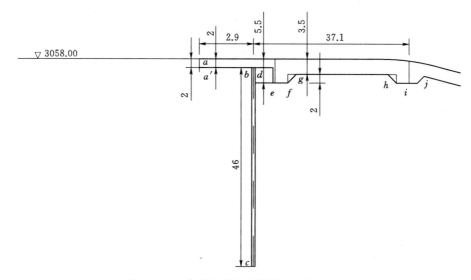

图4.3-2 直线展开法计算简图（单位：m）

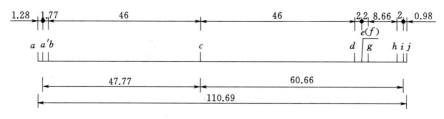

图4.3-3 水平轮廓线计算简图

图中
$$aa'=0.64\times2=1.28(\text{m})$$
$$a'c=\sqrt{46^2+12.9^2}\approx47.77(\text{m})$$
$$ci=\sqrt{(46+2)^2+37.1^2}\approx60.66(\text{m})$$
$$ij=0.64\times1.54\approx0.986(\text{m})$$

因此展开长度 $l\approx110.70$ m，其中 e、f 点简化为一点考虑。

展开后轮廓线上各点渗透水头按式（4.3-12）计算：

$$H_i=\left(0.84-0.64\frac{x_i}{l}+\Delta\varphi\right)\Delta H \qquad (4.3-12)$$

式中　X_i——计算点距上游距离，m；

　　　$\Delta\varphi$——势函数差值，按表4.3-4内插计算。

表 4.3－4   **势 函 数 差 值 表**

x_i/l	$\Delta\varphi$	x_i/l	$\Delta\varphi$
0	0.1600	0.80	−0.0010
0.01	0.1028	0.81	−0.0020
0.02	0.0836	0.82	−0.0030
0.03	0.0694	0.83	−0.0046
0.04	0.0592	0.84	−0.0068
0.05	0.0500	0.85	−0.0090
0.06	0.0428	0.86	−0.0112
0.07	0.0376	0.87	−0.0134
0.08	0.0314	0.88	−0.0160
0.09	0.0272	0.89	−0.0198
0.10	0.0230	0.90	−0.0230
0.11	0.0198	0.91	−0.0272
0.12	0.0160	0.92	−0.0314
0.13	0.0134	0.93	−0.0376
0.14	0.0112	0.94	−0.0428
0.15	0.0090	0.95	−0.0500
0.16	0.0068	0.96	−0.0592
0.17	0.0046	0.97	−0.0694
0.18	0.0030	0.98	−0.0836
0.19	0.0020	0.99	−0.1028
0.20	0.0010	1.00	−0.1600

正常蓄水位①情况，各控制点正常蓄水位渗透水头及坡降计算成果见表 4.3－5。

从上述计算结果可以发现，数值分析的两种方法计算结果基本一致，但由于没有考虑闸基以下各土层渗透系数强弱交替的实际情况，特别不能正确模拟防渗墙底部相对不透水层的隔水作用，因此，与有限元计算存在较大差异，特别是出口比降过大，导致防渗墙深度不足的错误结论，因此对于复杂地基条件渗流计算不宜采用上述方法，应在工程中予以重视。

表 4.3－5   **正常蓄水位渗透水头及坡降计算成果表**

控制点	点距上游距离 x_i/m	比例 x_i/l	系数 $\Delta\varphi$	各点水头 H_i/m	水头差 $\Delta H_i/\mathrm{m}$	渗透坡降 J
a'	1.280	0.012	0.100	18.28		
b	3.050	0.028	0.073	17.54	0.74	0.42
c	49.055	0.443	0.000	10.57	6.97	0.15
d	95.055	0.859	−0.011	4.812	5.76	0.13
ef	97.055	0.877	−0.015	4.487	0.32	0.16

控制点	点距上游距离 x_i/m	比例 x_i/l	系数 $\Delta\varphi$	各点水头 H_i/m	水头差 $\Delta H_i/\mathrm{m}$	渗透坡降 J
g	99.055	0.895	-0.022	4.119	0.37	0.18
h	107.721	0.973	-0.074	2.053	2.43	0.23
i	109.721	0.991	-0.109	1.118	0.94	0.47
j	110.707	1.000	-0.160	0.000	1.12	1.13

4.3.3　饱和-非饱和渗流基本理论

由于大部分发达国家位于温带，工程问题主要涉及饱和土。以往土力学渗流计算文献主要以饱和土问题为主，而实际工程中常常涉及非饱和土问题。其理论知识和试验技术更为复杂，其区别主要在于所表述的问题中的孔隙水压力为正值或者负值的情况。另外，非饱和渗流物理上考虑是一个多因素互相耦合的过程，其影响因素包括固、液、气三相的体积比、空气压力、土骨架体变、可溶盐含量、温度等。假设水在非饱和土中的渗流也服从达西定律，但与饱和土中渗流的不同之处是非饱和土的渗流的系数不是常量，而是土体饱和度的函数。

饱和土土力学中的大部分问题均为非饱和土理论中的特解，随着计算机应用普及、理论发展、有限元应用，采用非饱和土理论进行渗流计算分析已经成为一种趋势。1962 年，Miller 提出非饱和介质的渗透系数是含水量或压力水头的函数，这就为达西定律应用于非饱和区提供了理论基础。1973 年，Nueman 首先提出了求解土坝饱和-非饱和渗流的有限元法数值方法；后来，日本的赤井浩一采用了 Neuman 的数值模型和有限元法进行了试验和数值计算。1986 年，Rank 和 Wener 首先将自适应理论引入到渗流的分析中，并将线性误差估计方法推广到求解具有自由面的二维非线性渗流问题中。1987 年 Chung 和 Kikuchi 讨论了二维非均匀多孔介质渗流问题的网格自适应问题。通过迭代计算，提出了优化网格和确定自由面位置的方法。1991 年 Burkley 和 Brunch 利用局部误差和整体误差的概念，发展了一种利用三角形单元进行无压渗流自适应分析系统；在此基础上，1996 年 Chen 发展了用四边形网格进行自适应渗流分析的方法，大大提高了渗流计算的工作效率。

我国有关科技工作者结合大规模的坝工建设，对渗流理论、数值方法和试验技术等都进行了广泛而深入的研究，并取得可喜的研究成果。南京水利科学研究院的毛昶熙在渗流分析和控制领域开展了系统研究。河海大学的朱岳明提出了排水子结构技术（朱岳明等，2003），准确模拟了排水孔幕的渗流行为。吴良骥对饱和-非饱和的渗流计算做了重点研究。大连理工大学的刘迎曦则在混凝土重力坝的渗透反演分析方面开展了探索研究。近几年来，随着计算机技术的发展和应用以及有限元法的迅速发展，有限元法在求解渗流场问题方面取得了很大进展。渗流问题的理论相对完善，国内外对算法的研究也很深入。

目前渗流计算数值模型方法多样，国外的大型计算软件有 GEO-SLOPE 的 SEEP/W 模块，另外 ANSYS 软件中在流体学理论基础上发展开发了渗流计算功能，功能均各有所长。河海大学根据上述有限元计算原理、收敛准则以及边界条件的处理方法，用 Visual C++开发了三维非稳定饱和-非饱和渗流有限元计算分析程序 CNPM3D。

非饱和渗流基本微分方程是在假定达西定律同样适用于非饱和渗流情况的前提下通过与饱和渗流相同的方法推导出来的。非稳定饱和-非饱和渗流基本微分方程如下（张家发，1997）：

$$\frac{\partial}{\partial x_i}\left[k_{ij}^s k_r(h_c)\frac{\partial h_c}{\partial x_j}+k_{i3}^s k_r(h_c)\right]-Q=\left[C(h_c+\beta S_s)\right]\frac{\partial h_c}{\partial t} \qquad (4.3-13)$$

式中　h_c——压力水头；

$\quad\quad k_{ij}^s$——饱和渗透系数张量；

$\quad\quad k_{i3}$——饱和渗透系数张量中仅和第 3 坐标轴有关的渗透系数值；

$\quad\quad k_r$——相对透水率，为非饱和土的渗透系数与同一种土饱和时的渗透系数的比值，在非饱和区 $0<k_r<1$，在饱和区 $k_r=1$；

$\quad\quad C$——比容水度，$C=\dfrac{\partial\theta}{\partial h_c}$，在正压区 $C=0$；

$\quad\quad \beta$——饱和-非饱和选择常数，在非饱和区等于 0，在饱和区等于 1；

$\quad\quad S_s$——弹性贮水率，饱和土体的 S_s 为一个常数，在非饱和土体中 $S_s=0$，当忽略土体骨架及水的压缩性时对于饱和区也有 $S_s=0$；

$\quad\quad Q$——源汇项。

考虑降雨入渗的非稳定饱和-非饱和渗流微分方程的定解条件如下（吴宏伟等，1999）：

（1）初始条件：

$$h_c(x_i,0)=h_c(x_i,t_0)\quad i=1,2,3 \qquad (4.3-14)$$

（2）边界条件：

$$h_c(x_i,t)|_{\Gamma_1}=h_{c1}(x_i,t) \qquad (4.3-15)$$

$$-\left[k_{ij}^s k_r(h_c)\frac{\partial h_c}{\partial x_j}+k_{i3}^s k_r(h_c)\right]n_i|_{\Gamma_2}=q_n \qquad (4.3-16)$$

$$-\left[k_{ij}^s k_r(h_c)\frac{\partial h_c}{\partial x_j}+k_{i3}^s k_r(h_c)\right]n_i|_{\Gamma_3}\geqslant 0\ 且\ h_c|_{\Gamma_3}=0 \qquad (4.3-17)$$

$$-\left[k_{ij}^s k_r(h_c)\frac{\partial h_c}{\partial x_j}+k_{i3}^s k_r(h_c)\right]n_i|_{\Gamma_4}=q_r(t) \qquad (4.3-18)$$

式（4.3-14）～式（4.3-18）中　n_i——边界面外法线方向余弦；

$\quad\quad\quad\quad t_0$——初始时刻，s；

$\quad\quad\quad\quad h_{c1}$——已知水头，m；

$\quad\quad\quad\quad q_n$——已知流量，m^3/s；

$\quad\quad\quad\quad q_r(t)$——降雨入渗流量，$m^3/s$；

$\quad\quad\quad\quad h_c(t_0)$——初始 t_0 时刻渗流场水头，m；

$\quad\quad\quad\quad \Gamma_1$——已知水头边界；

$\quad\quad\quad\quad \Gamma_2$——已知流量边界；

$\quad\quad\quad\quad \Gamma_3$——降雨入渗边界；

Γ_4——饱和逸出面边界。

渗流边界示意图如图 4.3-4 所示。

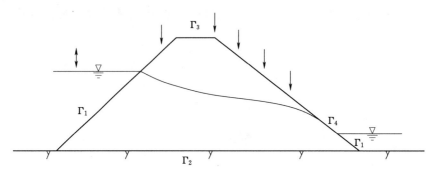

图 4.3-4 渗流边界示意图

将计算空间域（离散为有限个单元，对于每个单元（采用 8 结点六面体等参单元），选取适当的形函数 $N_m(x_i)$ 满足：

$$h_c(x_i,t) = N_m(x_i)h_{cm}(t) \quad i=1,2,3 \tag{4.3-19}$$

式中　$N_m(x_i)$——单元形函数；

　　　$h_{cm}(t)$——单元结点压力水头值，m；

　　　h——总水头，$h = h_c + x_3$，m。

将式（4.3-19）代入式（4.3-13）得残差为

$$R = \sum_{i=1}^{3}\sum_{j=1}^{3}\frac{\partial}{\partial x_i}\left[k_r(h)k_{ij}\frac{\partial}{\partial x_i}(N_m h_{cm}+x_3)\right] - [C(h)+\beta S_s]\frac{\partial}{\partial t}(N_m h_{cm}) - Q \tag{4.3-20}$$

应用 Galerkin 加权余量法，以形函数 $N_m(x_i)$ 为权函数，即权函数 $W_m(x_i) = N_m(x_i)$，则使试函数 $h_c(x_i,t)$ 逼近偏微分方程的精确解，要求在整个计算域 G 内满足：

$$\iiint_G RW\,\mathrm{d}G = \iiint_G\left\{\sum_{i=1}^{3}\sum_{j=1}^{3}\frac{\partial}{\partial x_i}\left[k_r(h)k_{ij}\frac{\partial}{\partial x_j}(N_m h_{cm}+x_3)\right]\right.$$
$$\left. - [C(h)+\beta S_s]\frac{\partial}{\partial t}(N_m h_{cm}) - Q\right\}N_n\,\mathrm{d}G = 0 \tag{4.3-21}$$

应用格林第一公式，由式（4.3-21）可得

$$\iiint_G\sum_{i=1}^{3}\sum_{j=1}^{3}k_r(h)k_{ij}\frac{\partial N_n}{\partial x_i}\frac{\partial}{\partial x_j}(N_m h_{cm})\,\mathrm{d}G + \iiint_G\sum_{i=1}^{3}k_r(h)k_{i3}\frac{\partial N_n}{\partial x_i}\,\mathrm{d}G$$
$$= \oiint_S N_n k_r(h)\sum_{i=1}^{3}\left[\sum_{j=1}^{3}k_{ij}\frac{\partial}{\partial x_j}(N_m h_{cm}) + k_{i3}\right]n_i\,\mathrm{d}S$$
$$- \iiint_G[C(h)+\beta S_s]N_n\frac{\partial}{\partial t}(N_m h_{cm})\,\mathrm{d}G - \iiint_G SN_n\,\mathrm{d}G \tag{4.3-22}$$

式中　S——计算域边界。

对于离散的整个计算域有

$$\sum_{e=1}^{NE}\left[\iiint_{G_e}\sum_{i=1}^{3}\sum_{j=1}^{3}k_r^e k_{ij}^e\frac{\partial N_n^e}{\partial x_i}\frac{\partial}{\partial x_j}(N_m^e h_{cm})\,\mathrm{d}G + \iiint_{G_e}[C^e(h)+\beta S_s^e]N_n^e\frac{\partial}{\partial t}(N_m^e h_{cm})\,\mathrm{d}G\right] =$$

$$\sum_{e=1}^{NE}\left[\iint_{S_e}N_n^e k_r^e(h)\sum_{i=1}^{3}\left[\sum_{j=1}^{3}k_{ij}^e\frac{\partial}{\partial x_j}(N_m^e h_{cm})+k_{i3}^e\right]n_i\,\mathrm{d}S-\iiint_{G_e}\sum_{i=1}^{3}k_r^e(h)k_{i3}^e\frac{\partial N_n^e}{\partial x_j}\mathrm{d}G-\iiint_{G_e}SN_n^e\mathrm{d}G\right]$$

$$(4.3-23)$$

式中带"e"的符号表示相应于单元的量。

单元支配方程如下：

$$[K]^e\{h_c\}^e+([S]^e)\left\{\frac{\partial h_c}{\partial t}\right\}^e=\{F\}^e \tag{4.3-24}$$

其中

$$K_{ab}^e=\int_{\Omega^e}K_r(h_c)(N_{a,i}K_{ij}^s N_{b,j})\mathrm{d}\Omega \tag{4.3-25}$$

$$S_{ab}^e=\int_{\Omega^e}[C(h_c)+\beta S_s]N_a N_b\,\mathrm{d}\Omega \tag{4.3-26}$$

$$F_{(a)}^e=-\int_{\Omega^e}K_r(h_c)(N_{a,i}K_{ij}^s Z_{,j})\mathrm{d}\Omega+\int_{\Gamma_2}qN_a\mathrm{d}\Gamma \tag{4.3-27}$$

式（4.3-25）～式（4.3-27）中 a、b 为 1～8，i、j 为 1～3；N_a、N_b 为单元形函数；h_c 为压力水头。

将单元支配方程进行集成，可得整体有限元支配方程：

$$[K]\{h_c\}+[S]\left\{\frac{\partial h_c}{\partial t}\right\}=\{F\} \tag{4.3-28}$$

对时间采用隐式有限差分格式，即

$$\frac{\partial h_c}{\partial t}=\frac{1}{\Delta t}[(h_c)_{t+\Delta t}-(h_c)_t] \tag{4.3-29}$$

将其代入式（4.3-28），可得

$$\left([K]+\frac{1}{\Delta t}[S]\right)\{h_c\}_{t+\Delta t}=\{F\}+\frac{1}{\Delta t}[S]\{h_c\}_t \tag{4.3-30}$$

采用增量迭代法，令 $\{h_c\}_{t+\Delta t}^{k+1}=\{h_c\}_{t+\Delta t}^{k}+\{\Delta h_c\}_{t+\Delta t}^{k+1}$，可推导得如下适于计算的迭代格式：

$$[A]\{\Delta h_c\}_{t+\Delta t}^{k+1}=\{\Delta B\}_{t+\Delta t}^{k+1} \tag{4.3-31}$$

其中

$$[A]=[K]+\frac{1}{\Delta t}[S] \tag{4.3-32}$$

$$\{\Delta B\}_{t+\Delta t}^{k+1}=\{\Delta F\}_{t+\Delta t}^{k}-\frac{1}{\Delta t}[S](\{h_c\}_{t+\Delta t}^{k}-\{h_c\}_t) \tag{4.3-33}$$

$$\{\Delta F\}_{t+\Delta t}^{k}=-\int_{\Omega^e}K_r(h_c)\{N_{a,i}K_{ij}[(h_c)_{t+\Delta t}^{k}+x_3]_{,j}\}\mathrm{d}\Omega+\int_{\Gamma_2}qN_a\mathrm{d}\Gamma \tag{4.3-34}$$

采用八结点六面体等参数单元，如图 4.3-5 所示，按迭代格式，式（4.3-24）～式（4.3-34），可求得渗流的压力场，并由此计算位势场、自由面坐标、渗透坡降、渗透流速、渗透流量等各种所需的物理量（Baiocchi，1977）。

在有限单元法中，在处理流量边界时，需要将分布在单元面上的流量转化为结点入渗

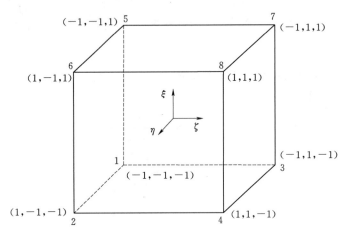

图 4.3 - 5　八结点六面体等参数母单元

流量。设某单元面有实际入渗流量 $q_s(t)$，则入渗流量列阵可以通过式（4.3 - 35）进行计算：

$$\{R\}_t^e = \int_s q_s(t)\{N\}^e \mathrm{d}s \tag{4.3 - 35}$$

式中　s——承受降雨入渗的单元面积；

　$\{R\}_t^e$——t 时刻的单元入渗流量列阵；

　$\{N\}^e$——形函数列阵，$\{N\}^e = [\begin{matrix} N_1 & N_2 & N_3 & N_4 & N_5 & N_6 & N_7 & N_8 \end{matrix}]$。

式（4.3 - 35）的计算可以在等参单元的自然坐标系 $\xi - \eta - \zeta$ 中进行。假设降雨发生在 $\xi = \pm 1$ 面上，设

$$E_\eta = \left[\frac{\partial x}{\partial \eta}\right]^2 + \left[\frac{\partial y}{\partial \eta}\right]^2 + \left[\frac{\partial z}{\partial \eta}\right]^2 \tag{4.3 - 36}$$

$$E_{\eta\zeta} = \frac{\partial x}{\partial \zeta}\frac{\partial x}{\partial \eta} + \frac{\partial y}{\partial \zeta}\frac{\partial y}{\partial \eta} + \frac{\partial z}{\partial \zeta}\frac{\partial z}{\partial \eta} \tag{4.3 - 37}$$

则在式（4.3 - 35）中有

$$\mathrm{d}s = \sqrt{E_\xi E_\eta - E_{\xi\eta}^2}\, \mathrm{d}\xi \mathrm{d}\eta \tag{4.3 - 38}$$

对其应用高斯数值积分可得

$$\{R\}_t^e = \sum_{i=1}^{ng}\sum_{i=1}^{ng} W_i W_j q_s(t)\{N\}^e (E_\xi E_\eta - E_{\xi\eta}^2)^{\frac{1}{2}} \tag{4.3 - 39}$$

式中　ng——高斯点个数；

　W_i、W_j——第 i、第 j 个高斯点权重。

如果入渗发生在单元的其他面上，只要将式（4.3 - 37）中的 ξ、η、ζ 进行轮换即可。式（4.3 - 39）即为可以直接应用于程序设计的计算单元降雨入渗流量列阵的公式。

通过某断面 S 的渗流量可按式（4.3 - 40）计算：

$$q = -\iint_S k_n \frac{\partial h}{\partial n} \mathrm{d}S \tag{4.3 - 40}$$

式中　S——过流断面；

　　n——断面正法线单位向量；

　　k_n——n 方向的渗透系数，m/s；

　　h——渗流场水头，m。

　　对于任意八结点六面体单元渗流量的计算，如图 4.3-6 所示，选择中断面 $abcda$ 作为过流断面 S，并将 S 投影到 YOZ、ZOX、XOY 平面上，分别记为 S_x、S_y、S_z，则通过单元中断面的渗流量为

$$q=-k_x\frac{\partial h}{\partial x}S_x-k_y\frac{\partial h}{\partial y}S_y-k_z\frac{\partial h}{\partial z}S_z \qquad (4.3-41)$$

　　如果需要计算通过某一断面的渗流量，则取该断面上的一排单元，使得各单元的某一中断面组成该计算流量断面。累加这些单元相应中断面的渗流量即可得所求的该计算断面的渗流量。

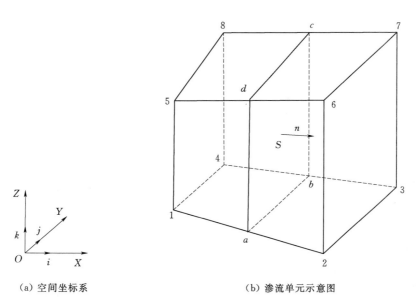

(a) 空间坐标系　　　　　　(b) 渗流单元示意图

图 4.3-6　八结点六面体单元渗流量的计算

4.3.4　强弱透水互层地基半封闭式联合防渗体系渗流特点分析

　　覆盖层深厚且为强弱透水互层的闸坝基础在我国西南部河流中很常见，依托地基相对不透水层的半封闭式联合防渗墙通常作为坝基渗流控制设施。

4.3.4.1　硬梁包水电站三维渗流特点分析（吴梦喜等，2013）

　　四川省泸定县硬梁包水电站采用低引水的水电开发模式。水库正常蓄水位 1246m，下游生态水位为 1216.2m，上下游水位差为 29.8m。坝址河床盖层最大厚度为 15m 自下而上可分为粗细相间的 5 个土层，分别为：①以粗粒为主的冰水积含漂砂卵砾石层（Q_3^{fgl}）；②以细粒为主的堰塞堆积粉细砂层（Q_4^l）；③以粗粒为主的含漂砂石层（Q_3^{al}）；④以细粒为主的堰塞堆积粉细砂层；⑤以中粗粒为主的冲洪堆积含漂卵砾石层（Q_4^{al+pl}）。覆盖层各土层的渗透特性参数如表 4.3-6 所示，其中②、④粉细砂层透水性弱，渗透系数比①、③、⑤层小 3 个数量级。硬梁包坝基属于典型的强弱透水互层坝基。经分析，防

渗墙插入以粗粒为主的冰水积含漂砂卵砾石层（Q_3^{fgl}），硬梁包水电站闸坝典型剖面（$x=$ 0＋050）见图4.3－7。

表4.3－6　　　　　　　　　　覆盖层各土层的渗透特性参数表

地层	天然密度/(g/cm³)	干密度/(g/cm³)	渗透系数/(m/s)	允许渗透坡降
⑤含漂砂卵砾石	2.15～2.20	1.90～2.00	$5\times10^{-5}\sim1\times10^{-4}$	0.12～0.15
④粉细砂层	1.60～1.70	1.40～1.60	$2\times10^{-8}\sim1\times10^{-7}$	0.50～0.60
③含漂砂卵砾石	2.20～2.25	2.05～2.10	$1\times10^{-5}\sim1\times10^{-4}$	0.15～0.18
②粉细砂层	1.60～1.70	1.40～1.60	$5\times10^{-8}\sim1\times10^{-7}$	0.40～0.50
①含漂卵砾石	2.20～2.25	2.05～2.25	$1\times10^{-5}\sim1\times10^{-4}$	0.15～0.20

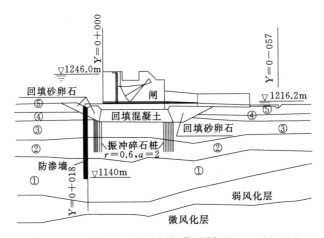

图4.3－7　硬梁包水电站闸坝典型剖面（$x=0+050$）

1. 坝基的水头变化特征

闸坝基础典型剖面覆盖层中（不含防渗墙，以下各图同此）的水头等值线如图4.3－8所示，从水头等值线的负梯度方向可以看出覆盖层中的渗流始于库底垂直入渗，穿过⑤、④、③、②层进入①层，绕过防渗墙底部，以向上方向进入下游河床表面。当然，防渗墙前后存在较大水头差，防渗墙混凝土是渗透性较小的多孔介质，渗流也通过防渗墙从其上游进入其下游。②层中水头等值线最密集；①层虽然渗透系数大，由于水流是平行层面方

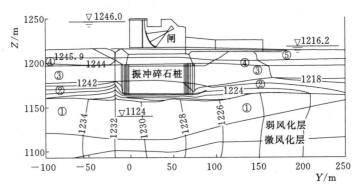

图4.3－8　闸坝基础典型剖面覆盖层中的水头等值线（单位：m）

向，过水面积较小，因而该层中也有较大的水头降落；③层中则由于渗透系数大、防渗墙上游渗流方向基本垂直层面，过水面积大而等水头线很稀疏。防渗墙下游碎石桩部位渗透性高因而水头等值线稀疏，其下部覆盖层②等值线密集，该处竖向平均渗透坡降大于 0.8。

防渗墙上、下游面覆盖层内的水头等值线如图 4.3-9 所示。由于④和②层分别在左、右岸厚度减薄甚至完全缺失，①、③层近②、④层缺失处，水头等值线倾斜，由于①、③层渗透系数比②、④层大 3 个数量级，可推缺失处的渗流量在整个坝基流量中占比是很大的，呈现显著的三维渗流特征。由于工程河谷宽度与水位差之比达到了 16，按照一般的认识，其渗流应具二维特征。可见对于强弱透水互层坝基，如果土层不完整或弱透水层厚度不均匀，即使河谷宽度与水位差之比很大，其三维渗流效应不容忽视。

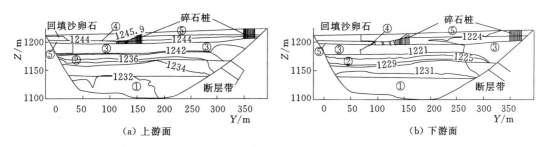

图 4.3-9　防渗墙上、下游面处覆盖层的水头等值线（单位：m）

2. 坝基的渗透坡降与内部侵蚀风险判别

闸典型剖面与毗邻防渗墙上、下游面覆盖层内的渗透坡降如图 4.3-10 和图 4.3-11 所示。⑤层和③层内渗透坡降都小于 0.1，均小于允许坡降。覆盖层①在典型闸剖面的坡降为 0.03~0.19，坡降最大值出现在防渗墙底部，接近于该层的允许坡降（0.15~0.20）的上限值。①层与右岸断层破碎带接触处渗透坡降较大，最大值为 0.59，超过允许渗透坡降，细颗粒有通过断层裂隙从防渗墙上游进入下游的较大侵蚀风险。防渗墙附近土层渗透坡降距离墙越近其值越大，在防渗墙上、下游面左岸侧底部回填砂卵石下，坡降为 2.42~3.20，在碎石桩部位大部分区域的坡降为 0.7~2.0，远大于该层的允许坡降 0.5~0.6。②层的渗透坡降在防渗墙上游侧的分布规律与④层一致，最大值达到 1.14。远大于该层的允许坡降 0.4~0.5，防渗墙下游侧该层与碎石桩底部相接处的坡降大于 0.8。大于

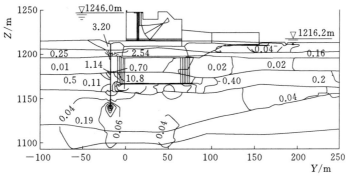

图 4.3-10　硬梁包水电站闸坝典型剖面渗透坡降等值线（$x=0+050$）

该层允许坡降 0.4～0.5。按照一般的判断，④、②两层在层间不存在反滤关系的条件下，发生渗透破坏是毫无疑问的，然而，图 4.3-10 显示渗透坡降在防渗墙的前后土体内急剧变化，土层表面最大，这个特征比较怪异。下面对该渗透坡降情况进一步展示和分析。

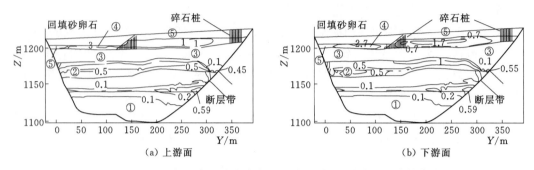

图 4.3-11　硬梁包水电站防渗墙上下游面覆盖层内渗透坡降等值线

图 4.3-12 为闸典型剖面④层和②层毗邻防渗墙土体的水头和 Z 方向水头梯度。水头等值线图的负梯度方向即渗流方向，图 4.3-12（a）中可看出④层土体的渗流方向（水头等值线梯度负方向）是从防渗墙上游该层土的上表面和下表面进入并穿过防渗墙（虽然渗透系数相对较小，防渗墙还是透水的），经过防渗墙下游④层土体流向其上表面和下表面。④层毗邻防渗墙上游区域渗流指向土层内，一般区域则渗流自上向下，且渗透坡降为 0.2～0.3，小于允许坡降值，内部侵蚀可能性很小。④层毗邻防渗墙流指向土层外，则会出现渗透变形，但如果防渗墙本身完好，则在发生渗透变形后由渗透系数升高，而其上游渗流路径上的防渗墙和土层渗透系数不变，因而④层土防渗墙后局部的渗透坡降会随之下降，不会发生持续的内部侵蚀。

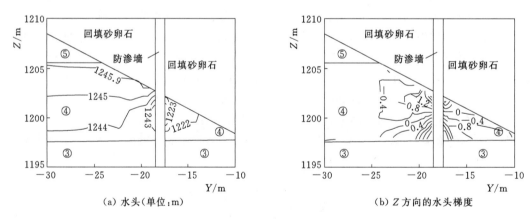

图 4.3-12　硬梁包水电站防渗墙上下水头及梯度等值线

图 4.3-13 为闸典型剖面②层毗邻防渗墙土体内的水头和 Z 方向水头梯度。毗邻防渗墙区域②层土墙上游渗流方向向下，垂直方向水头梯度土层上部大下部小，防渗墙 10m 外垂直方向的梯度的绝对值为 0.2～0.52，渗透变形的风险较小。墙下游渗流方向向上，Z 方向的水头梯度绝对值在碎石桩下较大。图 4.3-13 是②层土内振冲碎石桩底面的渗透坡降等值线，碎石桩底部面的渗透坡降大部分为 0.8～1.6。由于碎石桩部位土体的

渗透系数是采用碎石桩与土体的复合材料等效渗透系数，其值小于碎石桩本身的渗透系数，碎石桩下部的实际渗透坡大于计算值，而桩体碎石与②层土体之间不存在反滤关系，因此桩底土层可能发生内部侵蚀破坏。

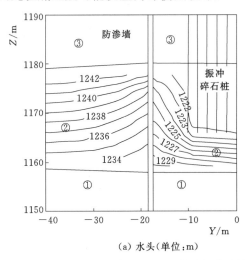 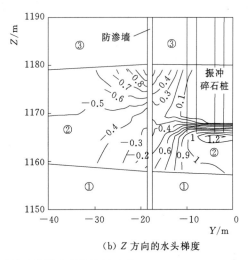

(a) 水头（单位：m） (b) Z 方向的水头梯度

图 4.3 - 13　硬梁包水电站闸典型剖面②层毗邻防渗墙土体

4.3.4.2　多布水电站三维渗流特点分析

多布水电站针对推荐方案，采用三维非稳定饱和-非饱和渗流有限元计算分析程序CNPM3D 进行了分析计算，以下仅针对泄洪闸坝段水头变化和渗透坡降变化规律进行分析论述。

1. 坝基的水头变化特征

闸坝基础典型剖面覆盖层中（不含防渗墙，以下各图同此）的水头等值线如图 4.3 - 14 所示。从水头等值线的负梯度方向可以看出覆盖层中的渗流始于库底垂直入渗，穿过各层，绕过防渗墙底部，以向上方向进入下游河床表面。当然，防渗墙前后存在较大水头差，防渗墙混凝土是渗透性较小的多孔介质，渗流也通过防渗墙从其上游进入其下游。该水电站与硬梁包水电站渗流分析成果规律一致，渗透系数越小，水头等值线最密集，而渗透系数越大，等水头线越稀疏。

防渗墙上、下游面覆盖层内的水头等值线有较大衰减，正常工况防渗墙消减的水头分别为 13.90m，墙后水头折减系数约为 0.4，说明防渗墙对于水头折减效果明显。

2. 坝基的渗透坡降与内部侵蚀风险判别

在正常运行工况 DB - TY - 1 下，砂砾石坝、泄洪闸、厂房以及副坝地基的最大渗透坡降均发生在 Q_3^{al} -Ⅱ地层防渗墙附近，这点与硬梁包、吉牛、西藏旁多水电站等悬挂式防渗墙底部渗透坡降的分布规律一致，均出现墙底局部增大现象（图 4.3 - 15）。多布水电站工程该部位渗透坡降分别为 2.589、2.266、1.737 和 2.580，均大于该地层的允许渗透坡降值 0.30～0.40，但考虑到最大渗透坡降发生的部位埋深深，上部第 7 层 Q_3^{al} -Ⅲ地层为冲击砂卵砾石层，可以起到一定的反滤作用，而第 8 层 Q_3^{al} -Ⅱ地层为细砂层，级配良好，即使防渗墙端部有少量细粒随渗透水流产生位移，在周围土体的围压作用下，在离开防渗墙端部后位移会迅速较小，土体重新稳定。综合分析，认为该层土体满足渗透稳定要求。

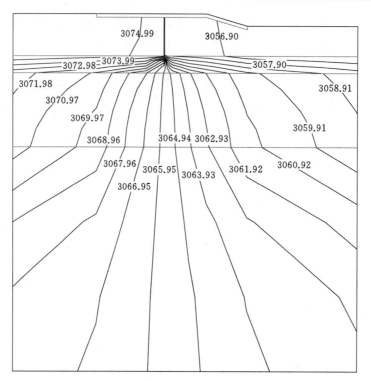

图 4.3-14　泄洪闸基剖面 $y=50\text{m}$ 位势分布图（单位：m）

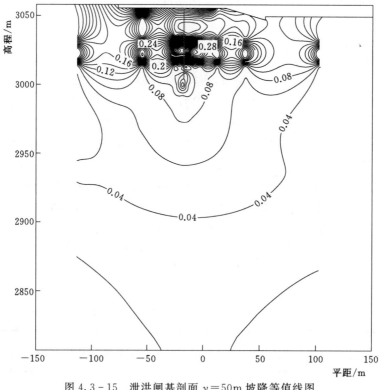

图 4.3-15　泄洪闸基剖面 $y=50\text{m}$ 坡降等值线图

4.3.5 防渗体系参数敏感性及缺陷影响三维有限元研究

渗流敏感性分析内容一般包括：防渗体系渗透参数敏感性、防渗墙施工缺陷，对于两侧采用土工膜防渗的土石坝，一般还应进行土工膜缺陷分析。以下以西藏尼洋河多布水电站工程分析成果为例进行说明。

4.3.5.1 防渗体系渗透参数敏感性结论

参数敏感性分析各工况下坝体和坝基渗流场的总体规律不变。土工膜渗透系数增大 5 倍和 10 倍。坝后浸润线有所抬高，但抬高幅度不大，最大抬高 1m 左右；防渗墙渗透系数增大 5 倍和 10 倍，坝后浸润线也有所抬高，但抬高幅度很小；相对隔水层渗透系数增大 2 倍、5 倍和 10 倍，坝后浸润线也有所抬高，最大抬高 0.5m 左右。

防渗墙渗透系数增大，防渗墙的渗透坡降略微减小，此时砂砾石料区的渗透坡降有增大趋势；土工膜和防渗墙的渗透参数改变，坝体和坝基的最大渗透坡降变化很小，这与两者对渗流场的影响较小相一致。

相对隔水层的渗透系数改变，对地下水渗流场的影响较大，地基覆盖层的最大渗透坡降相应也有较大变化，且呈现一定的规律，即 $Q_3^{al}-II$ 地层最大渗透坡降随着其渗透系数的增大而减小，其他地基覆盖层最大渗透坡降随着 $Q_3^{al}-II$ 地层渗透系数的增大而增大。以 $Q_3^{al}-II$ 地层渗透系数增大 10 倍为例，砂砾石坝、泄洪闸、厂房以及副坝地基的最大渗透坡降仍都发生在 $Q_3^{al}-II$ 地层防渗墙附近，但值有所减小，分别为 2.208、1.933、1.481 和 2.200。除 $Q_3^{al}-II$ 地层外，其他地基覆盖层最大渗透坡降均有所增大，其中 $Q_3^{al}-I$ 地层的最大渗透坡降在砂砾石坝、泄洪闸、厂房以及副坝地基处分别为 0.465、0.351、0.340 和 0.317。相对隔水层渗透系数增大时，其他覆盖层的渗透坡降增大，局部会大于该地层的允许渗透坡降，例如第 9 层（$Q_3^{al}-I$）的渗透坡降达到 0.465、0.351、0.340、0.317，大于该地层允许渗透坡降 0.20～0.30。

土工膜、防渗墙和相对隔水层的渗透系数增大，总的渗透流量呈现逐渐增大的趋势，但从总量来说增加幅度不大。

4.3.5.2 土工膜施工缺陷渗流影响分析结论

在土工膜完好工况 DB-1 下，河床砂砾石坝段土工膜和防渗墙的阻渗作用共削减水头 18.22m，占总水头的 84.86%。防渗墙的最大平均渗透坡降为 16.11，下游出逸坡降为 0.036，出现在下游出逸点的砂砾石区浸润面附近；地基（不包含 $Q_3^{al}-II$ 地层）最大渗透坡降 0.204，出现在河床中央 $Q_3^{al}-II$ 地层顶部防渗墙附近；$Q_3^{al}-II$ 地层的局部最大渗透坡降 2.589，发生在 $Q_3^{al}-II$ 地层防渗墙附近，大于该地层的允许渗透坡降 0.30～0.40。据综合分析，该层土体埋深较大，上覆土层可起压重和一定的反滤作用，因而亦可满足渗透稳定要求。故土工膜完好时，河床砂砾石坝段各区满足渗透稳定要求。

1. 不同破损率总体影响分析

按照土工膜不同破损率进行总体影响分析（表 4.3-7），分别按照土工膜完好、破损率 0.01%、破损率 0.05%、破损率 0.1%、破损率 1%进行分析。可以看出，随着土工膜破损率的增大，砂砾石坝段防渗墙、地层的渗透坡降减小，砂砾石区的出逸坡降增大。在土工膜破损率为 1%的工况 DB-5 下，在河床砂砾石坝段，土工膜和防渗墙的阻渗作用共削减水头 3.72m，占总水头的 17.33％、防渗墙的最大平均渗透坡降为 2.65，砂砾石区下游出逸坡降为 0.301，大于该区的允许值；允许渗透坡降 0.10～0.20，覆盖层（不包含 Q_3^{al}-Ⅱ地层）最大渗透坡降 0.117，出现在河床中央 Q_3^{al}-Ⅱ地层顶部防渗墙附近；Q_3^{al}-Ⅱ地层的最大渗透坡降 1.202，发生在 Q_3^{al}-Ⅱ地层防渗墙附近。

比较工况 DB-1～工况 DB-5，随着土工膜破损率的增大，坝体浸润面升高，最大变化幅度达到 14.50m，为破损率 1‰工况。砂砾石坝段防渗墙、地层的渗透坡降减小，砂砾石区的出逸坡降增大。该工况砂砾石区的出逸坡降达到 0.301，超过了其允许渗透坡降。坝体渗流量均增大，且增幅明显，砂砾石坝段的总渗流量达到了工况 DB-1 的 51.97 倍，对渗流场的影响很大。

表 4.3-7 推荐方案各工况下坝体和坝基的最大渗透坡降

破损率	防渗墙		砂砾石区		覆盖层（不包含 Q_3^{al}-Ⅱ地层）		Q_3^{al}-Ⅱ地层	
	最大平均渗透坡降	位置	出逸坡降	位置	最大渗透坡降	位置	最大渗透坡降	位置
完好	16.11		0.036		0.204		2.589	
0.01％	15.64		0.055	河床中央下游出逸点的砂砾石区浸润面附近	0.193		2.432	
0.05％	13.16	河床中央防渗墙顶部	0.102		0.187	河床中央防渗墙底部附近	2.140	河床中央 Q_3^{al}-Ⅱ地层防渗墙附近
0.1％	8.81		0.178		0.153		1.754	
1‰	2.65		0.301		0.117		1.202	

2. 施工缺陷局部影响分析

针对土工膜施工缺陷对渗流场的局部影响进行分析，考虑破损孔洞的对称性，以破损孔洞中心为起点，选择土工膜防渗砂砾石坝典型坝段 10m，模拟土工膜破损实际尺寸，建立坝体和坝基的精细三维有限元模型。采用饱和-非饱和渗流三维有限元法，按控制工况（正常蓄水位时上下游水头最大：上游水位为 3076.00m，下游水位为 3054.53m），对土工膜完好和土工膜破损位置分别在坝体底部、中部、上部，破损尺寸分别为 0.5cm×0.5cm、1cm×1cm、2cm×2cm、5cm×5cm 共 13 种情况进行计算分析，深入研究砂砾石坝段坝体浸润面、坝体和坝基等各主要分区的渗透坡降、渗透流量以及坝体内部饱和区的分布。

比较完好工况与其他工况可见，当破损孔洞发生在相同部位时，随着孔洞尺寸的增大，浸润面略微抬高，防渗墙、覆盖层的最大渗透坡降略有减小，砂砾石部位的出逸坡降略有增大，坝体的单宽渗透流量略有增大，坝基部分的渗透流量基本不变；相同尺寸的孔洞随着破损发生部位的降低，浸润面抬高，防渗墙、覆盖层的最大渗透坡降（Q_3^{al}-Ⅱ地层）从 2.61 逐渐减小至 2.582，砂砾石部位的出逸坡降从 0.03 逐渐增大至 0.036，坝体的单宽渗透流量从 3.24m³/(d·m) 逐渐增大至 3.63m³/(d·m)，坝基部分的渗透流量基本均为 2.2m³/(d·m)。总体而言，破损孔洞发生部位和破损孔洞大小对砂砾石坝段的渗流要素影响不大。

将各工况相比，当孔洞压力水头变大时，孔洞附近饱和区增大，负压区的负压力逐渐减少；当孔洞尺寸变大时，孔洞附近饱和区也随着增大。坝体内部局部饱和区最大时的工况为损孔洞出现在坝体下部，破损面积为5cm×5cm，其饱和区范围：垂直坝坡面影响范围为114mm，沿坝轴线向最大影响范围（针对半个模型而言）为170mm，平行坝坡向影响范围为538mm。

可以看出，土工膜不同破损率的总体影响较局部影响对渗流成果影响大。在土工膜破损率为1‰的工况下，土工膜防渗砂砾石坝下游渗透坡降不满足要求，而计算模拟的破损孔洞的部位及大小均对渗流成果影响不大。

4.3.5.3 防渗墙施工缺陷渗流影响分析结论

防渗墙施工缺陷主要有因钻孔成槽定位偏差引起的相邻槽段间底部分叉和槽段间的搭接不良。底部分叉的大小、位置、数量等均具有随机性，搭接质量也具有随机性，因此选取相邻两个槽段范围建立计算模型进行渗流计算并分析其局部影响。

防渗墙施工缺陷模拟示意图如图4.3-16所示。计算时底部分叉按实际尺寸模拟，搭接不良按照裂缝模拟。

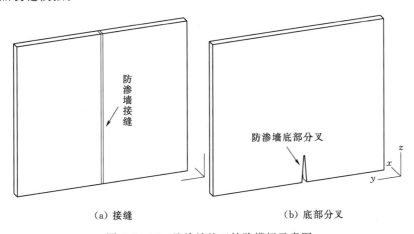

（a）接缝　　　　　　　　　　　（b）底部分叉

图4.3-16　防渗墙施工缺陷模拟示意图

计算分析了在控制工况（上下游水头最大的工况）下，各种不同施工缺陷时（表4.3-8）土工膜防渗砂砾石坝段、电站厂房段和泄洪闸段三个典型区域的渗流场，计算了防渗墙、相对不透水层和其他地层等关键部位的最大渗透坡降，并绘制了典型断面等势线图、坡降等值线图，计算了各区域的渗透流量。通过分析比较，得出了各建筑物计算部位控制工况下最危险剖面渗透坡降超限区的尺寸和位置，研究了各建筑物计算部位控制工况下防渗墙存在施工缺陷对渗透坡降超限区的影响。

计算成果表明：

（1）由土工膜防渗砂砾石坝段 $y=0$m 剖面地下水位等势线分布图可见，防渗体系后坝体砂砾石体内浸润面较为平缓，浸润面经过防渗体系后形成了突降。由表4.3-9可知，在防渗墙无施工缺陷时（工况 DB-7），土工膜和混凝土防渗墙的阻渗作用共削减水头21.23m，占总水头的98.88%，可见土工膜和防渗墙的阻渗作用是显著的。在防渗墙有施工缺陷的情况下，工况 DB1-1（相邻防渗墙槽段间接缝宽0.5cm）、工况 DB1-2（相

表 4.3 - 8　　　　　　　　　防渗墙施工缺陷渗流影响分析计算工况

计算部位	工况	分叉高度/m	接缝宽度/cm	分析的水位/m
土工膜防渗砂砾石坝段	DB1 - 1		0.5	上游：3076.00 下游：3054.53
	DB1 - 2		1.0	
	DB1 - 3		2.0	
	DB1 - 4	1.0		
	DB1 - 5	2.0		
	DB1 - 6	4.0		
	DB1 - 7			
电站厂房段	DB2 - 1		1.0	上游：3076.00 下游：3054.53
	DB2 - 2		2.0	
	DB2 - 3		3.0	
	DB2 - 4	1.0		
	DB2 - 5	2.0		
	DB2 - 6	4.0		
	DB2 - 7			
泄洪闸段	DB3 - 1		1.0	上游：3076.00 下游：3054.53
	DB3 - 2		2.0	
	DB3 - 3		4.0	
	DB3 - 4	1.0		
	DB3 - 5	2.0		
	DB3 - 6	4.0		
	DB3 - 7			

邻防渗墙槽段间接缝宽1cm）和工况 DB1-3（相邻防渗墙槽段间接缝宽2cm）的防渗系统上下游水头差及防渗系统削减水头百分率，分别为 19.85m 和 92.45%、18.12m 和 84.40%以及 17.48m 和 81.42%；工况 DB1-4（相邻防渗墙槽段底部分叉高度为 1m）、工况 DB1-5（相邻防渗墙槽段底部分叉高度为 2m）和工况 DB1-6（相邻防渗墙槽段底部分叉高度为 4m）的防渗系统上下游水头差及防渗系统削减水头百分率，均为 21.33m 和 98.88%。这是由于防渗墙深度较大，防渗墙底部位于相对不透水层（$Q_3^{al} - \text{II}$）顶面以下 5.3m，两者可构成坝基封闭的防渗体系。当防渗墙出现施工缺陷，底部开叉高度为 1m、2m、4m 时，由于底部三角形分叉缺口顶端仍然位于相对不透水层顶面以下，防渗体系整体完整性无显著破坏，防渗体系削减水头的作用也没有受到明显影响，防渗体系削减水头百分率不变；当防渗墙相邻槽段由于搭接不良出现裂缝时，在裂缝宽度为 0.5cm、1cm、2cm 的情况下，与防渗墙正常无缺陷工况相比，防渗系统整体性被破坏，防渗墙相邻槽段间由于搭接不良产生的接缝成为渗流通道。裂缝位置处的墙后自由面高程随着裂缝宽度增大而依次增大。

　　防渗墙相邻槽段间由于搭接不良而产生裂缝时，比较 $y=0$m 剖面和远离此剖面的其

表4.3-9 土工膜防渗砂砾石坝段各工况下防渗系统削减水头百分率（$y=0m$剖面）

工况	防渗系统上下游浸润面位置/m			坝体上下游水头/m	削减水头百分率/%
	上游	下游	差值		
DB1-1	3076.00	3056.15	19.85	21.47	92.45
DB1-2	3076.00	3057.88	18.12	21.47	84.40
DB1-3	3076.00	3058.52	17.48	21.47	81.42
DB1-4	3076.00	3054.77	21.23	21.47	98.88
DB1-5	3076.00	3054.77	21.23	21.47	98.88
DB1-6	3076.00	3054.77	21.23	21.47	98.88
DB1-7	3076.00	3054.77	21.23	21.47	98.88

他剖面等势线成果可知，远离裂缝后，防渗墙后自由面高度逐渐下降，裂缝成为渗漏通道产生的影响也逐渐减小，最终和防渗墙无施工缺陷时一样，计算范围内防渗墙下游自由面呈现两边低中间高的状态。

由泄洪闸、厂房段模型地下水位等势线成果可知，各工况混凝土底板下的扬压力均较小。

（2）各建筑物计算部位在各工况下，防渗墙最大平均渗透坡降均较大，坝壳砂砾石、下游排水体、除相对不透水层（$Q_3^{al}-Ⅱ$）以外的其余地层的最大渗透坡降均较小，但均小于各料区允许渗透坡降，满足渗透稳定要求。

当防渗墙由于施工缺陷造成相邻槽段间底部出现分叉且分叉高度逐渐增大时，防渗墙最大平均渗透坡降、土工膜防渗墙砂砾石坝段坝壳砂砾石和下游排水体的最大渗透坡降不变，除相对不透水层（$Q_3^{al}-Ⅱ$）以外的地层渗透坡降最大值也逐渐增大，最大值出现在$Q_3^{al}-Ⅰ$地层顶面靠近防渗墙底部附近，防渗墙底部分叉高度由1m增加至4m，该地层最大渗透坡降逐渐增大，分别为0.098、0.100、0.101、0.103，均小于该地层的允许渗透坡降，渗流单宽流量相对于防渗墙无施工缺陷最大剖面单宽流量的增大百分比分别为2.24%、5.24%、8.48%；当防渗墙底部分叉高度由1m增加至4m，泄洪闸、副厂房坝段成果趋势与土工膜防渗墙砂砾石坝段基本一致，最大渗透坡降分别由0.137增大至0.145、由0.148增大至0.159，均小于该地层的允许渗透坡降，满足渗透稳定要求；厂房坝段防渗墙相对无施工缺陷最大剖面单宽流量的增大百分比分别为3.79%、7.26%、10.41%、泄洪闸为3.04%、6.32%、9.84%。

当防渗墙相邻槽段间接缝宽度逐渐增大时，土工膜防渗墙砂砾石坝段坝壳砂砾石、下游排水体最大渗透坡降逐渐增大，但小于各料区允许渗透坡降，满足渗透稳定要求。除相对不透水层（$Q_3^{al}-Ⅱ$）以外的地层渗透坡降最大值出现在$Q_3^{al}-Ⅰ$地层顶面靠近防渗墙底部附近，防渗墙相邻槽段间接缝宽度依次为0.5cm、1cm、2cm时，该地层最大渗透坡降分别为0.098、0.093、0.086、0.083，均小于该地层的允许渗透坡降，满足渗透稳定要求，渗流单宽流量相对于防渗墙无施工缺陷最大剖面单宽流量的增大百分比分别为64.84%、128.43%、223.44%。泄洪闸、副厂房坝段成果趋势与土工膜防渗墙砂砾石坝段基本一致，当防渗墙接缝宽度依次为1cm、2cm、4cm时，最大渗透坡降分别由0.148

减小至 0.145、由 0.137 减小至 0.087，均小于该地层的允许渗透坡降，满足渗透稳定要求。厂房坝段防渗墙相对无施工缺陷最大剖面单宽流量的增大百分比分别为 145.74%、191.17%、359.31%、泄洪闸为 93.68%、145.43%、294.85%。

由分析计算结果可知，防渗墙相邻槽段间由于搭接不良出现裂缝对计算区域渗流场的影响远大于底部分叉产生的影响。出现上述现象的原因是由于防渗墙底部位于相对不透水层（$Q_3^{al}-II$）顶面以下 5.3m，两者可构成坝基封闭的防渗体系，防渗墙底部开叉高度最大为 4m，分叉缺口顶端仍然位于相对不透水层顶面以下，防渗体系整体完整性无显著破坏，防渗体系整体防渗能力也无明显变化，仅底部分叉造成的局部漏水引起局部渗流场变化。而防渗墙相邻槽段间出现接缝时，由接缝上下贯穿形成渗流通道，直接影响整体渗流场，对漏水量、墙后自由面、各部位的渗透坡降均产生较大的影响。

4.3.5.4　小结

（1）由计算分析结果可知，土工膜发生较大数量的破损对坝体渗流场的影响较大。复合土工膜的施工质量至关重要，施工时应严格按技术规范施工，全面协调好土方填筑和复合土工膜铺设施工，尽可能减少破损孔洞和搭接不良。土工膜下游软性垫层和反滤层应保持良好级配，防止土工膜存在破损孔洞时膜后土体的渗透破坏。出现大量破损时，下游坝壳砂砾石区逸出点渗透坡降较大，因此坡面增加了反滤和盖重设计。

（2）由计算分析结果可知，防渗墙存在施工缺陷尤其是相邻槽段间存在接缝时对计算区域渗流场的影响较大。防渗墙应严格按技术规范施工，在施工过程中，设计编制了相应技术要求，以保证槽孔几何尺寸和位置、钻孔偏斜、入岩深度（相对不透水层）、槽段接头等符合设计规范要求。

（3）为防止防渗墙槽段间出现明显的搭接不良，对右岸现浇段与槽孔墙间进行灌浆，以保证防渗墙各槽段的连接良好，避免搭接缝渗漏。

（4）由于该工程的防渗墙深度不大，且插入相对不透水层的深度较大，因此，只要保证防渗墙的垂直度满足要求，那么防渗墙底部分叉的可能性很小，其影响可以忽略不计。

（5）该工程覆盖层深厚，其相对不透水层是工程防渗体系的依托，隔水作用至关重要，为此，在施工中，对各段防渗墙底部均进行了槽孔地质验证，在厂房底部进行了钻孔注水试验，结果表明，该不透水层是连续的，渗透系数满足设计要求，另外，为进一步防止渗透破坏，各建筑物下游渗流出口处均设置了反滤保护措施。而且，工程建成蓄水后，一定程度上水库的淤积有利于防渗，将使渗流性态向有利的方向发展。

第 5 章

地基处理及沉降控制

对于杂乱型堆积物，其构成物一般颗粒组成较大。除考虑架空影响外，密实条件下其承载力均较大。如果对架空段进行强夯、灌浆等处理，该类地基是建筑物的良好地基，但同时，其渗透系数偏大，级配往往不连续，需着重考虑防渗处理措施。

5.1 不同地基处理技术比选

针对不同软弱地基，处理方法不同，对于特殊岩土，如湿陷性、冻土、饱和软土，均有专门的处理方法。对于一般软弱砂土，水工建筑物地基加固的主要方法有垫层法、强力夯实法、桩基础等，见表 5.1-1。

表 5.1-1　　　　　　　　　　土 基 常 用 处 理 方 法

处理方法	基 本 作 用	适 用 范 围	说　明
垫层法	改善地基应力分布，减少沉降量，适当提高地基稳定性和抗渗稳定性	厚度不大的软土地基	用于深厚的软土地基时，仍有较大的沉降量
强力夯实法	增加地基承载力，减少沉降量，提高抗振动液化的能力	透水性较好的松软地基，尤其适用于稍密的碎石土或松砂地基	用于淤泥或淤泥质土地基时，需采取有效的排水措施
振动水冲法	增加地基承载力，减少沉降量，提高抗振动液化的能力	松砂，软弱的砂壤土或砂卵石地基	(1) 处理后地基的均匀性和防止渗透变形的条件较差； (2) 用于不排水抗剪强度小于 20kPa 的软土地基时，处理效果不显著
桩基础	增加地基承载力，减少沉降量，提高抗滑稳定性	较深厚的松软地基，尤其适用于上部为松软土层，下部为硬土层的地基	(1) 桩尖未入硬土层的摩擦桩，仍有一定的沉降量； (2) 用于松砂、砂壤土地基时，应注意渗透变形问题
沉井基础	除与桩基础作用相同外，对防止松软地基渗透变形有利	适用于上部为软弱土或粉细砂层、下部为硬土层或岩基的地基	不宜用于上部夹有蛮石、树根等杂物的松软地基或下部为顶面倾斜度较大的岩基

复合地基是指天然地基在地基处理过程中部分土体得到增强，或被置换，或在天然地基中设置加筋材料，加固区是由基体（天然地基土体或被改良的天然地基土体）和增强体两部分组成的人工地基。在荷载作用下，基体和增强体共同承担荷载的作用。根据复合地基荷载传递机理将复合地基分成竖向增强体复合地基和水平向增强复合地基两类，又把竖

向增强体复合地基分成柔性桩复合地基、刚性桩复合地基、介于两种之间的半刚性桩复合地基三种。

砂桩地基、振冲桩复合地基、土和灰土挤密桩复合地基均属于柔性桩，桩身强度相对较小，通过桩身材料的置换、挤密作用，提高地基承载力，在设计时可仅在顶部设置褥垫层，并在基础外设置护桩。

夯实水泥土桩、水泥土搅拌桩均属于半刚性桩复合地基，介于刚性桩与柔性桩间具有一定压缩性的半刚性桩，桩身强度越高，其特性越接近刚性桩；反之则接近柔性桩。它所形成的桩体在无侧限情况下可保持直立，在轴向力作用下又有一定的压缩性，但其承载性能又与刚性桩相似，因此在设计时可仅在上部结构基础范围内布桩，不必像柔性桩一样需在基础外设置护桩。

高压喷射注浆桩复合地基、水泥粉煤灰碎石桩（CCFG 桩）、钢筋混凝土、素混凝土、预应力管桩、大直径薄壁筒桩、钢管桩等刚性桩，顶部设置褥垫层后，都属于刚性桩复合地基。刚性桩复合地基适用于处理黏性土、粉土、砂土、素填土和黄土等土层。对淤泥、淤泥质土地基应按地区经验或现场试验确定其适用性。在使用过程中，通过在桩顶设置褥垫层，是保证桩土共同作用的重要措施，褥垫层材料可采用中粗砂、碎石、级配砂石等，厚度一般取 $10\sim30\text{cm}$。钢筋混凝土桩和素混凝土桩分为现浇、预制、实体、空心，以及异形桩等。选择桩长时应使桩端穿过压缩性较高的土层，进入压缩性较低的土层。桩距过小易产生明显的挤土效应，一方面容易引起周围环境变化；另一方面，挤土作用易产生桩挤断、偏位等情况，影响复合地基的承载性能。

复合地基承载力特征值应通过现场复合地基载荷试验确定，初步设计时也可用单桩和处理后桩间土承载力特征值按式（5.1-1）估算：

$$f_{spk}=mf_{pk}+(1-m)f_{sk} \tag{5.1-1}$$

$$m=d^2/d_e^2 \tag{5.1-2}$$

式中　f_{spk}——振冲桩复合地基承载力特征值，kPa；

　　　f——桩体承载力特征值，kPa，宜通过单桩载荷试验确定；

　　　f_{sk}——处理后桩间土承载力特征值，kPa，宜按当地经验取值，如无经验时，可取天然地基承载力特征值；

　　　m——桩土面积置换率；

　　　d——桩身平均直径，m；

　　　d_e——根桩分担的处理地基面积的等效直径；等边三角形布桩 $d_e=1.5s$；正方形布桩 $d_e=1.13s$；矩形布桩 $d_e=1.13\sqrt{s_1 s_2}$。

或采用式（5.1-3）计算：

$$F_{spk}=[1+m(n-1)]f_{sk} \tag{5.1-3}$$

式中　n——桩土应力比，柔性桩应力比一般为 $2\sim4$，小直径刚性桩复合地基桩土应力比不是常数，其值大多为 $15\sim40$，一般大于 20。

一般来讲，在相同布桩形式条件下，置换率相同，柔性桩复合地基处理后承载力可较原土提高，最大不超过桩体填料允许承载力，最高可达到 $30\sim500\text{kPa}$；原土强度越低，提高率越大。

5.1.1 换土垫层法

5.1.1.1 一般规定

换土垫层法是指挖去地表浅层软弱土层或不均匀土层，回填坚硬、较粗粒径的材料，并夯压密实，形成垫层的地基处理方法。适用于浅层软弱地基及不均匀地基的处理。垫层的厚度应根据需置换软弱土的深度或下卧土层的承载力确定。

5.1.1.2 地基设计

换填垫层法的实质是利用换填材料的良好性能，通过应力扩散，降低对软弱地基的压力，因此，垫层底面的宽度应满足基础底面应力扩散的要求，换填后顶面应力为换填材料的允许承载力，底部应力应小于原软土地基允许承载力。并符合式（5.1-4）要求：

$$P_z + P_{cz} \leqslant f_{az} \qquad (5.1-4)$$

式中　P_z——相应于荷载效应标准组合时，垫层底面处的附加压力值，kPa；

P_{cz}——垫层底面处土的自重压力值，kPa；

f_{az}——垫层底面处经深度修正后的地基承载力特征值，kPa。

垫层底面处的附加应力值，可分别按式（5.1-5）、式（5.1-6）计算：

条形基础：

$$P_z = \frac{b(P_k - P_c)}{b + 2z\tan\theta} \qquad (5.1-5)$$

矩形基础：

$$P_z = \frac{b(P_k - P_c)}{(b + 2z\tan\theta)(l + 2z\tan\theta)} \qquad (5.1-6)$$

式中　b——矩形基础或条形基础底面宽度，m；

l——矩形基础底面长度，m；

P_k——相对于荷载效应标准组合时，基础底面的平均压力值，kPa；

P_c——基础底面处土的自重压力值，kPa；

z——基础底面下垫层的厚度，m；

θ——压力扩散角，宜通过试验确定，当无试验资料时，可按表5.1-2采用。

表5.1-2　　　　　　　　　　　　垫 层 压 力 扩 散 角

z/b 换填材料	中砂、粗砂、砾砂、圆砾、角砾、石屑、卵石、碎石、矿渣	粉质黏土、粉煤土	灰土
0.25	20	6	28
≥0.50	30	23	

注　1. 当 $z/b < 0.25$，除灰土取 $\theta = 28°$ 外，其余材料均取 $\theta = 0°$，必要时，宜由试验确定。

2. 当 $0.25 < z/b < 0.5$ 时，θ 值可内插求得。

换填垫层的厚度不宜小于0.5m，也不宜大于3m。

垫层底面的宽度应满足基础底面应力扩散的要求，可按式（5.1-7）确定：

$$b' \geqslant b + 2z\tan\theta \qquad (5.1-7)$$

式中　b'——垫层底面宽度，m；

θ——压力扩散角，可按表5.1-2采用；当 $z/b < 0.25$ 时，仍按表中 $z/b = 0.25$ 取值。

整片垫层底面的宽度可根据施工的要求适当加宽。

垫层厚度应根据地基土质情况、结构型式、荷载大小等因素，以不超过下卧土层允许承载力为原则确定，换填垫层的厚度不宜小于 0.5m，也不宜大于 3m。

垫层材料应就地取材，采用性能稳定、压缩性低的天然或人工材料，但不宜采用粉砂、细砂、轻砂壤土或轻粉质砂壤土垫层材料中不应含树皮、草根及其他杂质。

壤土垫层宜分层压实，土料的含水量应控制在最优含水量附近，大型水闸垫层压实系数不应小于 0.96，中小型水闸垫层压实系数不应小于 0.93。

砂垫层应有良好的级配，宜分层振动密实，相对密度不应小于 0.75，强地震区水闸垫层相对密度不应小于 0.8。

对于重要的大型水闸工程，垫层压密效果应根据地基土质条件及选用的垫层材料等进行现场试验验证。

5.1.1.3　换土垫层法施工

1. 施工要求

应根据不同的填压材料选择施工机械，粉质黏土、粉土宜选用平碾、振动碾或羊足碾；中小型工程也可采用蛙式夯、柴油夯，砂石等宜用振动碾；粉煤灰宜采用平碾、振动碾、平板振动器、蛙式夯；矿渣宜采用平板振动器或平碾，也可采用振动碾。

垫层的施工方法、分层铺填厚度、每层压实遍数等宜通过试验确定。除接触下卧软土层的垫层底部应根据施工机械设备及下卧层土质条件确定厚度外，一般情况下，垫层的分层铺填厚度可取 200～300m。为保证分层压实质量，应控制机械碾压速度。

粉质黏土和灰土垫层土料的施工含水量宜控制在最优含水量±20％的范围内。粉煤灰垫层的施工含水量宜控制在最优含水量±40％的范围内。最优含水量可通过击实试验确定，也可按当地经验取用。

当垫层底部存在古井、古墓、洞穴、旧基础、暗塘等软硬不均的部位时，应根据建筑对不均匀沉降的要求予以处理，并经检验合格后，方可铺填垫层。

基坑开挖时应避免坑底上层受扰动，可保留约 200mm 厚的土层暂不挖去，待铺填垫层前再挖至设计标高。严禁扰动垫层下的软弱土层，防止其被践踏。受冻或受水浸泡，在碎石或卵石垫层底部设置 150～300m 厚的砂垫层或铺一层土工织物，以防止软弱土层表面的局部破坏，同时必须防止基坑边坡塌土混入垫层。

换填垫层施工应注意基坑排水，除采用水浸法施工砂垫层外，不得在浸水条件下施工，必要时应采取降低地下水位的措施。

垫层底面宜设在同一标高上，如深度不同，基坑底土面应挖成阶梯或斜坡搭接，并按先深后浅的顺序进行垫层施工，搭接处应夯压密实。粉质黏土及灰土垫层分段施工时，不得在柱基、墙角及承重窗间墙下接缝。上下两层的缝距不得小于 500m。接缝处应夯压密实，灰土应拌和均匀并应当日铺填夯压。灰土夯压密实后 3d 内不得受水浸泡。粉煤灰垫层铺填后宜当天压实，每层验收后应及时铺填上层或封层，防止干燥后起尘污染，同时应禁止车辆碾压通行垫层竣工验收合格后，应及时进行基础施工与基坑回填。

2. 质量检验

对粉质黏土、灰土、粉煤灰和砂石垫层的施工质量检验可用环刀法、贯入仪、静力触探、轻型动力触探或标准贯入试验检验；对砂石、矿渣垫层可用重型动力触探检验，并均应通过现场试验以设计压实系数所对应的贯入度为标准检验垫层的施工质量。压实系数也可采用环刀法、灌砂法、灌水法或其他方法检验。

垫层的施工质量检验必须分层进行。应在每层的压实系数符合设计要求后铺填上层土。采用环刀法检验垫层的施工质量时，取样点应位于每层厚度的 2/3 深度处。检验点数量，对大基坑每 50~100m 不应少于 1 个检验点；对基槽每 10~20m 不应少于 1 个点；每个独立柱基不应少于 1 个点。采用贯入仪或动力触探检验垫层的施工质量时，每分层检验点的间距应小于 4m。

竣工验收采用载荷试验检验垫层承载力时，每个单体工程不宜少于 3 点；对于大型工程则应按单体工程的数量或工程的面积确定检验点数。

5.1.1.4 江边水电站基础中细砂置换（黄京烈，2012）

江边水电站位于四川省甘孜藏族自治州东南部，雅砻江左岸一级支流九龙河干流下游河段上，属九龙河梯级"一库五级"开发的最后一级梯级，是以发电为主的高水头引水式电站。工程枢纽主要由首部闸坝、引水系统、地下厂房三大部分组成。拦河闸坝顶高程为 1799.50m，闸坝最大高 32m；引水隧洞全长约 8.568km；地下厂房位于九龙河与雅江汇合口下游约 5km 处的雅砻江左岸，电站总装机容量为 330MW（3×110 MW），工程属二等大（2）型工程。

闸坝基础坐落在深厚的覆盖层上，覆盖层最厚深度达 109m，按岩性和埋藏条件自上而下可分为 5 大层。

第①层崩坡积（Q_4^{col+d}）碎石土，厚 2.0~18.6m，左岸分布于高程 1775m 以上，右岸分布于高程 1800m 以上。左岸含大块石较多，粉土含量少，结构松散；右岸仅含个别块石，粉土含量较高，结构松散~稍密。

第②层河床冲洪积（Q_4^{al+p2}）漂（块）卵（碎）石层，厚度 9.0~40.7m，层底高程 1738.93~1794.53m，以漂块卵碎石为主，充填砂砾，局部块石较大，总体结构较均匀，以中密为主。据勘探揭露，闸址区该地层中分布有②-1 含砾砂质粉土、②-2 中细砂、②-3 泥质粉砂透镜体。

第③层冲洪积（$Q_4^{al}+1$）以砂质粉土为主，厚度 6.2~48.49m，结构中密实，以密实为主，粉砂的含量较高，局部由于粉砂集中形成透镜体（③-2 粉砂透镜体），并夹有厚度变化较大的③-1 粉质黏土。

第④层冲洪积（Q_4^{al+pl}）卵（碎）砂砾层，分布于古河道河槽内，厚 11~15.3m，以砂砾为主，含少量卵（碎）石，局部砂砾成分不均匀，结构密实，但未胶结。

第⑤层冲洪积（Q_4^{al+pl}）卵（碎）石层，分布古河道两岸，厚度 9~20m，层底高程 17224~1726.9m，以卵碎石为主，局部磨圆差，结构中密~密实。

根据对闸坝基础地质勘探试验，按岩性和埋藏条件，第④层和第⑤层埋藏较深，对闸基稳定沉降和渗透稳定影响不大；第①层主要位于地表，基本位于闸基开挖深度范围；第②层和第③层是影响闸基抗滑稳定、压缩及不均匀变形、渗漏及渗透稳定的主要地层。

由于各坝段设计建基高程变化，所处部位岩层出露差异不连续，除建基面在第②层下部冲洪积漂（块）卵（碎）石层上采用固结灌浆外，对于设计建基面以下出露的②-2层中细砂全部挖除，采用级配良好的洞碴料回填至原设计开挖高程。回填料进行了分层碾压、碾压后回填层基础按照干密度指标和孔隙率指标进行控制，见表5.1-3。数据检测均达到了设计要求。

表 5.1-3　　　　　　　　　　　　　　基础置换后碾压指标

位置	碾压后基本物理指标		组数		平均值		设计指标	
	干密度 /(g/cm³)	孔隙率 /%	干密度	孔隙率	干密度 /(g/cm³)	孔隙率 /%	干密度 /(g/cm³)	孔隙率 /%
2号坝基	2.11~2.2	19~21.6	24	12	2.16	19.9	≥2.1	≤23~25
3号坝基	2.11~2.29	15.2~20.2	12	6	2.16	18.9		
4号坝基	2.12~2.17	20~21.1	6	3	2.19	20.5		
5号坝基	2.10~2.19	19.8~20.8	6	3	2.14	20.4		
6号坝基	2.13~2.25	17.9~19.4	6	3	2.17	18.8		
7号坝基	2.11~2.23	18.2~21.7	16		2.15	20.3		

5.1.2　水泥土搅拌桩复合地基

5.1.2.1　一般规定

水泥土搅拌法是利用水泥等材料作为固化剂通过特制的搅拌机械，就地将软土和固化剂（浆液或粉体）强制搅拌，使软土硬结成具有整体性、水稳性和一定强度的水泥加固土，从而提高地基土强度和增大变形模量。根据固化剂掺入状态的不同，它可分为浆液搅拌（湿法）和粉体喷射（干法）搅拌两种。前者是用浆液和地基土搅拌，后者是用粉体和地基土搅拌。可采用单轴、双轴、多轴搅拌法连续成槽搅拌形成柱状、壁状、格栅状或块状水泥土加固体。

水泥土搅拌法加固软土技术具有其独特的优点：①最大限度地利用了原土；②搅拌时无振动、无噪声和无污染，对周围原有建筑物及地下埋管影响很小；③根据上部结构的需要，可灵活的采用柱状、壁状和块状等加固形式。

水泥固化剂一般适用于正常固结的淤泥与淤泥质土、黏性土（软塑、可塑）、粉土（稍密、中密）、素填土（包括充填土）、饱和黄土、粉细砂（松散、中密）以及中粗砂（松散、稍密）、砂砾等地基加固，当加固粗粒土时，应注意有无明显的地下水。

水泥土搅拌桩不适用于含大孤石或障碍物较多且不易清除的杂填土、欠固结的淤泥和淤泥质土、硬塑及坚硬的黏性土、密实的砂类土，以及地下水渗流影响成桩质量的土层。

水泥土搅拌桩用于处理泥炭土、有机质土、pH值小于4的酸性土（这些土有可能发生不凝固或发生后期崩解）、塑性指数大于25的黏土，或在腐蚀性环境中以及无工程经验的地区使用时，必须通过现场和室内试验确定其适用性。

根据室内试验，一般认为用水泥作加固料，对含有高岭石、多水高岭石、蒙脱石等黏土矿物的软土加固效果较好；而对含有伊利石、氯化物和水铝石英等矿物的黏性土以及有机质含量高，pH值较低的酸性土加固效果较差。

掺合料可以添加粉煤灰等。当黏土的塑性指数 I_p 大于 25 时，容易在搅拌头叶片上形成泥团，无法完成水泥土的拌和。当地基土的天然含水量小于 30%（黄土含水量小于 25%）时，由于不能保证水泥充分水化，故不宜采用干法。

在某些地区的地下水中含有大量硫酸盐（如海水渗入地区），因硫酸盐与水泥发生反应时，对水泥土具有结晶性腐蚀，会出现开裂、崩解而丧失强度。为此应选用抗硫酸盐水泥，使水泥土中产生的结晶膨胀物质控制在一定的数量范围内，以提高水泥土的抗腐蚀性能。

在我国北纬 40°以南的冬季负温条件下，冰冻对水泥土的结构损害甚微。在负温时，由于水泥与黏土矿物的各种反应减弱，水泥土的强度增长缓慢（甚至停止）；但正温后，随着水泥水化等反应的继续深入，水泥土的强度可接近标准养护强度。

设计前，应进行处理地基土的室内配比试验。针对现场拟处理地基土层的性质，选择合适的固化剂、外掺剂及其掺量，为设计提供不同龄期、不同配比的强度系数。对竖向承载的水泥土强度宜取 90d 龄期试块的立方体抗压强度平均值。当拟加固的软弱地基为成层土时，应选择最弱的一层土进行室内配比试验。

增强体的水泥掺量不应小于 12%，块状加固时水泥掺量不应小于加固天然土质量的 7%；湿法的水泥浆水灰比可取 0.5～0.6。

采用水泥作为固化剂材料，在其他条件相同时，在同一土层中水泥掺入比不同时，水泥土强度将不同。由于块状加固对于水泥土的强度要求不高，因此为了节约水泥，降低成本，根据工程需要可选用 32.5 级水泥，7%～12% 的水泥掺量。水泥掺入比大于 10% 时，水泥土强度可达 0.3～2kPa 甚至以上。一般水泥掺入比采用 12%～20%。对于型钢水泥土搅拌桩（墙），由于其水灰比较大（1.5～2.0），为保证水泥土的强度，选用不低于 42.5 级的水泥，且掺入量不少于 20%。水泥土的抗压强度随其相应的水泥掺入比的增大而增大，但场地土质与施工条件的差异，掺入比的提高与水泥土增加的百分比是不完全一致的。

水泥强度直接影响水泥土的强度，水泥强度等级提高 10kPa，水泥土强度约增大 20%～30%。

外掺剂对水泥土强度有着不同的影响。木质素磺酸钙对水泥土强度的增长影响不大，主要起减水作用；三乙醇胺、氯化钙、碳酸钠、水玻璃和石膏等材料对水泥土强度有增强作用，其效果对不同土质和不同水泥掺入比又有所不同。当掺入与水泥等量粉煤灰后，水泥土强度可提高 10% 左右。故在加固软土时掺入粉煤灰不仅可以消耗工业废料，水泥土强度还可有所提高。

5.1.2.2　水泥土搅拌桩复合地基设计

依据地基处理的目的和要求，确定地基承载力的设计值和处理面积，然后利用地基土被处理前的各种参数进行设计计算，最终确定水泥土无侧限抗压强度并计算出单桩承载力、桩径、桩长、掺灰比、置换率、桩数、桩的平面布置，最后再进行复合地基承载力验算或复核。

水泥土搅拌桩复合地基设计应符合下列规定。

桩长的确定：应根据上部结构对地基承载力和变形的要求确定，并应穿透软弱土层到达地基承载力相对较高的土层；当设置的搅拌桩同时为提高地基稳定性时，其桩长应超过危险滑弧以下不少于 2.0m；干法的加固深度不宜大于 15m，湿法的加固深度不宜大于 20m。

对于软土地区，地基处理的主要任务是解决地基的变形问题，即地基设计是在满足强度的基础上以变形控制的，因此桩长应通过变形计算确定。实践证明，若水泥土搅拌桩能穿过软弱土层达到强度相对较高的持力层，则沉降量是很小的。

在某一场地的水泥土桩，其桩身强度是有一定限制的，也就是说，水泥土桩从承载力角度，存在有效桩长，单桩承载力在一定程度上并不随着桩长的增加而增大。但当软弱土层较厚，从减小地基变形量方面考虑，桩长应穿过软弱土层到达下卧强度较高的土层，在深厚淤泥即淤泥质土层中应避免采用"悬浮"桩型。

水泥土搅拌桩复合地基承载力特征值，应通过现场单桩或多桩复合地基静载荷试验确定。初步设计时，按式（5.1-8）估算：

$$f_{spk} = \lambda m R_a / A_p + \beta(1-m) f_{sk} \tag{5.1-8}$$

$$R_a = u_p \sum_{i=1}^{n} q_{si} l_i + \alpha q_p A_p \tag{5.1-9}$$

式中　f_{spk}——复合地基承载力特征值，kPa；

　　　f_{sk}——处理后桩间土承载力特征值，kPa，可取天然地基承载力特征值；

　　　β——桩间土承载力发挥系数，对淤泥、淤泥质土和流塑状软土等处理土层可取 0.1~0.4，对其他土层可取 0.4~0.8，加固土层的固结程度好、强度高或设置褥垫层时取高值，桩端持力层土层强度高时取低值；确定 β 值时还应考虑建筑物对沉降的要求以及桩端持力层土层性质，当桩端持力层强度高或建筑物对沉降要求严时，β 取低值；

　　　λ——单桩承载力发挥系数，可取 1.0；

　　　A_p——桩体截面积，m^2；

　　　m——面积置换率；

　　　R_a——单桩承载力特征值，kPa，应通过现场试验确定；

　　　q_{si}——桩周第 i 层土的侧阻力特征值，kPa，对淤泥可取 4~7kPa，对淤泥质土可取 6~12kPa，对软塑状态的黏性土可取 10~15kPa，对可塑状态的黏性土可取 12~18kPa，对稍密砂类土可取 15~20kPa，对中密砂类可取 20~24 kPa；

　　　α——桩端端阻力发挥系数，可取 0.4~0.6；

　　　q_p——桩端端阻力特征值，kPa，可取桩端土未修正的地基承载力特征值。

按照式（5.1-9）确定的单桩承载力特征值 R_a 满足式（5.1-10）要求，使由桩身材料强度确定的单桩承载力不小于由桩周土和桩端的抗力所提供的单桩承载力。

$$R_a = \eta f_{cu} A_p \tag{5.1-10}$$

　　　f_{cu}——与搅拌桩桩身水泥土配比相同的室内加固土试块，边长为 70.7mm 的立方体在标准养护条件下 90d 龄期的立方体抗压强度平均值，kPa；

　　　η——桩身强度折减系数，干法可取 0.20~0.25，湿法可取 0.25，η 是一个与工程经验以及拟建工程的性质密切相关的参数。由于水泥强度有限，当水泥土强度为 2kPa 时，一根直径 500mm 的搅拌桩，其单桩承载力特征值仅为 120kN 左右，因此符合地基承载力受水泥强度控制。

桩长超过 10m 时，可采用固化剂变掺量设计。在全长桩身水泥总掺量不变的前提下，桩身上部 1/3 桩长范围内，可增加水泥掺量及搅拌次数，采用上部或全长复搅。

桩的平面布置可根据上部结构特点及对地基承载力和变形的要求，采用柱状、壁状、格栅状或块状等加固形式。独立基础下的桩数不少于 4 根。

路基或堆场下应通过验算在需要的范围内布置，柱状加固可采用正方形、等边三角形等形式布桩。

地基变形计算同 CFG 桩和夯实水泥土桩，在此不再重复。

水泥土搅拌桩复合地基宜在基础和桩之间设置褥垫层，褥垫层厚度一般取 20～30cm，褥垫层材料可用粗砂、中砂、碎石、级配砂石，垫层材料的最大粒径不大于 20mm，褥垫层的夯填度不应大于 0.9。

5.1.2.3 水泥土搅拌桩施工

1. 水泥土搅拌桩施工设备要求

水泥土搅拌桩施工设备，其湿法施工配备注浆泵的额定压力不小于 5.0kPa；干法施工的最大送粉压力不应小于 0.5kPa。

搅拌桩施工的主要机械设备有搅拌桩机及配套机械，即灰浆泵、动力设备（发电机组）、吊装设备，目前常用的几种型号的搅拌桩机如表 5.1-4 所示。

表 5.1-4　　　　　　　　常用的几种型号的搅拌桩机

型号	主要技术参数	生产单位
SJB-1	2 搅拌轴，叶片外径 700～800mm 电机功率 2×30kW 提升力大于 10t 接地压力 60kPa 最大加固深度 10m 总重 4.5t	冶金部建筑研究总院有限公司
GZB-600	单轴，叶片外径 600 电机功率 2×30kW 提升力大于 15t 接地压力 60kPa 最大加固深度 10～15m 总重 12t	天津机械施工有限公司
PH-5A	单轴，叶片外径 500 电机功率 48kW 最大加固深度 15～18m 总重 8t	中铁第四勘察设计院集团有限公司

从设备能力评价水泥土成桩质量，主要有三个因素决定：搅拌次数、喷浆压力和喷浆量。国产水泥土搅拌机的转速低，搅拌次数靠降低提升速度或复搅解决，而对于喷浆压力、喷浆量两个因素对成桩质量的相关性，当喷浆压力一定时，喷浆量大的成桩质量好；

当喷浆量一定时，喷浆压力大的成桩质量好。

水泥土搅拌桩施工应符合下列规定。

（1）水泥土搅拌桩施工现场施工前应予以平整，清除地上和地下的障碍物。对于块径大于100mm的石块、树根和生活垃圾等大块物，施工时应予以挖除后再填素土为宜，如遇有明渠、池塘及洼地时应抽水和清淤，回填土料并予以压实，不得回填生活垃圾。

（2）水泥土搅拌桩施工前，应根据设计进行工艺性试桩，数量不得少于3根，多轴搅拌施工不得少于3组。应对工艺试桩的质量进行检验，确定施工参数，主要是提供钻速度、喷浆（灰）量等参数，验证搅拌均匀程度及成桩直径，同时了解下钻及提升的阻力情况、工作效率等。

（3）搅拌头翼片的枚数、宽度、与搅拌轴的垂直夹角、搅拌头的回转数、提升速度应相互匹配，干法搅拌时钻头每转一圈的提升（或下沉）量宜为10~15mm，确保加固深度范围内土体的任何一点均能经过20次以上的搅拌。

搅拌桩施工时，搅拌次数越多，则拌和越为均匀，水泥土强度也越高，但施工效率降低。试验证明，当加固范围内土体任一点的水泥土每遍经过20次的拌和，其强度即可达到较高值。

（4）搅拌桩施工时，停浆（灰）面应高于桩顶设计标高500mm，以保证桩身搅拌质量。在开挖基坑时，应将桩顶以上土层及桩顶施工质量较差的桩段，采用人工挖除，基底标高以上0.3m宜采用人工开挖，以保护桩头质量。

（5）施工中，应保持搅拌桩机底盘的水平和导向架的竖直，搅拌桩的垂直度允许偏差和桩位偏差应满足规范要求；成桩直径和桩长不得小于设计值。

（6）施工方法。依据地质资料，搅拌桩处理的方法有两种不同的工艺，即喷粉搅拌桩和喷浆搅拌桩。对于松散的填土层，含砂的黏性土、粉土等，常采用固化剂分布较均匀和搅拌更充分的喷浆工艺。

2. 水泥土搅拌湿法施工工艺

（1）施工前，应确定灰浆泵输浆量、灰浆经输浆管到达搅拌机喷浆口的时间和起吊设备提升速度等施工参数，并应根据设计要求，通过工艺性成桩试验确定施工工艺。

制桩质量关键是注浆量、水泥浆与软土搅拌的均匀程度。因此，施工中应严格控制喷浆提升速度V，可按式（5.1-11）计算：

$$V = \frac{\gamma_d Q}{F \gamma \alpha_w (1 + \alpha_c)} \tag{5.1-11}$$

式中　V——搅拌头喷浆提升速度，m/min；

　γ_d、γ——水泥浆和土的容重，kN/m³；

　Q——灰浆泵的排量，m³/min；

　α_w——水泥掺入比；

　α_c——水泥浆水灰比；

　F——搅拌桩截面积，m²。

（2）施工中所使用的水泥应过筛，制备好的浆液不得离析，泵送浆应连续进行。拌制水泥浆液的罐数、水泥和外掺剂用量以及泵送浆液的时间都应记录；喷浆量及搅拌深度应采用经国家计量部门认证的监测仪器进行自动记录。

搅拌机通常采用定量泵输送水泥浆，转速大多又是恒定的，因此灌入地基中的水泥量完全取决于搅拌机的提升速度和复搅次数，施工过程中不能随意变更，并能保证水泥浆能定向不间断供应。

（3）搅拌机喷浆提升速度和次数应符合施工工艺要求，设专人进行记录。

凡成桩过程中，由于电压过低或者其他原因造成停机使成桩工艺中断时，应将搅拌机下沉至停浆点以下 0.5m，等恢复供浆时再喷浆提升继续制浆；凡中途停止输浆 3h 以上，将会使水泥浆在整个输浆管路中凝固，因此需排清全部水泥浆，清洗管路。

（4）当水泥浆到达出浆口后，应喷浆搅拌 30s，在水泥浆与桩端土充分搅拌后，再开始提升搅拌头。

（5）搅拌机预搅下沉时，不宜冲水，当遇到硬土层下沉太慢时，可适量冲水，但应考虑冲水对桩身强度的影响。

（6）壁状加固时，相邻桩的施工时间间隔不宜超过 12h，如间隔时间太长，与相邻桩无法搭接时，应采取局部补桩或注浆补强措施。

3. 水泥土搅拌干法施工工艺

（1）喷粉施工前，应检查搅拌机械、供粉泵、送气（粉）管路、接头和阀门的密封性、可靠性，送气（粉）管路的长度不宜大于 60m，若大于 60m 后，送粉阻力明显增大，送粉量也不稳定。

（2）搅拌头每旋转一周，提升高度不得超过 15mm，每次搅拌时，桩体将出现极薄的软弱结构面，这对承受水平剪力是不利的。一般可通过复搅来提高桩体的均匀性，消除软弱结构面，提高桩体的抗剪强度。

由于干法喷粉搅拌不易严格控制，所以要认真操作粉体自动计量装置，严格控制固化剂的喷入量，满足设计要求。

（3）搅拌头的直径应定期复核检查，其磨耗量不得大于 10mm；定时检查成桩直径及搅拌的均匀程度。喷粉桩桩长大于 10m 时，其底部喷粉阻力较大，应适当减慢钻机提升速度，以确保固化剂的设计喷入量。

（4）当搅拌头到达设计桩底以上 1.5m 时，应开启喷粉机提前进行喷粉作业；当搅拌头提升至地面下 500mm 时，喷粉机应停止喷粉。固化剂从料罐到喷灰口有一定时间延迟，严禁在没有喷粉的情况下进行钻机提升作业。

（5）成桩过程中，因故停止喷粉，应将搅拌头下沉至停灰面以下 1m 处，待恢复喷粉时，再喷粉搅拌提升。

4. 施工中常见问题和处理

（1）依据地质资料，搅拌桩处理的方法有两种不同的工艺，即喷粉搅拌桩和喷浆搅拌桩。对于松散的填土层，含砂的黏性土、粉土等，常采用固化剂分布较均匀和搅拌更充分的喷浆工艺。

（2）预搅下沉困难，电流值偏高，电机声音过大电机跳闸；应检查额定电压是否过低并将其调高，土质较硬时应适量冲水或浆液，遇土中较大障碍物（大石块、树根、旧基础等）应进行人工清除或者适当移位。

（3）预搅桩头深度不到位时，应加大反压装置并提高电机下沉速度。

（4）喷浆量在达到预定桩位深度时，已排空或是有过多时，检查输浆管路，调整标定浆量。

（5）输浆管堵塞爆裂时，停机检查输浆管道，拆洗输浆管，调整喷浆口球阀间隙。

（6）搅拌钻头和加固土体同步旋转时，应检查浆液浓度，调整水灰比，同时调整叶片角度或更换旧钻头。

（7）电机声音突然变小、电流值下降、提钻容易、叶片或钻头脱落时，应及时更换新的钻头，移位重搅，并调整预搅下沉速度和重搅提升速度。

5. 施工安全技术措施

（1）开工前应全面检查搅拌桩机，严禁带病作业。

（2）施打前，应了解待加固范围的地质条件，根据加固要求挑选合适的搅拌桩机组。

（3）施工人员应严格遵守操作规程，佩戴劳保用品上岗，禁止违章作业。

（4）开机时，桩机机架处不能站人，以免链条、高压管等掉下伤人。

（5）开工前，应详尽了解加固范围内，有无管网、高压电缆、通信电缆、煤气管道、电视电缆等，以免毁机伤人或引发灾害。

（6）移动桩机和起立机架时应有专人指挥，以免触及动力电线或高压电缆。如桩位进入高压走廊，应与业主及设计单位协商，改用其他加固工艺，以免在高压走廊打桩时出现事故。

（7）特殊工种人员应持证上岗，确保作业安全。

（8）需焊接施工，应办理动火作业许可证，并移走周围易燃物品。

（9）使用粉体加固材料（水泥粉、生石灰粉）时，应佩戴护目镜和防尘口罩，以保安全。

（10）使用钢索提升系统提升加固材料到储粉罐顶部时，应整理好钢索，防止钢索缠绕伤人。

（11）在雷击高发区作业时，桩机应装设避雷设施。

（12）桩机应配备灭火器材。

（13）桩机应有专用电源箱，并应配设漏电保护开关，以防触电伤人。

（14）桩机应配备有足够过流量的专用电缆，移动桩机时，应防止压住或扭曲电缆。

（15）使用干粉作用时，应按压风机操作规程使用压风机，经常检查高压风包安全阀，防止事故。

6. 施工检测及验收

搅拌桩加固软基工程质量的检测验收，主要是检测成桩质量和复合地基承载能力。

（1）成桩施工质量检查：

1）施工过程中应随时检查施工记录和计量记录。

2）水泥土搅拌桩的施工质量检验可采用下列方法：①成桩 3d 内，以轻型动力触探（N_{10}）检查上部桩身的均匀性，检验数量为施工总桩数的 1%，且不少于 3 根；②成桩 7d 后，采用浅部开挖桩头进行检查，开挖深度宜超过停浆（灰）面下 0.5m，检查搅拌的均匀性，量测成桩直径，检查数量不少于总桩数的 5%。

（2）复合地基的检测：静载荷试验宜在成桩28d后进行。水泥土搅拌桩复合地基承载力检验应采用单桩及复合地基静载荷试验，应抽取不应少于总桩数的1％，且每个单体工程复合地基静载荷试验的试验点数不应少于3组（多轴搅拌为3组）。

对重要的工程，变形要求严格时宜进行多桩复合地基静载荷试验。

对重要的、变形要求严格的工程或经触探和静载试验检验后对桩身质量有怀疑时，应在成桩28d后，采用双管单动取样器钻取芯样作水泥土抗压强度检验。当钻芯困难时，可采用单桩竖向抗压静载荷试验的方法检测桩身质量，加载量宜为2.0～3.0倍单桩承载力特征值，卸载后挖开桩头，检查桩头是否破坏。

5.1.2.4 工程实例

广州世界大观园1000m³蓄水池软基加固工程，位于广州市天河区，由广州世界大观园筹建处委托施工，由于地质条件较差，上部荷载对地基承载力要求较高，故采用深层搅拌桩加固处理。

1. 工程地质水文地质条件

从地表向下11.50m的加固范围内地质情况为：①0.00～1.5m为填土，褐黄色，松散，以粉质黏土为主；②1.5～3.5m为粉质黏土，浅灰色，稍湿，可塑，上部有约50cm耕植土，含植物根系；③3.5～4.5m为淤泥质土，灰黑色，流塑状；④4.5～7.00m为细砂，浅灰色，松散，含淤泥质土；⑤7.00～8.50m为淤泥质土，灰黑色，流塑，含较多细砂；⑥8.50～9.80m为中砂，灰白色，松散，含黏性土；⑦9.80～11.50m为粉质黏土，浅灰色，可塑，含少量强风化岩屑及细砂。

2. 搅拌桩复合地基设计

设计要求处理后地基承载力不小于80kPa，按地质资料和设计要求进行加固设计。

（1）计算单桩竖向承载力标准值：

$$R_a = u_p \sum_{i=1}^{n} q_{si} l_i + \alpha_p q_p A_p \tag{5.1-12}$$

桩径0.5m，代入计算$R_a = 186$kN，取145kN。

（2）置换率确定：

$$f_{spk} = \lambda m R_a / A_p + \beta(1-m) f_{sk} \tag{5.1-13}$$

式中　f_{spk}——复合地基承载力标准值，取80kPa；

　　　β——桩间土承载力折减系数，取0.4；

　　　f_{sk}——桩间土承载力标准值，取50kPa。

代入：$m = 0.0833$，取为0.087。

（3）复合地基承载力标准值复核：

$$f_{spk} = \lambda m R_a / A_p + \beta(1-m) f_{sk} \tag{5.1-14}$$

式中　R_a——桩的单桩竖向承载力标准值，取为145kN；

　　　m——桩的置换率，经计算为0.087；

　　　A_p——桩截面积，代入为0.196m²；

　　　β——桩间土承载力折减系数，取为0.4；

　　　f_{sk}——桩间土承载力标准值，为50kPa。

代入 $f_{spk}=0.087\times145\div0.196+0.4\times50(1-0.087)\approx82.62(kPa)\geqslant$80kPa，安全。

（4）桩身应力复核。按经验，掺灰比 20% 的桩身强度大于 3.0kPa，代入验算满足设计要求。

设计结果：采用深层搅拌桩加固处理，加固材料为掺灰比 20% 的 42.5 普通硅酸盐水泥、0.1% 减水剂，水灰比 0.5，设计基础埋深 3.7m，故 0.00～3.70m 段空搅，桩径大于或等于 0.5m，施工桩长 11.5m，喷浆 7.80m，桩距 1.5m×1.5m 呈正方形打设，均布于整个蓄水池的片筏基础底部，置换率为 0.087。

5.1.3 水泥土高压旋喷桩

5.1.3.1 一般规定

高压旋喷桩是把注浆管放入（或钻入）预定深度后，通过地面的高压设备使装置在注浆管上的喷嘴喷出 20～40kPa 的高压射流冲击切割地基土体，冲下的土屑与浆液强制混合，待凝结后，在土中形成具有一定强度的固结体桩，以达到加固改良土体的目的。

高压喷射注浆法具有如下主要特点：①应用范围广，既可用于砂土，也可用于黏性土；②施工简便，只需在土层中钻一个小孔（直径 50～108mm），便可在土中通过喷射作业形成直径达 0.4～2.0m，甚至更大的固结柱体，且在地层中偶有障碍物的情况下也能采用；③固结体强度高，在黏土中无侧限抗压强度可达 5kPa，而在砂土中可高达 10～20kPa；④材料价格低廉；⑤无公害。

高压旋喷桩适用于处理淤泥、淤泥质土、黏性土（流塑、软塑和可塑）、粉土、黄土、砂土、素填土和碎石土等地基。但当土中含有较多的大粒径块石、硬黏土、大量植物茎或含有过多的有机质，应根据现场试验结果确定其适用性。当地层地下水径流较大，永久冻土层或无填充物的岩溶地段，应慎重使用。

根据工程需要和机具设备条件，可分别采用单管法、双（重）管法和三（重）管法，分类特点见表 5.1-5。

表 5.1-5 高压旋喷桩分类表

分类依据	类型	主 要 特 点
注浆管类型	单管法	使用单层（根）注浆管，喷射高压水泥浆液，压力 20kPa 左右
	双（重）管法	使用双层（根）注浆管，喷射高压水泥浆液压缩空气，同轴射流，浆液压力 20kPa 左右，气体压力 0.7kPa 左右
	三（重）管法	使用三层（根）注浆管，一个喷嘴喷射高压水流和压缩空气，同轴射流切割土体，另一个喷嘴喷入浆液充填水压 20kPa 左右，气压 0.7kPa，浆压力 1～3kPa

高压喷射有旋喷（固结体为圆柱状）、定喷（固结体为壁状）和摆喷（固结体为扇状）等 3 种基本形状，均可用上述 3 种方法实现。表 5.1-5 3 种喷射流的结构和喷射介质不同，有效处理范围也不同，以三（重）管法最大，双（重）管法次之，单管法最小，定喷和摆喷常用双（重）管法和三（重）管法。

喷射注浆有强化地基和防漏的作用，可以用于既有建筑和新建工程的地基处理、地下工程及堤坝的截水、基坑封底、被动区加固、基坑侧壁防止漏水或减小基坑位移等。对于地下水流速过大或已涌水的防水工程，由于工艺、机具和瞬时速凝材料等方面原因，应谨慎使用，并通过现场试验确定其适用性。

影响加固土体性状的因素如下。

（1）喷射方式。喷射方式包括注浆管类型和复喷次数。根据有关试验资料，在相同条件下双（重）管法旋喷形成的加固体直径是单管法的 1.3～1.5 倍，三（重）管法所形成的加固体直径是单管法的 1.5～2.0 倍。增加复喷次数也可增大加固体直径。

（2）土质类型。其他条件不变时，一般土层中黏土含量越高，密实度越高，所形成的加固体尺寸越小。当土层中含有大的漂石、卵石和其他的障碍物，处理效果较差，类似于静压注浆。

（3）喷嘴直径。在相同压力下，喷嘴直径越大，喷射流量越大，喷射流的破坏力越大，所形成的固结体尺寸也越大。

（4）喷射压力。其他条件相同时，喷射压力越大，喷射流的破坏力越强，所形成的固结体尺寸就越大。各种工艺喷射压力应大于 20kPa，流量应大于 30L/min，气流压力宜大于 0.7kPa。

（5）注浆管提升速度与旋转速度。注浆管提升速度与旋转固结体直径之间的关系见图 5.1－1，提升速度越慢，加固体尺寸越大。

注浆管旋转速度与旋喷固结体直径之间存在一最佳值，见图 5.1－2。

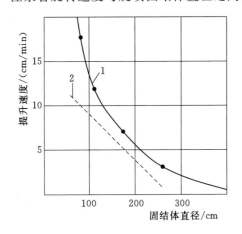

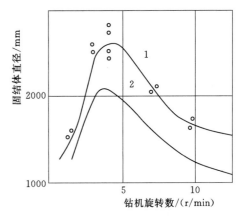

图 5.1－1　三（重）管旋喷时提升速度
与固结体直径关系

1—中密砂层，喷射压力为 20kPa；2—松散黏土、
粉土，喷射压力为 40kPa

图 5.1－2　三（重）管旋喷试验的旋转
速度与固结体直径关系

1—$N=10$ 的砂土；2—$N=3$ 的黏土

因此，旋转速度与提升速度必须合理配合，才能取得较好的喷射效果。根据国内外试验研究结果及工程经验，一般提升速度宜为 0.1～0.2m/min。

（6）液柱压力。在施工过程中，随着喷射深度的增加，喷嘴处液柱压力增大，喷嘴入口与出口的压差减小，喷射速度减小，有效喷射距离缩短，喷射效果减弱。根据有关试验，当喷嘴处静水压力由 0.02kPa（相当 2m 水柱）增大到 0.2kPa（相当 20m 水柱）时，喷射距离减小 35%～40%。因此，在施工时，应采取相应措施来防止出现上粗下细的现象。

5.1.3.2　高压旋喷桩设计

1. 设计前应取得的资料

（1）工程地质条件：各土层的种类、颗粒组成及物理力学性质；土中有机质及腐殖质含量等。

（2）水文地质条件：了解地下水埋深、各土层的渗透系数及水质成分；附近地沟、暗河的分布及连通情况等。

（3）周围环境条件：了解地形、地貌、施工场地的空间大小、地下管道（上水管、下水管、电缆线及煤气管等）及其他埋设物（人防工程、旧建筑基础等）的情况，材料和机具。

（4）室内试验及现场喷射试验：取现场各层土样，在室内按不同的含水量及配合比制作试块进行试验，由试验结果优选合理的浆液配方。

2. 旋喷桩设计计算

旋喷桩设计计算及地基变形计算同水泥土搅拌桩。

3. 旋喷固结体尺寸

旋喷直径是一个复杂的问题，尤其是深部直径，无法用准确的方法确定。因此，除了浅层可以用开挖的方法验证之外，只能用半经验的方法加以判断、确定。

根据国内外施工经验，初步设计时，其设计直径可参考表 5.1-6 选用。

表 5.1-6　　　　　　　单管法、双（重）管法、三（重）管法加固体直径

土质	标准贯入击数	固结体直径/m		
		单管法	双（重）管法	三（重）管法
黏性土	$0<N<5$	0.5~0.8	0.8~1.2	1.2~1.8
	$6<N<10$	0.4~0.7	0.7~1.1	1.0~1.6
	$11<N<20$	0.3~0.5	0.6~0.9	0.7~1.2
砂土	$0<N<10$	0.6~1.0	1.0~1.4	1.5~2.0
	$11<N<20$	0.5~0.9	0.9~1.3	1.2~0.8
	$21<N<30$	0.4~0.8	0.8~1.2	0.9~1.5

旋喷桩的孔距应根据工程需要经计算确定，一般可采用正方形、矩形或三角形，也可根据具体条件选取用其他方式。

4. 固结体参数

固结体的强度随土质、注浆材料和配方而定，当使用水泥浆时，水灰比小的强度高。各种土质的旋喷固结体的平均抗压强度，平均抗折强度和接缝强度值见表 5.1-7。

旋喷体的质量是不均匀的，通常中心强度低，边缘强度高。黄土旋喷试验资料表明，从中心至 50% 半径间的强度变化平缓；当超过 50% 半径后，强度明显增大，边缘部位的强度大，平均抗压强度都在 85% 半径附近，由此可以认为在 85% 半径处的强度即为全断面的平均强度。

固结体的渗透系数：在砂卵石层内旋喷固结体的渗透系数一般可达 5×10^{-8}~5×10^{-10} cm/s。

表 5.1-7 各种土质旋喷固结体强度

土质	浆液配方	全期/d	平均抗压强度 /(kg/cm³)	平均抗折强度 /(kg/cm³)	接缝强度/(kg/cm³)	
					抗压	抗拉
淤泥	600 号水泥，水灰比 0.7:1	360	72	15.6	—	—
细砂	500 号水泥，水灰比 1.5:1，2% 水玻璃	110~170	101.2	17.1		
黏砂土		160	42.4	17.3		
砂卵石		28	140	—	76~160	5~10
黄土状土	500 号水泥，水灰比 1.5:1，0.5‰三乙醇胺，5%氯化钠	28	76.1	7	—	—

对单根旋喷桩进行了承载力试验，成果见表 5.1-8。

表 5.1-8 单根旋喷桩承载力试验成果

土质	桩长/m	桩径/m	极限承载力/kN	备注
黄土状土	约 8	0.46	53	各桩底均嵌入卵石层或中砂层 0.2m
	约 8	0.5	60	
	13.5	0.5	65	
细砂	8	0.8	65kN 下沉 1.48mm	

5. 喷射注浆材料及配方

对浆液材料的要求：①有良好的可喷性；②有足够的稳定性；③含泡少；④有良好的力学性能及耐久性；⑤结石率高。

常用的水泥浆液的类型如下。

普通型：适用于无特殊要求的一般工程。一般采用强度等级为 42.5 级的普通硅酸盐水泥，水灰比一般为 0.8~1.2。

速凝早强型：适用于地下水丰富或要求早期承重的工程，常用的早强剂有氯化钙、水玻璃和三乙醇胺等，掺入量为水泥用量的 2%~4%。

高强型：适用于固结体的平均抗压强度在 20kPa 以上的工程。可采取以下措施：①选用高强度水泥（不低于 52.5 级）；②在 42.5 级普通硅酸盐水泥中添加高效能的扩散剂（如 NNO、三乙醇胺、亚硝酸钠、硅酸钠等）和无机盐。

填充剂型：适用于早期强度要求不高的工程。常用的填充剂为粉煤灰、矿渣等。在水泥浆中加入填充剂可大大地降低工程造价，其特点是早期强度较低，而后期强度增长率高、水化热低。

抗冻型：适用于防止土体冻结的工程。一般使用的抗冻剂有：沸石粉（加量为水泥的 10%~20%），NNO（加量为 0.5%），三乙醇胺和亚硝酸钠（加量分别为 0.05% 和 1%）。最好用普通水泥，也可用高标号矿渣水泥，不宜用火山灰质水泥。

抗渗型：适用于堵水防渗工程。应采用普通水泥，而不宜用矿渣水泥，如无抗冻要求也可用火山灰质水泥。常用水玻璃作为抗渗外加剂，加量为 2%～4%，模数要求为 2.4～3.4，浓度要求 30～45 波美度。水玻璃对固结体渗透系数的影响见表 5.1-9。

表 5.1-9　　　　　　　水玻璃对固结体渗透系数的影响

土样类别	水泥品种	水泥含量/%	水玻璃含量/%	渗透系数/(cm/s)
细砂	42.5 硅酸盐水泥	40	0	2.3×10^{-6}
		40	2	8.5×10^{-8}
粗砂	42.5 硅酸盐水泥	40	0	1.4×10^{-6}
		40	2	2.1×10^{-8}

抗蚀型：适用于地下水中有大量硫酸盐的工程。采用抗硫酸盐水泥和矿渣大坝水泥。

浆液配方。①水灰比：水泥浆液的水灰比宜为 0.8～1.2；②外加剂及加量：常用的外加剂及加量见表 5.1-10。

表 5.1-10　　　　　　　常 用 的 外 加 剂 配 方

序号	外加剂成分及加量/%	浆 液 特 性
1	氯化钙 2～4	促凝、早强、可喷性好
2	铝酸钠 2	促凝、强度增长慢、稠度大
3	水玻璃 2	初凝快、终凝时间长、成本低
4	三乙醇胺 0.03～0.05，食盐 1	早强
5	三乙醇胺 0.03～0.05 食盐 1，氯化钙 2～3	促凝、早强、可喷性好
6	氯化钙（或水玻璃）2，NNO 0.5	促凝、早强、强度高、浆液稳定性好
7	食盐 1，亚硝酸钠 0.5，三乙醇胺 0.03～0.05	防腐蚀、早强、后期强度高
8	粉煤灰 25	调节强度、节约水泥
9	粉煤灰 25，氯化钙 2	促凝、节约水泥
10	粉煤灰 25，硫酸钠 1，三乙醇胺 0.03	促凝、早强、节约水泥
11	矿渣 25，氯化钙 2	促凝、早强、节约水泥

6. 褥垫层设计

旋喷桩复合地基宜在基础和桩之间设置褥垫层，褥垫层厚度一般取 20～30cm，褥垫层材料可用粗砂、中砂、碎石、级配砂石，垫层材料的最大粒径不大于 30mm。

5.1.3.3 高压旋喷桩施工

1. 设备机具、材料

施工前应做好准备工作，包括工程现场调查、搜集工程地质和水文地质等有关资料，了解和掌握工程设计要求。根据地层的情况、高压喷射类型和喷射形式选择合适的钻孔和高压喷射设备。另外还要准备好控制及检测设备。所有设备施工前必须经过质量检测和率定。

高压喷射注浆的施工机具包括钻孔机械和喷射注浆设备两大类。对于不同的喷射注浆方式，所使用的机具和设备均不同，见表 5.1-11。

表 5.1-11   高压喷射注浆法主要施工机具及设备

序号	机具设备名称	注浆管类型		
		单管法	双（重）管法	三（重）管法
1	钻机	√	√	√
2	高压泥浆泵	√	√	
3	高压水泵			√
4	泥浆泵			√
5	空压机		√	√

高压旋喷注浆法所用灌浆材料，主要是水泥和水，根据需要可加入适量的外加剂及掺合料。高压旋喷注浆所采用的水泥品种和标号为普通硅酸盐水泥，其强度等级不低于42.5级，桩体28d的抗压强度要大于10kPa。使用其他水泥注浆时应得到设计许可。外加剂和注浆所用水泥应符合《通用硅酸盐水泥》（GB 175—2007）中的规定。水泥浆液的水灰比应按工程要求确定，可取0.8~1.5，常用1.0。具体通过试验确定。高压旋喷注浆用水泥必须符合质量标准，应严格防潮和缩短存放时间，施工过程中应抽样检查，不得使用过期的和受潮结块的水泥。

搅拌水泥浆所用的水，应符合《混凝土拌合用水标准》（JGJ 63—2006）的规定。

高压旋喷注浆使用纯水泥浆液。在特殊地质条件下或有特殊要求时，根据工程需要，通过现场注浆试验论证可使用不同类型浆液。

根据需要可在水泥浆液中加入粉细砂、粉煤灰、早强剂、速凝剂、水玻璃剂等外加剂。浆液宜在旋喷前1h以内配制，使用时滤去硬块、砂石等，以免堵塞管路和喷嘴。

2. 施工工艺流程

高压喷射注浆施工工艺流程见图5.1-3。在基础高压旋喷桩施工开工前，必须按要求及时进行高压旋喷注浆桩的生产性试验，以确定施工参数及工艺，并在施工中严格控制。高压旋喷注浆桩试验场地应选择在对整个工程有代表性地段。当孔位位于斜坡施工有困难时，可局部填筑成施工平台，待施工完成后，再恢复原开挖体型。

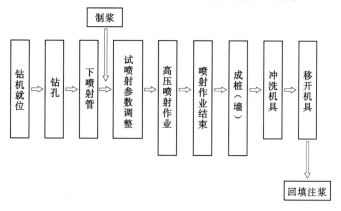

图 5.1-3 高压喷射注浆施工工艺流程

3. **技术参数的选择及施工工艺要求**

高压喷射注浆的施工参数应根据土质条件、加固要求通过试验或工程施工经验确定。对于不同的喷射注浆方式，常用的高压喷射注浆技术参数见表 5.1 - 12。

表 5.1 - 12　　　　　　常用的高压喷射注浆技术参数

旋喷施工方法			单管法	双（重）管法	三（重）管法
适用土质			砂土、黏性土、黄土、杂填土、小粒径砂砾		
浆液材料及配方			以水泥为主材，加入不同的外加剂后具有速凝、早强、抗腐蚀、防冻等特性，常用水灰比 1：1		
旋喷施工参数	水	压力/MPa	—	—	25
		流量/(L/min)	—	—	80～120
		喷嘴孔径/mm	—	—	2～3
		喷嘴个数	—	—	1～2
	空气	压力/MPa	—	0.7	0.7
		流量/(m³/min)	—	1～2	1～2
		喷嘴环隙/mm｜个数	—	1～2｜1～2	1～2｜1～2
	浆液	压力/MPa	25	25	25
		流量/(L/min)	80～120	80～120	80～150
		喷嘴孔径/mm	2～3	2～3	10～12
		喷嘴个数	2	1～2	1～2
	注浆管	提升速度/(cm/min)	12～25	7～20	5～20
		旋转速度/(r/min)	16～20	5～16	5～16
		外径/mm	42.45	42.50、75	75.90

近年来，旋喷注浆技术得到了很大的发展，利用超高压水泵（泵压大于 50kPa）和超高压水泥浆泵（水泥浆压力大于 35kPa），辅以超低压空气，大大提高了旋喷桩的处理能力。在软土中的切割直径可超过 2.0m，注浆体的强度可达到 5.0kPa，有效加固深度可达 60m。所以对于重要的工程以及对变形要求严格的工程，应选择能力较强设备进行施工，以保证工程质量。

喷射孔与高压泵的距离不宜大于 50m。钻孔位置的允许偏差应为 ±50mm。垂直度允许偏差应为 ±1%。

当喷射注浆管贯入土中，喷嘴达到设计标高时，即可喷射注浆。在喷射注浆参数达到规定值后，随即按旋喷的工艺要求，提升喷射管，由下而上喷射注浆。当注浆管不能一次提升完成而需分数次卸管时，卸管后喷射的搭接长度不得小于 100mm，以保证固结体的整体性。

对需要局部扩大加固范围或提高强度的部位，可采用复喷措施。在实际工作中，旋喷桩通常在底部和顶部进行复喷，以增大承载力和确保处理质量。

喷射注浆完毕，应迅速拔出喷射管。为防止浆液凝固收缩影响桩顶高程，产生加固地基与建筑基础不密贴或脱空现象，可在原位采用超高喷射（旋喷处理地基的顶面超过建筑基础底面，其超高量大于收缩高度）、冒浆回灌或第二次注浆等措施。

施工中应做好废泥浆处理，即时将废泥浆运出或在现场短期堆放后做土方运出。

施工中应严格按照施工参数和材料用量施工，用浆量和提升速度应采用自动记录装置，并做好各项施工记录。

4. 施工场地注意事项

（1）高压喷射灌浆设备在现场宜集中布置。设备安放位置以距喷射孔不超过 50m 为宜。现场布置时还应考虑喷射台车与水、气、浆管的移动以及冒浆的处理。在此基础上布置水、电、风、道路、排水排污系统和其他生产生活设施。

（2）高压旋喷注浆施工场地应平整、稳固，以防施工机械失稳及便于施工机械作业和车辆行走，若表层砂土有松散的要夯实，紧临边坡的区域要采取坡脚保护措施。

（3）建齐施工用的临时设施，如供水、供电、道路、临时房屋、工作台以及材料库等。

（4）施工平台应做到平整坚实，风、水、电应设置专用管路和线路。

（5）施工单位应制定环境保护措施，施工现场应设置废水、废浆处理和回收系统。施工现场应布置开挖冒浆排放沟和集浆坑。

（6）施工前应测量场地范围内地上和地下管线及构筑物的位置。

（7）基线、水准基点、轴线桩位和设计孔位置等，应复核测量并妥善保护。

（8）机械组装和试运转应符合安全操作规程规定。

（9）施工前应设置安全标志和安全保护措施。

5. 施工程序

高压旋喷灌浆施工流程见图 5.1-4。

（1）高压旋喷注浆施工工序应先分排序和孔序进行，并在施工前将所有桩位分排、分序编号，编制于计划中。

（2）喷射灌浆结束后，把钻机等机具设备移到新孔位上，进行下一孔的施工作业。相邻两桩施工间隔时间应不小于48h，间距应不小于6m。

（3）喷射孔与高压注浆泵的距离不宜大于50m。钻孔的位置与设计位置的偏差不得大于50mm。实际孔位、孔深和每个钻孔内的地下障碍物、洞穴、涌水、漏水及与岩土工程勘察报告不符等情况均应详细记录。

（4）旋喷桩施工完成后，在浇筑上部底板混凝土前，应在桩顶铺设一层30cm厚的级配碎石垫层，垫层应碾压夯实，其压实系数应不小于0.96，压实干密度不小于 $21kN/m^3$。

6. 施工工艺要求

（1）测量放线：根据设计的施工图和坐标网点测量放出施工轴线。

（2）确定孔位：在施工轴线上确定孔位，编上桩号、

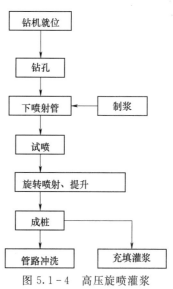

图 5.1-4　高压旋喷灌浆
施工流程图

孔号、序号，依据基准点进行测量各孔口地面高程。

（3）钻机造孔：可采用泥浆护壁回转钻进、冲击套管钻进和冲击回转跟管钻进等方法。

1）钻机主钻杆对准孔位，用水平尺测量机体水平、立轴垂直，钻机要平稳牢固。

2）钻孔口径应大于喷射管外径20～50mm，以保证喷射时正常返浆、冒浆。

3）开钻前由项目部技术组下达造孔通知书，报监理工程师批准后开钻。

4）造孔每钻进5m用水平尺测量机身水平和立轴垂直1次，以保证钻孔垂直。

5）钻进过程中为防止塌孔采用泥浆护壁，黏土泥浆密度一般为1.1～1.25g/cm³。

6）钻进过程中随时注意地层变化，对孔深、塌孔、漏浆等情况，要详细记录，并及时通知监理工程师。

7）施工场地勘察资料不详时，每间隔20m布置一先导孔，查看终孔时地层变化。

8）钻孔终孔深度应大于开喷深度0.5～1.0m，以满足少量砂土沉淀和喷嘴前端距离。

9）孔深达到设计深度后，进行孔内测斜，孔斜率不大于1%。

10）钻孔完成后及时将孔口盖好，以防杂物掉入孔内。

11）钻孔记录要填写清楚、整洁，经监理、质检员、施工员签字后当天交技术组。

12）采取套管跟管钻进方法时，在起拔套管前应向孔内注满优质护壁泥浆。

（4）测量孔深：钻孔终孔时测量钻杆钻具长度，进行孔内测斜。

（5）下喷射管：钻孔经验收合格后，方可进行高压喷射注浆，下喷射管前检查以下事项。

1）测量喷射管长度，测量喷嘴中心线是否与喷射管方向一致，喷射管应标识尺度。

2）将喷头置于高压水泵附近，试压管路应小于20m，试喷调为设计喷射压力。

3）施工时下喷射管前进行地面水、气、浆试喷。

4）设计喷射压力＋管路压力为施工用的标准喷射压力，喷射条件变换时重新调试。

5）地面试喷经验收合格后，下入喷射管时，应采取措施防止喷嘴堵塞。

6）孔内沉淀物较多时，应事先准备黏土泥浆，下喷射管时边冲入泥浆边下管。

7）当钻孔采用套管护壁时，下入喷射管后，拔出护壁套管。

8）当喷射管下至设计深度时，经监理工程师批准后，准备开喷。

（6）搅拌制浆：搅拌机的转速和拌和能力应分别与所搅拌浆液类型和灌浆泵的排浆量相适应，并应能保证均匀、连续地拌制浆液，保证高压喷射注浆连续供浆需要。

1）按试验的水灰比拌制水泥浆液。

2）水泥浆的搅拌时间：使用高速搅拌机不少于30s，使用普通搅拌机不少于90s。

3）纯水泥浆的搅拌存放时间，自制备至用完的时间应少于4h。

4）浆液应在过筛后使用，并定时检测其密度。

5）制浆材料称量可采用质量或体积计量法，其误差应不大于5%。

6）炎热夏季施工应采用防热和防晒措施，浆液温度应保持在5～40℃。

7）寒冷季节施工应做好机房和高压喷射注浆管路的防寒保暖工作。

8）若用热水制浆，水温不得超过40℃。

9）浆液使用前，检查输浆管路和压力表，保证浆液顺利通过输浆管路喷入地层。

10）水泥浆液中需要加入适量的外加剂及掺合料构成复合浆液，应通过试验确定。

（7）供水供气：施工用高压水泥浆和压缩气的流量、压力应满足工程设计要求。

（8）在插入旋喷管前先检查高压水与空气喷射情况，各部位密封圈是否封闭，插入后先作高压水射水试验，合格后方可喷射浆液。如因塌孔插入困难时，可用低压（0.1～2kPa）水冲孔喷下，但须把高压水喷嘴用塑料布包裹，以免泥土堵塞。

（9）喷射注浆：高压喷射注浆法为自下而上连续作业。工程宜用同轴双重喷嘴头，即二（重）管法，喷嘴一面喷射一面旋转和提升，成桩为圆柱体固结体。具体设备可根据现场试验情况，由施工方选择，并报监理工程师批准。

1）当注浆管下至设计深度，喷嘴达到设计标高，即可喷射注浆。

2）开喷送入符合设计要求的水、气、浆，待浆液返出孔口正常后，开始提升。

3）高压喷射注浆喷射过程中出现压力突降或骤增、上升或冒浆异常时，必须查明原因，及时处理。

4）喷射过程中拆卸喷射管时，应进行下落搭接复喷，搭接长度不小于0.2m。

5）喷射过程因故中断后，恢复喷射时，应进行复喷，搭接长度不小于0.5m。

6）喷射中断超过浆液初凝时间，应进行扫孔，恢复喷射时，复喷搭接长度不小于1m。

7）喷射过程中孔内漏浆，停止提升，直至不漏浆为止，继续提升。

8）喷射过程中孔内严重漏浆，停止喷射，提出喷射管，采取堵漏措施。

9）对有特殊要求的注浆孔，可采用复喷来增加喷射长度和强度。

10）喷射过程中，要记录每个高压喷射注浆孔施工时间全过程。

（10）冒浆：通过对冒浆的观察，可以及时了解土层状况。高压喷射注浆孔孔口冒浆量的大小，能反映被喷射切割地层的注浆效果和旋喷参数的合理性等。冒出量小于注浆量的20％时为正常现象，冒浆量超过20％或完全不冒浆时，应采取下列措施：①当地层中有较大空隙引起不冒浆或严重漏浆时，则应当加大钻进泥浆的浓度，在泥浆中掺加砂子或向孔内填入其他堵漏材料，使其恢复孔口正常返浆。在喷射时漏浆，可在浆液中掺合适量的速凝剂，缩短固结时间，使浆液在一定的土层范围内凝固，也可在空隙地段增大注浆量，填满空隙后再继续旋喷。②当冒浆量过大时（一般是有效喷射范围与注浆量不相适应，注浆量超过旋喷体凝结所需的浆量所致），可通过提高喷射压力，或加快喷射的提升和旋转速度，或适当缩小喷嘴孔径，或减少注浆量来减少冒浆量。

（11）旋转提升。

1）高压旋喷切割砂土体一周，旋转和提升速度慢，喷射半径长，形成桩径大。提升速度根据试验的参数执行。可根据实际情况调整，但在调整前，须通知监理工程师。

2）提升速度应与注浆量匹配，供浆量应满足提速，提速应满足喷射半径长度。

3）当喷射注浆管贯入土中，喷嘴达到设计标高时，即可喷射注浆。在喷射注浆参数达到规定值后，随即按旋喷的工艺要求，提升喷射管，由而上连续喷射注浆，至设计标高，停止喷射，提出喷射管。喷射管分段提升的搭接长度不得小于100mm。

4）喷射过程中接卸换管时要检查喷射方向，防止喷射方向移位。

5）接、卸换管时，动作要迅速，防止塌孔和堵塞喷嘴；接、卸换管及事故处理后，下管位置应比原停喷高度下落 20～50cm，进行复喷搭接，以使桩上下连贯。

（12）对需要局部扩大加固范围或提高强度的部位，可采用复喷措施。

（13）喷射过程中发生故障时，应停止提升和旋喷，以防桩体中断，同时立即进行检查，排除故障；如发现有浆液喷射不足，影响桩体的设计直径时，应进行复喷。

（14）高压喷射注浆完毕，应迅速拔出喷射管。为防止浆液凝固收缩影响桩顶高程，必要时可在原孔位采用冒浆回灌或第二次注浆等措施。

（15）在含黏粒较少的地层中进行高喷灌浆，孔口回浆应经处理后方可重复使用。

（16）充填回灌：每一孔的高压喷射注浆完成后，孔内的水泥浆很快会产生析水沉淀，应及时向孔内充填灌浆，直到饱满，孔口浆面不再下沉为止。终喷后，充填灌浆是一项非常重要的工作，回灌的好与差将直接影响工程的质量，必须做好充填回灌工作。

1）将输浆管插入孔内浆面以下 2m，输入注浆时用的浆液进行充填灌浆。

2）充填灌浆需多次反复进行，回灌标准是：直到饱满，孔口浆面不再下沉为止。

3）对高压喷射注浆凝固体有较高强度要求时，严禁使用冒浆和回浆进行充填回灌。

4）应记录回灌时间、次数、灌浆量、水泥用量和回灌质量。

5）清洗结束：每一孔的高压喷射注浆完成后，应及时清洗灌浆泵和输浆管路，防止清洗不及时、不彻底，使浆液在输浆管路中沉淀结块，堵塞输浆管路和喷嘴而影响下一孔的施工。

（17）施工中应做好泥浆处理，及时将泥浆运出或在现场短期堆放后作土方运出。

（18）施工中应严格按照施工参数和材料用量施工，并如实做好各项记录。

7. 质量标准

（1）确定孔位：承包人应根据施工图纸规定的桩位进行放样定位，其中心允许误差不得大于 5cm。

（2）钻机造孔：钻机就位，主钻杆中心轴线对准孔位允许偏差不超过 5cm。

1）钻孔口径：开孔口径不大于喷射管外径 10cm，终孔口径应大于喷射管外径 2cm。

2）钻孔护壁：采用泥浆护壁，黏土泥浆密度为 $1.10～1.25 g/cm^3$。

3）钻孔深度：终孔深度大于设计开喷深度 0.5～1.0m。

4）孔内测斜：孔斜率不得大于 1%。

（3）测量孔深：钻孔终孔时测量钻杆钻具长度，允许偏差不超过 5cm。

（4）下喷射管：喷射管下至设计开喷深度允许偏差不超过 10cm。

1）喷射管：测量喷射管总长度，允许误差不超过 2%，喷射管每隔 0.5m 标识尺度。

2）方向偏差：测量喷嘴中心线与喷射管方向偏差允许误差不超过 1°。

3）调试喷嘴：确定设计喷射压力时，试压管路不大于 20m，更换喷嘴时重新调试。

4）喷射压力：施工用的标准喷射压力等于设计喷射压力加上管路压力。

5）喷射方向：确定喷射方向允许偏差不超过 ±1°。

（5）搅拌制浆：使用高速搅拌机不小于 60s；使用普通搅拌机不少于 90s。

1）水灰比通过试验确定，密度为 $1.35～1.50 g/cm^3$。

2）制浆材料称量其误差应不大于 5%，称量密度偏差不超过 $±0.1 g/cm^3$。

3）纯水泥浆的搅拌存放时间不超过 4h，浆液温度应保持在 5～40℃。

4）浆液应在过筛后使用，并定时检测其密度。

5）所进水泥每 400t 取样化验 1 次，检测水泥安定性和强度指标。

6）水泥的使用按出厂日期和批号，依次使用，不合格的水泥严禁使用。

（6）供水供气：高压水（浆）压力不小于 20kPa，气压力控制在 0.5～0.8kPa。

（7）喷射注浆：高压喷射注浆开喷后，待水泥浆液返出孔口后，开始提升。喷射过程中出现压力突降或骤增，必须查明原因，及时处理。喷射过程中孔内漏浆，停止提升。

1）检查喷头：不合格的喷头、喷嘴、气嘴禁止使用。

2）复喷搭接：喷射中断 0.5h、1h、4h 的，分别搭接 0.2m、0.5m、1.0m。

3）为增加喷射长度和强度，喷射管喷头必须下落到开喷原位。

（8）旋喷成桩几何尺寸应满足设计要求。

（9）充填回浆：终喷提出喷射管后，应及时向孔内充填灌浆，直到饱满。

1）将输浆管插入孔内浆液面以下 2m，输入注浆时用的浆液进行充填灌浆。

2）充填灌浆需多次反复进行，回灌标准是：直到饱满，孔口浆面不再下沉为止。

（10）清洗结束：每一孔注浆完成后，用清水将灌浆泵和输浆管路彻底冲洗干净。

（11）成品质量：高压喷射桩各项技术指标应满足设计要求：旋喷桩直径应大于等于设计的桩直径。高压喷射注浆处理的地基承载力必需满足设计要求。

8. 质量检查

（1）检查点应布置在下列部位：①有代表性的桩位；②施工中出现异常情况的部位；③地基情况复杂，可能对高压喷射注浆质量产生影响的部位。

（2）检查点的数量为施工孔数的 1%，并不应少于 3 点。

（3）质量检验宜在高压喷射注浆结束 28d 后进行。检测方法：高压喷射注浆可采用开挖检查、钻孔取芯、标准贯入、载荷试验或渗透试验等方法进行检验。

开挖检查：可检查固结体的形态和加固范围的大小，也可对固结体取样，进行必要的强度试验。

钻孔取芯：取样观察，选用时需以不破坏固结体和有代表性为前提，也可在 28d 后取芯，并做成试件进行物理力学性能试验。

标准贯入和静力触探试验：一般沿桩长方向每隔 0.5～1.0m 作一次标贯。

压水试验：在工程有防渗漏要求时采用。高压喷射注浆可根据工程要求和当地经验采用开挖检查、取芯、标准贯入试验、载荷试验等方法进行检验，并结合工程测试、观测资料及实际效果综合评价加固效果。具体检验方法，根据现场实际情况由业主、设计、监理共同商议确定。

载荷试验必须在桩身强度满足试验条件时，并宜在成桩 28d 后进行。复合地基承载力检验应采用单桩及复合地基静载荷试验，检验数量为桩总数的 0.5%～1%，且每项单体工程不应少于 3 点。

9. 常见事故及处理措施

不冒浆或断续冒浆：若系土质松软造成，可适当复喷。若附近有空洞、通道，则应不提升注浆管继续注浆直至冒浆为止或拔出注浆管待浆液凝固后重新注浆。大量冒浆、压力稍有下降：注浆管可能被击穿或有孔洞，使喷射能力降低，应拔出注浆管检查。

喷嘴或管路被堵塞：压力骤然上升超过最高限值、流量为零、停机后压力仍不变动时，喷嘴或管路被堵塞，可采取以下措施：

（1）在高压泵和注浆泵的吸水管进口和泥浆储备箱中设置过滤网，并经常清理。

（2）认真检查风、水、浆的通道，避免泥沙和水泥浆侵入造成堵塞。

（3）注意注浆的维护保养，保证注浆过程不发生故障，避免水泥浆在管道内沉淀。

（4）喷射施工因故中断时，应将注浆管提起一段距离，抽送清水将管道中的水泥浆顶出喷头后再停泵。

（5）喷射结束后，做好各系统的清洗工作。

流量不变而压力突然下降或排量达不到要求，可能存在泄漏现象，可采取以下措施：

（1）检查阀、活塞缸套等零件，磨损大的及时更换。

（2）检查吸水管道是否畅通，是否漏气，避免吸入空气。

（3）检查安全阀、高压管路，消除泄漏。

（4）检查活塞每分钟的往复次数是否达到要求，消除传动系统中的打滑现象。

（5）检查喷嘴是否符合要求，更换过度磨损的喷嘴。

高压喷射灌浆施工机械示意见图5.1-5。

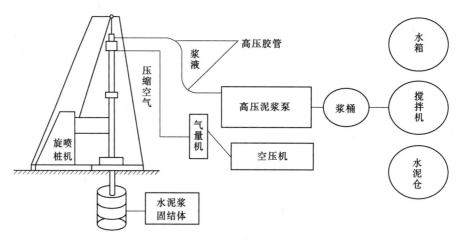

图5.1-5　高压喷射灌浆施工机械示意图

5.1.3.4　张家沟水闸高压旋喷桩处理

张家沟水闸是怀洪新河穿堤交叉建筑物，位于安徽省五河县张家沟入新浍河入口处，香涧湖右岸的堤防上，兼有防洪、排涝和引水灌溉等功能。张家沟闸为2级建筑物，共3孔，单孔净宽4.50m。闸室型式为胸墙式，整体式低堰底板。平面钢闸门配卷扬式启闭机。采用底流式消能型式，下游布置消力池、海漫。地层自上而下可分为4层，分述如下：

第1层：淤泥质黏土。黄灰、灰色，软塑～流塑状，具有高压缩性。夹轻粉质壤土，粉土薄层。该层厚度比较均匀。层厚8m，层底高程5.40～5.80m。闸底板位于该层。

第2层：粉质黏土，灰色。可塑～软塑状态，中高压缩性。夹中粉质壤土、黏土、粉土薄层含小贝壳。该层从沟左到沟右呈现由薄到厚趋势，层厚 0～2.8m，层底高程为 2.8～5.4m。

第 3 层：中粉质壤土。黄、灰色，软塑～可塑状态，中等压缩性，局部夹薄层轻粉质壤土、粉细砂和贝壳。层厚为 4.40～7.50m，层底高程为 -1.70～-1.60m。

第 4 层：细砂夹粉壤土。黄色，松软～中密状态，饱和，局部砂石富集，夹薄层黏性土。

各土层物理力学性能指标见表 5.1-13。

表 5.1-13　　　　　　　各土层物理力学性能指标统计表

主层序号	含水量/%	天然容重/(kN/m³)	孔隙比	压缩模量/MPa	黏聚力/kPa	内摩擦角/(°)	容许承载力/kPa
1	49.10	17.10	1.32	2	18.60	2	50
2	31.50	19	0.90	4.50	37.30	7	110
3	24.60	19.70	0.71	6.50	18	23.50	130
4	22.40	19.70	0.66	15	58.80	37	150

该工程建筑物应力计算结果列于表 5.1-14。张家沟闸泥质黏土层底高为 5.40～5.8m，厚度 4.07～3.67m，平均贯入击数约 1.60，呈软塑状，压缩性高、地基承力也不能满足要求。根据软弱土层的特性及深度，采用水泥粉喷加固桩地基。设计桩径 0.50m，桩距 0.90～110m，桩长 5.10～5.70m。共布置桩 1113 根，其中闸底板下 649 根，上下游翼墙下 412 根，空箱岸墙下 52 根。经处理后，地基承载力能达到设计要求。虽然存在建筑物沉降现象，但实际沉降量及不均匀沉降差基本在设计控制范围内。

表 5.1-14　　　　　　　闸室抗滑稳定、基底应力计算成果表

计算条件	水位/m		基底压力/kPa		不均匀系数	抗滑安全系数
	闸上	闸下	上游	下游		
完建期			75.40	67.40	1.12	
防洪期	14.37	18.37	78.50	40.50	1.94	1.20
地震期	15.37	12.87	45.50	59	1.30	1.78

5.1.4　振冲桩

5.1.4.1　一般规定

振动水冲法简称振冲法，是利用振冲器强烈水平振动和压力水冲将振冲器贯入到土层深处，使松砂地基加密，或在软弱土层中填入碎石等无凝聚性粗粒料形成强度大于周围土的桩柱并和原地基土组成复合地基，提高地基强度的加固技术。

振冲碎石桩对不同性质的土层分别具有置换、挤密和振实等作用。对黏性土主要起到置换作用，对砂土和粉土除置换作用外还有振实、挤密作用。在以上各种土中，都要在振冲孔内加填碎石回填料，制成密实的振冲桩，而桩间土则受到不同程度的挤密和振实。桩和桩间土够成复合地基，使地基承载力提高，变形减少，并可消除液化。

在中、粗砂层中振冲，由于周围砂料能自行塌入孔内，也可以采用不加填料，进行原

地振冲密实的方法。这种方法适用于较纯净的中、粗砂层，施工简便，加密效果好。

振冲法加固地基具有施工机具简单、操作方便的优点，加固质量容易控制，施工速度快，适用于不同土类。加固时不需钢材、水泥，仅用碎石、卵石等当地材料、造价低，具有明显经济效益，对砂基抗震防止液化处理更有独到的优越性。但施工中排放污水、污泥量较大，在人口稠密地区和没有排污泥场地时使用受到一定限制。为了克服振冲施工排污泥的缺点，各国都在研究干法振冲。干法施工不用水，土全部被振冲器挤到周围土体中。目前国内仅用于砂土、地下水位以上低灵敏度黏性土、大孔隙土和杂填土。

振冲器是一种利用自激振动，配合水力冲击进行作业的机具。振动方式有水平振动、水平振动加垂直振动。目前国内外均以单向水平振动为主。振冲器的振动能源有电动机和液压马达两种，我国常用的振冲器均采用潜水电机驱动。液压马达由自备柴油动力机带动，转速可以变化，能更广泛使用于不同土质的造孔和加固，并可在缺乏电源条件下使用。振冲器我国已从英国、德国引进130kW、150kW、112kW型机组。

国内常用振冲器主要技术参数见表5.1-15。

表5.1-15 国内常用振冲器主要技术参数

型号	ZCQ-13	ZCQ-30	ZCQ-55	BJ-75	BJ-100	PENINE 150
电动机功率/kW	13	30	55	75	100	(柴油机) HD225
转数/(r/min)	1450	1450	1450	1450	1450	0~3600
额定电流/A	22.5	60	100	150	220	油压 (kPa) 0~36
振动力/kN	35	90	200	160	200	290
振幅/mm	4.20	4.20	5.0	7.0	7.0	3.5
振冲器外径/mm	274	351	450	426	426	310
振冲器长度/mm	2000	2150	2500	3000	3150	2200

目前常用于地基处理的有30kW、75kW两类振冲器。

施工辅助机具：振冲法加固施工主要辅助机具有起吊机械、供水泵、排浆泵、填料机械、电气自动控制系统及配套的电缆、胶管、修理机具。

5.1.4.2 振冲碎石桩设计

振冲碎石桩复合地基处理应符合下列规定：

适用于挤密处理松散砂土、碎（卵）石土、粉质黏土、粉土、杂填土等地基，以及各类可液化土的加密和抗液化处理。对于不排水抗剪强度小于20kPa的饱和黏性土和黄土地基应通过试验确定其适用性；不加填料振冲挤密处理砂土地基的方法应进行现场试验确定其适用性。

振冲碎石桩用于处理软土地基，主要是通过置换与黏性土形成复合地基，同时形成排水通道加速软土的排水与固结。碎（砂）石桩的单桩承载力较低，如果置换率不高，其提高承载力的幅度较小，很难获得可靠的处理效果。此外，如不经过预压，处理后地基仍将发生较大的沉降，难以满足建（构）筑物的沉降允许值。工程中常用预压措施（如油罐充水）解决部分工后沉降。在饱和黏土地基上，对变形要求不严的工程才可以用砂石桩置换处理。

对于塑性指数较高的硬黏性土、密实砂土不宜采用碎（砂）石桩复合地基。

不加填料振冲密实法适用于处理黏粒含量不大于10%的中砂、粗砂地基，在初步设计阶段宜进行现场工艺试验，确定不加填料振密的可行性，确定孔距、振密电流值、振冲水压力、振后砂层的物理力学指标等施工参数；30kW振冲器振密深度不宜超过7m，75kW振冲器振密深度不宜超过15m，目前75kW振冲器振密深度不宜超过15m，多布水电站采用132kW，最大振密深度为17m，规划建设的硬梁包水电站闸坝振冲碎石桩桩径1.3m，间、排距2～3.5m，最大桩设计深已达到约22m。拟先采用冲击钻引孔，再使用150kW振冲器施工。

地基处理范围应根据建筑物的重要性和场地条件确定，宜在基础外缘扩大1～3排桩，重要建筑以及要求荷载较大的情况应加宽更多。对可液化地基，在基础外缘扩大宽度不应小于基底下可液化层厚度的1/2，且不应小于5m。

桩位布置对大面积满堂基础和独立基础，可采用三角形、正方形、矩形布桩；对条形基础，可沿基础轴线采用单排布桩或对称轴线多排布桩。

对砂土地基，因靠挤密桩周土提高密度，所以采用等边三角形更有利，它使地基挤密较为均匀。

桩径可根据地基土质情况、成桩方式和成桩设备等因素确定，桩的平均直径可按每根桩所用填料计算。振冲碎石桩桩径宜为800～1200mm。

桩长可根据工程要求和工程地质条件，通过计算确定并符合下列规定：

(1) 当相对硬土层埋深较浅时，可按相对硬土层埋深确定。

(2) 当相对硬土层埋深较大时，可按建筑物地基变形允许值确定。

(3) 对按稳定性控制的工程，桩长应不小于最危险滑动面以下2.0m的深度。

(4) 对可液化的地基，桩长应按要求处理液化的深度确定。

(5) 桩长不宜小于4m。

振冲桩桩体材料可采用含泥量不大于5%的碎石、卵石、矿渣或其他性能稳定的硬质材料，不宜使用风化易碎的石料。对30kW振冲器，填料粒径宜为20～80mm；对55kW振冲器，填料粒径宜为30～100mm；对75kW振冲器，填料粒径宜为40～150mm。沉管桩桩体材料可用含泥量不大于5%的碎石、卵石、角砾、圆砾、砾砂、粗砂、中砂或石屑等硬质材料，最大粒径不大于50mm。

凡适宜饮用的水均可使用，未经处理的工业废水不得使用。

褥垫层厚度以30～50cm为宜，褥垫层材料可用粗砂、中砂、碎石、级配砂石，垫层材料的最大粒径不大于80mm，褥垫层的夯填不应大于0.9。

复合地基承载力特征值应通过复合地基静载荷试验或采用增强体静载荷试验结果和其周边土的承载力特征值结合经验确定，初步设计时，可按式（5.1-15）估算：

$$f_{spk} = [1 + m(n-1)]f_{sk} \tag{5.1-15}$$

其中
$$m = d^2/d_e^2$$

式中 f_{sk}——处理后桩间土承载力特征值，kPa，对于一般黏性土地基，可取天然地基承载力特征值，松散的砂土、粉土可取原天然地基承载力特征值的（1.2～1.5）倍；

n——复合地基桩土应力比，可按地区经验确定，如无实测资料时，对于黏性土可取 2.0～4.0，对于砂土、粉土可取 1.5～3.0；

m——面积置换率；

d——桩身平均直径，m；

d_e——一根桩分担的处理地基面积的等效圆直径，m，等边三角形布桩 $d_e=$ 1.05s，正方形布桩 $d_e=1.13s$，矩形布桩 $d_e=1.13(S_1S_2)^{1/2}$，S、S_1、S_2 分别为桩间距、纵向桩间距和横向桩间距。

处理后桩间土承载力特征值与原土强度、类型、施工工艺密切相关，对于可挤密的松散砂土、粉土，处理后的桩间土承载力会比原土承载力有一定幅度的提高；对于黏性土特别是饱和黏土，施工后有一定时间的休止恢复期，过后桩间土承载力特征值可达到原土承载力；对高灵敏性的土，由于休止期较长，设计时桩间土承载力特征值宜采用小于原土承载力特征值的设计参数。

铜街子水电站地基为粉细砂层，原地基承载力为 200kPa，选用 75kW 振冲器，桩间距可采用 3.0m，直径为 0.8m，桩体承载力为 750kPa，桩间土承载力提高为 380kPa；砚台交通大厦加固基础为细砂、淤泥、粉细砂等，选用 75kW 振冲器，桩间距采用 1.53m，直径为 0.8m，桩体承载力分别为 1500kPa；多布水电站泄洪闸闸室地基处理采用 ZCQ-132kW 振冲器，采用等边三角形布置，间距 2.5m，面积置换率为 0.16，单桩竖向抗压静载荷试验的单桩承载力特征值为 942kPa，复合地基承载力特征值为 380kPa。

桩间距应通过现场试验确定，振冲碎石桩的桩间距应根据上部结构荷载大小和场地土层情况，并结合所采用的振冲器功率大小综合考虑；30kW 振冲器布桩间距可采用 1.3～2.0m；55kW 振冲器布桩间距可采用 1.4～2.5m；75kW 振冲器布桩间距可采用 1.5～3.0m；不加填料振冲挤密孔距可为 2～3m。可按式（5.1-16）和式（5.1-17）估算：

等边三角形布置：

$$S=0.95\varepsilon d\sqrt{\frac{1+e_0}{e_0-e_1}} \tag{5.1-16}$$

正方形布置：

$$S=0.9589\varepsilon d\sqrt{\frac{1+e_0}{e_0-e_1}} \tag{5.1-17}$$

$$e_1=e_{max}-D_{r1}(e_{max}-e_{min})$$

式中　S——砂石桩间距，m；

d——砂石桩直径，m；

ε——修正系数，当考虑振动下密实作用时可取 1.1～1.2，不考虑振动下沉密实作用时可取 1.0；

e_0——地基处理前砂土的孔隙比，可按原状土样试验确定，也可根据动力或静力触探等对比试验确定；

e_1——地基挤密后要求达到的孔隙比；

e_{max}、e_{min}——砂土的最大、最小孔隙比，可按国家标准《土工试验方法标准》（GB/T 50123—2019）的有关规定确定；

D_{r1}——地基挤密后要求砂土达到的相对密实度，可取 0.70～0.85。

振冲碎石桩的地基变形计算同其他复合地基变形计算方法。

5.1.4.3 施工

1. 施工准备

根据平面布置，将计划配置的机械设备、人力按作业区域部署。施工程序主要包括：施工准备→测放桩位→材料供应→现场生产试验→成孔→填料制桩→质量检查与验收等。

（1）进行"三通一平"工作，搭建临设，平整场地清理地面、地下障碍物，项目部驻地建设等。

（2）水通：一方面要保证施工中所需的水量，另一方面要把施工中产生的泥水开沟引排或用排污泵抽排。压力水管路要有灵活的调节水压和水量的阀门。施工产生的泥水通过沉淀可循环使用。

（3）电通：施工中需要三相四线电源，以解决施工机械和照明用电，三相电压稳定标准为 380V±20V。30kW 功率的振冲器每台机组约需电源容量 75kW，其制成的碎石桩径约 0.8m，桩长不宜超过 8m，因其振动力小，桩长超过 8m 加密效果明显降低；75kW 功率的振冲器每台机组约需电源容量 100kW，其制成的碎石桩径可达 0.9～1.5m，振冲深度可达 20m。

（4）路通：料场至施工点的道路应清理平整，且料场到各施工点的运距最近，以提高运料速度。

（5）场地平整：一方面要清理平整场地，当地表土强度很弱时，可以铺设适当的垫层，以利施工机械行走；另一方面应清除地表和地下影响施工的障碍物，如无法清除，则应在施工图中标明，以便采取相应措施。

（6）开挖泥浆沉淀池：施工现场应事先开设泥水排放系统，系统应不影响振冲桩及其他建筑物的基础安全，或组织好运浆车辆将泥浆运至预先安排的存放地点，应设置沉淀池重复使用上部清水。

（7）工艺试验应在护桩或建（构）筑物非重要部位进行，单项工程工艺试验桩数不少于 3 根。

（8）升降振冲器的机械可用起重机、自行井架式施工平车或其他合适的设备。施工设备应配有电流、电压和留振时间自动信号仪表。

（9）升降振冲器的机具一般常用 8～25t 汽车吊，可振冲 5～20m 桩长。

2. 测放桩位

（1）工程技术员进行测量基准点、基准线和水准点及其基本资料和数据技术交底工作，并会同监理校测其基准点的测量精度，复核其资料和数据的准确性，待校核确认后以此基准点（线）为基准，按国家测绘标准和工程施工精度要求测设用于工程施工的控制网。

（2）待申请开工批准后进行测量放线工作。按建筑物的坐标控制点布桩，桩位允许偏差应不大于 100mm。同时做好测量基本控制点和水准点的保护工作。

（3）所有测放的桩位经监理人员验收后方可进行施工。

3. 现场生产试验

试验计划应单独报监理审批，应选取具有代表性的试验区进行，进行以下试验内容。

（1）成桩深度检验：根据场地标高及设计成桩深度要求，结合地勘资料进行成桩深度试验；在成孔过程中，要记录振冲器经各深度尤其是桩端附近的电流值和时间；根据电流值的变化规律反映出桩端持力层的变化情况。

（2）制桩施工参数试验：根据配置的振冲设备，结合地质资料，确定合理的水压和水量、密实电流、留振时间及填料量等关键施工参数。根据试验填料量确定总填料备料。为保证施工质量，电压、加密电流、留振时间要符合要求。如电源电压低于350V则应停止施工。使用30kW振冲器密实电流一般为45~55A；55kW振冲器密实电流一般为75~85A；75kW振冲器密实电流为80~95A。在邻近已有建筑物时，为减小振动对建筑物的影响，宜用功率较小的振冲器。

（3）载荷试验：每区选取内部试桩2根，进行单桩复合地基载荷试验。

4. 振冲桩工序及方法

各项准备工作就绪后，即可开始进行碎石振冲桩施工。制桩顺序可选用排打、跳打、围打法。

（1）钻机就位：①用吊车将振冲器吊起，匀速平移至桩位点，使振冲器对准桩位，其偏差应不大于100mm；②起吊振冲器不能过高，平移速度不能过快，确保人员及设备的安全。

（2）造孔：①振冲器检查完好，检验各项运行参数，成孔水压采用0.3~0.8kPa。②启动振冲器，空载运转正常后送水，待通水正常后开始造孔。③将振冲器徐徐沉入土中，造孔速度宜为0.5~2m/min，直至达到设计深度。记录振冲器经各深度的水压、电流和通过时间，记录的次数不应少于1次/m。造孔时振冲器出现上下颠动或电流大于电动机额定电流无法贯入时，应及时调整施工参数。④造孔后边提升振冲器边冲水直至孔口，再放至孔底，重复两三次扩大孔径并使孔内泥浆变稀，造孔时返出泥浆过稠或存在桩孔缩颈现象时宜进行清孔。清孔时间为5~20min。⑤造孔深度不应浅于设计处理深度以上0.3m，同时应满足穿过含砾中粗砂（$Q_3^{al}-Ⅳ_1$），进入含块石砂卵砾石层（$Q_3^{al}-Ⅲ$）顶面下不小于50cm的设计要求。

（3）填料制桩。

1）制桩过程中，应保持振冲器处于悬垂状态；将振冲器沉入填料中进行振密制桩；加密水压采用0.3~0.4kPa。

2）投料采用连续填料法，每次填料厚度不宜大于50cm。回填料级配要合理。注意填料不宜过猛，应少加勤填。

3）第一次填料后，将振冲器沉入填料中进行振密制桩，如电流值未能达到规定的密实电流，说明下面地层软弱，应继续填料振冲挤密；直至达到规定的密实电流值和规定的留振时间后，将振冲器提升30~50cm。

4）重复以上步骤，自下而上逐段制作桩体直至到达制桩桩顶高程，中间不得漏振，造孔时每贯入1~2m应记录电流、水压、时间；加密时每加密1~2m，应记录电流、水压、时间、填料量。加密过程中，电流超过振冲器额定电流时，宜暂停或减缓振冲器的贯入或填料速度。加密水压宜控制在 0.1～0.5kPa。施工中发现串桩，可对被串桩重新加密或在其旁边补桩。

5）关闭振冲器和水泵，整理成桩记录，移至下一桩位继续施工。振密孔施工顺序宜沿直线逐点逐行的方式。

6）为了保证桩顶部的密实，振冲前开挖基坑时应在桩顶高程以上预留一定厚度的土层。一般 30kW 振冲器应留 0.7～1.0m，75 kW 振冲器应留 1.0～1.5m。当基槽不深时可振冲后开挖。

桩体施工完毕后应将顶部预留的松散桩体挖除，可按要求将振冲桩范围开挖至二次开挖线，并应将松散桩头压实，压实后地基相对密度不小于 0.75。

（4）褥垫层铺设：质量检验满足设计要求后，按设计厚度要求在桩顶分层铺设褥垫层。分层厚度可按 200mm 控制，相对密度不小于 0.75。应进行现场生产性试验确定压实施工参数。

5. 泥浆排放处理措施

（1）在振冲桩施工区，采用分块或分段围堰法，保证成桩过程中产生的泥浆能及时排放到振冲桩施工区外的沉淀池，保持场内文明施工。

（2）根据该项目的具体要求，将沉淀池中的泥浆采用分级大功率泥浆泵及时排放到指定区域，并派专人看护和巡视，确保不污染场内外环境，同时应满足环保专业相关规程规范要求。

（3）冬季施工，注意保持排浆的连续性，以防设备和管路冻结，及时检查，确保安全施工。

6. 特殊情况施工技术措施

（1）桩的施工顺序一般采用"由里向外"或"一边推向另一边"的方式。可根据监理批准的施工组织设计配备设备，分区实施。

（2）造孔过程中，有时会出现未达到设计深度而电流值急剧升高的现象，如原因是地层中存在厚度不大的硬夹层，可采用加大水压法通过；如地层中存在孤石或其他障碍物时，应探明原因，会同监理方和设计方适时处理。

（3）施工中因地层原因，有时会出现缩径等现象，可采用调整水压或留振时间来处理；处理缩径的方法：加大水压，反复提拉振冲器并适当放慢造孔速度，在缩径处延长留振时间。当遇到塌孔严重时，严禁强拉硬拔和停水关电。

（4）如遇不易贯入的砂层或其他土层，可增设辅助水管，以增加下沉速度。

（5）施工过程中如遇影响施工质量的重大问题，应及时会同监理、设计和建设单位各方现场解决。

7. 质量检查

检测试验应在振冲施工结束并达到恢复期后进行，一般砂土恢复期不少于 7d。

（1）振冲地基质量检查标准见表 5.1-16。

（2）检查振冲施工各项施工记录，如有遗漏或不符合规定要求的振冲桩，应及时补做或采取有效的补救措施。

（3）桩径检测，采用剖桩法，同时检查其振密效果和垂直度。

表 5.1－16　　　　　　　　　　　　振冲地基质量检查标准表

项目	序	检查项目		允许偏差或允许值	检查方法
主控项目	1	桩数		符合设计要求	现场检查
	2	填料质量与数量		符合设计要求	现场检查、试验报告
	3	地基承载力		符合设计要求	现场抽查、试验报告
	4	施工记录		齐全、准确、清晰	查看资料
	5	填料粒径		符合设计要求	现场抽查、试验报告
一般项目	1	加密电流		符合生产性试验要求	查看资料、试验报告
	2	留振时间			
	3	加密段长度			
	4	孔深		符合设计要求	用钢尺量
	5	成孔中心与设计孔位中心偏差	边缘桩	$\leqslant D/5$	用钢尺量
			内部桩	$\leqslant D/4$	
	6	桩体直径 D/mm		<50	用钢尺量

（4）对褥垫层及挖除碾压后振冲桩顶面的施工参数和施工工艺进行检验。应进行分层取样，每 $150\mathrm{m}^2$ 取一个检验点，取样所测定的相对密度，平均值应不小于设计值。应按合格率不小于 90%，不合格相对密度不得低于设计值的 95% 控制。

8. 施工质量效果检测

桩体密实度宜采用重型动力触探试验检测，检测数量根据工程重要性和工程地质条件的复杂性宜为总桩数的 $1\%\sim3\%$，单项工程不少于3根，触探击数应达到设计要求。

桩间土处理效果宜采用标准贯入试验等原位测试方法并结合室内土工试验等方法检测。

振冲处理后的地基竣工验收时，承载力检验应采用复合地基载荷试验。复合地基载荷试验检验数量不应少于总桩数的 0.5%，且每个单体工程不应少于3点。载荷试验检测点应按下列原则布置：①具有代表性和均匀性；②建（构）筑物的重要部位；③不同工程地质条件的代表性区域、施工中出现异常的地段。

振冲桩施工机械及工艺照片见图 5.1－6。

5.1.4.4　阴坪水电站基础振冲桩（王菊梅，2013）

阴坪水电站位于四川省平武县境内的涪江一级支流火溪河上，是火溪河水电梯级开发的最后一级，为引水式开发。水库正常蓄水位为 1248.00m，相应库容为 112.6 万 m^3，电站装机容量为 100MW，为单一发电工程，无其他综合利用要求。

电站枢纽工程为三等，主要水工建筑物按3级设计，地震设防烈度为7度。首部枢纽建筑物由左至右分别为左岸挡水坝、2孔泄洪闸、1孔冲沙闸、右岸挡水坝及其上游侧的取水口闸，坝顶高程 1249.50m，闸坝最大高度为 35.0m。据勘探资料揭示，河床覆盖层深厚，最深约 106.77m，结构层次复杂，存在软弱下卧层。软弱层主要以砂、砂壤土为主，承载力、压缩模量及抗剪强度均较低，且在Ⅶ度地震时有液化的可能。经方案比较闸坝基础采用振冲碎石桩进行处理，通过振冲及填料挤压置换形成复合地基，以提高地基的

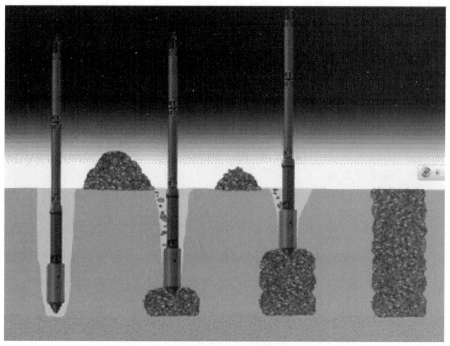

（a）抗冲置换法原理

（a）振冲器

（b）施工过程

图 5.1-6　振冲桩施工机械及工艺照片

承载力、抗剪强度和抗变形能力，防止其发生液化。

根据《水闸设计规范》规定，进行各组合工况下闸、坝的稳定及基底应力计算。泄洪、冲沙闸室段作为整体按不对称结构进行闸室稳定及基底应力计算；各挡水坝段分别进行稳定及基底应力计算。

（1）泄洪、冲沙闸及挡水坝各坝段沿建基面的稳定安全系数满足《水闸设计规范》要求，但安全裕度不大。

（2）根据规范规定：中等坚实土基上闸室基底应力不均匀系数（最大值与最小值之比）应满足规范规定的允许值（基本组合为 2.00，特殊组合为 2.50，地震区可适当增大）；平均基底应力不大于地基允许承载力；最大基底应力不大于地基允许承载力的 1.2 倍。由于地基结构层次复杂，存在软弱下卧层，需验算经振冲处理后下卧各层的承载力。

（3）完建工况时最大基底应力在上游侧，挡水工况最大基底应力在下游侧。根据首部枢纽布置图，各建筑物建基面除坝段齿槽局部直接位于⑥层上外，其余各建基面均在⑦层上。第⑦层的天然地基承载力为 0.4～0.5kPa，但第⑦层平均厚度仅 5.2m，建基面以下厚度不足 5m。第⑦层以下的第⑥、第⑤层分别为深灰色粉砂壤土和砂层，属软弱下卧层，天然承载力很低。根据闸坝稳定及基底应力计算成果，闸坝地基不满足建筑物承载要求，且地质判断第⑤、第⑥层为液化土层，需对其进行基础处理，以提高地基的允许承载力及抗液化能力。经综合比较采用振冲碎石对闸坝地基进行加固处理，并考虑一定的护桩范围，按等边三角形布置，设计桩径为 1m，桩间距为 1.5～2m，闸室底部桩长 23m，挡水坝段局部最大深度为 26m。

软弱层地基承载力较低，需验算其强度，要求作用在顶面处的附加应力及自重应力之和不超过此层修正后的承载力，即

$$P_z + P_{cz} \leqslant f_{ak} \tag{5.1-18}$$

式中　P_z——软弱下卧层顶面处的附加应力标准，kPa；

$\qquad P_{cz}$——软弱下卧层顶面处的自重应力标准值，kPa；

$\qquad f_{ak}$——软弱下卧层顶面处的经深度修正后地基承载力特征值，kPa。

坝闸地基软弱下卧层承载力验算成果见表 5.1-17。

表 5.1-17　　　　　　　　闸坝地基软弱下卧层承载力验算成果表

项　目	部　位					
	闸基平均应力/kPa			闸基最大应力/kPa		
	第⑥层顶	第⑤层顶	第④层	第⑥层顶	第⑤层顶	第④层
原始地基承载力 f_a	190	160	225	190	160	225
基底应力 P	392	392	324.6	484	484	400.8
地基自重应力 P_{cz}	18.5	37.9	209.7	18.5	37.9	209.7
下卧层顶部总应力 $P_z + P_{cz}$	410.5	429.9	534.2	502.5	521.9	610.5
修正后原始地基承载力 f_{az}	204.3	262.4	537.2	204.3	262.1	537.2
原始地基是否满足要求	否	否	是	否	否	是
振冲处理后地基承载力 f_{ak} 应达到值	361	292		370	299	
1.5m 间距振冲复合地基承载力 f_{ak}	360	310		360	310	
2.0m 间距振冲复合地基承载力 f_{ak}	300	240		300	240	
振冲桩处理应选用的间距/m	1.5	1.5		1.5	1.5	

根据表 5.1-17 中成果对比振冲试验，当采用桩间距为 1.5m 时，经振冲处理后的复合地基承载力可满足要求，闸基振冲桩深度为 23m。根据现场振冲碎石桩复合承载力检验成果，承载力标准值、变形模量、抗剪指标均有所提高，剪切波初判间距 1.5m、2m 振冲区第⑤、第⑥层为液化土层均不液化，标贯复判第⑥层可能液化、第⑤不液化。考虑到其排水减压效果，认为处理后基本不液化。覆盖层第⑤、第⑥层振冲后复合地基物理力学参数建议值见表 5.1-18。

表 5.1-18 覆盖层第⑤、第⑥层振冲后复合地基物理力学参数建议值

振冲桩边长	地层层次	墙体名称	渗透系数 /(cm/s)	允许坡降 f	可能破坏类型	压缩模量 /MPa	允许承载力 /MPa	抗剪强度	
								φ/ (°)	c/MPa
2.0m	⑥	深灰色粉砂质壤土	2.64×10^{-4}	0.5~1.0	流土或管涌	14~17	0.28~0.32	22~24	0
	⑤	砂层	6.95×10^{-2}	0.15~0.20	管涌	20~23	0.23~0.25	22~25	0
1.5m	⑥	深灰色粉砂质壤土	6.71×10^{-4}	0.5~1.0	流土或管涌	18~22	0.35~0.37	26~27	0
	⑤	砂层	1.06×10^{-3}	0.15~0.20	管涌	25~29	0.30~0.32	25~27	0

5.1.4.5 鲁基厂水电站基础振冲桩（徐苏晨等，2013）

鲁基厂水电站位于云南省普渡河干流下游河段，是昆明市普渡河干流 7 级开发方案的第 6 级，电站为引水式开发，拦河坝位于禄劝彝族苗族自治县则黑乡小河口村下游约 1.5km 处，发电厂房位于坝址下游约 4.0km 处左岸，水库总库容为 941 万 m³，电站装机容量为 96MW，工程等别属Ⅲ等。拦河坝由混凝土闸坝和右岸土坝连接段组成，最大坝高为 34m。

电站坝址处于Ⅷ度地震烈度区，坝址左岸岩石出露，右岸为大规模坡残坡积层，河床平均坡降达到 1.6%，河床含泥砂砾卵石覆盖层最大厚度达到 42m，属中等～强透水，天然地基承载力只有 200~300kPa，在这种特定地形地质条件下修建混凝土闸坝，设计需要妥善处理诸多问题，包括地基承载力、抗滑稳定、坝基防渗、混凝土闸坝与右岸坍塌残坡积层的连接、防渗闭合、软基上消能防冲等问题。

根据工程实例和经验，选择对基础进行振冲处理来提高地基承载力。处理范围：建筑物边线上下游 30m 范围内及防冲墙上下游 10m 范围内，根据不同的混凝土建筑物对基础承载力的大小要求，将枢纽建筑物基础范围划分为 3 个区域：Ⅰ区重力坝区域、Ⅱ区泄水冲砂闸区域和Ⅲ区建筑外区域。要求经过振冲处理后的坝基复合地基承载力特征值：Ⅰ区不小于 630kPa，Ⅱ区不小于 500kPa，Ⅲ区不小于 400ka，振冲后砂卵砾石基础相对密度不小于 0.8。振冲桩布置：振冲桩采用等边三角形布置，通过振冲原位试验确定，Ⅰ区桩距为 1.5~2.0m，Ⅱ区桩距为 2.0~2.5m。Ⅲ区为 2.5m 振冲设备：选用 150kW 及以上的大功率设备。

振冲桩深度：振冲最小深度为 3m，最大深度为 29m，平均深度为 22m。根据振冲试验确定坝基振冲层次为两层：第一层为 0~18m 上层河床砂卵砾石；第二层为 18~30m 下层泥质粉细砂和粉质黏土层。针对不同地基层次的地质特点，采用不同的振冲桩形式，上层承载力通过振冲加密砂卵砾石桩解决，下层承载力通过振冲碎石桩解决。对于建筑物外区域只振冲上层，采用加密砂卵砾石桩。Ⅰ区达到基岩 0.1~0.5m 终孔；Ⅱ区长桩必须穿透粉砂和黏土层；Ⅲ区桩长为 16m。根据检测结果，振冲处理后地基承载力满足设计要求，大坝 2010 年 6 月蓄水验收运行至 2012 年 12 月底，垂直沉降不超过 2cm，且趋于稳定，说明坝基振冲处理非常成功。

5.1.5　强夯

5.1.5.1　一般规定

强夯法即强力夯实法，又称动力固结法。它是利用大型履带式强夯机将 8～30t 的重锤从 6～30m 高度自由落下，对土进行强力夯实，迅速提高地基的承载力及压缩模量，形成比较均匀的、密实的地基，在地基一定深度内改变了地基土的孔隙分布。强夯法适用于处理碎石土、砂土、低饱和度的粉土与黏性土、湿陷性黄土、素填土和杂填土等地基，加固后地基承载力一般为密实状态下原土地基承载力，对于砂土、砂砾石，强夯后承载力一般为 200～500kPa。

5.1.5.2　强夯设计

强力夯实法设计应满足下列规定。

锤重和落距应根据地基土质情况和施工设备条件等因素确定。锤重可采用 100～250kN，落距可采用 10～20m，锤的重心位置应在锤的半高度以下，锤底面积可按锤底面静压力为 30～40kPa 计算确定，锤体中宜均匀设置若干个上下贯通的通气孔。

夯点可按方格形或梅花形布置，间距可采用锤底面直径或边长的 1.5～2.5 倍。

夯点夯击遍数、每遍击数、前后两遍的间歇时间等，均应经现场最佳夯击能试验确定。当地下水位较高时，应适当延长间歇时间，并应有良好的排水措施。

强力夯实的有效加固深度应根据现场试夯结果或当地已建工程经验确定。强力夯实法设计应有防止对周围已有建筑物产生有害影响的措施，可采用表 5.1-19 预估有效加固深度。

表 5.1-19　　　　　　　　　　强夯法有效加固深度

单击夯击能/(kN·m)	碎石土、砂土等粗颗粒土	粉土、黏性土、湿陷性黄土等细颗粒土
1000	5.0～6.0	4.0～5.0
2000	6.0～7.0	5.0～6.0
3000	7.0～8.0	6.0～7.0
4000	8.0～9.0	7.0～8.0
5000	9.0～9.5	8.0～8.5
6000	9.5～10.0	8.5～9.0
8000	10.0～10.5	9.0～9.5

夯点的夯击次数，应按现场试夯得到的夯击次数和夯沉量关系曲线确定，并应同时满足下列条件。

（1）最后两击的平均夯沉量不宜大于下列数值：当单击夯击能小于 400kN·m 时为 50mm；当单击夯击能为 4000～6000kN·m 时为 100m；当单击夯击能大于 6000kN·m 时为 200mm。

（2）夯坑周围地面不应发生过大的隆起。

（3）不因夯坑过深而发生提锤困难。

夯击遍数应根据地基土的性质确定，可采用点夯 23 遍，对于渗透性较差的细颗粒土，必要时夯击遍数可适当增加。最后再以低能量满夯 2 遍，满夯可采用轻锤或低落距锤多次夯击，锤印搭接。

两遍夯击之间应有一定的时间间隔。间隔时间取决于土中超静孔隙水压力的消散时间。当缺少实测资料时，可根据地基的滤透性确定。对于透性较差的黏性土地基，间隔时间不应少于3周；对于渗透性好的地基可连续夯击。

夯击点之间，以后各遍夯击点间距可适当减小，对处理深度较深或单击夯击能较大的工程，第一遍夯击点间距宜适当增大。

强夯处理范围应大于建筑物基础范围，每边超出基础外缘的宽度宜为基底下设计处理深度的1/2～2/3，并不宜小于3m。

根据初步确定的强夯参数，提出强夯试验方案，进行现场试夯。应根据不同土质条件待试夯结束一至数周后，对试夯场地进行检测，并与夯前测试数据进行对比，检验强夯效果，确定工程采用的各项强夯参数。

强夯地基承载力特征值应通过现场载荷试验确定。初步设计时也可根据夯后原位测试和土工试验指标按现行国家标准《建筑地基基础设计规范》（GB 50007—2011）有关规定确定。

强夯地基变形计算应现行国家标准《建筑地基基础设计规范》有关规定。夯后有效加固深度内土层的压指模量应通过原位测试或土工试验确定。

5.1.5.3 施工工艺

1. 材料要求

柴油、机油、齿轮油、液压油、钢丝绳、电焊条均符合主机使用要求。

回填土料：应选用不含有机质、含水量较小的黏质粉土、粉土或粉质黏土。

2. 主要机具

起重机：20～50t履带式起重机或汽车起重机，宜优先选用履带式起重机。起吊能力大于锤重1.5～2.0倍。

夯锤：10～40t，铸钢或钢筒混凝土制作，宜优先选用铸钢夯锤。底面形式宜用圆形，锤的底面宜均匀设置若干个与其顶面贯通的排气孔，孔径可取250～300mm。锤底静接地压力值可取25～40kPa。

自动脱钩器：强度足够，转动灵活，安全可靠。

推土机：TS140、TS220、D80等，满足现场推土需要。

电焊机：AX-320等型号。

经纬仪：J2等型号，按规定定期检定。

水准仪：DS3等型号，按规定定期检定。

塔尺：5m等型号。

钢卷尺：30m、50m等。

3. 作业条件

施工场地要做到"三通一平"，场地的地上电线、地下管网和其他障碍物得到清理或妥善安置；施工用的临时设施准备就绪。

施工现场周围建筑、构筑物（含文物保护建筑）、古树、名木和地下管线得到可靠的保护。当强夯能量有可能对邻近建筑物产生影响时，应在施工区边界开挖隔震沟。隔震沟规模应根据影响程度确定。

应具备详细的岩土工程地质及水文地质勘察资料、拟建建筑物平面位置图、基础平面图、剖面图、强夯地基处理施工图及工程施工组织设计。

施工放线：依据甲方提供的建筑物控制点坐标、水准点高程并书面资料，进行施工放线、放点，放线应将强夯处理范围用白灰线画出来，对建筑物控制点埋设木桩。将施工测量控制点引至不受施工影响的稳固地点。必要时，对建筑物控制点坐标和水准点高程进行检测。要求使用的测量仪器经过检定合格。

设备安装及调试，起吊设备进场后应及时进行安装及调试，保证吊车行走运转正常；起吊滑轮组与钢丝绳连接紧固，安全可靠；起吊挂钩锁定装置应牢固可靠，脱钩自由灵敏，与钢丝绳连接牢固；夯锤重量、直径、高度应满足设计要求；夯锤挂钩与夯锤整体应连接牢固；施工用推土机应运转正常。强夯施工工艺见图 5.1-7。

图 5.1-7　强夯施工工艺

4. 单点夯试验

(1) 在施工场地附近或场地内，选择具有代表性的适当位置进行单点夯试验。试验点数量根据工程需要确定，一般不少于 2 点。

(2) 根据夯锤直径，用白灰画出试验点中心点位置及夯击圆界限。

(3) 在夯击试验点界限外两侧，以试验中心点为原点，对称等间距埋设标高施测基准桩，基准桩埋设在同一直线上，直线通过试验中心点，基准桩间距一般为 1m，基准桩埋设数量视单点夯影响范围而定。

(4) 在远离试验点（夯击影响区外）架设水准仪，进行各观测点的水准测量，并做记录。

(5) 平稳起吊夯锤至设计要求夯击高度，释放夯锤自由平稳落下。

(6) 用水准仪对基准桩及夯锤顶部进行水准高程测量，并做好试验记录。

重复以上（5）、（6）两步骤至试验要求夯击次数。

5. 施工参数确定

在完成各单点夯试验施工及检测后，综合分析施工检测数据，确定强夯施工参数，包括：夯击高度、单点夯击次数、点夯施工遍数及满夯夯击能量、夯击次数、夯点搭接范围、满夯遍数等。

根据单点夯试验资料及强夯施工参数，对处理场地整体夯沉量进行估算，根据建筑设计基础埋深，计算确定需要回填土数量。

必要时，应通过强夯小区试验，来确定强夯施工参数。

6. 测高程、放点

对强夯施工场地地面进行高程测量。根据第一遍点夯施工图，以夯击点中心为圆心，以夯锤直径为圆直径，用白灰画图，分别画出每一个夯点。

7. 点夯施工

夯击机械就位，提起夯锤离开地面，调整吊机使夯锤中心与夯击点中心一致，固定起吊机械。

提起夯锤至要求高度，释放夯锤平稳自由落下进行夯击。

用标尺测量夯锤顶面标高。

重复以上 2 步骤，至要求夯击次数。

点夯夯击完成后，转移起吊机械与夯锤至下一夯击点，进行强夯施工。

第一遍点夯结束后，将夯击坑用回填土或用推土机把整个场地推平。

根据第二遍点夯施工图进行夯点施放，进行第二遍点夯施工。

按设计要求可进行三遍以上的点夯施工。

8. 满夯施工

点夯施工全部结束，平整场地并测量场地水准高程后，可进行满夯施工。

满夯施工应根据满夯施工图进行并遵循由点到线，由线到面的原则。

按设计要求的夯击能量、夯击次数、遍数及夯坑搭接方式进行满夯施工。

施工间隔时间控制：不同遍数施工之间需要控制的施工间隔时间应根据地质条件、地下水条件、气候条件等因素由设计人员提出，一般宜为 3～7d。

9. 冬雨季施工

冬期施工，表层冻土较薄时，施工可不予考虑，当冻土较厚时首先应将冻土击碎或将冻层挖除，然后再按各点规定的夯击数施工，在第一遍及第二遍夯完整平后宜在 5d 后进行下一遍施工。

雨期施工，应做好气象信息收集工作；夯坑应及时回填夯平，避免坑内积水渗入地下影响强夯效果；夯坑内一旦积水，应及时排出；场地因降水浸泡，应增加消散期，严重时，采用换土等措施。

10. 质量标准

施工前应检查夯锤重量、尺寸，落距控制手段，排水设施及被夯地基的土质。施工中应检查落距、夯击遍数、夯点位置、夯击范围。

施工结束后，检查被夯地基的强度并进行承载力检验。

强夯地基质量检验标准应符合表 5.1-20 的规定。

表 5.1-20   强夯地基质量检验标准

项目	序号	检查项目	允许偏差或允许值	检查方法
主控项目	1	地基强度	符合设计要求	按规定方法
	2	地基承载力	符合设计要求	按规定方法
一般项目	1	夯锤落距	±300mm	钢索设标志
	2	锤重	±100kg	称重
	3	夯击遍数及顺序	符合设计要求	计数法
	4	夯点间距	±500mm	用钢尺量
	5	夯击范围（超出基础范围距离）	符合设计要求	用钢尺量
	6	前后两遍间歇时间	符合设计要求	

11. 成品保护

（1）施工过程中避免夯坑内积水，一旦积水要及时排除，必要时换土再夯，避免"橡皮土"出现。

（2）两遍点夯之间时间间隔要依据地层情况等因素确定，对碎石土、砂土地基可间隔短些，可为 1～3d，粉土和黏性土地基可为 5～7d。

（3）强夯处理后地基竣工验收承载力检验，应在施工结束后间隔一定时间方能进行，对于碎石土和砂土地基，可取 7～14d，粉土和黏性土地基可取 14～28d。

12. 注意的问题

强夯施工前，应在施工现场有代表性的场地上选取一个或几个试验区，进行试夯或试验性施工。试验区数量应根据建筑场地复杂程度，建筑规模及建筑类型确定。

在起夯时，吊车正前方、吊臂下和夯锤下严禁站人，需要整平夯坑内土方时，要先将夯锤吊离并放在坑外地面后方可下人。

施工人员进入现场要戴安全帽，夯击时要离开夯坑 10m 以上距离。

六级以上大风天气、雨、雾、雪、风沙扬尘等能见度低时暂停施工。

施工时要根据地下水径流排泄方向，应从上水头向下水头方向施工，以利于地下水、土层中水分的排出。

严格遵守强夯施工程序及要求，做到夯锤升降平稳，对准夯坑，避免歪夯，禁止错位夯击施工，发现歪夯，应立即采取措施纠正。

夯锤的通气孔在施工时保持畅通，如被堵塞，应立即疏通，以防产生"气垫"效应，影响强夯施工质量。

加强对夯锤、脱钩器、吊车臂杆和起重索具的检查。

对不均匀场地，只控制夯击次数不能保证加固效果，应同时控制夯沉量。地下水位高时可采用降水等其他措施。

5.1.5.4　苗家坝水电站大坝坝基强夯处理（仇玉生，2010）

苗家坝水电站大坝坝基为深厚覆盖层，覆盖层厚度为 44～48m。根据基础颗粒组成与结构特征自上而下分为四层，具体描述如下：表部水库淤积层厚一般为 2～4m；上部含碎石块石砂卵砾石层厚 6～20m；中部砂卵砾石层厚 12～15m，是河床覆盖层的主体层；底部含块碎石的砂卵砾石层厚 5～10m。河床覆盖层以卵、砾石为主，局部漂石含量大，为不良级配。

作为大坝坝基，对深厚覆盖层基础处理至关重要。根据设计要求，坝轴线以上坝基基础需要强夯处理，处理面积约 2.3 万 m^2。

1. 坝基河床砂砾层原位密度检测

每个试验区共取 6 组实验数据，共计 12 组数据，具有代表性。从试验数据得知，大坝坝基覆盖层的自然原位密度平均值是 2.305g/cm^3，坝基原状渗透系数 2.6×10^{-3}～4.8×10^{-3}cm/s，具有从左向右（面向下游侧）减小的趋势。

2. 坝基原状覆盖层颗粒级配

8000kN·m、6000kN·m 强夯试验区天然级配试验可知：小于 5mm 的颗粒含量为

15.3%～25.3%，含泥量为2%～4%，两试验区的砂砾石不均匀系数为60～259，曲率系数为2.0～19.1。

依据设计强夯试验任务书，同时结合生产进行了强夯试验，强夯试验的目的是：论证覆盖层经强夯和碾压处理后的效果；确定合理的覆盖层强夯和碾压标准（机械类型、机械参数、施工参数等）；确定覆盖层强夯和碾压施工工艺。根据坝基开挖揭露情况，经业主、设计、监理及施工单位现场查勘，将强夯试验区选在坝轴线上游侧，强夯试验面积25m×25m，分两个区进行，选用两种夯击能即8000kN·m和6000kN·m。选定强夯试验区后，进行河床覆盖层物理性质检验，最终得出强夯参数如下：采用8000kN·m量级的夯击能效果较好，首夯与第二遍夯击能同为8000kN·m（夯锤举起20m），夯锤击数为8击；第三遍夯击能3000kN·m（夯锤举起7.5m），夯锤击数为4击；第三遍夯击结束后用25t托式碾碾压4遍，夯点间距可为10m格网。

强夯试验结束后将试验成果报监理工程审批，苗家坝水电站通过两组夯击能试验，最选取8000kN·m级的夯击能，施工过程选用8000kN·m对应的施工参数施工工艺。

强夯前首先将强夯范围内场地进行平整，把表层较大块石（400mm以上）清理干净，用推土机将强夯区域进行整平，整平控制在±200mm范围内，场地整平后进行地形测量，测量点密度控制在5点/100m²，并将测量地形成果报监理工程师审核。

按照设计和强夯试验成果的要求，苗家坝水电站强夯共计三遍，首夯和二遍夯为8000kN·m，第三遍为6000kN·m，第四遍为25t托式碾碾压10遍。夯点标识采用白灰标识，在夯击点用白灰做十字标识，十字标识线长50cm，每个夯击点逐个进行标识，便于沉降量的测量和记录。

3. 强夯施工

设备就位，设备就位主要包括设备到强夯点、强夯门架调整、夯锤脱钩检查、强夯钢丝绳检查等。每次强夯前均对强夯设备进行安全检查，各项指标满足安全要求后进行强夯施工。强夯就位过程中夯锤就位是强夯设备就位的关键。由于夯锤自重40t，在施工过程中频繁移动，没有专门配置夯锤移位的设备，主要利用强夯自有设备进行夯锤移位，移位由强夯起重设备吊起夯锤，利用门形支架平移，每次平移幅度为3.5～5m。

强夯施工工艺流程，流程中夯前标高和强夯后的标高测量非常重要，要求每次夯锤落地都需测量，并做好对于表格的记录。在夯击过程中要把握好夯击结束标准，按照设计要求，最后连续2夯累计沉降量不大于5cm，作为本次遍数夯击完成标准，在施工过程中所用夯锤自重40t，8000kN·m夯击能需要垂直举高20m。夯击过程沉降量测量运用水准仪测量，由于夯击振动较大，水准仪安置位置距夯击点约30m。

4. 强夯施工过程中的注意事项

（1）安全方面注意事项。强夯作业为特种作业，操作人员必须持证上岗。起重设备经地方安全技术监督部门进行验收鉴定，并符合安全作业要求。强夯作业对地面冲击非常厉害，容易飞溅飞石，所以作业区域进行封闭。在作业区域30m范围内严禁非作业人员和车辆进入，设置防护带并进行警示标识。对起重设备每班作业结束都要对脱钩、钢丝绳、支架等关键部门进行检查和保养，做好每班设备检查记录。操作人员做好防护，主要对面部和起重设备驾驶楼前部挡风玻璃的防护。

（2）技术及施工方面注意事项。①强夯试验至少进行两个方案比较，根据试验结果确定技术和经济最合理的方案，强夯施工前要对坝基基础进行原位测试，取原状样，测定不同深度范围内的天然密度、密度、渗透系数和颗粒级配等。强夯结束后间隔1～2周进行上述实验内容的取样。②强夯各遍数之间间隔时间为1～2d，或者连续夯击不间歇。强夯顺序从边缘向中央，每夯完一遍，用推土机平整场地，放线定位。夯锤落锤要保持平稳，夯位应准确，夯坑内积水及时排除，将地下水位降低至设计夯击面3m以下，保持覆盖层干燥。每一遍夯击完成后，应及时测量场地平均下沉量，做好现场记录。

5. 苗家坝水电站坝基强夯后各项指标检测

根据强夯后测量资料统计夯后渗透系数为 $2.0 \times 10^{-3} \sim 2.7 \times 10^{-3}$ cm/s，明显较夯前减小，且差异也缩小了。强夯后渗透系数试验记录及成果（夯后）见表5.1－21。

表5.1－21　　　　　　　　　强夯后渗透系数试验记录及成果（夯后）

区域：8000kN·m		埋环深度：15cm		土质说明：河床砂砾石	
内环直径：60cm		内环面积：2827.4cm²		水温：19℃	
测量时间	时间间隔	渗入水量 /mL	水渗透流量		渗透系数 /(cm/s)
			mL/min	mL/s	
某日 13：45	5min	2200	440.0	7.3	0.0026
		2050	410.0	6.8	0.0024
		2150	430.0	7.2	0.0025
		2200	440.0	7.3	0.0026
		2100	420.0	7.0	0.0025
		2050	410.0	6.8	0.0024
平均渗透系数：2.5×10^{-3} cm/s					
位置：坝上15m，0+157，高程约697.8m					
某日 15：00	5min	2250	450.0	7.5	0.0027
		2350	470.0	7.8	0.0028
		2100	420.0	7.0	0.0025
		2200	440.0	7.3	0.0026
		2300	460.0	7.7	0.0027
		2350	470.0	7.8	0.0028
平均渗透系数：2.7×10^{-3} cm/s					
位置：坝上15m，0+166，高程约697.8m					
某日 16：40	5min	1850	370.0	6.2	0.0022
		2000	400.0	6.7	0.0024
		1850	370.0	6.2	0.0022
		2100	420.0	7.0	0.0025
		1950	390.0	6.5	0.0023
		1900	380.0	6.3	0.0022
平均渗透系数：2.3×10^{-3} cm/s					
位置：坝上14m，0+176m，高程约697.8m					

强夯后的颗粒级配检测：强夯后颗粒级配如图5.1-8所示。由图5.1-8可知，强夯后的砂砾石不均匀系数为19～159，曲率系数为1.6～16.7，最大粒径明显缩小，所检点级配最大粒径不超过300mm。说明经强夯后，上部颗粒有明显破碎，但含泥量的大小无明显增加。

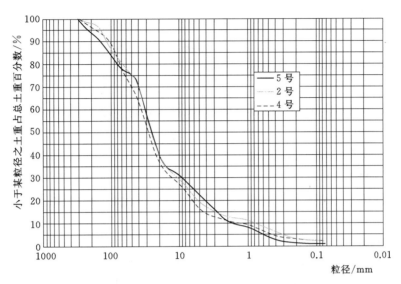

图5.1-8 8000kN·m强夯试验区夯后级配

在强夯前后需进行动力触探试验检测，触探试验按水工试验规程中动力触探试验进行，先钻孔，然后在孔中进行触探，锤重63.5kg，属重型动力触探，按设计要求深度每增加2.0m都选行了触探。从强夯后深度10m处的触探指标看，8000kN·m区夯前的触探指标平均约为19、夯后平均约为23。依据重型动力触探指标计算的地基承载力，夯前平均值为719kPa、强夯后为851kPa，经强夯后坝基承载力强度明显提高。

5.1.6 固结灌浆

5.1.6.1 一般规定

采用灌浆方法处理覆盖层时，应先查明覆盖层的成因、结构、空间分布范围，各土层的颗粒级配、密度、渗透系数、允许渗透比降等，以及地下水的分布规律、流速、水质等情况。在地震区应对覆盖层的液化特性作出判断。

覆盖层灌浆设计技术指标应以现场试验及室内试验成果为依据，通过计算分析和工程类比的方法提出，并应符合《碾压式土石坝设计规范》（DL/T 5395—2007）或其他相关规范的规定。

覆盖层灌浆部位宜设置混凝土盖板，混凝土盖板厚度不宜小于0.5m，宽度宜超出灌浆两侧边线3m以上。

为提高近地表覆盖层的灌浆质量，可采用加密浅层灌浆孔、自上而下进行灌浆、增加浆液中水泥含量、适当待凝等措施。

5.1.6.2 灌浆设计

覆盖层灌浆工程应根据其功能要求和使用条件，设置渗流和变形监测设施。应根据建筑物对地基承载力和变形控制等使用要求，结合地质及施工等条件进行覆盖层固结灌浆的设计。

覆盖层地基固结灌浆的范围应大于建筑物的外轮廓线，具体可根据覆盖层的分布和结构物的要求等条件进行分析计算确定。覆盖层地基固结灌浆的孔深、孔距、排距可根据现场灌浆试验成果进行分析计算，并参照类似工程经验确定。一般情况下，孔距、排距可采用2~3m。覆盖层固结灌浆宜采用沉管灌浆法或孔口封闭灌浆法。施工时宜先灌注周边孔，后灌注中间孔，各灌浆孔按排间分序、排内加密的原则进行。覆盖层固结灌浆的压力应根据地质条件和现场试验成果，按建筑物的允许变形确定，一般情况下可采用0.1~1.0kPa。必要时应进行变形监测。覆盖层固结灌浆宜采用水泥浆，也可采用黏土水泥浆或膨润土水泥浆、粉煤灰水泥浆。空隙较大时，可使用膏状浆液或水泥砂浆等。

5.1.6.3　现场灌浆试验

现场灌浆试验宜在可行性研究阶段进行。

现场灌浆试验的地点应具有代表性。地质条件复杂时，应针对不同地质单元和不同施工条件进行灌浆试验。当在工程建设部位进行试验时，应对试验工程的利用及与建筑物的衔接做好安排。

现场灌浆试验的主要任务是：①试验论证工程采用灌浆方法在技术上的可行性、施工效果的可靠性、经济上的合理性；②评价灌浆帷幕的渗透性和抗渗透破坏能力，固结灌浆后地基的承载能力和变形特性等；③试验确定适宜的灌浆材料、浆液配比和浆液性能要求；④推荐合理的灌浆技术参数，如灌浆孔排数、排距、孔距、孔深等；⑤推荐合理的施工方法、施工程序和施工参数，如灌浆压力、单位注入量范围等；⑥研究适宜的灌浆质量标准和检查方法；⑦施工工效、进度与工程造价分析等。

对灌浆试验的全过程，包括实施的每一步骤应进行详细的记录。

在施工前或施工初期，宜进行生产性灌浆试验，以验证灌浆工程施工详图设计和施工组织设计，调试运行钻孔灌浆施工系统。

5.1.6.4　灌浆材料、设备与制浆

1. 灌浆材料

覆盖层的灌浆材料应根据覆盖层的地层组成、渗透性、地下水流速、灌浆材料来源和灌浆目的要求等，通过室内浆材试验和现场灌浆试验确定，可使用下列类型浆液：

（1）水泥黏土（膨润土）浆。

（2）水泥基浆液，包括纯水泥浆、粉煤灰水泥浆、水泥砂浆、水玻璃水泥浆等。

（3）黏土浆、膨润土浆。

（4）化学浆液，如水玻璃类、丙烯酸盐类等。

（5）其他浆液，如沥青、膏状浆液等。

灌浆采用的水泥品种应根据灌浆目的、地质条件和环境水的侵蚀作用等确定，一般可采用硅酸盐水泥、普通硅酸盐水泥或复合硅酸盐水泥。当有抗侵蚀或其他要求时，可使用矿渣水泥、火山灰水泥或特种水泥。水泥的强度等级可为32.5或以上。

水泥的品质、运输和储存条件应符合《通用硅酸盐水泥》（GB 175—2007）或所采用的其他水泥的标准的规定。

灌浆用黏性土的塑性指数不宜小于 14，黏粒（粒径小于 0.005mm）含量不宜少于 25%，含砂量不宜大于 5%，有机物含量不宜大于 3%。黏土宜采用浆液的形式加入，并筛除大颗粒和杂物。

灌浆用膨润土，其品质指标应符合《钻井液材料规范》（GB/T 5005—2010）的规定。

灌浆用粉煤灰，根据工程需要可使用 III 级或 II 级粉煤灰，其品质指标应符合 DL/T 5055 的规定。

浆用水应符合《碾压混凝土坝设计导则》（DL/T 5144—1992）拌制水工混凝土用水的要求。

根据灌浆需要，可在灌浆浆液中加入下列外加剂，其种类和掺量应通过室内浆液试验和现场灌浆试验确定。

速凝剂：如水玻璃、氯化钙或其他无碱速凝剂等。

减水剂：如萘系高效减水剂、木质素磺酸盐类减水剂等。

活性剂：如碱等。

其他外加剂。

所有外加剂的品质指标应符合《水工混凝土外加剂技术规程》（DL/T 5100—2014）或其他有关标准的规定。凡能溶于水的外加剂应以水溶液状态加入。

普通纯水泥浆可不进行室内试验。其他浆液可根据工程需要有选择地进行下列试验：灌浆材料的细度和颗粒分析；浆液密度、黏度、凝结时间、析水率、流变参数等；浆液结石密度、抗压强度、弹性模量、抗渗等级或渗透系数、渗透破坏比降等。

2. 灌浆设备与机具

搅拌机的拌和能力应与所搅拌浆液的类型相适应，保证能均匀、连续地拌制浆液。

灌浆泵的技术性能与所灌注的浆液的类型、浓度应相适应。额定工作压力应大于最大灌浆压力的 1.5 倍，压力波动范围宜小于灌浆压力的 20%，排浆量应能满足灌浆最大注入率的要求。为减小灌浆泵输出压力的波动，宜配置空气蓄能器。

灌浆管路应能保证浆液流动畅通，并应能承受 1.5 倍的最大灌浆压力。灌浆泵到灌浆孔口的输浆距离不宜大于 30m。灌注膏状浆液时灌浆管路直径宜大，长度宜短。

灌浆管路阀门应采用可承受高压水泥浆液冲蚀的耐磨灌浆阀门。

灌浆塞应与所采用的灌浆方法、灌浆压力、灌浆孔或袖阀管直径相适应。可选用挤压膨胀式橡胶灌浆塞或液（气）压式胶囊灌浆塞。灌浆塞应有良好的膨胀和耐压性能，在最大灌浆压力下能可靠地封闭灌浆孔段，并且易于安装和卸除。

灌浆泵出浆口和灌浆孔孔口处均应安设压力表。压力表的量程最大标值宜为最大灌浆压力的 1.5~2.5 倍。压力表与管路之间应设有隔浆装置，且隔浆装置传递压力应灵敏无碍。

覆盖层灌浆工程宜使用灌浆记录仪。灌浆记录仪应能自动测量记录灌浆压力和注入率，其技术性能和安装使用的基本要求应符合《灌浆记录仪技术导则》（DL/T 5237—2010）的规定。

集中制浆站设备的制浆能力应满足灌浆高峰期所有机组用浆需要，并应配备防尘、除尘设施。当浆液中需加入掺合料或外加剂时，应增设相应的设备。

所有灌浆设备应做好维护保养，保证其正常工作状态，并应有备用量。

钻孔灌浆的计量器具，如测斜仪、压力表（压力计）、流量计、密度计（比重计）、灌浆记录仪等，应定期进行校验或检定，保持计量准确。

3. 制浆

制浆材料应按规定的浆液配比计量，计量误差应小于 5%。水泥等固相材料宜采用质量（重量）称量法计量。

膨润土、黏土加入制浆前应进行浸泡、润胀，充分分散黏土颗粒。

各类浆液应搅拌均匀，使用前应过筛。浆液自制备至用完的时间，水泥浆不宜大于4h，水泥黏土浆不宜大于 6h。

水泥浆液和水泥黏土（或膨润土）浆液宜采用高速搅拌机进行拌制。水泥浆液的搅拌时间不宜少于 30s。拌制水泥黏土（或膨润土）浆液时宜先加水、再加水泥拌成水泥浆，后加黏土浆液共拌。加黏土浆液后的拌制时间不宜少于 2min。

膏状浆液、其他混合浆液的搅拌时间应通过试验确定。

浆液宜采用集中制浆站拌制，可集中拌制最浓一级的浆液，输送到各灌浆地点调配使用。与黏土不发生化学反应的外加剂宜在泥浆配制过程中加入。

应对浆液密度等性能进行定期检查或抽查，保持浆液性能符合工程要求。

寒冷季节施工应做好机房和灌浆管路的防寒保暖工作，炎热季节施工应采取防晒和降温措施。浆液温度宜保持在 5～40℃。

5.1.6.5　施工准备与要求

覆盖层灌浆工程施工前应具备下列设计文件或相应的资料：

（1）施工详图和设计说明书。

（2）灌浆区域工程地质和水文地质资料。

（3）主要灌浆材料来源及料场资料。

（4）灌浆试验报告。

（5）灌浆施工组织设计。

（6）灌浆施工技术要求。

（7）灌浆质量标准和检查方法。

对需要采取振冲、强夯、振动加密、置换和灌浆等多项措施综合处理的覆盖层地基，应先进行其他措施的施工，再进行灌浆。

灌浆工程所用的风、水、电、水泥浆液、泥浆等供给应可靠，宜设置专用管路和线路。水源和电源应有备用。大型灌浆工程应设置水泥浆液和膨润土（或黏土）泥浆的集中拌制站，以及必要的现场试验室。

灌浆工程应制定妥善的环境保护和劳动安全措施。钻渣、污水和废浆应集中处理后排放。

灌浆应按分序加密的原则进行。由多排孔组成的帷幕，应先灌注下游排，再灌注上游排，然后进行中间排孔的灌浆，每排孔可分为二序或三序。

在帷幕灌浆的先灌排一序孔中宜布置先导孔，其间距为 24～40m。

灌浆工程中的各个钻孔应统一分类和编号。

各项施工记录应有专人在现场随着施工作业的进行使用墨水笔逐项填写，做到及时、准确、真实、齐全、整洁。

灌浆过程宜采用灌浆记录仪进行记录，灌浆记录仪的打印记录表应当班签证。

各种资料应及时整理，编制成所需的图表和其他成果资料。

5.1.6.6　套阀管法灌浆

1. 钻孔

根据覆盖层地质条件和工程要求，灌浆孔可采用冲击回转跟管钻进或泥浆护壁回转钻进。

当采用冲击回转钻机跟管钻进灌浆孔时，钻机、潜孔锤、钎头及套管等的性能应满足地层及钻孔孔径、深度等的要求。

当采用泥浆护壁回转钻机钻进灌浆孔时，钻孔机具、泥浆、孔口管埋设等应符合相关规定。灌浆孔钻进结束后，应使用马氏漏斗黏度为 $31\sim36$ s 的稀泥浆清孔，孔底沉淀厚度不宜大于 20cm。

灌浆孔位与设计孔位的偏差应不大于 10cm，终孔孔径不宜小于 $\phi91$mm，孔深应符合设计规定，孔底偏斜率应不大于 2.5%。应严格控制孔深 20m 以内的孔斜率。

2. 灌注填料与下设套阀管

灌浆孔填料应为析水率低、稳定性好的水泥黏土浆液，填料结石收缩性小，可在开环压力下碎裂。填料的配合比应根据材料性能、施工条件等情况通过试验确定。

灌浆孔清孔完成后，可立即灌注填料。填料应通过导管从孔底连续注入，不得中途停顿。压注填料的时间不宜超过 1h。当孔口返出填料的密度与压注前填料密度差不超过 0.02g/cm^3 并确定灌满后，方可结束填料灌注。

套阀管管体可由钢管或聚乙烯（PE）管等制成，内壁应光滑，内径不宜小于 $\phi56$mm，底部应封闭，在最大灌浆压力下不应产生破坏。灌浆孔深度较大时，套阀管应分节，两节之间宜采用螺纹连接。

沿套阀管轴向每隔 $30\sim50$cm 设一环出浆孔。每环 $2\sim5$ 个孔，孔径可为 $\phi8\sim15$mm。出浆孔外面，应用弹性良好的橡皮箍圈套紧。

填料灌注完成后应立即下设套阀管。套阀管下放应平稳，不得强力下压或拧动。如套阀管自重不足以保证下沉，可在管内填砂加重。套阀管底端与灌浆孔底距离应不大于 20cm。

套阀管的各节长度、下设深度、下设时间、入孔情况等应详细准确记录。

套阀管下设完成后宜待凝 3d 以上。

如灌浆孔采用套管护壁钻进，则套阀管下设完成后应拔出套管，并同时向孔内补充填料。

3. 灌浆

套阀管内灌浆可自上而下或自下而上进行，也可先灌注指定部位。采用纯压式灌浆方式。

灌浆时应在套阀管内下入双联式灌浆塞，每次宜灌注一环孔。

灌浆前应先进行开环。开环可采用水固比 $8:1\sim4:1$ 的稀黏土水泥浆或清水，开环后持续灌注 $5\sim10$min。然后换用灌浆浆液进行灌浆。

开环和灌浆压力以灌浆孔孔口处进浆管路上的压力表读数和传感器测值为准。开环压力可为1～6kPa，灌浆压力可为2～4kPa。

灌浆过程中灌浆压力应由小到大逐级增加，防止突然升高。灌浆过程发现冒浆、返浆及地面抬动等现象时，应立即降低灌浆压力或停止灌浆，并进行处理。

灌浆浆液及其配比可按设计标准执行，通常固定水泥与黏土比例（灰土比），调节水与固体材料比例（水固比），由稀至浓分为3级或4级，以稀浆开灌。

灌浆浆液按以下原则逐级变换：

（1）当灌浆压力保持不变，注入率持续减少时，或注入率不变而压力持续升高时，不应改变浆液比级。

（2）当某级浆液灌入量达到1000～1500L或灌注时间已达30min，而灌浆压力和注入率均无改变或改变不显著时，应改浓一级。

（3）当注入率大于30L/min时，可变浓一级。

达到下列条件之一，可结束灌浆：

（1）在最大灌浆压力下，注入率不大于2L/min，并已持续灌注20min。

（2）单位注入量达到设计规定最大值。设计单位注入量应根据地质条件和工程情况通过计算或现场试验确定。一般边排孔单位注入量不大于3t或5t。

中间排孔应采用（1）条件。

一个单元工程的各灌浆孔灌浆结束，并通过验收合格后，应尽早进行封孔。封孔采用导管注浆法，封孔浆液为最浓一级水泥黏土浆。

4. 特殊情况处理

当施工作业暂时终止时，钻孔孔口应妥加保护，防止流进污水和落入异物。灌浆孔完成灌浆后因故需要保留，可在孔内回填细砂，孔口加塞保护。

当钻孔偏斜使得相邻灌浆孔之间的距离过大时，应采取补救措施，必要时需补钻灌浆孔进行灌浆。

若套阀管开环困难，可根据情况采用的处理方法有：①检查灌浆塞位置是否正确，并加以调整；②较高压力，进行高压开环；③高压开环无效时，可上移或下移一环进行开环，两环合并灌注；④连续两环高压开环无效时，可采用定向爆破或水压切管器将该部位套阀管炸裂或切开，而后进行灌注。

灌浆时沿孔壁冒浆或地面发生冒浆，可根据情况采用的处理方法有：①堵塞冒浆处；②降低灌浆压力，浓浆灌注；③间歇灌浆；④在浆液中加入掺合料或外加剂。

灌浆时套阀管内返浆，应查明漏浆位置，分别采用下列方法处理：①采用自上而下灌浆法；②重新安设灌浆塞或加长灌浆塞；③在套阀管内使用无塞上提法灌浆。

灌浆因故中止，应尽快恢复灌浆。恢复灌浆后如注入率与中止前相近，可直接使用中止时的浆液配比灌注；如注入率减少很多或不吸浆，可采用最大灌浆压力进行压水冲洗，再进行复灌。

5.1.6.7　孔口封闭法灌浆

1. 钻孔

钻孔前应先在混凝土盖板上埋设孔口管。孔口管可采用无缝钢管，管径应大于灌浆孔直径 2 级，长度不宜小于 2m，管口高出地面 10～20cm，埋设要正直、坚固。孔位偏差应不大于 10cm。

灌浆孔宜采用回转式钻机与合金钻头或金刚石钻头钻进。终孔孔径不宜小于 $\phi56mm$。

钻孔护壁宜采用膨润土泥浆，也可使用黏土泥浆或黏土水泥浆。黏土塑性指数宜大于 25，黏粒含量大于 50%，含砂量小于 5%，有机物含量不宜大于 3%。钻孔中耗用的浆液材料应计入注入量。

灌浆孔孔深应符合设计规定，孔底偏斜率应不大于 2.5%。应严格控制孔深 20m 以内的孔斜率。发现钻孔偏斜值超过设计要求时，应及时纠正或以后采取补救措施。

钻孔结束后应捞除孔内残留物，冲净岩粉、岩屑。孔底沉淀厚度不宜大于 20cm。

钻孔过程应进行记录，遇地层变化，发生掉钻、塌孔、钻速变化、回水变色、失水、涌水等异常情况，应详细记录。

2. 灌浆

灌浆自孔口向孔底逐段进行，采用循环式灌浆方式。

孔口管以下 5m 或 10m 范围内，段长宜为 1～2m；以下各段段长宜为 2～5m。当地层稳定性差时，段长取较小值。

孔口封闭器应具有良好的耐压和密封性能，在灌浆过程中灌浆管应能灵活转动和升降。

灌浆管的外径宜小于灌浆孔孔径 10～20mm，若用钻杆作为灌浆管，应采用外平接头连接。

各段灌浆时灌浆管底口离孔底的距离应不大于 50cm。

灌浆压力应按照设计标准通过试验确定。灌浆压力以孔口回浆管上的压力表读数和传感器测值为依据。灌浆压力宜分级提升。

灌浆浆液配比及变换可按照相关规范执行。

灌浆过程中应经常活动灌浆管，并注意观察回浆量，防止灌浆管在孔内被浆液凝住。

各灌浆孔的第 1 灌浆段灌浆结束并镶铸孔口管后应待凝 72h，其余灌浆段灌浆结束后一般可不待凝。

在规定的灌浆压力下，注入率不大于 2L/min 后继续灌注 30min，可结束灌浆。

各灌浆孔灌浆结束后，以最稠一级的浆液采用全孔灌浆法进行封孔。

3. 特殊情况处理

钻孔过程中遇塌孔、空洞、漏浆或掉块难以钻进时，可先进行灌浆处理，然后再钻进。

灌浆过程中发现冒浆、漏浆等现象时，应视具体情况采用表面封堵、低压、浓浆、限流、限量、间歇、待凝等方法进行处理。灌浆过程中发现地面抬动时，应立即降低压力或停止灌浆，进行处理。

灌浆过程中发生串浆时，如串浆孔具备灌浆条件，应一泵一孔同时进行灌浆。否则，应塞住串浆孔，待灌浆孔灌浆结束后，再对串浆孔进行扫孔、冲洗，而后继续钻进或灌浆。

灌浆应连续进行，若因故中断，应尽快恢复灌浆。否则应立即冲洗钻孔，再恢复灌浆。若无法冲洗或冲洗无效，则应进行扫孔，再恢复灌浆；恢复灌浆时，应使用开灌比级的浆液进行灌注，如注入率与中断前相近，即可采用中断前浆液的比级继续灌注；如注入率较中断前减少较多，应逐级加浓浆液继续灌注；如注入率较中断前减少很多，且在短时间内停止吸浆，应采取补救措施。

灌浆段注入量大而难以结束时，可采用低压、浓浆、限流、限量、间歇灌浆；灌注速凝浆液；灌注混合浆液或膏状浆液等措施处理。

灌浆过程中如回浆变浓，可换用较稀的新浆灌注，若效果不明显，继续灌注 30min，即可结束灌注，也不再进行复灌。

5.1.6.8　沉管灌浆

沉管灌浆适用于松散覆盖层孔深 15m 以内、压力较低的灌浆。根据工程要求和地层结构可采用打管灌浆法、套管灌浆法或其他方式进行沉管和灌浆。

打管灌浆法可按照下列步骤和规定进行：

（1）灌浆管采用厚壁无缝钢管，直径可为 $\phi 50 \sim 75$mm。

（2）灌浆管下部应设花管，末端带锥尖。花管段长 $1 \sim 2$m，出浆孔呈梅花形排列，环距 $20 \sim 30$cm，每环 $2 \sim 3$ 孔，孔径 $\phi 10$mm。

（3）灌浆管采用机械或人工锤击，直至设计深度。沉管时宜在灌浆管周围堆放细砂，让其跟管下沉，保持管壁与地层接触紧密。

（4）在灌浆管内下入水管，通水冲洗至回水变清或大量渗漏时结束。

（5）在灌浆管上部连接进浆管路和阀门装置，自下而上分段上提，分段进行纯压式灌浆。直至全孔灌浆完成。

套管灌浆法可按照下列步骤和规定进行：

（1）宜采用液压跟管钻机和扩孔钻头套管护壁钻孔，套管直径宜为 $\phi 127 \sim 146$mm，套管护壁深度应不小于设计孔深。

（2）将护壁套管内冲洗干净，起拔套管 $1 \sim 2$m。

（3）在套管内下入灌浆塞，安放在套管底端，灌浆塞射浆管口距孔底不大于 20cm，进行纯压式灌浆。

（4）自下而上分段提升护壁套管和灌浆塞，分段灌浆，直至全孔灌浆完成。分段提升和灌浆的长度视地层的稳定情况而定，一般为 $1 \sim 2$m。

沉管灌浆压力以灌浆孔口处进浆管路上的压力表读数为准。灌浆压力可按照设计标准确定，或采用浆液自流方式灌注。

沉管灌浆宜使用单一比级的稠浆灌注。

达到下列条件之一，可结束灌浆：①注入量或单位注入量达到规定值，注入量规定值应根据地质情况和工程要求确定；②在规定的灌浆压力下，注入率不大于 2L/min，延续灌注 10min。

5.1.6.9　质量检查

在灌浆施工过程中，应做好各道工序的质量控制和检查，以过程质量保证工程质量。

固结灌浆工程质量检查可采用坑探、动力触探或静力触探、弹性波测试等方法，必要时可进行荷载试验，宜在灌浆结束 28d 以后进行。根据工程需要，也可采用钻孔注水试验方法检查，在灌浆结束7d以后进行。各种检查方法的质量标准应根据地层条件和工程要求由设计确定。

固结灌浆检查孔应布置在灌浆地质条件较差、灌浆过程异常和浆液扩散的结合部位，检查孔数量可为灌浆孔数的2%～5%，检测点的合格率应不小于85%，检测平均值不小于设计值，且不合格检测点的分布不集中，灌浆质量可评为合格。

各类检查孔检查工作结束后，应按技术要求进行封孔。

5.1.6.10 锦屏二级闸室基础固结灌浆

锦屏二级水电站位于四川省凉山彝族自治州木里、盐源、冕宁三县交界处的雅砻江干流锦屏大河湾上，系雅江梯级开发中的骨干水电站之一，水库正常蓄水位1646.00m、死水位1640.00m，日调节库容为496万m³。电站总装机容量4800MW。

锦屏二级工程属大（1）型工程，工程等别为一等，工程由首部枢纽、引水系统和尾部地下厂房三大部分组成，为低闸、长隧洞、大容量引水式电站。首部枢纽采用分离式布置方案，拦河闸位于西雅砻江的猫猫滩，主要建筑物拦河闸坝、引水发电建筑物、地下厂房、出线场等按1级设计，次要建筑物按3级设计。

砂层液化问题：①闸址河床覆盖层中包括鸡窝状砂层在内共37处，其中40.5%分布于下部1层中，27.0%分布于Ⅲ-1层中，21.7%分布于Ⅲ-2层中，10.8%分布于Ⅱ层中；厚度大于1m的透镜体有15处，其中4处分布于勘Ⅵ～Ⅶ线之间。②分布在Ⅲ-1、Ⅲ-2层中埋深15m范围内的砂层透镜体可能发生液化，等级轻微，需抗液化处理。

对该工程Ⅲ-1、Ⅲ-2层中的砂层透镜体抗液化处理进行了振冲法、挖除置换法、旋喷法、固结灌浆法等多方案比较，除振冲法风险性太大不宜采用外，其余几个方案在技术上均可行，技术经济指标见表5.1-22。

表5.1-22　　　　　　　技术经济指标比较表

方案名称	主要工程量	总造价/万元	优　点	缺　点
挖除置换法	砂卵石开挖10.9万m³，砂卵石回填2.4万m³，回填C15混凝土8.5万m³	3479	地层置换比较彻底，能解决砂层透镜体的液化问题，施工设备为常规设备，比较容易组织	造价高，且必须在汛前施工完成，混凝土浇筑平均强度达4万m³/月，设备一次性投入较多；原设计的混凝土系统、砂石料系统的规模必须扩大
旋喷法	钻孔15513m	2891	施工质量及形状可控性较好，整体加固强度高	在遇到砂卵石地层中大粒径的漂孤石处理难度较大，工艺复杂，工期不易保证，且造价高
固结灌浆法	钻孔15513m	2214	砂卵石地层可灌性好，灌浆效果佳	覆盖层灌浆技术上要求较高

从表5.1-22中看出，挖除置换法可靠度最高，但造价也最高，混凝土浇筑强度较大，首部枢纽混凝土、砂石料系统规模需要扩大，投资还要增加。一般情况下，旋喷法与固结灌浆法施工速度基本相当，但旋喷法对于孤石的处理难度较大，施工工期和造价难以控制，整体造价仅次于挖除置换法。

抗液化处理设计处理范围及深度：工程拦河闸坝闸室作为重要受力部位，一旦遭遇Ⅷ度地震砂层透镜体发生液化时，结构应力和稳定将会受到较大的影响，上游铺盖作为基础防渗体系的一部分亦是抗液化的重点。因此，抗液化处理范围为上游铺盖防渗墙中心线以下至闸室段，顺水流向总长为72m，总面积约6600m²。地质钻孔资料揭示Ⅲ-1层和Ⅲ-2层的砂层透镜体分布深度不大于12m，固结灌浆深度适当加深为宜，约15m，灌浆孔底高程1605m。

固结灌浆参数设计：固结灌浆孔、排距参照有关工程经验，取孔、排距均为2.5m，梅花形布置，孔深15m；固结灌浆应在基础部位混凝土浇筑后进行。灌浆压力根据砂卵石覆盖层地质情况、承受水头大小及有关工程经验，在表层采用0.1～0.2kPa，往下每段增加0.1～0.2kPa。灌浆方式遵循分序加密的原则，分二序孔灌注，灌浆基本段长度为5m，采用自上而下孔口封闭、孔内密环灌浆法，灌浆材料采用水泥黏土浆，考虑到灌浆还承担加固覆盖层及基础的功能，黏土掺量不宜过大，一般可掺水泥重量的40%～60%。

5.1.6.11　江边水电站基础固结灌浆

江边水电站工程概况及地质条件见5.1.1.4。

(1) 固结灌浆试验。大部分大坝建基面在第②层下部冲洪积漂（块）卵（碎）石地层上，为提高坝基覆盖层承载力，采取固结灌浆处理措施，改善坝基工程地质条件，防止不均匀沉陷，保证闸坝稳定安全。拦河闸坝采用水泥固结灌浆对闸坝基础漂块卵砾石进行加固处理，并以8号坝段固结灌浆单元兼作生产性试验区。

试验技术要求：①实验孔采用六边形布置，孔距分别为2.0m、2.5m、3.0m三组。②灌浆段设计孔深10m，采用2.0m、4.0m、4.0m分段，循环式自上而下分段灌浆。③灌浆材料采用符合规定质量标准和设计要求的P·C 32.5水泥。④灌浆水灰比采用2:1、1:1、0.8:1、0.6:1四个比级，由稀到浓逐级变换。⑤灌浆压力，外排孔压力为0.3～0.5kPa，内排孔0.3～0.5kPa。⑥变浆标准。当灌浆压力保持不变，注入率持续减少或不变而压力持续不变时，不改变水灰比。当某一级浆液注入量已达到300L以上或灌注时间已达到300min，而灌浆压力和注入率无改变或改变不显著时，则改浓一级灌注，当注入率大于30L/min时，根据具体情况超级变浓。⑦结束标准。在渗透性较弱区域和多排孔的中间孔，当吸浆量小于一定数值或不吸浆时，即可结束灌浆。在渗透性较强、吸浆量大的外围孔，只要灌入干料累计达到规定的限量时，即可结束灌浆。

试验后灌浆效果：坝基础灌浆是以提高地基承载力和变形模量、减小不均匀沉陷为目的，所以灌浆效果的检查，应以灌浆后的抗压强度和变形模量作为灌浆质量评价的主要标准。通过对三组试验灌区承载力试验数据分析，3.0m×3.0m、25m×2.5m间排距试验灌区变形模量指标未达到设计要求，20m×2.0m间排距的孔位较为合理，达到了设计要求的承载力及变形模量。坝基固结灌浆试验效果承载力检测见表5.1-23。

灌浆后满足设计承载力大于600kPa，变形模量大于50kPa。

(2) 透水率检测分析。从灌浆综合统计表中平均单位注灰量、透水率加权平均值来看，Ⅱ序孔比Ⅰ序孔的递减幅度为39%、26.2%，两者递减幅度为25%～60%，说明孔距设计合理，符合灌浆规律；但透水率降低幅度较小，说明地层中细微孔隙较多，水泥灌浆难以达到设计透水率要求。

表 5.1-23 坝基固结灌浆试验效果承载力检测

阶段	试验点号	试验最大荷载/kN	试验最大沉降/mm	极限承载力取值/kPa	原值所对应沉降量/mm	单点土层承载力特征值/kPa	单点土层变形模量/kPa	单点土层压缩模量/kPa	场地土层承载力特征值/kPa
灌浆前	1	1020	15.29	510	41.0	510	41.0	65.8	510
	2	1020	10.09	510	55.6	510	55.6	89.3	
	3	1020	7.58	510	82.1	510	82.1	131.8	
灌浆后	1	1667	8.16	1667	39.53	834	55.9	75.3	834
	2	1667	5.92	1667	29.19	834	67.2	90.5	
	3	1667	1.30	1667	5.03	834	219.4	295.4	

（3）声波检测分析。通过对三组试验区声波检测数据分析，地层中漂卵块石分布极不规则，灌后地层密实度提高，具体对比见表 5.1-24。

表 5.1-24 三组试验区声波检测数据分析

间距/(m×m)	孔号	检测深度/m	灌前声波/(m/s)	灌后声波/(m/s)	提高百分比/%	备注
3.0×3.0	SB-1	10.00	2062.00	2169.00	5.19	试验孔
	SB-2	10.00				
2.5×2.5	SB-1	10.00	1990.00	225.00	11.81	
	SB-2	10.00				
2.0×2.0	SB-1	10.00	1653.00	2420.00	46.40	
	SB-2	10.00				

根据试验坝段成果分析，综合考虑闸坝各段布置类型，所处重要位置以及进度、投资综合因素，分别按 2.0m×2.0m、2.5m×2.5m 孔排距，共计 1320 个灌浆孔，呈梅花形布置，孔深穿过设计基岩面高程入岩 10m，分序进行固结灌浆施工。灌浆施工后通过钻孔声波检测（表 5.1-25），检测成果均满足设计要求。

表 5.1-25 灌浆施工后通过钻孔声波检测分析

部位	孔号	灌后声波/(m/s)		灌后声波/(m/s)（对穿平均）
		上部 6m	下部 4m	
8 号坝段 2.0m×2.0m	SB-⑧-1	2480	2477	2420
	SB-⑧-1			
7 号坝段 2.0m×2.0m	SB-⑦-1	2577	2160	2405
	SB-⑦-1			
6 号坝段 2.5m×2.5m	SB-⑥-1	2850	1976	2301
	SB-⑥-1			
5 号坝段 2.5m×2.5m	SB-⑤-1	2683	1848	2319
	SB-⑤-1			

续表

部位	孔号	灌后声波/(m/s)		灌后声波/(m/s)（对穿平均）
		上部 6m	下部 4m	
4 号坝段 2.5m×2.5m	SB-④-1	2696	1702	2263
	SB-④-1			
3 号坝段 2.5m×2.5m	SB-③-1	2590	2234	2440
	SB-③-1			
2 号坝段 2.5m×2.5m	SB-②-1	2458	2176.7	2338
	SB-②-1			
进水口 A 区 2.5m×2.5m	SB-A-1	2435	2051	2260
	SB-A-1			
进水口 B 区 2.5m×2.5m	SB-B-1	2533	1956	2281
	SB-B-1			
灌后声波设计值		灌浆上部 6m 纵波速不小于 2000m/s		
		灌浆下部 4m 纵波速不小于 1800m/s		

5.1.7　桩基

5.1.7.1　一般规定

桩基一般包括钢筋混凝土桩和素混凝土桩等，又可分为现浇、预制，实体、空心，以及异形桩等。桩基与刚性桩复合地基中相应桩的区别在于，将桩顶通过承台或直接与建筑物基础浇注成整体，根据桩底嵌固形式而导致的受力特性不同，又分为摩擦桩、端承桩、摩擦端承桩。一般不考虑桩间土作用，按照现行《建筑桩基技术规范》（JGJ 94—2008）执行，不考虑承台作用时，桩承载力由端阻力和侧阻力组成。

桩基础设计应满足下列规定：水闸桩基础通常宜采用摩擦型桩包括摩擦桩和端承摩擦桩。桩的根数和尺寸宜按承担底板底面以上的全部荷载确定，对于摩擦型桩，经论证后可适当考虑桩间土承担部分荷载。

预制桩的中心距不应小于 3 倍桩径或边长，钻孔灌注桩的中心距不应小于 2.5 倍桩径。

桩的平面布置宜使桩群形心与底板底面以上基本荷载组合的合力作用点相接近　单桩的竖向荷载最大值与最小值之比不宜大于允许值。

在同一块底板下，不应采用直径、长度相差过大的摩擦型桩，也不应同时采用摩擦型桩和端承型桩。

当防渗段底板下采用端承型桩时，应采取防止底板底面接触冲刷的措施。

单桩的竖向荷载和水平向荷载以及允许的竖向承载力和水平向承载力，可按现行的《建筑地基基础设计规范》等有关专业规范计算确定。如采用钻孔灌注桩，桩顶不可恢复的水平位移值宜控制不超过 0.5cm，如采用预制桩，宜控制不超过 1cm。

深厚的松软土基上的水闸桩基础，当桩的中心距小于 6 倍桩径或边长，桩数超过 9 根（含 9 根）时应作为群桩基础，其桩尖平面处的地基压应力和沉降量，不应大于该平面处地基土的允许承载力和允许沉降量。

单桩竖向承载力特征值 R 计算公式为

$$R = (Q_{sk} + Q_{pk})/2 \qquad (5.1-19)$$

式中　Q_{sk}——总极限侧阻力标准值，kN；

　　　Q_{pk}——总极限端阻力标准值，kN。

单桩竖向承载力特征值 R 随桩长、桩径增大而增大，并与侧阻力、端阻力相关。

钢筋混凝土桩和素混凝土桩地基处理后承载力可较原土提高较多，可达到 $700\sim$ $1000kPa$。

5.1.7.2 桩基设计

按照《建筑桩基技术规范》（JGJ 94—2008）对桩基承载力进行计算。

1. 桩基竖向承载力计算

复合基桩竖向承载力特征值应按式（5.1-20）计算：

$$R = R_a + \eta_c f_{ak} A_c \qquad (5.1-20)$$

$$R_a = \frac{1}{K} Q_{uk} \qquad (5.1-21)$$

$$Q_{uk} = Q_{sk} + Q_{pk} = u \sum q_{sik} l_i + q_{pk} A_p \qquad (5.1-22)$$

式中　K——安全系数，取 $K=2$；

　　　R_a——单桩竖向承载力特征值，kN；

　　　η_c——承台效应系数；

　　　f_{ak}——承台下 $1/2$ 承台宽度且不超过 $5m$ 深度范围内各层土的地基承载力特征值按
厚度加权的平均值，kPa；

　　　A_c——计算基桩所对应的承台底净面积，m^2；

　　　Q_{uk}——单桩竖向极限承载力标准值，kN；

　　　Q_{sk}——单桩总极限侧阻力标准值，kN；

　　　Q_{pk}——单桩总极限端阻力标准值，kN；

　　　u——桩身周长，m；

　　　q_{sik}——桩侧第 i 层土的极限侧阻力标准值，kPa；

　　　q_{pk}——极限桩端阻力标准值，kPa；

　　　A_p——桩端面积，m^2。

2. 灌注桩竖向力、水平力计算

轴心竖向力作用下：
$$N_k = \frac{F_k + G_k}{n} \qquad (5.1-23)$$

偏心竖向力作用下：

$$N_{ik} = \frac{F_k + G_k}{n} \pm \frac{M_{xk} y_i}{\sum y_j^2} \pm \frac{M_{yk} x_i}{\sum x_j^2} \qquad (5.1-24)$$

式中　F_k——荷载效应标准组合下，作用于承台顶面的竖向力，kN；

　　　G_k——桩基承台和承台上土自重标准值，对稳定的地下水位以下部分应扣
除水的浮力，kN；

N_k——荷载效应标准组合轴心竖向力作用下，基桩或复合基桩的平均竖向力，kN；

N_{ik}——荷载效应标准组合偏心竖向力作用下，第 i 基桩或复合基桩的竖向力，kN；

M_{xk}、M_{yk}——荷载效应标准组合下，作用于承台底面绕通过桩群形心的 x、y 主轴的力矩，kN·m；

x_i、x_j、y_i、y_j——第 i、j 基桩或复合基桩至 y、x 轴的距离，m；

n——桩基中的桩数。

灌注桩的水平向力按式（5.1-25）计算：

$$H_i = \frac{H}{n} \tag{5.1-25}$$

式中　H——作用于桩基承台底面的水平力，kN；

H_i——作用于任一复合桩基或基桩的水平力设计值，kN。

水平向承载力计算：按照《建筑桩基技术规范》（JGJ 94—2008），考虑 C30 混凝土钻孔灌注桩桩身配筋率不小于 0.65%，对桩基水平向承载力进行计算。

灌注桩单桩水平承载力特征值：

$$R_{ha} = 0.75 \frac{\alpha^3 EI}{\nu_x} \chi_{oa} \tag{5.1-26}$$

其中

$$\alpha = \sqrt[5]{\frac{mb_0}{EI}} \tag{5.1-27}$$

$$EI = 0.85 E_c I_0$$

式中　EI——桩身抗弯刚度；

I_0——桩身换算截面惯性矩；

E_c——桩体材料弹性模量，C30 混凝土弹性模量取为 30000kPa；

χ_{oa}——桩顶容许水平位移，按《建筑桩基技术规范》（JGJ 94—2008）的有关经验数值，取为 10mm；

ν_x——桩顶水平位移系数；

m——桩侧土水平抗力系数的比例系数；

b_0——桩身的计算宽度，m。

5.1.7.3　旋挖成孔灌注桩施工

1. 一般规定

旋挖成孔施工具有低噪音、低振动、扭矩大、成孔速度快、自带动力、无泥浆循环等特点，适用于对噪音、振动、泥浆污染要求严的场地施工。

适用地层：除基岩、漂石等地层外，一般地层均可用旋挖方法成孔。

成孔直径一般为 600～3000mm，一般最大孔深达 76m。

预搅拌混凝土：坍落度一般要求为 18～20cm，和易性及标号符合设计要求，常用标号为 C20～C40。

钢筋：品种和规格均符合设计要求，并有出厂合格证及复试合格报告。

垫块：用 1∶3 水泥砂浆埋 22 号火烧丝提前预制或用水泥砂浆做成轻式预制块或采用塑料卡。

火烧丝：规格 18～22 号。

盖板：当作盖孔使用。

钻机耗材：液压油、齿轮油、润滑油、柴油、钢丝绳、斗齿、齿座、销垫等符合要求。

泥浆制备材料：膨润土、纯碱、外加剂等符合要求。

主要机具一般采用进口或国产旋挖钻机及与之相配套的各类钻头、泥浆泵、泥浆管、导管、电焊机、测绳等。

旋挖钻机：目前国内常用旋挖钻机主要有意大利 R-208、R-312、R-412、R-516、R-518、R-618、R-622、R-725、R-825、R-930、德国 BG-15、BG-18、BG-22、BG-25 及日本的旋挖钻机。

旋挖钻机常用钻杆有传动键伸缩式圆钻杆和伸缩式方钻杆。传动键伸缩式圆钻杆又分为机锁式、摩阻式和多锁式。旋挖钻机常用钻斗有底开式钻斗、半合式钻斗、稍定式钻斗，其中底开式最为常见，分为普通单底盖和捞砂双层底式。

斗齿：常用的有楔形及弯角齿套两种，切削角为 35°～55°，小切削角适用于软土层钻进，弯角齿套切削角为 60°～70°，适用于硬土层钻进。

导管：宜用厚壁丝扣连接的钢导管，规格有 200mm、250mm、300mm、350mm 等，且密封性良好。

测绳：要求标准点牢固，绳体伸缩性低。

2. 作业条件

熟悉工程图纸和工程地质资料，踏勘施工现场。检查设计图纸是否符合国家有关规范，掌握地表、地质、水文等勘察资料，场地要平整，且地耐力不少于 100kPa，施工桩点 5m 以内应无空中障碍。

根据用量选择合适的管道供水，并选择合适的配电。

钻头、钻杆以及钢丝绳长度的选取，依据地层条件不同选择不同钻头与钻杆，一般机锁式钻杆适用坚硬地层，而摩阻式钻杆适于一般较软地层。钢丝绳长度选择可按如下公式确定：钢丝绳长度＝孔深＋机高＋（15～20）m。

消耗材料的物资准备，包括钻机配套的润滑油、液压油、柴油、钢丝绳、斗齿等各种零部件的购买或预订；工艺要求上需要准备的膨润土、纯碱及各种泥浆外加剂、护筒、电焊机、各种管线、电缆线等。

现场布置与设备调试：设计总平面图，并依据平面图进行布置，搭建临时设施，砌筑泥浆池，泥浆池大小一般为钻孔体积的 1.5～2 倍，高约 1.5m。对钻机和各种配套设施进行安装调试，确保其安全可靠性及完好性。

清除障碍物：特别注意空中设施如高压输电线、电缆等；施工前要收集场地作业面地下的各种设施，包括电缆、管线、枯井、防空洞、地下管道、古墓、暗沟等，事先标识或拆除处理完毕。

3. 施工工艺

旋挖成桩灌注桩施工工艺流程图如图5.1-9所示。灌注桩施工一般应先进行试成孔施工，试成孔的数量不少于两个，以便核对地质资料，检验所选的设备、施工工艺以及技术要求是否适宜，同时检验并修正施工技术参数。

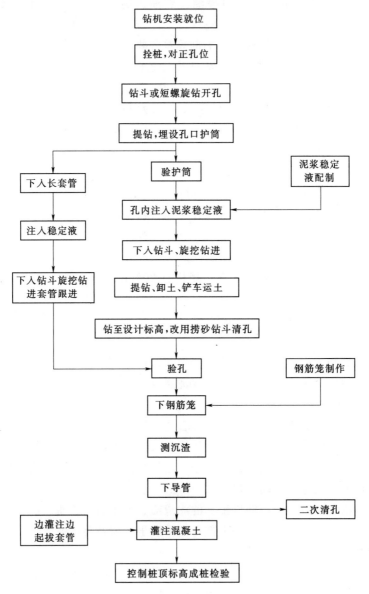

图5.1-9　旋挖成桩灌注桩施工工艺流程图

（1）准备工作。

1）钻机安装就位：要求地耐力不小于100kPa，履盘坐落的位置应平整，坡度不大于3°，避免因场地不平整，产生功率损失及倾斜位移，重心高还易引发安全事故。

2）拴桩：桩位置确定后，用两根互相垂直的直线相交于桩点，并定出十字控制点，做好标识并妥加保护。

3）对准桩位：调整旋挖钻机的桅杆，使之处于铅垂状态，让钻斗或螺旋钻头对正桩位。

4）埋设护筒：定出十字控制桩后，可采用钻机进行开孔钻进取土，钻至设计深度，进行护筒埋设，护筒宜采用 10mm 以上厚钢板制作，护筒直径应大于孔径 20cm 左右，护筒的长度应视地层情况合理选择。护筒顶部应高出地面 20cm 左右，周围用黏土填埋并夯实，护筒底应坐落在稳定的土层上，中心偏差不得大于 50mm。测量孔深的水准点，用水准仪将高程引至护筒顶部，并做好记录。

5）泥浆制作：护壁泥浆应选用高塑性黏土。并应按相关规定进行土质的物理试验、化学分析和造浆试验。采用现场泥浆搅拌机制作，宜先加水并计算体积，在搅拌下加入规定的膨润土，纯碱以溶液的方式在搅拌下徐徐加入，搅拌时间一般不少于 3min，必要时还可加入其他外加剂，如重晶石粉以增大泥浆比重，锯末、棉子等防止漏浆。

6）泥浆护壁钻孔钻进期间，护筒内的泥浆面应高出地下水面 1m 以上。钻进过程应不断置换泥浆，保持浆液面稳定。浇筑灌注桩混凝土前，应进行第二次清孔，并检测一次泥浆性能，检测内容包括相对密度、含砂率和黏度等。应设置泥浆循环净化系统，其废弃的泥浆、沉渣应按指定地点排放。

制备泥浆的性能指标如表 5.1-26 所示。

表 5.1-26　　　　　　制备泥浆的性能指标

项　　目	性能指标	检验方法	项　　目	性能指标	检验方法
密度	1.04~1.18g/cm³	泥浆比重计	胶体率	>95%	
黏度	18~25s	500/700 漏斗法	含砂率	<2%	
固相含量	6%~8%		pH	7~9	pH 试纸

（2）旋挖钻进成孔。钻孔灌注桩成孔应根据地质条件选用合适的钻机。

灌注桩施工应按相关规定执行。当在软弱土层中钻进时，应根据泥浆补给情况控制钻进速度，防止缩径或塌孔。在钻进过程中发生斜孔、塌孔和护筒周围冒浆、失稳等现象时，应停钻，待采取相应措施后再进行钻进。

1）钻头着地，旋转，钻进。以钻具钻头自重和加压油缸的压力作为钻进压力，每一回次的钻进量应以深度仪表为参考，以说明书钻速、钻压扭矩为指导，进尺量适当，不多钻，也不少钻。钻多，辅助时间加长，钻少，回次进尺小，效率降低。

2）当钻斗内装满土、砂后，将其提升上来，注意地下水位变化情况，并灌注泥浆。

3）旋转钻机，将钻斗内的土卸出，用铲车及时运走，运至不影响施工作业为止。

4）关闭钻斗活门，将钻机转回孔口，降落钻斗，继续钻进。

5）为保证孔壁稳定，应视表土松散层厚度，孔口下入长度适当的护筒，并保持泥浆液面高度，随泥浆损耗及孔深增加，应及时向孔内补充泥浆，以维持孔内压力平衡。

6）钻遇软层，特别是黏性土层，应选用较长斗齿及齿间距较大的钻斗以免糊钻，提钻后应经常检查底部切削齿，及时清理齿间黏泥，更换已磨钝的斗齿。

钻遇硬土层，如发现每回次钻进深度太小，钻斗内碎渣量太少，可换一个较小直径钻斗，先钻一小孔，然后再用直径适宜钻斗扩孔。

7）钻砂卵砾石层，为加固孔壁和便于取出砂卵砾石，可事先向孔内投入适量黏土球，采用双层底板捞砂钻斗，以防提钻过程中砂卵砾石从底部漏掉。

8）提升钻过头快，易产生负压，造成孔壁坍塌，一般钻斗提升速度不宜过快。

9）在桩端持力层钻进时，可能会由于钻斗的提升引起持力层的松弛，因此在接近孔底标高时应注意减小钻斗的提升速度。

（3）终孔与清孔。定时检查泥浆护壁钻孔的孔位、孔径、孔深、孔斜和沉渣；钻至施工图纸规定的孔深后，应按相关规定，进行终孔和沉渣的检查。

钻孔的孔径经检验合格后应立即进行清孔，其清孔标准应符合下列规定：

1）孔内排出或抽出的泥浆相对密度应在 $1.3g/cm^3$ 以下，含砂量不大于 4%，用手触应无粗粒感觉。清孔后泥浆相对密度为 $1.03\sim1.10$，黏度为 $17\sim20s$。

2）灌注混凝土前，孔底的沉渣厚度不大于 5cm。

3）灌注桩成孔施工的允许偏差应满足采用泥浆护壁钻、挖、冲孔桩时其桩径允许偏差为 $\pm5cm$，垂直度允许偏差为 1%，基础的中间桩桩位允许偏差不大于 15cm，基础的边桩桩位允许偏差不大于 10cm。

检查成孔质量合格后应尽快灌注混凝土。

清孔：因旋挖钻用泥浆不循环，在保障泥浆稳定的情况下，清除孔底沉渣，一般用双层底捞砂钻斗，在不进尺的情况下，回转钻斗使沉渣尽可能地进入斗内，反转，封闭斗门，即可达到清孔的目的。

不同桩径钻斗施工参数见表 5.1-27。

表 5.1-27　　　　　　　　　不同桩径钻斗施工参数

桩径 /mm	装满渣土钻斗 提升速度/(m/s)	空钻斗升降速度 /(m/s)	桩径 /mm	装满渣土钻斗 提升速度/(m/s)	空钻斗升降速度 /(m/s)
700	0.973	1.210	1300	0.628	0.830
1200	0.748	0.830	1500	0.575	0.830

（4）钢筋笼制作与吊装。钢筋笼的制作允许偏差为：主筋间距允许偏差 $\pm1cm$，箍筋间距允许偏差 $\pm1cm$，钢筋直径允许偏差 $\pm1cm$，钢筋笼长度允许偏差 $\pm10cm$。

钢筋笼制作，按设计图纸及规范要求制作。一般不超过 29m 长可在地表一次成型，超过 29m，宜在孔口焊接。分段制作的钢筋笼其接头应采用焊接连接，并应符合相关规范规定。

钢筋笼主筋保护层的允许偏差为 $\pm2cm$。

吊装钢筋笼应符合下列要求：

1）钢筋笼搬运和吊装时，应防止变形进行水平和垂直校正。

2）就位后钢筋笼顶底高程应符合施工图纸规定，误差不得大于 5cm。

3）钢筋笼吊装时应对准孔位沉放到底，不得悬吊，避免碰撞孔壁和自由落下，吊装受阻时不得撞笼、墩笼、扭笼，就位后立即进行固定，防止上浮和下沉。

4）单根钢筋搭接接长，一定要先预弯，后焊接。测量钢筋笼标准节和非标准节的长度，并记录钢筋笼总长度。检查保护层垫块安置是否符合要求。

5）吊放钢筋笼时，对钢筋笼搭接接头的焊接长度及质量检查和验收。

6）下钢筋笼：钢筋笼场内移运可用人工抬运或用平车加托架移运，不可使钢筋笼产生永久性变形；钢筋笼起吊要采用双点起吊，钢筋笼大时要用两个吊车同时起吊，对正孔位，徐徐下入，不准强行压入。

7）下导管：导管连接要密封、顺直，导管下口离孔底约 30cm 即可，导管平台应平整，夹板牢固可靠。

（5）水下混凝土制备和灌注。

1）混凝土的强度等级应不低于施工图纸的规定。

2）水下灌注混凝土必须具备良好的和易性，配合比应通过试验确定；水下混凝土坍落度宜为 18～22cm，水泥用量不应少于 360kg/m³。

3）水下灌注混凝土的含砂率宜为 40％～50％，并宜选用中粗砂；粗骨料可选用卵石或碎石，其最大粒径应不大于导管内径的 1/6 和钢筋最小净距的 1/3，并小于 4cm。

4）水下灌注混凝土宜掺用外加剂，水灰比不宜大于 0.6。

5）水下混凝土灌注质量应满足下列要求：①开始灌注水下混凝土时，导管底部至孔底间距宜为 30～50cm；②初灌混凝土时，宜先灌少量水泥砂浆；③导管和储料斗的混凝土储料量应使导管一次埋入混凝土灌注面以下不应小于 1.0m；④灌注水下混凝土必须连续施工；⑤导管埋入混凝土深度应不小于 2.0m，并不应大于 5.0m，并控制提拔导管的速度，严禁将导管提出混凝土灌注面；⑥混凝土进入钢筋骨架下端时，导管宜深埋，并放慢灌注速度；⑦控制最后一次灌注量，控制桩顶标高，混凝土面应超过设计桩顶标高 30～50cm，混凝土的最小灌注高度应能使泥浆顺利排出，凿除泛浆后必须保证暴露的桩顶混凝土强度达到设计要求；⑧灌注结束时，保障桩头质量。

灌注混凝土应符合的规定有：①桩顶混凝土灌注高程应高出施工图纸规定的桩顶高程 1.0m；②采用人工灌注混凝土桩，在桩顶高程以下 4m 时，应采用棒式振捣器捣实；③灌注时的混凝土温度应不低于 3℃，桩顶混凝土未达到设计强度 50％前不得受冻。当环境温度高于 30℃时，应采取缓凝措施。

灌注桩的实际灌注混凝土量的充盈系数不得小于 1.1。

随时测定坍落度，每根桩留取试块不得少于一组；当配合比有变化时，均应留试块检验。

桩的质量可用无破损检验法进行初验，必要时，可对桩体钻芯取样检验。

在浇筑桩顶基础底板前的桩头局部凿除中，必须清除表面浮渣和松动石子，按设计要求调直钢筋，确保桩体混凝土与基础底板混凝土的良好结合。

在桩基混凝土浇筑过程中，出现异常情况应及时记录，不能当时处理的应在验桩时提出，确保工程施工桩质量。

（6）桩基工程质量检查和验收。桩基工程的质量检查和验收应委托通过计量认证并具有基桩检测资质的机构进行。检测人员应经过培训合格，并应具有相应的资质。

灌注桩施工结束后 28d，应按相关规范规定进行检验外，尚应对桩体进行以下项目的检验和检测。

1）钻孔灌注桩每根均应进行取样制模，取一组样，每组3块。

2）采用低应变动力法对所有灌注桩进行基桩桩身的完整性检测。

3）选用高应变法或静载荷试验检测单桩竖向极限承载力，其允许承载力应符合施工图纸规定。

4）采用静载荷试验测定单桩承载力的桩数在同一条件下试桩数量不应少于总桩数的1％且不少于3根。

5）为设计提供依据的竖向抗压静载试验应采用慢速维持荷载法，且为确定单桩极限承载力时试验必须加载直至破坏。

6）采用高应变法作为承载力验收检测的补充时，抽检数量不宜少于总桩数的5％且不少于5根。

（7）质量检查和验收。灌注桩混凝土浇筑前，应进行检查和验收的内容包括：①桩位现场放样成果检查；②对已成孔的中心位置、孔深、孔径、垂直度、孔底沉渣厚度进行检查；③施工前应对水泥、砂、石子（如现场搅拌）、钢材等原材料进行检查，对施工组织设计中制定的施工顺序、监测手段（包括仪器、方法）也应检查。混凝土配合比、坍落度、强度等级等进行检查；④施工中应对成孔、清渣、放置钢筋笼、灌注混凝土等进行全过程检查，钢筋笼加工尺寸和焊接质量的检查及钢筋笼吊放定位尺寸和保护层厚度的检查和验收；⑤导管和预埋管埋设位置和埋设深度的检查。

灌注桩混凝土浇筑质量检查和验收的内容包括：①混凝土拌制原材料的抽样检查；②混凝土现场取样试验的成果检验；③混凝土浇筑过程中，按规定对灌注桩水下混凝土浇筑工艺进行逐项检查，并做好检查记录。

灌注桩成桩质量的检查和验收：①灌注桩桩位的检查；②灌注桩的有效桩径的检查；③灌注桩的顶底高程和有效长度的检查；④若成桩试验发现断桩、缩径、桩身强度达不到设计要求等情况，应采取补救措施。

以泥浆护壁成孔灌注桩为例，混凝土灌注桩的质量检验标准应符合表5.1-28的规定。

4. 施工注意事项及处理措施

主机倾覆：旋挖钻机底盘一般采用挖掘机或履带吊车的底盘，加之20m高立柱和十几米高的凯式钻杆，使整机重心升高，稳定性降低。如果地耐力不均匀，移机过程中两条履带产生不均匀沉降，例如一条履带经过废弃泥浆坑及填土而陷落，即产生侧向倾倒。或由于用副卷扬起吊重物，在报警装置失灵的情况下，起吊力矩大于抗倾覆力矩，导致主机倾倒。预防措施是：移机时摸清地形，严禁盲目起车行走；起吊重物时，一定要在起吊允许范围内，且重物位于钻机正前方。

主绳断裂：由于主绳过度磨损，起下钻不均匀产生冲击和震动，导致主绳断裂。要经常检查主绳磨损情况，操作平稳可靠，万一发生断绳事故，应立即处理，以防发生埋钻事故。

坍孔：旋挖成孔灌注桩施工大多在第四纪松散地层，坍孔是灌注桩施工中最为常见的事故。主要原因有：泥浆稳定液选择不当，护筒埋设不当；水头压力不够等。预防措施有：①钻进前即选择与地层相适应的泥浆稳定液护壁钻进；②护筒应埋置在稳定地层，周

表 5.1－28　　泥浆护壁成孔灌注桩的质量检验标准

项	序	检查项目	允许值或允许偏差		检查方法
			单位	数值	
主控项目	1	承载力	不小于设计值		静载试验
	2	孔深	不小于设计值		用测绳或井径仪测量
	3	桩身完整性	—		钻芯法，低应变法，声波透射法
	4	混凝土强度	不小于设计值		28d试块强度或钻芯法
	5	嵌岩深度	不小于设计值		取岩样或超前钻孔取样
一般项目	1	垂直度	《建筑地基工程施工质量验收标准》（GB 50202—2018）中表5.1.4		用超声波或井径仪测量
	2	孔径	《建筑地基工程施工质量验收标准》（GB 50202—2018）中表5.1.4		用超声波或井径仪测量
	3	桩位	《建筑地基工程施工质量验收标准》（GB 50202—2018）中表5.1.4		全站仪或用钢尺量开挖前量护筒，开挖后量桩中心
	4	泥浆指标 比重（黏土或砂性土中）	1.10～1.25		用比重计测，清孔后在距孔底500mm处取样
		含砂率	%	≤8	洗砂瓶
		黏度	s	18～28	黏度计
	5	泥浆面标高（高于地下水位）	m	0.5～1.0	目测法
	6	钢筋笼质量 主筋间距	mm	±10	用钢尺量
		长度	mm	±100	用钢尺量
		钢筋材质检验	设计要求		抽样送检
		箍筋间距	mm	±20	用钢尺量
		笼直径	mm	±10	用钢尺量
	7	沉渣厚度 端承桩	mm	≤50	用沉渣仪或重锤测
		摩擦桩	mm	≤150	
	8	混凝土坍落度		180～220	坍落度仪

围用黏土捣实，埋置位置应与孔位同心；③松散的粉砂层钻进时，应适当控制进尺速度，轻压慢进；④终孔后，做灌注混凝土准备工作时，仍应保证足够的补水量。

埋钻：埋钻事故一般发生在塌孔、卡钻、主绳断裂等事故发生之后，原因主要有：①泥浆性能与地层要求不相适应，产生塌孔后发生埋钻；②卡钻、主绳断裂等事故处理时间过长，产生大量沉淀引起埋钻。发生埋钻事故后，可采用辅助提升法、气举松动法或近旁钻孔法进行处理。

孔斜：产生孔斜的原因是钻进松散地层中遇有较大圆滑孤石或探头石，将钻具挤离钻孔轴线，钻具由软地层进入硬地层或粒径差别太大的砂砾层时，钻头所受阻力不均，导致钻具偏斜，造成孔斜。或者钻机位置发生串动，或底座产生局部下沉使钻孔倾斜。预防措施是：用好泥浆稳定液，保持孔壁稳定，放慢钻进速度，加固钻机底座，提高地耐力，采用导向性好，桅杆刚性强的旋挖钻机进行施工。

黏土层缩径、糊钻：黏土层具有较强的造浆能力和遇水膨胀的特性，钻进中除应严格控制泥浆黏度增大外，还应适量向孔内投部分砂砾，防止糊钻，钻进时不宜用捞砂斗钻进，应选择扩孔器稍大的单底钻头钻进。

初灌未封底：桩底如沉渣量过大，使初灌不能正常返浆，或导管距孔底太远，初灌量不够，没有埋住导管。造成这种原因是检查不够认真，清孔不干净或没有进行二次清孔。应认真检查，采用正确的测绳与测锤；一次清孔后，不符合要求时，要采取措施，如改善泥浆性能，延长清孔时间等。在下完钢筋笼后，再检查沉渣量，如沉渣量超过规范要求，应进行二次清孔。导管底端距孔底最高不超过 0.50m。

导管堵塞：浇筑时间过长，而上部混凝土已接近初凝，形成硬壳，而且随时间延长，泥浆中残渣将不断沉淀，从而加厚了积聚在混凝土表面的沉淀物，导致混凝土浇筑极为困难，造成堵管。应快速连续浇筑，使混凝土和泥浆一直保持流动状态，可防导管堵塞。浇筑混凝土过程中，应匀速向导管料斗内灌注，如突然灌注大量的混凝土使导管内空气不能马上排出，可能导致堵管；若管内空气从导管底端排出，可能带动导管拔出混凝土面。混凝土的质量是堵塞导管的主要原因，主要是混凝土和易性不好或离析引起流动性差而导致堵管。导管使用后应及时冲洗，保证导管内壁干净光滑。

导管拔出混凝土面：如误将导管拔出混凝土面，必须及时处理。孔内混凝土面高度较小时，终止浇筑，重新成孔。孔内混凝土面高度较高时，可以用二次导管插入法，可在导管底端加底盖阀，插入混凝土面 1m 左右，导管料斗内注满混凝土时，将导管提起约 0.50m，底盖阀脱掉，即可继续进行水下混凝土浇筑施工。

导管被混凝土埋住、卡死：导管埋深过大，以及灌注时间过长，导致已灌混凝土流动性降低，从而增大混凝土与导管壁的摩擦力，在提升时连接螺栓拉断或导管破裂而产生断桩。导管插入混凝土中的深度应根据搅拌混凝土的质量、供应速度、浇筑速度、孔内护壁泥浆状态来决定，一般情况下，以 2～6m 为宜。如果导管插入混凝土中的深度较大，供应混凝土时间较长，且混凝土和易性稍差，极易发生"埋管"事故。卡管现象是混凝土配合比在执行过程中坍落度控制不严引起的。坍落度过大时会产生离析现象，粗骨料相互挤压阻塞导管；坍落度过小或灌注时间过长，混凝土的初凝时间缩短，加大混凝土下落阻力而阻塞导管，都会导致卡管事故。所以严格控制混凝土配合比，缩短灌注时间，是减少和避免此类事故的重要措施。

成孔的保护：若灌注不及时，应将孔内注满优质泥浆，孔口用盖板盖好，防止行人及杂物掉入孔内。钢筋笼的保护：雨天应覆盖防止雨淋，防止钢筋生锈，地面应平整，防止钢筋笼变形，不能直接放于潮湿的地面。成桩的保护：旋挖成孔灌注桩施工完毕，桩头应进行保护，冬季时要有防冻措施。

旋挖成桩灌注桩施工工艺见图 5.1－10。

5.1.7.4 平阳堰港东闸站灌注桩

平阳堰港东闸站位于浙江省海宁市洛塘河圩区，主要由进水前池、泵站、节制闸和出水池等建筑物组成。泵房纵向轴线（水泵中心线）基本与河道中心线垂直，水闸与泵站并

图 5.1-10　旋挖成桩灌注桩施工工艺照片

列布置，其纵向轴线（工作门槽中心线）基本与河道中心线垂直，进、出水池位于泵站和节制闸的上、下游。节制闸规模为 $2×8m$（孔数×宽），闸门底高程为 $-1.84m$，位于泵站右侧。

平阳堰港东闸站闸室段基础位于淤泥质粉质黏土层，该土层允许承载力特征值为 90kPa。根据计算成果，基底最大压应力为 143.18kPa，大于 1.2 倍的地基允许承载力 108kPa（$1.2×90kPa$），最大基底平均压应力为 131.03kPa，大于地基允许承载力 90kPa，采用直径为 80cm 的 C30 混凝土钻孔灌注桩，纵横向间距按 3m 进行布置，桩长约 12m，桩底深入粉质黏土层 1m。

按照《建筑桩基技术规范》（JGJ 94—2008）对桩基承载力进行计算，其最不利（完建）工况下竖向力、竖向承载力、水平力和水平承载力计算结果见表 5.1-29。

表 5.1-29　　　　　　　　最不利工况水闸基础灌注桩承载力计算结果

位置	单桩最大竖向力 N_{max}/kN	复核基桩竖向承载力特征值 R/kN	基桩最大水平力 H_{max}/kN	基桩水平承载力特征值 R_h/kN
泵站基础	786.49	925.37	32.56	106.54

经计算分析，单桩平均竖向力 $N=683.91kN<R$，单桩最大竖向力 $N_{max}≤1.2R$，单桩最大水平力 $H_{max}<R_h$。因此，闸室桩基竖向承载力和水平承载力均满足现行规范要求。

5.2 多布水电站深厚覆盖层差异化地基处理

5.2.1 差异化处理方案

多布水电站主要建筑物包括泄洪闸、厂房不同类型，基底应力相差约 1/3，开挖建基面高程差达 27m，地质条件存在较大差异，因此采用了差异化处理措施：其中 1～6 号泄洪闸采用振冲桩方案；厂房坝段采用了灌注桩+旋喷桩长短桩技术；7～8 号泄洪闸及生态放水孔基础回填后进行旋喷桩处理。

1～6 号泄洪闸基础底部为 Q_3^{al}-Ⅳ 中粗砂层，承载力标准值为 $300～350kN/m^2$，基础相对密度为 0.74，标准贯入基数为 15.85，根据《水闸设计规范》附录 G 土质地基划分的规定，基础地基属于中等坚实。地基承载力为 300～350kPa。地质判别显示，该层土有液化可能。

根据《水闸设计规范》，水闸地基处理常用方法有垫层法、强力夯实法、振动水冲法、桩基础、沉井基础等，垫层法适用于厚度不大的软土底层，该工程闸室地基为厚约 17m 中粗砂，厚度较大，如果全部挖除换填，需要重新分层碾压回填，其压实标准高、施工要求高，工期相对较长，因此不宜采用，而按照一般处理深度 1～3m，处理后由于应力扩散，砂卵石顶面压应力减小到 336.4kPa，而基础中粗砂允许承载力为 300～350kPa，处理后安全裕度仍显不足，且无法解决液化问题。

强力夯实法适用于较软地基，尤其是稍密的碎石土或松砂，根据工程经验，该工程闸室地基为中密的中粗砂，相对密度较大，采用该法承载力提高效果难以保障。

从基础底面应力来看，采用柔性桩复合地基处理就可以满足要求，采用刚性桩、半刚性桩复合地基、沉井基础富裕较大，相应造价高，因此，推荐柔性桩复合地基，综合考虑液化处理要求，泄洪闸基础处理采用振冲桩方案。

国内部分泄洪闸基础振冲桩设计参数表见表 5.2-1。

表 5.2-1　　　　　　　　　　国内部分泄洪闸基础振冲桩设计参数表

工程名称	所在河流	闸高/m	覆盖层厚/m	振 冲 方 案
石佛寺	辽河	12.2	30	ϕ900mm，间距2.5m，正方形布桩
福堂	岷江	31	92.5	ϕ800mm，间距2m，正方形布桩
阴坪	火溪河	35	106.7	ϕ800mm，间距2m，正方形布桩
金康	金汤河	20	＞90	ϕ1200mm，间距2m，三角形布桩

厂房地基均为覆盖层，经复核地基为中等坚实基础，地基允许承载力砂砾石层（$Q_3^{al}-$Ⅲ）允许承载力（530～600kPa），但完建未挡水情况时基底上游最大压应力 0.56kPa，已经超出了柔性桩复合地基处理范围，适宜采用刚性或半刚性桩复合地基处理，或者桩基处理。

考虑到多布水电站厂房属于挡水建筑物，水平承载力较大，同时受机组振动影响较大，且设计地震加速度为 0.206g，采用桩基有利于增加结构整体刚度，增加结构抗水平荷载和抗震性能。因此，从地质条件、施工技术条件及加固处理效果等方面综合考虑，设计采用桩基础+旋喷桩的加固措施，以提高砂砾石基础承载力，降低沉降变形。

7～8 号泄洪闸及生态放水孔。该段泄洪闸及生态放水孔基础受厂房开挖影响，位于回填后砂卵石上，设计建议该部位回填开挖料中的良好级配砂卵石。为改善填筑质量，同时在靠近混凝土侧设置过渡层。回填级配砂卵石达到原地层相对密度以上，即按照相对密度大于 0.8 控制；过渡料相对密度应按大于 0.75 控制，地基承载力为 450～500kPa。计算基础应力已经略超过承载力允许值，闸基础有必要采取加固措施。

7～8 号泄洪闸及生态放水孔位于厂房、1～6 号泄洪闸之间，处于强弱地基处理的过渡段，地基处理措施应介于刚性和柔性桩之间，由于回填后期压缩沉降需要一定的历时，采用基础处理有利于加快施工进度，综合分析后，对该部位回填后基础进行旋喷桩处理。

5.2.2 泄洪闸基础振冲桩处理

5.2.2.1 计算分析

复合地基承载力计算公式为

$$f_{spk} = mf_{pk} + (1-m)f_{sk} \qquad (5.2-1)$$

式中　f_{spk}——振冲桩复合地基承载力特征值，kN；

　　　　f_{pk}——桩体承载力特征值，kPa，由于尚未进行单桩载荷试验，按碎石土地基的允许承载力取 750kPa 估算，选用 75kW 振冲器，软黏土、一般黏土、可加密粉质黏土桩体承载力分别为 400～500kPa、500～600kPa、600～900kPa；

　　　　m——面积置换率。

泄洪闸闸室地基处理考虑采用振冲桩作为承载力安全储备，按照《建筑地基处理技术规范》(JGJ 79—2012)，振冲桩的间距应根据上部结构荷载大小和场地土层情况，并结合所采用的振冲器功率大小综合考虑。30kW 振冲器布桩间距可采用 1.3～2.0m；55kW 振冲器布桩间距可采用 1.4～2.5m；75kW 振冲器布桩间距可采用 1.5～3.0m。荷载大或对黏性土宜采用较小的间距，荷载小或对砂土宜采用较大的间距。通过计算分析，设计采用桩间距 2m，桩径 0.8m，正方形布桩，经计算，面积置换率为 0.125，处理后地基承载力从原设计 300～350kPa 提高至 362～406kPa，建议选用 75kW 振冲器 2 台，并根据现场试验调整。

为有利于施工后土层加快固结，同时降低碎石桩和桩周围土的附加应力，减少碎石桩侧向变形，从而提高复合地基承载力，减少地基变形量，在桩顶和基础之间铺设一层 50cm 厚的褥垫层。

桩体深度应穿过中粗砂层，深入冲积含块石砂卵砾石层顶面下 50cm。

5.2.2.2 实施效果

实际施工过程中，振冲桩采用 ZCQ-132kW 振冲器施工。根据生产性试验，实际桩径为 1.5m，相应进行了设计优化，采用等边三角形布置，间距为 2.5m，面积置换率为 0.16，振冲桩施工完毕后，施工单位委托河南黄河工程质量检测有限公司进行了单桩竖向静载荷试验、单桩复合地基静载荷试验、桩体质量检测和桩间土承载力检测。其中检测的 3 根单桩竖向抗压静载荷试验的单桩承载力特征值为 942kPa，检测的 3 根浅层平板静载荷试验的地基承载力特征值为 380kPa。试验结果表明单桩承载力、地基承载力满足设计要求；检测的 5 根桩体重型动力触探杆长修正后 ($N_{63.5}$) 区间值为 5.0～56.0，平均值 27.9，检测结果表明，振冲桩桩体密实连续，单桩承载力为 816～838kPa，符合设计要求。桩间土承载力检测表明，其经标准贯入试验检测，桩间土承载力为 384～425kPa，说明振冲对地基挤密效果明显，成果满足设计要求。

5.2.3 厂房基础灌注桩＋旋喷桩处理

5.2.3.1 计算分析

基于厂房基底应力及地基条件，综合考虑厂房地基处理加固采用灌注桩与旋喷桩相结合的措施，为提高桩基础与厂房结构的整体性，该工程将灌注群桩与上部厂房底板（即承台）浇筑为整体。

根据地质资料，结合相关工程经验，初拟桩径为 1m。依据《建筑桩基技术规范》(JGJ 94—2008)，桩间距按 3.5m×3.5m 布置。桩深按深入第 9 层的深度不小于 3m 的原则，确定为 30m。桩身选用 C25 混凝土，二级配，桩身钢筋通配。由于厂房基础为砂砾石层和砂层，成孔工艺采用旋挖成孔工艺，泥浆护壁。

由于桩间土为砂砾石，相比黄土、淤泥土等土体有较高的承载力，计算考虑了桩间土的作用，即考虑承台效应，厂房结构的荷载大部分由基础的灌注群桩来承担，小部分由桩间土来承担。

1. 判断条件

轴心竖向力作用下，按考虑地震与否两种情况：

$$N_K \leqslant R(非地震) \quad N_{EK} \leqslant 1.25R(地震)$$

偏心竖向力作用下：

$$N_{Kmax} \leqslant 1.2R(非地震) \quad N_{EKmax} \leqslant 1.5R(地震)$$

式中　N_K、N_{EK}——分别为轴心竖向力荷载效应作用下复合基桩的非地震、地震工况竖向力；

　　N_{Kmax}、N_{EKmax}——分别为偏心竖向力荷载效应作用下复合基桩的非地震、地震工况最大单桩竖向力。

2. 荷载效应作用下桩基受力 N 计算（邱敏等，2014）

厂房的总竖向力、基础面承受的总弯矩以及厂房承受的总水平力如表 5.2-2 所示。

表 5.2-2　　　　　　　　　　厂房基础面受力计算成果表

荷载组合	计算情况	总竖向力/kN	$\sum W$/(kN·m)	总水平力 $\sum P$/kN
基本组合	正常蓄水位	617138	1349362	274453
	设计洪水位	528723	−150837	186559
	完建工况	1006981	−1981731	0
特殊组合	机组检修	521058	1250935	273886
	校核洪水位	507880	765669	228385
	地震情况	617138	2473611	328359

计算范围取两机一缝的一个坝段，根据布桩要求计算得到桩的总根数为 198 根，将表 5.2-2 厂房荷载分到群桩中的每根基桩上，根据桩顶作用效应的计算公式，得到各个工况荷载效应作用下，桩基的受力状况，如表 5.2-3 所示。

3. 单桩竖向承载力特征值计算

不考虑地震作用时

$$R = R_a + \eta_c f_{ak} A_c \tag{5.2-2}$$

考虑地震作用时

$$R = R_a + 1.25\zeta_a \eta_c f_{ak} A_c \tag{5.2-3}$$

$$A_c = (A - nA_{ps})/n \tag{5.2-4}$$

其中 R_a 按大直径灌注桩单桩竖向极限承载力标准值计算得到

表 5.2－3　　　　　　　　　　　　基桩在不同工况作用力成果表

荷载组合	计算情况	竖向荷载/kN		水平承载/kN
		轴心作用荷载	偏心作用荷载	
基本组合	正常蓄水位	3117	3873	1386
	设计洪水位	2670	2755	942
	完建工况	5086	6196	
特殊组合	机组检修	2632	3332	1383
	校核洪水位	2565	2994	1153
	地震情况	3117	4503	1658

$$R_a = Q_{uk}/2 = (Q_{sk} + Q_{pk})/2 = (u\sum\psi_{si}q_{sik}l_i + \psi_p q_{pk}A_p)/2 \qquad (5.2-5)$$

式中　Q_{sk}、Q_{pk}——总极限侧阻力标准值和总极限端阻力标准值，260kPa；

q_{sik}、q_{pk}——桩侧第 i 层土的极限侧阻力标准值和极限端阻力标准值，计算采用泥浆护壁冲孔桩对应各地层的侧阻力加权平均值，取 92kPa；

ψ_{si}、ψ_p——大直径桩侧阻、端阻尺寸效应系数，均取 0.93。

经计算，考虑桩间土作用及地震影响单桩竖向承载力特征值 R_a 为 5394.89kPa，偏心情况下特征值为 6473.87kPa。该工程地基抗震承载力调整系数 ζ_a 为 1.5。计算得到地震工况基桩竖向承载力特征值为 5478.38kPa，偏心情况下特征值为 8092.34kPa。对比表 5.2－5 可以看出：各工况下基桩所受竖向荷载（轴心、偏心）满足承载力要求。说明灌注桩布置能够满足桩基竖向承载力要求。

该工程基础处理采用灌注桩加固处理措施。但在现场实际施工中，由于厂房基础地下承压水较大，灌注桩施工成孔困难，灌注桩桩深由 30m 调整为 25m。经复核计算，桩深 25m 承载力不满足设计要求，需采取工程措施提高灌注桩桩间土的地基承载力。

该工程借鉴建筑、公路行业经验，将长短桩设计理念引入水利水电设计，采用长桩协力形式的长短桩复合地基，当基底以下存在较厚的软弱土层时，采用短桩对该区域土层进行加固，减小地基上层的沉降变形，同时也可提高基底土层的承载力。而长桩的主要作用是弥补经短桩加固后的地基承载力的不足，同时长桩的设置也减小了复合地基的沉降。

综合考虑现场施工条件，利用原设计灌注桩作为长桩，短桩采用旋喷桩处理，以提高灌注桩桩间土的地基承载力。旋喷桩的设计按旋喷桩与桩间土复合地基承载力不小于 0.65kPa 控制，初拟桩径 1.0m，桩距 2.2m×2.2m，梅花形布置。桩深根据现场水文地质条件确定为 17m，并在厂房底板与桩顶之间设置 30cm 的褥垫层，采用粒径不大于 30cm 级配的碎石，这样砂砾石和旋喷桩形成复合地基。依据《建筑地基处理技术规范》（JGJ 79—2012）计算旋喷单桩竖向承载力特征值。复合地基承载力特征值采用式（5.2－6）计算：

$$f_{spk} = mR_aA_p + \beta(1-m)f_{sk} \qquad (5.2-6)$$

式中　m——面积置换率；

β——桩间土承载力折减系数，本计算取 0.25；

f_{sk}——处理后桩间土承载力特征值，kPa，本计算采用第 8 层天然地基承载力 300kPa。

根据旋喷桩的布置特点，分别选桩径为 0.8m、1.0m 和 1.2m，3 种桩径不同桩距进行计算，计算得到单桩及复合地基承载力，结果见表 5.2-4。

表 5.2-4　　　　　　　　　旋喷桩不同布置承载力计算成果表

桩径 d/m	桩距 l/m	单桩承载力/kPa	复合地基承载力/kPa	旋喷桩总进尺/m
0.8	2.0	1658	556	20621
1.0	2.0	2591	806	20621
1.0	2.2	2591	679	17051

最终根据桩径、桩距布置条件及直线工期限制，确定旋喷桩桩径 1.0m、桩距 2.2m、桩深 17m。

4. 桩基水平承载力

由于水电站河床式厂房受力特点，整体水平推力与工民建结构比较相对较大，水平位移远大于工民建结构水平位移允许值要求。因此采用位移控制桩基水平承载力往往不符合实际情况，因此应根据《混凝土重力坝设计规范》（NB/T 35026—2014）中相关内容，考虑按抗剪断规范要求作为桩基水平承载力判断标准。

坝体混凝土与基岩接触面的抗滑稳定极限状态：

（1）作用效应函数：

$$S(\cdot) = \sum P_R \tag{5.2-7}$$

（2）抗滑稳定抗力函数：

$$S(\cdot) = f'_R \sum W_R + c'_R A_R \tag{5.2-8}$$

式中　$\sum P_R$——坝基面上全部切向作用力之和，kN；

f'_R——坝基面抗剪断摩擦系数；

c'_R——坝基面抗剪断黏聚力，kPa；

$\sum W_R$——计入灌注桩承担荷载、砂砾石对混凝土的作用力、砂砾石对砂砾石的竖向作用力。计算结果见表 5.2-5。

表 5.2-5　　　　　　　　　桩基按抗剪断计算的水平承载力成果表

工况说明	竖向总荷载/kN	桩承担竖向荷载/kN	砂砾石对砂砾石竖向作用力/kN	砂砾石对混凝土竖向作用力/kN	桩基水平承载力/kN	桩基水平荷载/kN	判断结果
正常蓄水位	617138	533496	57783	25859	3153	1386	满足
设计洪水位	52873	445081	57783	25859	2671	942	满足
完建工况	1006981	923339	57783	25859	5279		满足
机组检修	521058	437416	57783	25859	2629	1383	满足
校核洪水位	507880	424238	57783	25859	2557	1153	满足
地震情况	617138	516768	69340	31030	3110	1658	满足

从表 5.2-5 中看出，各工况下桩基所受水平荷载均小于承载力特征值，说明灌注桩布置桩径 1m，桩间距 3.5m×3.5m，桩深 30m 能够满足桩基水平承载力要求。

5.2.3.2　实施效果

根据施工技术要求，灌注桩和旋喷桩施工前，应进行单桩载荷试验。同时旋喷桩还应进行复合地基载荷试验。根据现场试验测试数据，灌注桩单桩的极限承载力为1200t，旋喷桩单桩的极限承载力为150t，旋喷桩复合地基的承载力可以达到0.65kPa。复合地基的承载能力满足设计计算要求。

施工完成后，选取典型厂房基础灌注桩，进行低应变桩身完整检验409根，完整性满足要求，开展4根静载试验，极限承载力大于9000kN满足设计要求。旋喷桩布置在厂房基础和7～9号闸室基础，厂房基础布置964根，桩长8.0～17.0m。旋喷桩生产性工艺试验采用了三（重）管法和双（重）管法，规模施工主要采用两管法，旋喷桩质量检查主要采用桩体取芯检查和高应变，取芯检查芯样完整，成桩效果良好；高应变检测结果满足设计要求。旋喷桩共划分10个单元工程，合格10个单元，优良10个单元，优良率100％。

5.3　复杂巨厚覆盖层变形分析及控制措施研究

我国水电开发100多年来，绝大多数水电站尤其是大中型水电站，建筑物基本上都坐落在基岩上，基础处理措施相对简单，建筑物的基础变形问题也很少考虑。但是随着水电建设的进一步发展，许多水电站由于坝址、站址区覆盖层过厚，很难将建筑物坐落于基岩上，而且建筑物建基面以下仍有几十米甚至几百米的覆盖层。水电建筑物往往结构庞大，基础应力较大，又有蓄水防渗等特殊要求，对建筑物的基础变形要求很高。所以，很有必要对复杂巨厚覆盖层软基上枢纽建筑物的基础处理方案进行深入研究，以解决复杂巨厚覆盖层上电站建筑物基础处理的主要技术问题，为以后在类似基础上建设水电站建筑物积累一些科学依据。

5.3.1　建筑物沉降及变形控制标准

5.3.1.1　沉降差控制标准

依据《水闸设计规范》，凡属下列情况之一者，可不进行地基沉降计算：砾石地基、卵石地基、中砂、粗砂地基、大型水闸标准贯入击数大于15的粉砂、细砂、砂壤土、壤土及黏土地基、中小型水闸标准贯入击数大于10的壤土及黏土地基。实际上，根据沙湾电站和多布水电站等工程实践，笔者认为，即使满足上述条件，当相邻建筑物高差较大（大于10m），或者相邻建筑物地基岩性有较大差异时，仍然需要开展地基沉降计算，确保沉降量、沉降差满足规范要求。

对于建筑物沉降及相邻建筑物沉降控制标准，应依据《水闸设计规范》的规定：土质地基允许最大沉降量和最大沉降差，应以保证水闸安全和正常使用为原则，根据具体情况研究确定。天然土质地基上水闸地基最大沉降量不宜超过15cm，相邻部位的最大沉降差不宜超过5cm。

在多布水电站沉降控制中，对贯流式机组上下游沉降控制标准进行了较为深入的研究。由于《水电站厂房设计规范》（SL 266—2014）对此并没有提出具体数值要求，仅提出了非岩基上厂房地基允许最大沉降量和沉降差，应以保证厂房结构安全和机组正常运行为的原则，针对这一问题，工程中采取了以下综合分析方法确定。

1. 规范参考分析法

参照《建筑地基基础设计规范》(GB 50007—2011) 5.3.4 条的规定,对于框架结构按 0.003 倍相邻柱距控制;对于高度为 24～60m 的建筑物,按 0.003 的倾斜率来控制。按这两个标准分析,则厂房上下游沉降差控制标准为 18cm。

2. 三维仿真模拟法

在南京水利科学研究院的三维计算分析成果中,按照确定的施工工序,对施工期厂房上下游沉降量,以及蓄水后工况的沉降进行专门分析,同时复核机组中心线倾斜度等机组安装要求是否满足。表 5.3-1 和表 5.3-2 为三维计算成果数据,可以看出,沉降差基本不大于 3cm,倾斜度满足规范要求。

表 5.3-1　　　　厂房完建期 4 台机组沿机组中心线上、下游沉降量

项目	厂房基础上、下游长度/m	上游沉降量/mm	下游沉降量/mm	上、下游沉降量差值/mm	沿机组中心线倾斜度/(mm/m)
1 号机	60	145.6	117.2	28.4	0.47
2 号机	60	149.9	121.5	18.4	0.31
3 号机	60	152.8	124.0	28.8	0.48
4 号机	60	154.0	125.0	29.0	0.49

表 5.3-2　　　　蓄水期 4 台机组沿机组中心线上、下游沉降量

项目	厂房基础上、下游长度/m	上游沉降量/mm	下游沉降量/mm	上、下游沉降量差值/mm	沿机组中心线倾斜度/(mm/m)
1 号机	60	126	113.9	12.1	0.201
2 号机	60	130	118.1	11.9	0.198
3 号机	60	132.6	120.8	11.8	0.197
4 号机	60	134.1	122.3	11.8	0.197

3. 机组安装规范反推法

首先,按照安装技术规范要求,并对比主机厂家提供的机组各个相关部位的安装调整量和允许的偏差值要求:管型座下游面法兰面与尾水管上游法兰面轴向距离偏差小于 2.0mm;尾水管法兰面加垫后有 10mm 的调整量;转轮室凑合节长度为 210mm,其调整量 20mm;转轮叶片单边间隙为 4.0mm;转子与定子之间空气间隙偏差允许值小于 8%,内外锥之间间隙偏差允许值为小于 0.5mm,泡头垂直支撑调整量约 5mm。结合各个部位与机组安装基准面管型座下游法兰面之间在蓄水后的相对沉降值变化值统计,并与主机厂家最终提供的安装调整量和允许的偏差值要求相比较,可以得出结论:通过主机厂家的设计优化,机组各个相关部位的安装调整量和允许的偏差值要求可以满足机组安装因基础不均匀沉降而产生的特殊要求,同时也能满足相关安装技术规范的要求。

贯流式水轮机管型座安装,其允许偏差应符合表 5.3-3 的要求。

贯流式水轮机流道盖板安装,其允许偏差应符合表 5.3-4 的要求。

其次,按照各部位上述要求,考虑到厂房混凝土为刚性基础,其上下游沉降为线性关系,反推到厂房上下游沉降差,通过计算可以看出,对多布水电站来说,各部位的允许偏

表 5.3－3　　　　　　　　　　贯流式水轮机管型座安装允许偏差

序号	项　目	转轮直径 D/mm			说　　明	该电站要求值/mm
		D<3000	3000≤D<6000	6000≤D<8000		
1	方位及高程	<2.0	<3.0	<4.0	(1) 上、下游法兰水平标记的高程； (2) 部件上 X、Y 标记与相应基准线之距离	<3.0
2	法兰面与转轮中心线距离	<2.0	<2.5	<3.0	(1) 若先装尾水管，应以其法兰为基准； (2) 测上、下、左、右 4 点	<2.5
3	最大尺寸法兰面垂直平面度	0.8	1.0	1.2	其他法兰面垂直及平面度应以此偏差为基础换算	1.0
4	圆度	1.0	1.5	2.0		1.5
5	下游侧内、外法兰面间的距离	0.6	1.0	1.2		1.0

表 5.3－4　　　　　　　　　　贯流式水轮机流道盖板安装允许偏差　　　　　　单位：mm

序号	项　　目	转轮直径 D/mm			说　　明	该电站要求值/mm
		D<3000	3000≤D<6000	6000≤D<8000		
1	流道盖板竖井孔中心及位置	<2	<3	<4	框架中心线与设计中心线偏差	<3
2	基础框架高程	<5.0				<5.0
3	基础框架四角高差	4.0	5.0	6.0		5.0
4	流道盖板竖井孔法兰水平度/(mm/m)	0.8				0.8

差反映到厂房基础上下游允许不均匀沉降值最大值为 40mm。即图 5.3－1 中厂房 A 块上游面与 C 块下游面之间的沉降差控制标准为 40mm。

水轮发电机组安装技术规范的相关安装要求见表 5.3－5。

表 5.3－5　　　　　　　　　　水轮发电机组安装技术规范的相关安装要求

项　　目	允许偏差/mm	对应的厂房上下游沉降差/mm
流道基础框架高程	<3	60
管型座安装允许偏差		
方位及高程	<3.0	50
法兰面与转轮中心线距	<2.5	83
定子、转子磁力中心偏差	<2	40
主机厂家的安装调整量设计值/mm		
组合轴承调整量	4	60
泡头垂直支撑调整量	5	98

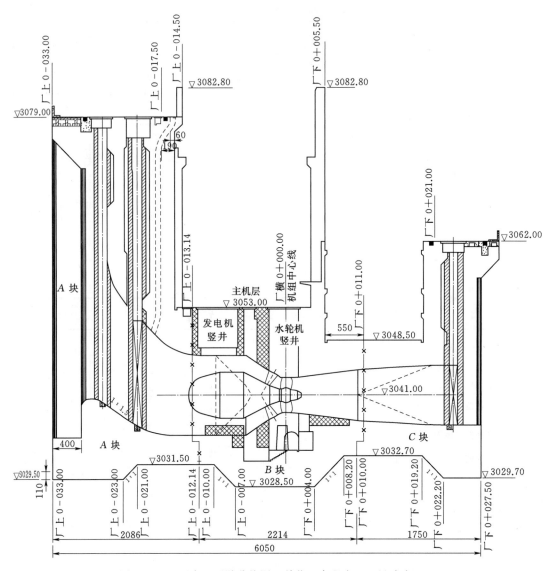

图 5.3-1　厂房上下游分块图（单位：高程为 m，尺寸为 cm）

按照上述三种方法，综合分析后认为，规范参考分析法无法满足机组安装精度要求，按照分析确定的施工工序开展三维计算分析表明，其沉降差在机组安装允许范围内，因此按照分析确定的施工工序开展施工，同时加强施工监测，按照厂房上下游沉降差控制标准40mm 作为控制标准，是可以满足机组正常运行要求的。因此多布水电站最终确定的厂房上下游沉降差控制标准为40mm。

5.3.1.2　施工过程中沉降控制的理论公式

软基建筑物沉降差控制涉及整个施工过程，除总沉降差控制在允许范围外，尚应对各个施工阶段进行控制，使相邻建筑物沉降差满足设计要求。首先以浇筑两个相邻建筑物为例，具体分析如下：

1. 总沉降差

沉降差对止水，特别是竖向止水受不均匀沉降影响较大，容易因应力超限引起拉裂，而止水浇筑在两侧混凝土建筑物间的时间顺序尤为重要，如果先浇坝段浇筑至某一高程 H_1 后，添加止水，浇筑后浇坝段，则先浇坝段高程 H_1 以下部分沉降首先发生，后浇筑坝段浇筑在止水高程以前，其沉降随着混凝土浇筑逐渐产生，可以平衡掉与先浇筑坝段部分沉降，这样，先浇坝段高程 H_1 至竖向止水底部高程部分沉降，属于止水添加前的沉降，不应计入沉降差，这也是为什么一般要求先浇筑沉降量大坝段的理论依据，理论上可按归纳应用式（5.3-1）进行控制：

$$|\delta_1 - \delta_{H_1} - \delta_2| \leqslant \lambda \tag{5.3-1}$$

式中　δ_1——沉降量较大坝段总沉降量，mm；

　　　δ_2——沉降量较小坝段总沉降量，mm；

　　　δ_{H_1}——浇坝段高程 H_1 至竖向止水底部高程部分应力引起的沉降差，mm；

　　　λ——沉降差限值，mm。

2. 施工过程的沉降差控制

通过控制施工过程建筑物施工进度，使其高差保持在一定范围，则可控制相邻坝段基底应力差异，进而控制施工过程的沉降差，使施工每一层时均不致发生沉降差过大导致的建筑物安全问题。公式如下：

$$|\delta_{S1} - \delta_{S2}| \leqslant \lambda \tag{5.3-2}$$

式中　δ_{S1}——某施工时段坝段 1 沉降量，mm；

　　　δ_{S2}——某施工时段坝段 2 沉降量，mm。

以上分析没有考虑填土影响，假定建基面齐平，只考虑相邻两个建筑物进行分析。实际上，水工建筑物往往包括数个坝段，每个后浇坝对先浇各坝段均会产生附加沉降，但相邻坝段沉降差控制要求不变，从而有

$$\delta_{Si,t} = \delta_{Sii,t} + \sum_{j=1}^{n} \delta_{Sij,t} \tag{5.3-3}$$

式中　$\delta_{Si,t}$——某施工时段 t 坝段 i 沉降量，mm；

　　　$\delta_{Sii,t}$——某施工时段 t 坝段 i 自身沉降量，mm；

　　　$\delta_{Sij,t}$——某施工时段 t 坝段 j 对坝段 i 产生的附加沉降量，mm。

建筑面不同时，基本思路与先浇筑混凝土坝段情况类似，所不同的是，由于止水一般在高建基面建筑物下部加设，止水以下部分所有沉降均不产生沉降差。建基面高差沉降差影响示意图见图 5.3-2。

因此，沉降差控制条件修改为

$$|(\delta_高 - \delta_{高H_1}) - (\delta_低 - \delta_{低H_1})| \leqslant \lambda \tag{5.3-4}$$

式中　$\delta_高$、$\delta_低$——高、低建基面建筑物总沉降量，mm；

　　　$\delta_{高H_1}$、$\delta_{低H_1}$——建筑物止水安装高程以下沉降量，mm，先浇坝段为止水所在浇注分层顶面高程以下沉降量。

5.3.2　闸坝不均匀沉降控制技术

5.3.2.1　一般控制原则

对于修建在复杂巨厚覆盖层上的混凝土闸坝，止水结构设计主要应考虑五个方面的问题。

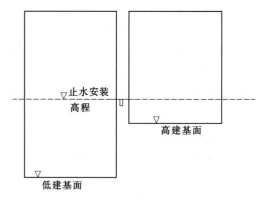

图 5.3-2　建基面高差沉降差影响示意图

（1）优化结构设计，使同一建筑物地基应力比满足规范要求，不同建筑物结构在满足功能条件下，基底应力尽可能接近，对地基基础产生的沉降差尽可能的趋于一致，并选用轻型结构，减少沉降量。

（2）选择地基条件好的坚实或中等坚实地基，同时重视地基的均匀性，确保建筑物地基条件的一致性。

（3）选择合理可靠的地基处理方案，方案选择应根据上部结构应力，依据"大应力弱地基强处理"的原则，即对于基底应力大、地基条件差的工程可选择灌注桩等强处理，对于上部结构基底应力较小的可采用垫层法、振冲、强夯等弱处理的方案。沙湾水电站工程建设，厂房基础位于岩基，而与之相邻的泄洪闸，建基于回填碾压的深厚砂砾石上，由于没有充分考虑到由此带来的沉降差问题，没有采取可靠的地基处理，后期蓄水出现了泄洪闸异常变位等一系列问题。

（4）合理安排施工工序，尽量减小各建筑物之间的沉降差，避免由于不均匀沉陷给止水结构提出过高要求，造成止水设计、施工难度加大，甚至导致止水破坏。

（5）在施工工序优化已经完成，对止水要求明确情况下，应选用合适的止水材料及形式，既要保证安全可靠，也要满足经济合理要求。

5.3.2.2　多布水电站不均匀沉降控制技术

1. 混凝土分区限高差上升的变形控制和连续观测技术

（1）通过三维计算分析和实际施工可行性，综合论证不同建筑物施工先后顺序。分析表明，厂房和上下游挡墙，两者同时施工或者厂房施工完后再施工挡墙以及挡墙施工完后再施工厂房都是不可取的，厂房上下游挡墙，只有在厂房施工接近 3062m 高程时，再施工挡墙，才可以有效地避免厂房和挡墙之间出现较大沉降差。这一成果对指导上下游挡墙的施工时段具有很好的指导意义，施工中进行了严格控制。同样，对于厂房和泄洪闸以及厂房和左副坝来说，也是同样的结果，必须是厂房施工到接近 3062m 高程后，才能开始而且是必须开始相邻的泄洪闸和左副坝的施工，这样才可有效控制它们之间的沉降差保持在设计范围以内，否则等厂房施工完后再施工左副坝和泄洪闸，那么他们之间的沉降差将超过厂房和泄洪闸以及厂房和左副坝之间的止水设施的承受能力，使其受到破坏。所以在施工过程中对各部位施工工序进行了严格控制。

（2）通过三维计算成果确定相邻建筑物上升高差，相邻建筑物沉降差对止水防渗效果有着决定性的作用，一旦撕裂，势必导致防渗体系的破坏。分析表明，各个建筑物的沉降量较大，基本在 10cm 以上，这说明对于相邻的两个单体建筑物来说，如果不考虑他们之间的施工顺序，那么，对于建筑物之间变形缝内的止水来说，建筑物之间这样的沉降差值是难以承受的。所以，在施工过程中结合三维计算成果，提出混凝土分区预浇筑限高差上升的基础变形控制技术，严格控制了各建筑物之间的施工顺序，确保个各建筑物之间的沉降差满足设计要求，计算表明相邻建筑物之间的工作面高差不大于 6m，即可满足沉降差要求。但在实际施工过程中，按照相邻建筑物高差不大于 3m 进行控制，很好地控制了泄洪闸、厂房、左副坝、挡墙等建筑物之间的沉降差，工程实际效果良好。

按照上述分析成果最终确定的施工工序为：首先施工最右侧 3 孔泄洪闸（控制上升高度在 3m），同时开挖施工厂房至接近 3062m 高程，再开始施工上下右挡墙，待上下游挡墙施工完成以及墙后砂砾石回填也完成后，再按照建筑物 3m 相邻上升高差控制原则开始上部厂房、剩余泄洪闸和左副坝的施工，此时左副坝稍稍落后一点施工，泄洪闸则要提前一点施工。

（3）通过三维计算成果确定同一建筑物上下游、左右侧沉降差，分析表明，在不同计算工况下，按照广义塑性理论分析的计算成果均满足规范要求。同时，对于厂房建筑物，为进一步确保建筑物上下游沉降差，开展了合理的施工分区，对沉降量较大的分区进行预先浇筑，效果良好。

（4）重视施工过程监控及数据分析，在施工观测中每块均布设了沉降监测系统，在每个浇筑块的四角安装沉降观测管，每块浇筑前后及间歇期间均进行观测，通过对监测数据对比分析，及时调整施工程序。从监测成果来看，相邻建筑物间及厂房上下游沉降差均控制在设计安全标准的 1/2 左右，因此沉降控制理论及措施安全可靠，可供类似工程借鉴。

2. 机组变形补偿到结构设计的成套技术

首次在西藏高海拔地区深厚覆盖层复杂地质条件下采用了大型贯流机组，并结合深厚覆盖层不均匀沉降研究机组埋设部件与相关部件连接的合理伸缩补偿，采取了设计与制造厂商协同一体化优化设计模式，确定了机组安装程序，机组各个相关部位的安装调整量和允许的偏差值可以满足不均匀沉降及安装规范要求。同时，对不同部位的安装偏差采取超前预控、合理补偿，同时研究分析土建施工中沉降的速率，确定机组安装时序，保证了机组安装精度，经过近 4 年运行，机组安全稳定。

为了充分研究多布水电站厂房地基变形对机组安装和运行的影响，在成都召开了西藏尼洋河多布水电站工程厂房沉降对机组安装、运行的影响技术研讨会。会议以南京水利科学研究院《西藏尼洋河多布水电站枢纽工程水工建筑物与地基应力应变三维有限元仿真研究》的计算成果为基础，就厂房基础沉降对机组安装和运行的影响进行了全面细致的讨论，认为：①考虑到基础沉降是一个长期的过程，依据南京水利科学研究院的计算成果，机组安装时段、蓄水时间不做专门调整；②机组安装工艺及工序按相关规范及机组安装工艺说明书进行，机组轴线按水平控制；③依据目前的沉降计算成果、机组结构设计及各部位间隙复核，蓄水前后厂房基础沉降变形量不致影响机组的正常安装和安全运行；④在机组开始安装到蓄水发电前时段，厂房基础持续变形，安装过程中应加强厂房基础变形监测，若实际变形量较大且影响到机组安装时，机组相关部件需进行处理；⑤转轮室与尾水管之间的凑合节的径向变形调整范围小于 5mm，可以适应和满足目前转轮室与尾水管之间安装时的变形要求，应进一步研究凑合节的结构型式，以满足其对较大变形的适应性要求；⑥在流道一期混凝土浇筑过程中，应在流道内侧壁及底板表面安装变形监测控制点，以便机组在安装前对相关关键部位实施变形监测；⑦主机厂需根据多布水电站的实际情况编写机组安装工艺说明书；⑧厂房基础不均匀沉降是一个动态的过程，厂房坝段的基础变化监测的数据采集和分析要在整个施工过程及今后的长期正常运行过程中进行。

鉴于施工阶段和蓄水阶段产生的基础地基不均匀沉降会对机组安装和运行带来重大影响，可以在外部条件允许的情况下对施工顺序进行调整，尽量消除基础地基不均匀沉降带来的不利影响，研究将蓄水时间提前进行，等到土建施工和蓄水产生的沉降变化基本稳定下来之后再进行最后的机组安装调试工作。调整施工安装顺序，放大管型座安装的二期混凝土范围，将管型座安装也放到蓄水工作结束后进行，这样就能保证管型座安装及二期混凝土浇筑结束后其下游法兰面的垂直度和中心高程等基本不再受基础地基不均匀沉降的影响。

对于多布水电站来说，由于施工工序的安排以及对电站发电时间的要求，机组管型座安装不能安排在蓄水结束后才开始，机组一期混凝土浇筑工作完成后，管型座安装工作就开始进行。在初期蓄水工作完成后，首台机组管型座安装也完成，开始进行二期混凝土浇筑工作。这对于消除基础地基不均匀沉降的影响还是非常有利的。

在首台机发电蓄水工作开始之前，首台机的安装工作应全部完成并具备调试运行的条件。在首台机发电蓄水工作开始之后，由于地基承载力发生变化，厂房基础面上、下游沉降量也随之产生变化。同时，在蓄水工作开始后，需加强对厂房基础变形的监测工作，并及时加以分析、对比，防止发生意外情况。

机组安装时，厂房混凝土浇筑基本完成，但是沉降仍在继续发生，那么就需要确定机组应该以什么为基准进行安装工作，需在机组安装前提前找好基准点，并在安装过程中随时观察、测量基准点的高程变化。

经过与主机厂家、安装单位及相关专家进行专题讨论，认为该水电站机组固定部分安装基准点的确定应与常规机组一致，即仍以管型座为机组安装基准，整个机组安装中心线应在水平方向上。而且，在机组安装前提前找好基准点，并在安装过程中随时观察、测量基准点的高程变化，提供给安装单位进行参考。同时，在机组不同部位的混凝土基础面（流道表面）上增加观测点，加强安装过程中的厂房基础变形监测，以便于在实际变形量较大且影响到机组安装时能及时进行相关处理。观测点布置方案：在发电机进口、发电机垂直支撑部位、管型座上游面、管型座下游面、尾水管进口面分别设1个水平观测基准点，在管型座上游面流道左右侧壁上各设1个水平观测基准点。在机组安装工作开始后需不间断观察基准点高程的变化情况，并反馈给安装单位。

对灯泡式水轮发电机安装要求提出以下安装要求。

主轴及组合轴承装配：主轴在安装场就位后，调整主轴水平不应大于0.05mm/m。

发电机总装。①主轴及组合轴承安装应符合下列要求：轴线位置确定后，按设计要求调整轴承支架中心；轴承支架与径向轴承球面座之间的间隙应符合设计要求；镜板与正、反向推力瓦总间隙应符合相关要求。径向轴承间隙符合设计要求；受油器或轴承绝缘应符合规范要求。②主轴与转子连接后，盘车检查各部位摆度，应符合下列要求：各轴颈处的摆度应小于0.03mm；镜板的端面跳动量不应大于0.05mm；联轴法兰的摆度不应大于0.10mm；滑环处的摆度不应大于0.20mm。

其他要求如下：①轴线调整时，应考虑运行时所引起的轴线的变化，以及管型座法兰面的实际倾斜值，并符合设计要求。②转轮和主轴连接后，组合面用 0.03mm 塞尺检查，不得通过。③受油器操作油管应参加盘车检查，其摆度值不大于 0.1mm。受油器瓦座与操作油管同轴度，对固定瓦不大于 0.15mm，对浮动瓦不大于 0.2mm。④转轮室以转轮为中心进行调整与安装，转轮室与叶片间隙值应符合设计要求。⑤主轴密封安装应符合技术规范要求。⑥伸缩节安装后，伸缩预留间隙应符合设计要求，其偏差值不应超过 3mm。

对于大型埋件，如尾水管、管型座等的安装顺序，应和常规机组相同。但是，由于尾水管和管型座先期安装完成后，会继续随着基础混凝土发生不均匀沉降，在机组安装开始时管型座和尾水管中心高程会发生一些变化。同时，整个流道会因为不均匀沉降而发生水平偏差，管型座安装基础面下游面的垂直度也会发生变化，这些将会对导叶安装和转轮室安装造成影响。所以，在所有埋件安装及二期混凝土浇筑完成后，需对尾水管法兰面、管型座下游面的垂直度及中心高程同时进行测量、记录，资料需及时反馈给主机制造厂家。在机组开始安装水导机构、转轮室时还需要对尾水管法兰面、管型座下游面的垂直度及中心高程进行复测并与上阶段的测量值进行对比和分析，观察其相对距离的变化等，为下一步机组安装工作提供依据。

机组固定部分安装以管型座上游法兰面为安装基准面，因此，在管型座安装时，就要求管型座法兰面的垂直度控制要保证在安装规范允许的范围之内不能向下游倾斜，以适应蓄水后的基础沉降变化，能更好地保证机组安装时管型座上下游法兰面的垂直度偏差不超标，保证机组大轴中心线的水平度满足安装规范要求。

在所有埋件安装及二期混凝土浇筑完成后，需将管型座上游法兰面的垂直度及中心高程的测量资料及时反馈给主机制造厂家。测量、计算确定各个部位沉降量的变化值和差值，如转轮室部位沉降量、尾水管进口法兰面部位沉降量、沿定子铁芯长度方向沉降量等，结合机组安装技术规范和主机厂家提供的机组各个相关部位的安装调整量和允许的偏差值要求，并且通过主机厂家的设计优化，满足机组安装因基础不均匀沉降而产生的特殊要求，同时也要满足相关机组安装技术规范的要求。

5.3.3 软基沉降计算的基本方法

5.3.3.1 分层总和法及工程应用

软基沉降变形计算方法有分层总和法、《建筑地基基础设计规范》（GB 50007—2011）推荐的方法、弹性力学方法、数值分析法、应力面积法、考虑应力历史影响的沉降计算方法等，其中常用的计算方法为分层总和法、《建筑地基基础设计规范》推荐的方法。

某工程泄洪闸、厂房、挡墙等建筑物建基面均是在左岸台地上开挖形成，根据计算，建基面以上土体引起的自重应力均远远大于地基应力计算的最大应力。依据《水闸设计规范》（SL 265—2016）规定：对于一般土质地基，当基底压力小于或接近于水闸闸基未开挖前作用于该基底面上土的自重压力时，土的压缩曲线宜采用 $e—p$ 回弹再压缩曲线；但对于软土地基，土的压缩曲线宜采用 $e—p$ 压缩曲线；对于重要的大型水闸工程，有条件时土的压缩曲线也可采用 $e—\lg p$ 压缩曲线。因此，地基沉降应按照再压缩量计算。考虑到沉降计算的计算成果往往与实际监测资料的成果相差较大，为了尽可能地准确确定厂房基础的沉降量，计算时分别采用了建筑规范和水闸规范分别进行，现将具体计算阐述如下。

1. 应用《水闸设计规范》的计算

依据规范，最终沉降量计算公式为

$$S = m \sum_{i=1}^{n} \frac{e_{1i} - e_{2i}}{1 + e_{2i}} h_i \tag{5.3-5}$$

式中 S——再压缩量引起的沉降，mm；

    n——土层地基压缩层计算深度范围内的土层数；

    e_{1i}——地基底面以下土层 i 在自重应力下，压缩曲线对应的孔隙比；

    e_{2i}——地基底面以下土层 i 在自重应力加平均附加应力作用下，压缩曲线对应的孔隙比；

    h_i——基础底面下土层 i 的厚度，m；

    m——地基沉降量修正系数，可采用1.0～1.6（坚实地基取较小值，软土地基取较大值）。

土质地基压缩层计算深度可按计算层面处土的附加应力与自重应力之比为0.1～0.2（软土地基取小值，坚实地基取大值）的条件确定。

（1）多布水电站基础处理以前各建筑物基础沉降量计算。压缩层计算深度按照计算层面处的附加应力与自重应力之比取0.15。

厂房不同工况沉降量计算成果见表5.3-6。

表5.3-6　　　　　　　　厂房不同工况沉降量计算结果

工况	沉降量/mm		工况	沉降量/mm	
	上游侧	下游侧		上游侧	下游侧
正常运行	68	78	机组检修	65	74
设计洪水位	69	70	校核洪水位	66	67
完建工况	82	79	地震工况	59	61

与厂房相邻的泄洪闸、上游挡墙不同工况沉降量计算成果见表5.3-7。

表5.3-7　　　　　　　泄洪闸、上游挡墙不同工况沉降量计算表

工况	泄洪闸/mm		上游挡墙/mm	
	上游	下游	墙趾	墙踵
完建	47	40	86	45
正常蓄水位	43	47	69	48
设计洪水位	43	47	64	42
校核洪水位	38	44	70	49
正常+地震	37	53	71	45

（2）沉降差比较。各工况下，厂房、泄洪闸、上游挡墙的沉降量比较如表5.3-8所示，表中列出了厂房上游侧挡墙墙趾、泄洪闸上游的沉降差。

表 5.3-8　　　　　　　　　厂房、泄洪闸、上游挡墙不同工况沉降量比较表

工况	泄洪闸上游 /mm	厂房上游 /mm	上游挡墙墙趾 /mm	最大沉降差	
				量值/mm	部位
完建	47	82	86	39	泄洪闸与挡墙
正常蓄水位	43	68	69	26	泄洪闸与挡墙
设计洪水位	43	69	64	26	泄洪闸与厂房
校核洪水位	38	66	70	32	泄洪闸与挡墙
正常＋地震	37	59	71	34	泄洪闸与挡墙

从表 5.3-8 中可以看出，厂房沉降值最大为 8.2cm、满足《水闸设计规范》中建筑物最大沉降量不超过 15cm 的要求。而相临建筑物泄水闸的最大沉降量发生在完建工况，其值为 4.7cm。同工况下两个建筑物之间的沉降差为 3.9cm，满足规范最大沉降差不超过 5.0cm 的要求，对于铜止水材料的延展性也可以适应这一差值量，确保止水结构不受破坏。

2. 应用《建筑地基基础设计规范》（GB 50007—2011）的计算

（1）基础处理前的沉降量计算。首先对原状天然基础进行沉降计算，核算基础处理前的沉降量，计算根据《建筑地基基础设计规范》进行，其最终变形量可按式（5.3-6）计算：

$$s = \psi_s s' = \psi_s \sum_{i=1}^{n} \frac{p_0}{E_{si}} (z_i \overline{a}_i - z_{i-1} \overline{a}_{i-1}) \tag{5.3-6}$$

式中　　s——地基最终变形量，mm；

　　　　s'——按分层总和法计算出的地基变形量，mm；

　　　　ψ_s——沉降计算经验系数，根据地区沉降观测资料及经验确定，无地区经验时可采用规范中表 5.3.5 的数值；

　　　　n——地基变形计算深度范围内所划分的土层数；

　　　　p_0——对应于荷载效应准永久组合时的基础底面处的附加压力，kPa；

　　　　E_{si}——基础底面下第 i 层土的压缩模量，kPa，应取土的自重压力至土的自重压力与附加压力之和的压力段计算；

z_i、z_{i-1}——基础底面至第 i 层土、第 $i-1$ 层土底面的距离，m；

$\overline{a}_i$、$\overline{a}_{i-1}$——基础底面计算点至第 i 层土、第 $i-1$ 层土底面范围内平均附加应力系数。

地基变形计算深度 z_n，应符合下式要求：

$$\Delta s_n' \leqslant 0.025 \sum_{i=1}^{n} \Delta s_i'$$

式中　　$\Delta s_i'$——在计算深度范围内，第 i 层土的计算变形值，mm；

　　　　$\Delta s_n'$——在由计算深度向上取厚度为 Δz 的土层计算变形值，Δz 取 1m。

多布水电站工程土层分层应满足 $h \leqslant 0.4B = 7.2m$ 或小于 4m，这里取平均层厚为 4m；由 $L/B = 60.5/37.5 = 1.613 < 10$ 可知，属于空间问题。计算上、下游中心点的沉降量，采用角点法把基础分为 2 个 60.5m×18.75m 的基础，分为矩形均布荷载和三角形荷载，然后叠加沉降量。

厂房、泄洪闸不同工况沉降量计算成果分别如表 5.3-9 和表 5.3-10 所示。

表 5.3-9　　　　　　　　厂房不同工况沉降量计算成果表

荷载组合	计算情况	上游沉降量/mm	下游沉降量/mm
基本组合	正常蓄水位	36	43
	设计洪水位	34	33
	完建工况	69	59
特殊组合	机组检修	30	36
	校核洪水位	31	34
	地震情况	34	45

表 5.3-10　　　　　　　泄洪闸不同工况沉降量计算成果表

工况	泄洪闸/mm		工况	泄洪闸/mm	
	上游	下游		上游	下游
完建	32	30	校核洪水位	28	27
正常蓄水位	33	33	正常+地震	33	33
设计洪水位	30	27			

（2）基础处理后的沉降量计算。厂房基础拟采用混凝土灌注桩进行处理，具体处理方案见前文所述，处理后基础沉降计算依据《建筑地基基础设计规范》桩基础最终沉降量计算进行。

桩基础最终沉降量计算公式为

$$s = \psi_p \sum_{j=1}^{m} \sum_{i=1}^{n_j} \frac{\sigma_{j,i} \Delta h_{j,i}}{E_{sj,i}} \tag{5.3-7}$$

式中　　s——桩基最终计算沉降量，mm；

　　　　m——桩端平面以下压缩层范围内土层总数；

　　$E_{sj,i}$——桩端平面下第 j 层第 i 个分层在自重应力至自重应力加附加应力作用段的压缩模量，kPa；

　　　n_j——桩端平面下第 j 层土的计算分层数；

　$\Delta h_{j,i}$——桩端平面下第 j 层第 i 个分层的竖向附加应力，kPa；

　　　ψ_p——桩基沉降计算经验系数，各地区应根据当地的工程实测资料统计对比确定，这里选 0.3。

附加应力应为桩底平面处的附加压力。

灌注桩处理后厂房基础沉降量计算结果如表 5.3-11 所示。

表 5.3-11　　　　　　灌注桩处理后厂房基础沉降量计算成果表

荷载组合	计算情况	上游沉降量/mm	下游沉降量/mm
基本组合	正常蓄水位	29	31
	设计洪水位	28	28
	完建工况	52	49

续表

荷载组合	计算情况	上游沉降量/mm	下游沉降量/mm
特殊组合	机组检修	33	35
	校核洪水位	26	27
	地震情况	27	30

泄洪闸基础为砂层，设计拟采用振冲碎石桩进行处理。基础处理后泄洪闸沉降量计算成果如表 5.3-12 所示。

表 5.3-12   基础处理后泄洪闸沉降量计算成果表

计算工况	校正后		计算工况	校正后	
	上游/mm	下游/mm		上游/mm	下游/mm
完建工况	22	21	校核工况	20	19
正常工况	23	23	地震工况	23	23
设计工况	21	19			

依据计算可以看出，处理后厂房及泄洪闸基础沉降量均有明显降低，根据计算可知建筑物沉降量满足规范要求。

3. 几个应该关注的问题

(1) 土体超固结特性在计算中的反映。《水闸设计规范》规定，对于一般土质地基，当基底压力小于或接近于水闸闸基未开挖前作用于该基底面上土的自重压力时，土的压缩曲线宜采用 $e-p$ 回弹再压缩曲线，上述规定也是基于超固结的概念提出来的。

由于土样已经在 p_i 作用下压缩变形，卸压完毕后，土样并不能完全恢复到初始孔隙比 e_0 的 a 处，这就显示出土的压缩变形是由弹性变形和残余变形两部分组成的，而且以后者为主。如重新逐级加压，可以测得土样在各级载荷下再压缩稳定后的孔隙比，从而可以绘制出土的再压缩曲线，如图 5.3-3 中 cdf 所示。其中 df 段是 ab 段的延续，犹如其间没有经过卸压和再压缩过程一样。在半对数曲线上（图 5.3-3）便可以看到这种现象。

某些类型的基础，其底面积和埋深往往都较大，开挖深基坑后地基受到较大的减压（应力解除）作用，因而发生土的膨胀，造成坑底回弹。因此，在预估基础沉降时，应适当考虑土的回弹和再压缩的影响。

实际上，在工程实践中，基础浇注前，必须按照设计高程进行复核，即使存在回弹现象，回弹部分产生变形也会被开挖，基础底高程始终应满足设计要求。因此，深大开挖基础上的混凝土沉降计算，对于基底压力小于或接近于水闸闸基未开挖前作用于该基底面上土的自重压力时，只需按照上部基底压力，对应再压缩曲线部分进行取值计算，无须考虑回弹部分影响。

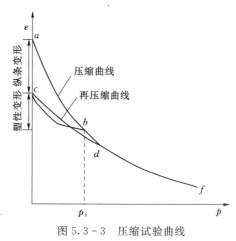

图 5.3-3   压缩试验曲线

（2）底板刚化处理计算的必要性。一般计算选取闸中心线上下游及中点三点计算，根据计算三点沉降成果绘制沉降线 abc 线，见图5.3-4。由于水闸底板为刚性结构，中点沉降量与上下游计算成果应该呈线形关系，而按照直接计算成果，一般中点沉降量大于上下游计算值，故应该进行刚性化校正，即做 ab 线平行线 $a'b'$，使 $aa'bb'$ 面积等于 abc 面积，最终确定的 $a'b'$ 线即为最终沉降线。

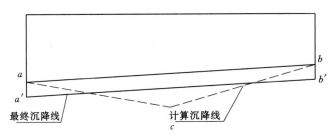

图 5.3-4　沉降计算校正示意图

值得注意的是，这种刚性化处理理论上更符合基础实际变形。但从计算结果来看，作为基础沉降一般以中心点作为最大控制点，刚性化处理将导致计算结果偏小。而且，有学者认为，目前沉降计算参数基于限制侧限的压缩试验得到，较实际无侧限的条件下的沉降偏低，因此，刚性化处理是否会导致计算成果偏小，笔者通过多布水电站沉降计算认为，考虑刚性化处理与不考虑刚性化处理，差异在15%左右，差值在5mm左右，影响不大。

5.3.3.2　弹性力学法

地基最终沉降量的弹性力学计算方法是以 Boussinesq 的位移解为依据的。在弹性半空间表面作用着一个竖向集中力 P 时，表面位移就是地基表面的沉降量 s：

$$s = \frac{P}{\pi r} \frac{1-\mu^2}{E} \tag{5.3-8}$$

式中　μ——地基土的泊松比；

　　　E——地基土的弹性模量（或变形模量 E_0）；

　　　r——地基表面任意点到集中力 P 作用点的距离，$r = \sqrt{x^2 + y^2}$。

集中力作用下地基表面的沉降曲线见图 5.3-5。

对于局部荷载下的地基沉降，则可利用式（5.3-8），根据叠加原理求得。设荷载面积 A 内 $N(\xi, \eta)$ 点处的分布荷载为 $p_0(\xi, \eta)$，则该点微面积上的分布荷载可为集中力 $P = p_0(\xi, \eta)\mathrm{d}\xi\mathrm{d}\eta$ 代替。于是，地面上与 N 点距离 $r = \sqrt{(x-\xi)^2 + (y-\eta)^2}$ 的 $M(x, y)$ 点的沉降 $s(x, y)$，可积分求得

$$s(x, y) = \frac{1-\mu^2}{E_0} \iint_A \frac{p_0(\xi, \eta)}{\sqrt{(x-\xi)^2 + (y-\eta)^2}} \mathrm{d}\xi\mathrm{d}\eta \tag{5.3-9}$$

从式（5.3-9）中可以看出，如果知道了应力分布就可以求得沉降，局部荷载下的地面沉降分布计算简图见图 5.3-6；反过来，若沉降已知又可以反算出应力分布。

对均布矩形荷载 $p_0(\xi, \eta) = p_0 =$ 常数，其角点 C 的沉降按式（5.3-9）积分的结果为

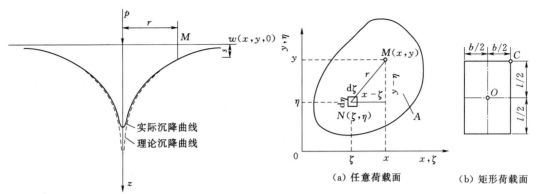

图 5.3-5 集中力作用下地基表面的沉降曲线   图 5.3-6 局部荷载下的地面沉降分布计算简图

$$s = \frac{1-\mu^2}{E_0} \omega_c b p_0 \qquad (5.3-10)$$

式中 ω_c——角点沉降影响系数。

ω_c 由式（5.3-11）确定：

$$\omega_c = \frac{1}{\pi}\left[m\ln\left(\frac{1+\sqrt{1+m^2}}{m}\right) + \ln(m+\sqrt{m^2+1}) \right] \qquad (5.3-11)$$

式中 $m = l/b$。

利用式（5.3-10）以角点法易求得均布矩形荷载下地基表面任意点的沉降。例如矩形中心点的沉降可划分为四个相同小矩形的角点沉降之和，即

$$s = 4\frac{1-\mu^2}{E_0}\omega_c(b/2)p_0 = \frac{1-\mu^2}{E_0}\omega_0 b p_0 \qquad (5.3-12)$$

式中 ω_0——中心沉降影响系数，等于 $2\omega_c$。

以上角点法的计算结果和实践经验都表明，柔性荷载下地面的沉降不仅产生于荷载面范围之内，而且还影响到荷载面之外，沉降后的地面呈碟形，见图 5.3-7。但一般基础都具有一定的抗弯刚度，因而沉降依基础刚度的大小而趋于均匀。中心荷载作用下的基础沉降可以近似地按绝对柔性基础基底平均沉降计算，即

$$s = \iint\limits_A \frac{s(x,y)}{A}\mathrm{d}x\,\mathrm{d}y \qquad (5.3-13)$$

式中 A——基底面积，m^2；

$s(x,y)$——点 (x,y) 处的基础沉降，mm。

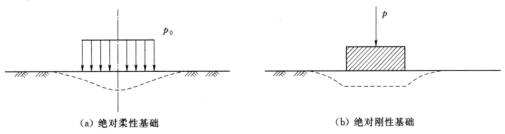

(a) 绝对柔性基础   (b) 绝对刚性基础

图 5.3-7 局部荷载作用下的地面沉降

对于均布的矩形荷载，式（5.3-13）积分的结果为

$$s = \frac{1-\mu^2}{E_0} \omega_m b p_0 \tag{5.3-14}$$

式中　ω_m——平均沉降影响系数。

可将式（5.3-10）～式（5.3-14）统一成为地基沉降的弹性力学公式的一般形式：

$$s = \frac{1-\mu^2}{E_0} \omega b p_0 \tag{5.3-15}$$

式中　b——矩形基础（荷载）的宽度或圆形基础（荷载）的直径，m；

　　　ω——无量纲沉降影响系数，见表5.3-13。

表 5.3-13　　　　　　　　　　　　　基础沉降影响系数 ω 值

基础形状 基础刚度		圆形	方形	矩形 l/b											
			1.0	1.5	2.0	3.0	4.0	5.0	6.0	7.0	8.0	9.0	10.1	100.0
柔性 基础	ω_c	0.64	0.56	0.68	0.77	0.89	0.98	1.05	1.11	1.16	1.20	1.24	1.27	2.00
	ω_0	1.00	1.12	1.36	1.53	1.78	1.96	2.10	2.22	2.32	2.40	2.48	2.54	4.01
	ω_m	0.85	0.95	1.15	1.30	1.52	1.20	1.83	1.96	2.04	2.12	2.19	2.25	3.70
刚性基础 ω_r		0.79	0.88	1.08	1.22	1.44	1.61	1.72	—	—	—	—	2.12	3.40

刚性基础承受偏心荷载时，沉降后基底为一倾斜面，基底形心处的沉降（即平均沉降）可按式（5.3-15）取 $\omega = \omega_r$ 计算，基底倾斜的弹性力学公式如下：

$$圆形基础：\theta \approx \tan\theta = 6 \frac{1-\mu^2}{E_0} \frac{Pe}{b^3} \tag{5.3-16}$$

$$矩形基础：\theta \approx \tan\theta = 8K \frac{1-\mu^2}{E_0} \frac{Pe}{b^3} \tag{5.3-17}$$

式中　θ——基础倾斜角，（°）；

　　　P——基底竖向偏心荷载合力，kN；

　　　e——偏心距，m；

　　　b——荷载偏心方向的矩形基底边长或圆形基底直径，m；

　　　K——计算矩形刚性基础倾斜的无量纲系数，按 l/b 取值，如图5.3-8所示，其中 l 为矩形基底另一边长。

通常按统一式计算的基础最终沉降量是偏大的。这是由于弹性力学公式是按匀质线性变形半空间的假设得到的，而实际上地基常常是非均质的成层土，即使是均质的土层，其变形模量 E_0 一般随深度而增大。因此，利用弹性力学公式计算沉降

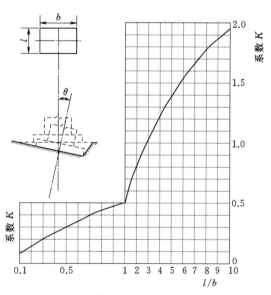

图 5.3-8　计算矩形刚性基础倾斜的系数 K

的问题，在于所用的 E_0 值能否反映地基变形的真实情况。地基土层的 E_0 值，如能从已有建筑物的沉降观测资料，以弹性力学公式反算求得，则这种数据是很有价值的。此外，弹性力学公式可用来计算地基的瞬时沉降，此时认为地基土不产生体积变形，E_0 应取为地基弹性模量，并取泊松比 $\mu=0.5$。

在大多数实际问题中，土层的厚度是有限的，下卧坚硬土层。计算有限厚土层上柔性基础的平均沉降计算公式为

$$s=\mu_0\mu_1\frac{bp_0}{E_0} \tag{5.3-18}$$

式中，μ_0 取决于基础埋深和宽度之比 D/b，μ_1 取决于地基土厚度 H 和基础形状。泊松比 $\mu=0.5$ 时，μ_0 和 μ_1 如图 5.3-9 所示。对于成层土地基，可利用叠加原理来计算地基平均沉降。

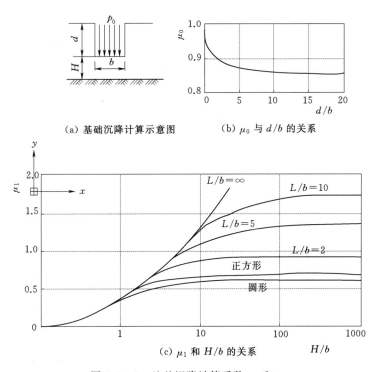

（a）基础沉降计算示意图 　　（b）μ_0 与 d/b 的关系

（c）μ_1 和 H/b 的关系

图 5.3-9　地基沉降计算系数 μ_0 和 μ_1

5.3.3.3　几种常用数值分析法

1. DP 准则有限元数值分析成果

该计算的数值模型建立的地基材料主要采用了 DP 准则模型，但是在研究静力作用下厂房和基础的沉降时采用了 Duncan-Chang 卸载—再加载模量方法，以考虑受力过程中土体材料变形模量（压缩模量）的变化。

DP 准则是 Mohr-Coulomb 准则的近似，以此来修正 VonMises 屈服准则，即在 VonMises 表达式中包含一个附加项，该附加项是考虑静水压力可以引起岩土材料屈服而加入的。其流动法则既可以采用相关流动法则，也可以采用不相关流动法则。其屈服面并

不随着材料的逐渐屈服而改变，因此没有强化准则，然而其屈服强度随着侧限压力（静水压力）的增加而相应增加，其塑性行为被假定为理想塑性。并且，它考虑了由于屈服引起的体积膨胀。

DP 准则表达式为

$$\alpha I_1 + \sqrt{J_2} - k = 0 \qquad\qquad (5.3-19)$$

其中

$$I_1 = \sigma_1 + \sigma_2 + \sigma_3 = \sigma_x + \sigma_y + \sigma_z \qquad\qquad (5.3-20)$$

$$J_2 = \frac{1}{6}\left[(\sigma_1 - \sigma_2)^2 + (\sigma_2 - \sigma_3)^2 + (\sigma_3 - \sigma_1)^2\right] \qquad (5.3-21)$$

$$\alpha = \frac{2\sin\varphi}{\sqrt{3}(3-\sin\varphi)} \qquad\qquad (5.3-22)$$

$$k = \frac{6c\cos\varphi}{\sqrt{3}(3-\sin\varphi)} \qquad\qquad (5.3-23)$$

式（5.3-20）～式（5.3-23）中　φ、c——材料的黏聚力和摩擦角；

　　　　　　　　　　σ_1、σ_2、σ_3——三个主应力；

　　　　　　　　　　σ_x、σ_y、σ_z——x、y、z 向的正应力。

DP 屈服面在主应力空间内为一圆锥形空间曲面，在 π 平面上为圆形，可以看作 Mohr-Coulomb 准则的光滑近似，避免了 Mohr-Coulomb 屈服面不光顺有尖点，即屈服面法线不连续，给数值计算带来的困难。它和 Mohr-Coulomb 屈服准则的比较如图 5.3-10 所示。

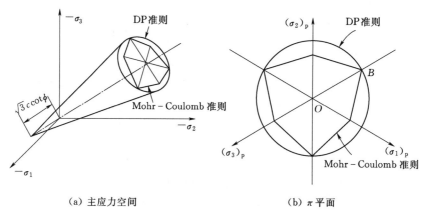

（a）主应力空间　　　　　　　　　（b）π 平面

图 5.3-10　Mohr-Coulomb 和 DP 屈服面

另外，DP 模型采用膨胀角 φ_f 来控制体积膨胀的大小，如果膨胀角为 0，则不会发生体积膨胀；如果膨胀角等于内摩擦角，在材料中则会发生严重的体积膨胀。

多布水电站由于开挖的土体要远远大于上建厂房的重量和体积，因此，该地基属于超固结地基土范畴，属于开挖卸载后再建厂房加载的过程。多布水电站的地基基础主要为块石砂卵砾石，同时也有细砂和粉土夹杂，属于粗粒土和细砂混合材料范畴。为了反映土体变形的可恢复部分与不可恢复部分，Duncan-Chang 模型在弹性理论的范围内，采用了卸载—再加载模量不同于初始加载模量的方法。

通过常规三轴压缩试验的卸载—再加载曲线确定其卸载模量。由于这个过程中应力应变表现为一个滞回圈，所以用一个平均斜率代替，表示为 E_{ur}。在不同应力水平下这个平均斜率都接近相等，所以可认为它在同样围压 σ_3 下是一个常数。但它随围压 σ_3 增加而增加，试验表明在双对数坐标中二者关系可用直线近似，即

$$E_{ur} = K_{ur} P_a \left(\frac{\sigma_3}{P_a}\right)^{n_{ur}} \tag{5.3-24}$$

式中　K_{ur}——$\lg(E_{ur}/P_a)$—$\lg(\sigma_3/P_a)$ 直线的截距，一般 $K_{ur} > K$；

　　　n_{ur}——斜率；

　　　P_a——大气压。

2. 邓肯 E－B 模型

该模型包含两个基本变量：切线杨氏模量 E_t 和切线体积模量 v_t。分别表示为

$$E_t = K P_a \left(\frac{\sigma_3}{P_a}\right)^n (1 - R_f S_1)^2 \tag{5.3-25}$$

$$v_t = K_b P_a \left(\frac{\sigma_3}{P_a}\right)^m \tag{5.3-26}$$

式中　P_a——大气压；

　　　K——杨氏模量系数；

　　　n——切线杨氏模量 E_t 随围压 σ_3 增加而增加的幂次；

　　　R_f——破坏比；

　　　v_t——切线体积模量；

　　　S_1——应力水平。

表达式为

$$S_1 = \frac{(\sigma_1 - \sigma_3)(1 - \sin\varphi)}{2c\cos\varphi + 2\sigma_3 \sin\varphi} \tag{5.3-27}$$

式中　c、φ——抗剪强度指标。

Duncan－Chang 模型的加卸荷准则如下。设定加载函数：

$$S_s = S_1 \sqrt[4]{\frac{\sigma_3}{P_a}} \tag{5.3-28}$$

记 S_s 历史上最大值为 S_{smax}，按现有的 σ_3 计算出最大应力水平 $S_c = S_{smax} \left/ \sqrt[4]{\dfrac{\sigma_3}{P_a}}\right.$，然后将 S_c 与土体当前应力水平 S 进行比较。

（1）如果 $S \geqslant S_c$ 则为加载状态，$E = E_t$。

（2）如果 $S \leqslant 0.75 S_c$ 则为全卸载状态，$E = E_{ur}$。

（3）如果 $0.75 S_c < S < S_c$ 则为部分卸载，杨氏模量按式（5.3-29）内插：

$$E = E_t + (E_{ur} - E_t)\frac{S_c - S}{0.25 S_c} \tag{5.3-29}$$

对粗粒料来说，$c = 0$，φ 按式（5.3-30）计算：

$$\varphi = \varphi_0 - \Delta\varphi \lg\frac{\sigma_3}{P_a} \tag{5.3-30}$$

式中 φ_0、$\Delta\varphi$——均为材料参数,由三轴试验结果确定。

E-B 模型有 7 个模型参数,分别为 K、n、R_f、c、φ、K_b 和 m,可由常规三轴试验结果整理得出。

对于卸荷情况,回弹模量按式(5.3-31)计算:

$$E_{ur} = K_{ur}P_a\left(\frac{\sigma_3}{P_a}\right)^n \tag{5.3-31}$$

3. 多布水电站广义塑性理论实践

现阶段,土体数值分析中,非线性弹性模型如邓肯 E-B 模型,清华 K-G 模型等由于物理概念简单、易于程序实现,应用较为广泛,非线性弹性模型缺陷在于无法反应土体材料平均应力、剪切应力对体积应变和剪切应变的交叉影响,也不能很好地考虑土体的复杂应力路径下的力学行为。弹塑性模型能够克服弹性模型的以上不足之处,但传统的弹塑性模型中屈服面、塑性势面均为显式表达,给模型建立和使用带来了不便。该研究中采用广义塑性理论框架。这种模型没有采用显式的屈服面和塑性势面表达式,而是通过定义微分形式的塑性流动方向和加载方向,并灵活地定义不同加载条件下的塑性模量。广义塑性模型能够通过定义模型的各个主要部分(塑性流动方向、加载方向、塑性模量)灵活地完成各种加载条件下预测任务。原始的广义塑性模型存在以下的缺点:①不能反映不同围压下土体的应力应变特性;②P-Z 模型不能合理反映循环加载过程中出现的"棘轮效应",即随着循环次数增加应变逐渐趋于稳定的现象。

在原始的广义塑性模型理论基础上,考虑了覆盖层土体的剪胀特性和强度、变形特性,提出了一个新的用于预测粗粒土力学行为的模型。该模型建立的过程如下:

在弹塑性模型中,总应变增量可以分解为弹性应变增量和塑性应变增量:

$$\Delta\varepsilon_{ij} = \Delta\varepsilon_{ij}^e + \Delta\varepsilon_{ij}^p \tag{5.3-32}$$

式中 $\Delta\varepsilon_{ij}$——总应变增量;

$\Delta\varepsilon_{ij}^e$——弹性应变增量;

$\Delta\varepsilon_{ij}^p$——塑性应变增量。

粗粒土的应力应变关系可以表示为

$$\Delta\boldsymbol{\sigma} = \boldsymbol{D}^{ep} : \Delta\boldsymbol{\varepsilon} \tag{5.3-33}$$

式中 $\Delta\boldsymbol{\sigma}$——应力增量;

$\boldsymbol{D}^{ep}$——弹塑性矩阵。

广义塑性模型的弹塑性矩阵可以表示为

$$\boldsymbol{D}^{ep} = \boldsymbol{D}^e - \boldsymbol{D}^p = \boldsymbol{D}^e - \frac{\boldsymbol{D}^e : \boldsymbol{n}_{gL/U} : \boldsymbol{n}^T : \boldsymbol{D}^e}{H_{L/U} + \boldsymbol{n}^T : \boldsymbol{D}^e : \boldsymbol{n}_{gL/U}} \tag{5.3-34}$$

式中 $\boldsymbol{D}^e$——弹性矩阵;

$\boldsymbol{D}^p$——塑性矩阵;

$\boldsymbol{n}_{gL/U}$——加载或卸载时的塑性流动方向;

$\boldsymbol{n}$——加载方向;

$H_{L/U}$——加载或卸载时的塑性模量。

（1）塑性流动方向。广义塑性模型中加载时的塑性流动方向为

$$\boldsymbol{n}_{gL} = \left(\frac{d_g}{\sqrt{1+d_g^2}}, \frac{1}{\sqrt{1+d_g^2}} \right) \qquad (5.3-35)$$

为了模拟所谓的粗粒土"卸载体缩"现象，将土体处于卸载时的塑性流动方向定义为

$$\boldsymbol{n}_{gU} = \left[-\mathrm{abs}\left(\frac{d_g}{\sqrt{1+d_g^2}} \right), \frac{1}{\sqrt{1+d_g^2}} \right] \qquad (5.3-36)$$

陈生水等建议，对于土石材料，为了能够反映剪胀性随压力的非线性减小规律，d_g 推荐公式为

$$d_g = (1+\alpha)\frac{M_d^2 - \eta^2}{2\eta} \qquad (5.3-37)$$

式中 M_d——材料由剪缩向剪胀过渡的相变应力比；

α——系数，一般取 0.5。

$$M_d = \frac{6\sin\psi}{3-\sin\psi} \qquad (5.3-38)$$

$$\psi = \psi_0 - \Delta\psi \lg\frac{\sigma_3}{p_a} \qquad (5.3-39)$$

式中 ψ——考虑了颗粒破碎的剪胀特征摩擦角；

ψ_0 和 $\Delta\psi$——反映剪胀特征摩擦角变化的参数。

（2）加载方向定义。加载方向可以定义为式（5.3-40）：

$$\boldsymbol{n} = \left(\frac{d_f}{\sqrt{1+d_f^2}}, \frac{1}{\sqrt{1+d_f^2}} \right) \qquad (5.3-40)$$

其中，d_f 可以定义为

$$d_f = (1+\alpha)\frac{M_f^2 - \eta^2}{2\eta} \qquad (5.3-41)$$

根据邓肯等提出堆石料强度非线性公式：

$$M_f = \frac{6\sin\varphi}{3-\sin\varphi} \qquad (5.3-42)$$

$$\varphi = \varphi_0 - \Delta\varphi \lg\frac{\sigma_3}{p_a} \qquad (5.3-43)$$

式中 φ——内摩擦角；

φ_0、$\Delta\varphi$——反映剪胀特征摩擦角变化的参数。

（3）塑性模量的定义。对于无黏性颗粒材料，其等向压缩规律可以由式（5.3-44）表示：

$$\varepsilon_v^p = (\lambda - \kappa)\left[\left(\frac{p}{p_a}\right)^m - \left(\frac{p_0}{p_a}\right)^m \right] \qquad (5.3-44)$$

式中 λ——压缩参数；

κ——回弹参数；

m——材料参数；

p_a——大气压，kPa；

p_0——参考压力，kPa。

土石材料广义塑性模型中，弹性模量建议公式为

$$E = \frac{3(1-2\upsilon)p_a^m}{m\kappa p^{m-1}} \qquad (5.3-45)$$

式中　υ——泊松比，一般认为是常数，为0.3。

塑性模量的定义是根据等向压缩试验的模量再加入考虑了剪切破坏的项得到的，根据Nakai的建议，砂土或者是粗粒土的等向压缩规律可以由式（5.3-44）描述。

等向压缩过程中的塑性模量可以由式（5.3-44）取微分形式得到，即对式（5.3-44）微分得到如下式：

$$\Delta\varepsilon_v^p = m(\lambda-\kappa)\frac{1}{p_a}\left(\frac{p}{p_a}\right)^{m-1}\Delta p \qquad (5.3-46)$$

考虑到土颗粒的剪胀性和剪切效应后，可以将式（5.3-46）改进为一个半经验的塑性模量表达式，表达为

$$H_L = \frac{p_a^m}{m(\lambda-\kappa)p^{m-1}}\frac{1+(1+\eta/M_d)^2}{1+(1-\eta/M_d)^2}\left(1-\frac{\eta}{M_f}\right)^d \qquad (5.3-47)$$

式（5.3-47）是在对多组粗粒土预测计算中逐步改进得到的。通过试验验证表明，该式对粗粒土各应力路径（如常规三轴、等应力路径、等应力比路径）均能较好描述。

从有限元分析中，若几何建模时考虑上部覆盖层开挖，则会使得模型建立和计算的复杂性大为增加，尤其是在三维分析中，若完全按照实际开挖过程进行几何模型的建立和计算，则计算成本过高，有些情况甚至在技术上难以实现。但工程实际中地基开挖产生的超固结效应客观存在，且对上部建筑物沉降变形影响显著，所以如何简单有效地模拟覆盖层开挖引起的超固结效应在工程计算中具有重要意义。

广义塑性模型的建立除了反映单调加载下材料的力学性质外，还具有反映材料复杂加载、卸载下力学行为的能力，可反映土体的加载历史（如超固结、循环加卸载等应力路径），但是需要对不同的加载状态采用不同的塑性模量形式。通常，卸载模量和再加载模量是在加载模量的基础上改造得到的。一般地，土体卸载后的再加载模量可以定义为

$$H_{RL} = H_L H_{DM} H_{den} \qquad (5.3-48)$$

其中

$$H_{DM} = \left(\frac{\sigma_{z,\max}}{\sigma_z}\right)^{\gamma_{DM}} \qquad (5.3-49)$$

$$H_{den} = e^{(\gamma_d\varepsilon_v^p)} \qquad (5.3-50)$$

H_{DM}能够反映卸载—再加载时塑性模量增大的现象即类超固结使土体变硬，H_{den}能够反映不断地循环加载时塑性模量随着塑性应变累积逐步增大。这里沿用土力学中概念定义覆盖层类超固结参数 $OCR = \sigma_{z,\max}/\sigma_z$，其中 $\sigma_{z,\max}$ 为历史最大竖向应力，σ_z 为当前竖向应力。

在有限元计算中，如果能够获取每个单元的类超固结参数 OCR，作为有限元计算的初始状态输入，则可以等效地考虑覆盖层地基前期的开挖效应。图 5.3-11 为某工程开挖

至基础面时，土体内部单元 OCR 值分布。从图 5.3-11 中可以看出，开挖覆盖层越厚的区域，类超固结参数也越大。最大区域位于倒梯形开挖区域表层。

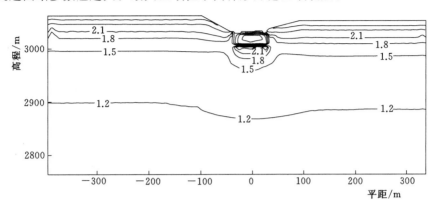

图 5.3-11　某工程考虑开挖效应时覆盖层内部 OCR 值分布

　　结果表明，本书提出的定义初始 OCR 考虑覆盖层开挖效应的方法能够简单、有效地考虑覆盖层的开挖效应，且随着覆盖层深度增加，类超固结的特性逐渐减弱，易于推广至三维有限元数值计算，能够使得巨厚覆盖层高闸坝计算模拟过程更准确、快捷。

　　同时，应该定义一个土体卸载时的塑性模量以反映土体在卸载时产生的变形，卸载模量可以定义为

当 $\left|\dfrac{M_g}{\eta_u}\right| > 1$ 时
$$H_U = \frac{p_a^m \Omega}{mc_e p^{m-1}} H_{DM} H_{den} \left(\frac{M_g}{\eta_u}\right)^{\gamma_u} \tag{5.3-51}$$

当 $\left|\dfrac{M_g}{\eta_u}\right| \leqslant 1$ 时
$$H_U = \frac{p_a^m \Omega}{mc_e p^{m-1}} H_{DM} H_{den} \tag{5.3-52}$$

　　以上各式中，γ_{DM}、γ_d、γ_u 为三个反映循环加载的参数，这三个参数的确定需要根据加卸载试验得到。

　　通过以上的定义不难看出广义塑性模型的优势，其不但能够反映土体单调加载时的应力路径，而且能够在一定程度上反映土体的加载历史。由式（5.3-48）可以看出，当历史最大应力为当前应力时再加载，模量与初始加载模量相同；但是当历史最大应力大于当前应力状态时再加载模量则大于初始加载模量，能够反映出超固结土模量增高的特点。同时，也可以直接在初始状态中定义超固结度指标，考虑覆盖层地基开挖形成的类超固结特性。

　　覆盖层土体广义塑性模型参数根据室内三轴试验数据确定，参见表 5.3-14。图 5.3-12 为覆盖层三轴试验结果与模型预测结果比较。

表 5.3-14　　　　　　　　　　多布水电站覆盖层土广义塑性模型参数

材料名称		P /(g/cm³)	φ /(°)	$\Delta\varphi$ /(°)	ψ /(°)	$\Delta\psi$ /(°)	λ	κ	m	d	γ_{DM}	γ_d	γ_u
2 层	$Q_4^{al} - Sgr_2$	2.14	45.5	9.5	42.5	5.5	7.6×10^{-3}	1.47×10^{-3}	0.660	1.477	2.4	55	25
3 层	$Q_4^{al} - Sgr_1$	2.14	45.2	9.0	42.5	5.4	7.7×10^{-3}	1.48×10^{-3}	0.654	1.472	2.5	55	23
4 层	$Q_3^{al} - V$	2.10	41.8	5.9	40.5	3.6	8.2×10^{-3}	1.60×10^{-3}	0.787	0.923	2.3	40	35

续表

材料名称		P /(g/cm³)	φ /(°)	$\Delta\varphi$ /(°)	ψ /(°)	$\Delta\psi$ /(°)	λ	κ	m	d	γ_{DM}	γ_d	γ_u
5层	Q_3^{al}-IV₂	1.70	36.5	1.0	32.1	1.0	9.1×10^{-3}	1.82×10^{-3}	0.945	0.824	2.2	3.2	24
6层	Q_3^{al}-IV₁	1.92	41.3	5.7	40.0	3.7	8.3×10^{-3}	1.62×10^{-3}	0.785	0.965	2.9	50.	40.
7层	Q_3^{al}-III	1.90	44.7	1.0	43.7	1.0	6.7×10^{-3}	1.31×10^{-3}	0.685	0.832	2.7	45	28
8层	Q_3^{al}-II	1.89	42.1	4.4	37.0	5.0	7.9×10^{-3}	1.54×10^{-3}	0.657	1.598	2.5	58	31
9层	Q_3^{al}-I	2.13	44.3	1.7	41.3	1.7	7.6×10^{-3}	1.49×10^{-3}	0.671	1.547	2.5	54	26
10层	Q_2^{fgl}-V												
11层	Q_2^{fgl}-IV	2.13	47.6	6.1	46.2	4.7	8.7×10^{-3}	1.51×10^{-3}	0.615	0.862	2.4	42	20
12层	Q_2^{fgl}-III	1.76	45.6	10.2	36.2	1.5	6.5×10^{-3}	1.27×10^{-3}	0.731	1.850	2.1	44	26
13层	Q_2^{fgl}-II	2.15	45.1	5.8	39.5	1.5	7.54×10^{-3}	1.48×10^{-3}	0.662	2.120	2.9	49	25
旋喷桩		1.80	50.0	5.0	49.0	5.0	6.6×10^{-3}	1.29×10^{-3}	0.685	0.792	2.2	52	22
回填砂砾石		2.18	50.2	8.9	36.8	2.3	6.5×10^{-3}	1.27×10^{-3}	0.682	1.431	2.3	44	23

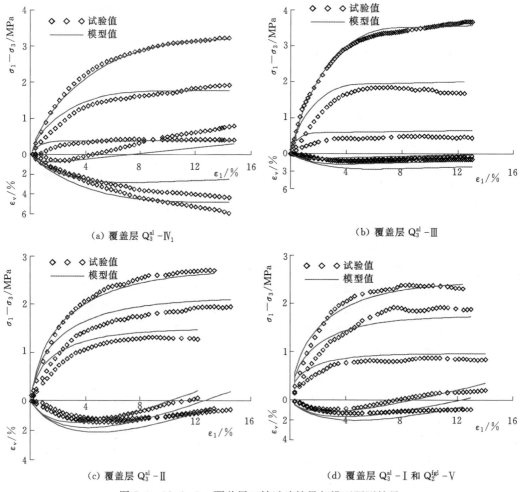

(a) 覆盖层 Q_3^{al}-IV₁

(b) 覆盖层 Q_3^{al}-III

(c) 覆盖层 Q_3^{al}-II

(d) 覆盖层 Q_3^{al}-I 和 Q_2^{fgl}-V

图 5.3-12（一） 覆盖层三轴试验结果与模型预测结果

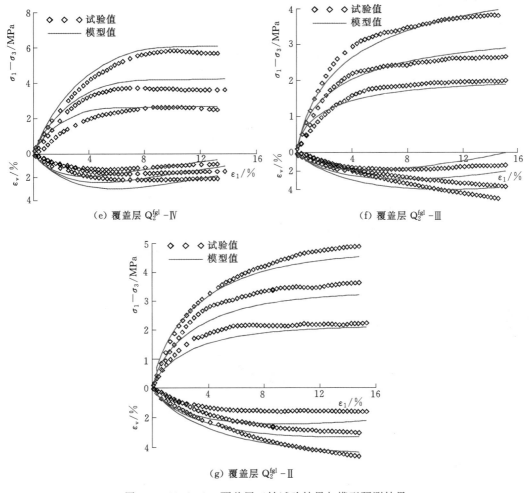

（e）覆盖层 Q_2^{fgl} - Ⅳ

（f）覆盖层 Q_2^{fgl} - Ⅲ

（g）覆盖层 Q_2^{fgl} - Ⅱ

图 5.3 - 12（二） 覆盖层三轴试验结果与模型预测结果

5.3.4 多布水电站广义塑性数值模型计算结果与现场监测数据验证研究

5.3.4.1 泄洪闸测点监测沉降与计算结果比较

图 5.3 - 13 为多布水电站泄洪闸底板处测点实测沉降与计算沉降比较，其中图 5.3 - 13（a）、图 5.3 - 13（b）分别为 2 号泄洪闸上、下游测点实测沉降与计算沉降比较；图 5.3 - 13（c）、图 5.3 - 13（d）分别为 4 号泄洪闸上、下游测点实测沉降与计算沉降比较；图 5.3 - 13（e）、图 5.3 - 13（f）分别为 5 号泄洪闸下游测点 1 上、下游测点实测沉降与计算沉降比较；图 5.3 - 13（g）、图 5.3 - 13（h）分别为 5 号泄洪闸上、下游测点 2 实测沉降与计算沉降比较；图 5.3 - 13（i）、图 5.3 - 13（j）分别为 6 号泄洪闸上、下游测点实测沉降与计算沉降比较；图 5.3 - 13（k）、图 5.3 - 13（l）分别为 8 号泄洪闸上、下游测点实测沉降与计算沉降比较。可以看出，数值模拟的测点沉降过程与实测过程能较好吻合。

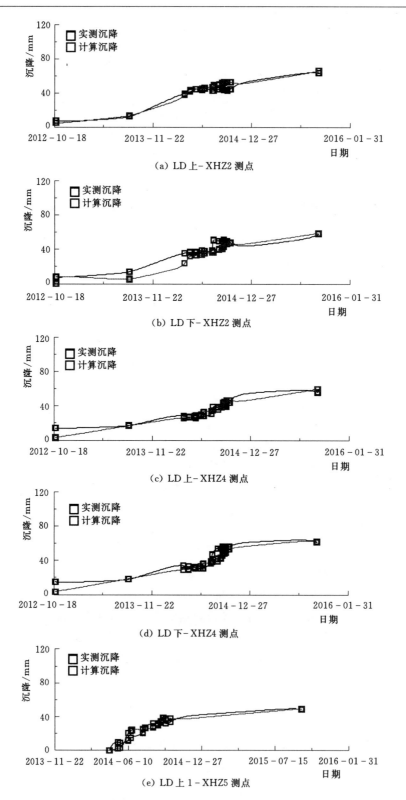

(a) LD 上 - XHZ2 测点

(b) LD 下 - XHZ2 测点

(c) LD 上 - XHZ4 测点

(d) LD 下 - XHZ4 测点

(e) LD 上 1 - XHZ5 测点

图 5.3 - 13（一）　多布水电站泄洪闸底板处测点实测沉降与计算沉降比较

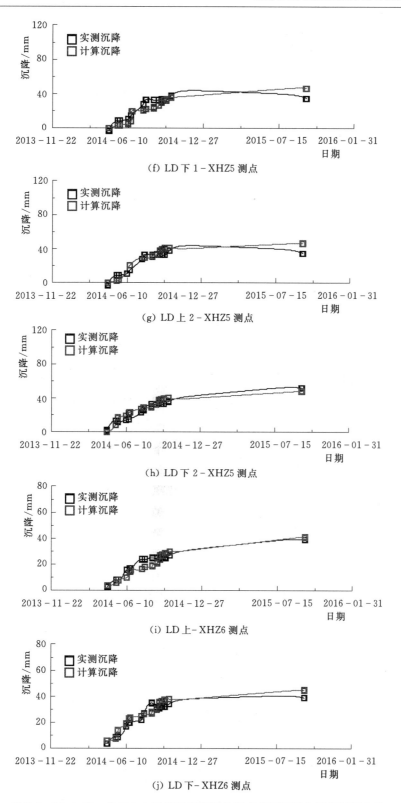

(f) LD下1-XHZ5测点

(g) LD上2-XHZ5测点

(h) LD下2-XHZ5测点

(i) LD上-XHZ6测点

(j) LD下-XHZ6测点

图 5.3-13（二） 多布水电站泄洪闸底板处测点实测沉降与计算沉降比较

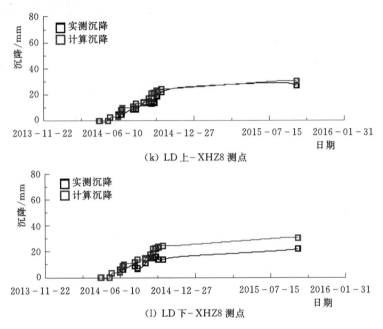

(k) LD 上 – XHZ8 测点

(l) LD 下 – XHZ8 测点

图 5.3 – 13（三）　多布水电站泄洪闸底板处测点实测沉降与计算沉降比较

5.3.4.2　厂房测点监测沉降与计算结果比较

图 5.3 – 14 为厂房测点沉降实测过程与计算过程的比较，其中图 5.3 – 14（a）为 LD1 – CF1 测点沉降过程与计算值比较，图 5.3 – 14（b）为 LD3 – CF1 测点沉降过程与实测值比较，图 5.3 – 14（c）为 LD1 – CF2 测点沉降过程与实测值比较，图 5.3 – 14（d）为 LD2 – CF2 测点沉降过程与实测值比较。可以看出，厂房测点处实测沉降与数值计算值能够较好吻合。

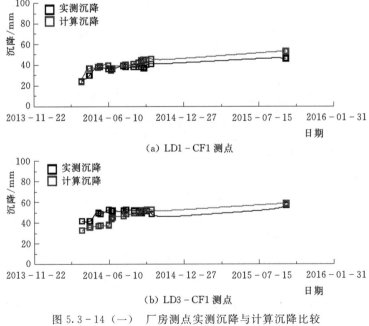

(a) LD1 – CF1 测点

(b) LD3 – CF1 测点

图 5.3 – 14（一）　厂房测点实测沉降与计算沉降比较

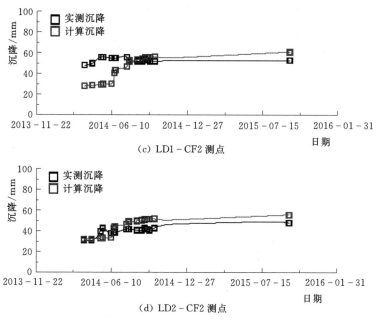

(c) LD1－CF2 测点

(d) LD2－CF2 测点

图 5.3－14（二） 厂房测点实测沉降与计算沉降比较

综合厂房和泄洪闸实测沉降与计算结果比较，可以看出，采用的多布水电站数值模型计算结果与现场实测结果能很好吻合，表明研究中心所采用的本构模型和计算方法是有效和合理的，研究成果可以作为大坝整体应力变形行为的判断依据。

5.4 软基闸坝液化等级划分及处理

地震液化是指在强烈地震作用下，处于地下水位以下的砂土等抗剪能力显著降低直至为零，表现出类似液体特征的现象（禹建兵等，2013）。对于砂土液化判别，国内普遍按初判和复判两个阶段开展工作。初判一般按照年代法、粒径法、地下水位法进行初判，在初判为不液化土后即可不进行复判；液化复判方法包括《建筑抗震设计规范》（GB 50011—2010）标准贯入试验（SPT）法、《岩土工程勘察规范》（GB 50021—2001）静力触探试验（CPT）法、基于室内试验的剪应力法（SEED 简化法）等。值得注意的是，在《水力发电工程地质勘察规范》（GB 50287—2016）把剪切波速法（VS 法）列入初判方法，而《岩土工程勘察规范》则作为复判的依据，且判定计算公式不同。事实上不仅仅地震会引起砂土液化，爆炸、机械振动等都可以引起砂土液化现象。也存在砂砾石液化现象，在 2008 年"5·12"汶川大地震震后调查发现，20%～30%的地表喷出物为中砂、粗砂，而砾、卵石喷出场地有十余处（袁晓铭等，2011），为此程汝恩等（2013）提出了采用重型动力触探击数 $N_{63.5}$ 进行砂砾石液化判别的方法。

进入 20 世纪以来，我国地震研究不断取得新进展，《建筑抗震设计规范》（GB 50011—2010）中，通过计算液化指数，将液化分为轻微、中等、严重三个级别，同时结合工程设防类别，规定了不同类别、不同液化等级的抗液化措施。而水利水电工程相关规范中，对液化判别方法提出了明确规定，回答了砂土是否发生液化的问题，但没有开展液化等级划分，导致工程设计中，对不同液化程度的判别及处理缺乏统一规定，造成有液化就必须全面消除的现象，给水利水电工程造成了一定程度的浪费。

5.4.1　地震液化判别的方法和问题

《水力发电工程地质勘察规范》中初判方法包括年代法、粒径法、地下水位法和剪切波速法。对于初判为可能液化的土层，应进一步进行复判。对于重要工程，还要做更深入的专门研究。砂土液化复判的方法较多，有标准贯入锤击数法、相对密度法、相对含水量法、液性指数法等。本书参考其他规范、资料，进一步介绍其他复判方法，如《岩土工程勘察规范》中静力触探试验（CPT）的计算方法、基于室内试验的剪应力法（SEED 简化法）、动剪应变幅法等。

5.4.1.1　地震液化可能性初判

1. 年代法

《水力发电工程地质勘察规范》中规定，地层年代为第四纪晚更新世 Q_3 或以前，可判为不液化。

2. 粒径法

《水力发电工程地质勘察规范》中规定，当土粒粒径大于 5mm 颗粒含量不小于 70% 时，可判为不液化；当土粒粒径小于 5mm 颗粒含量不小于 30% 时，且黏粒（粒径小于 0.005mm）含量满足表 5.4-1 时，可判为不液化。

表 5.4-1　　　　　　　　　　黏粒含量判别砂液化标准

抗震设防烈度	7	8	9
黏粒含量/%	≥16	≥18	≥20
液化判别	不液化	不液化	不液化

3. 剪切波速法

《水力发电工程地质勘察规范》中规定，当土层的剪切波速大于式（5.4-1）计算的上限剪切波速时，可判为不液化。

$$V_{st} = 291(K_H Z \gamma_d)^{\frac{1}{2}} \qquad (5.4-1)$$

式中　V_{st}——上限剪切波速度，m/s；

　　　K_H——地面最大水平地震加速度系数，可按抗震设防烈度 7 度、8 度和 9 度，分别采用 0.1、0.2 和 0.4；

　　　Z——土层深度，m；

　　　γ_d——深度折减系数。

深度折减系数计算公式为

当 $Z=0\sim10$m 时　　　　　$\gamma_d = 1.0 - 0.01Z$

当 $Z=10\sim20$m 时　　　　 $\gamma_d = 1.1 - 0.02Z$

当 $Z=20\sim30$m 时　　　　 $\gamma_d = 0.9 - 0.01Z$

5.4.1.2 地震液化可能性复判

1. 标准贯入锤击数法

《水力发电工程地质勘察规范》中规定，符合式（5.4-2）要求的土应判为液化土：

$$N_{63.5} < N_{cr} \tag{5.4-2}$$

当标准贯入试验贯入点深度和地下水位在试验地面以下的深度，不同于工程正常运用时，实测标准贯入锤击数应按式（5.4-3）进行校正，并应以校正后的标准贯入锤击数 $N_{63.5}$ 作为复判依据。式（5.4-4）适用于标准贯入点在地面下 20m 以内的深度，当深度在地面以下 5m 以内时，应采用 5m 计算 N_{cr}：

$$N_{63.5} = N'_{63.5} \left(\frac{\sigma_V}{\sigma'_V} \right) \tag{5.4-3}$$

$$N_{cr} = N_0 [\ln(0.6d_s + 1.5) - 0.1d_w] \sqrt{\frac{3\%}{\rho_c}} \tag{5.4-4}$$

式中
$N_{63.5}$——实测标准贯入锤击数；

N_{cr}——液化判别标准贯入锤击数临界值；

σ_V——工程正常运行时标准贯入点有效上覆垂直应力，kPa，取值不应小于 35kPa，且不大于 300kPa；

σ'_V——进行标准贯入时标准贯入点有效上覆垂直应力，kPa，取值不应小于 35kPa，且不大于 300kPa；

ρ_c——土的黏粒含量质量百分率，%，当 $\rho_c < 3\%$ 时取 3%；

N_0——液化判别标准贯入锤击数基准值，见表 5.4-2；

d_s——标准贯入点深度，m；

d_w——地下水埋深，m。

表 5.4-2　　　　　　　　　液化判别标准贯入锤击数基准值

设计地震动峰加速度	0.1g	0.15g	0.2g	0.3g	0.4g
标准贯入击数 N_0	7	10	12	16	19

2. 相对密度法

《水力发电工程地质勘察规范》中的相对密度法规定，当饱和无黏性土（包括砂和粒径大于 2mm 的砂砾）的相对密度不大于表 5.4-3 中的液化临界相对密度时，可判断为可能液化土。

表 5.4-3　　　　　　　　　饱和无黏性土的液化临界相对密度

设计地震动峰加速度	0.05g	0.1g	0.2g	0.4g
液化临界相对密度/%	65	70	75	85

3. 相对含水量和液性指数复判法

当饱和少黏性土的相对含水率大于或等于 0.9 时，或液性指数大于或等于 0.75 时，可判为可能液化土。

相对含水率计算公式为

$$W_U = \frac{W_S}{W_L} \tag{5.4-5}$$

式中　W_U——相对含水率，％；

$\quad\quad$ W_S——饱和少黏性土的饱和含水率，％；

$\quad\quad$ W_L——饱和少黏性土的液限含水率，％。

液化指数计算公式为

$$I_L = \frac{W_S - W_P}{W_L - W_P} \tag{5.4-6}$$

式中　I_L——液性指数；

$\quad\quad$ W_P——饱和少黏性土的塑限含水率，％。

4. SEED 简化法

该方法区别于其他经验法，属于现场取原状土或在室内重塑，直接进行室内三轴液化试验的分析方法，是目前国内外普遍接受的砂土液化判别方法之一。

（1）现场抗液化剪应力 τ_l 可由式（5.4-7）确定：

$$\tau_l = C_r \left(\frac{\sigma_d}{2\sigma_0'} \right) \sigma' \tag{5.4-7}$$

式中　C_r——修正系数，可综合取为 0.6；

$\quad\quad$ $\dfrac{\sigma_d}{2\sigma_0'}$——室内三轴液化试验的液化应力比；

$\quad\quad$ σ_d——动应力，动剪应力 τ_d 由 $\tau_d = \sigma_d / 2$ 确定；

$\quad\quad$ σ_0'——固结压力，MPa；

$\quad\quad$ σ'——初始有效土重压力，MPa。

（2）确定地震引起等效剪应力。根据西特的简化估算方法，采用最大剪应力的 65％ 作为等效应力，由设计地震引起的周期应力 τ_{av} 即为

$$\tau_{av} = 0.65 \gamma_d \left(\frac{a_{max}}{g} \right) \sigma_0 \tag{5.4-8}$$

式中　σ_0——总上覆压力，kPa；

$\quad\quad$ a_{max}——地震动峰值加速度；

$\quad\quad$ g——重力加速度；

$\quad\quad$ γ_d——应力折减系数。

（3）液化判别。确定了现场抗液化剪应力和地震引起等效剪应力后，就可进行液化判别：$\tau_l > \tau_{av}$ 时不液化，$\tau_l < \tau_{av}$ 液化。

5. 《岩土工程勘察规范》中静力触探试验（CPT）法

该方法是根据唐山地震不同烈度区的试验资料，用判别函数法统计分析得出的，适用于饱和砂土和饱和粉土的液化判别。其具体规定是：当实测计算比贯入阻力 P_s 或实测计算锥尖阻力 q_c 小于临界静力触探液化比贯入阻力 P_{scr} 或临界静力触探液化锥尖阻力值 q_{ccr} 时，应判别为液化土，该方法考虑了黏粒含量以及近震与远震的影响，其判别液化表达式为

当 $P_s > P_{scr}$，不易液化；当 $P_s \leqslant P_{scr}$，可能或易液化。

其中

$$P_{scr} = P_{s0} \alpha_w \alpha_s \alpha_p \tag{5.4-9}$$

$$q_{ccr} = q_{c0} \alpha_w \alpha_s \alpha_p \tag{5.4-10}$$

$$\alpha_w = 1 - 0.065(d_w - 2) \tag{5.4-11}$$

$$\alpha_u = 1 - 0.05(d_u - 2) \tag{5.4-12}$$

式中　P_{scr}——临界静力触探液化比贯入阻力，MPa；

q_{ccr}——临界静力触探液化锥尖阻力值，MPa；

P_{s0}——当 $d_w = 2$m、$d_u = 2$m 时，饱和无黏性土或少黏性土比贯入阻力基准值，MPa，可按抗震设防烈度 7 度、8 度和 9 度分别选取 $5.0 \sim 6.0$MPa、$11.5 \sim 13.0$MPa 和 $18.0 \sim 20.0$MPa；

q_{c0}——当 $d_w = 2$m、$d_u = 2$m 时，饱和无黏性土或少黏性土锥尖阻力基准值，MPa，可按抗震设防烈度 7 度、8 度和 9 度分别选取 $4.6 \sim 5.5$MPa、$10.5 \sim 11.8$MPa 和 $16.4 \sim 18.2$MPa；

α_p——土性综合影响系数，可按表 5.4-4 选取；

d_w——地下水位埋深（若地面淹没于水面以下 d_w 取 0m）；

d_u——上覆非液化土层厚度，计算时扣除淤泥、淤泥质土厚度，m。

表 5.4-4　　　　　　　　　　土性综合影响系数 α_p 值

土性	砂土	粉　　土	
静力触探摩阻比 R_f	$R_f \leqslant 4$	$0.4 < R_f \leqslant 0.9$	$R_f > 0.9$
α_p	1.0	0.6	0.45

6. 动剪应变幅法

根据钻孔跨孔法试验测定的横波（剪切波）速度 V_s，估算距地面以下某深度饱和无黏性土动剪应力变幅 γ_e，判别其地震液化的可能性。

地面以下某深度饱和无黏性土动剪应力变幅 γ_e 可按式（5.4-13）或式（5.4-14）估算：

$$\gamma_e = 0.87 \frac{\alpha_{max} Z}{V_s^2 (G/G_{max})} \gamma_c \tag{5.4-13}$$

或

$$\gamma_e = 0.65 \frac{\alpha_{max} Z}{V_s^2} \gamma_c \tag{5.4-14}$$

式中　γ_e——地震力作用下地层 Z 深度的动剪应力变幅，%；

α_{max}——地面最大水平地震加速度，可根据坝基设计地震动参数确定，也可按抗震设防烈度 7 度、8 度和 9 度分别选取 $0.1g$、$0.2g$ 和 $0.4g$，（$g = 9.80665$m/s^2）；

Z——估算点距地面深度，m；

V_s——饱和无黏性土实测横波速度，m/s；

G/G_{max}——动剪模量比（近似 0.75）；

γ_c——深度折减系数（表 5.4-5）。

表 5.4-5　　　　　　　　　地震剪应力随深度折减系数 γ_c 值

深度/m	0	1	2	3	4	5	6	7	8
γ_c	1.000	0.996	0.990	0.982	0.978	0.968	0.956	0.940	0.930
深度/m	9	10	12	16	18	20	24	26	30
γ_c	0.917	0.900	0.856	0.740	0.680	0.620	0.550	0.530	0.500

地震液化可能性判别依据为：$\gamma_e < 10^{-2}\%$ 时不易液化；$\gamma_e \geqslant 10^{-2}\%$ 时可能或易液化。

7. 《岩土工程勘察规范》中剪切波速判别法

用剪切波速判别地面下 15m 范围内饱和砂土和粉土的地震液化，可采用以下方法：

实测剪切波速 v_s，大于按式（5.4-15）计算的临界剪切波速，可判为不液化：

$$v_{scr} = v_{s0}(d_s - 0.0133 d_s^2)^{0.5} \left(\frac{3}{\rho_c}\right)^{0.5} \left(1 - 0.185 \frac{d_w}{d_s}\right) \qquad (5.4-15)$$

式中　v_{scr}——饱和砂土或饱和粉土液化剪切波速临界值，m/s；

v_{s0}——与地震烈度、土类有关的经验系数，按表 5.4-6 取值，m/s；

d_s——剪切波速测点深度，m；

d_w——地下水深度，m。

表 5.4-6　　　　　　　　　与烈度、土类有关的经验系数

土类	$v_{s0}/(m/s)$		
	7 度	8 度	9 度
砂土	65	95	130
粉土	45	65	90

5.4.1.3　规范判别法存在问题的探讨

年代法是各规范普遍采用进行初判的方法，但汶川地震震后调查表明，虽然大部分液化发生在 Q_4 地层，但仍有部分晚更新世 Q_3 地层发生液化现象。早在 1988 年第三次全国地质大会上，汤淼鑫等以某电厂地基土为例提交了《晚更新世地层地震液化可能性探讨》，认为应重视更新世地层液化问题。在西藏尼洋河多布水电站工程地基土液化判别中，根据中国地震局地壳应力研究所和成都理工大学采用电子自旋共振法（Electron Spin Resonance，简称 ESR）测年结果，Q_3^{al}-Ⅱ（第 8 层）细砂层为晚更新世以前堆积物（Q_3），如按年代法初判，该层不会发生液化；但进一步根据粒径法岩组中粒径小于 5mm 颗粒含量均在 90% 以上，而黏粒含量只有 2.48%～4.70%，均小于地震烈度为Ⅶ度的黏粒含量（16%）。部分钻孔剪切波速法判断也表明，测试剪切波速（230m/s）小于上限剪切波速（256m/s），认为有可能发生液化。最终通过建立三维动力模型，计算结果表明：设计地震工况下第 8 层砂层的 $(\tau_d)_{eff}/(\tau_d)_l$ 最大值约为 0.7，小于 1，认为该层不会发生液化。

SEED 剪应力对比法理论基础明确，能够较为全面地考虑地震动特性、埋深、地下水位、覆盖层厚度等影响因素，但目前水下饱和砂土获取不扰动试样的代价昂贵，而重塑试样误差较大，是限制该技术进一步推广的主要原因。而将其与原位测试技术结合，如美国采用的基于标贯试验的 NCEER、基于静探试验的 Roboertson 法，更具有实践价值，其中基于静探试验的 SEED 剪应力对比法，代表着液化判别的未来方向。

现有规范主要依据唐山、海城地震经验，"5·12"汶川地震后，对设计地震分组进行了改进，逐渐采用地震动峰加速度等参数以弱化地震烈度概念，另外，根据袁晓铭等《我国规范液化分析方法的发展设想》中新疆巴楚地区液化判别实践，采用我国规范的标准贯入试验（SPT）法、静力触探试验（CPT）法、剪切波速（VS）法，表明各方法成果虽然基本一致，但该地区砂土动力学特征具有显著地区特征，实际液化场地临界标贯成果等明显偏大，如按照规范临界标贯成果将导致偏不安全的成果。我国幅员辽阔，各地区砂土从历史成因、岩性组分、地下水位埋藏深度等均有较大差异，因此应建立适应我国不同地震区域特征的分类指导判别方法，这也是未来研究的重大方向。

对于液化判别深度，一般认为超过地面以下15m即不会发生地震液化问题，《水力发电工程地质勘察规范》中提供了15m以内标准贯入锤击复判的方法，但对15m以下的砂土液化是否开展、如何开展没有规定。而《建筑抗震设计规范》同时提供了15~20m的标准贯入锤击复判方法，可供参考。在四川映秀湾水电站闸基砂层液化问题研究中，对15m以下砂土液化，除参考建筑规范外，结合相对密度法等多种方法综合分析进行复判，有一定借鉴意义。另外不同规范判别方法各有特色，如在《建筑抗震设计规范》初判时，对天然地基规定了上覆非液化土层、地下水位、地基埋藏深度的关系式，简单地说，浅基础条件砂土的上覆非液化土层在抗震设防烈度为7度、8度、9度时只要分别大于7m、8m、9m，即可认为不液化，而水利水电规范中则无此规定。另外由于水利水电工程蓄水后地下水位发生变化，《水力发电工程地质勘察规范》提供了相应的修正方法。

综上所述，由于我国的规范和我国有关单位所研究的方法，无论是经验法，或者试验分析方法，无法完全从理论上实现与实际情况的一致，还需要长期探索和积累。因此，对于液化土初判、复判，应重视多种方法综合对比分析，确保成果合理可靠。

5.4.2 地震液化程度的分析

在部分水利水电工程实践中，已经开展了相关各具特色的研究工作。目前，对于液化严重程度，基本形成了液化指数法、震陷量计算法、液化度法三种方法。

5.4.2.1 液化指数在水利水电工程中的应用

1. 典型工程应用及分析

《建筑抗震设计规范》中，通过计算液化指数，将液化分为轻微、中等、严重三个级别，同时结合工程设防类别，规定了不同类别、不同液化等级的抗液化措施。而水利工程勘察及水工建筑物抗震设计规范中，对液化判别方法提出了明确规定，回答了砂土是否发生液化的问题，但没有开展液化等级划分，导致工程设计中，没有液化程度的概念，因此，有必要借鉴《建筑抗震设计规范》相关经验，对水利水电工程开展该项工作，以指导实际工程。

在部分水利水电工程实践中，已经开展了相关各具特色的研究工作，如大渡河丹巴电站工程设计中，经初判、复判认为③层砂层透镜体存在局部液化可能，④层粉土质砂是主要的可能液化土层，并通过计算，其液化指数为0.38~9.81，属轻微~中等液化，为处理方案提供了依据（符晓，2018）。石佛寺水库可能液化为中部不良级配砂，其液化指数为14.33~17.12，属中等液化（荆海峰，2017）。在大渡河硬梁包工程中，根据初判为

②层、④层堰塞沉积细粒土质是主要的可能液化土层，其中②层为晚更新世 Q_3 时代，埋深一般为 32~48m。如果按照一般经验是不会发生液化的。但进一步分析表明，虽然在Ⅷ度、Ⅸ度地震时不会液化，但由于该工程设防水平地震动峰加速度为 573gal，大于 9 度时为 0.4gal。按照规范方法并对相关参数进行外延计算发现仍然有液化可能。由于②层深度超过液化指数计算范围，仅对④层分析计算其液化指数为 0.19~10.54，属轻微~中等液化，为处理方案提供了依据（谢洪毅等，2012）。

可以发现，液化指数作为评判液化程度的指标，已经在水利水电工程诸多工程设计中得到应用。但仅仅是在计算完成后作为定性认识，而对于判定为轻微、中等、严重后如何采取不同措施进行针对性处理缺乏相关依据，没有发挥其指导工程实践的作用。

2. 液化指数计算方法

在探明各液化土层的深度、厚度基础上，开展钻孔内标准贯入试验，按照式（5.4-16）计算液化指数：

$$I_{IE} = \sum_{i=1}^{n} \left(1 - \frac{N_i}{N_{cri}}\right) d_i W_i \tag{5.4-16}$$

式中　　I_{IE}——液化指数；

n——在判别深度范围内每一个钻孔标准贯入试验点的总数；

N_i、N_{cri}——i 点标准贯入锤击数的实测值和临界值，当实测值大于临界值时应取临界值的数值；

d_i——i 点所代表的土层厚度，m，可采用与该标准贯入试验点相邻的上、下两标准贯入试验点深度差的一半，但上界不高于地下水位深度，下界不深于液化深度；

W_i——i 土层单位土层厚度的层位影响权函数值，m。若判别深度为 15m，当该层中点深度不大于 5m 时应采用 10，等于 15m 时应采用零值，5~15m 时应按线性内插法取值；若判别深度为 20m，当该层中点深度不大于 5m 时应采用 10，等于 20m 时应采用零值，5~20m 时应按线性内插法取值。液化指数确定液化等级划分详见表 5.4-7。

表 5.4-7　　　　　　　　　　液化指数确定液化等级划分表

液化等级	轻微	中等	严重
判定深度为 15m 时的液化指数	$0 < I_{IE} \leqslant 5$	$5 < I_{IE} \leqslant 15$	$I_{IE} \geqslant 15$
判定深度为 20m 时的液化指数	$0 < I_{IE} \leqslant 6$	$6 < I_{IE} \leqslant 18$	$I_{IE} \geqslant 18$

5.4.2.2　应重视地震不均匀震陷及估算

我国岷江上游修建有映秀湾、太平驿、福堂、姜射坝等闸坝工程，其坝基均为夹有砂层的深厚覆盖层基础，设计时工程区地震基本烈度为Ⅶ度或Ⅷ度，地质勘探结论为砂层在经受该地震烈度时均为可液化土层，建设过程中对该可液化砂层采取了挖除置换或围封等处理措施。根据"5·12"汶川地震后对其 12 座工程进行调查成果，多表现为飞石砸损、边坡崩塌等破坏，主体工程基本完好，震中的映秀湾、耿达两座工程出现不均匀震陷现象，其中映秀湾 5 号泄洪闸和右岸混凝土储门槽挡水坝段缝间竖向错动约 20cm、上下游错动约 5cm，耿达水电站运行后右岸软硬过渡坝段水平错动由震前 8cm 增加到了 20cm。

对于软基闸坝工程而言，液化的危害主要来自不均匀震陷，而由于抗剪参数降低导致抗滑失稳的情况比较少见。震陷量主要决定于土层的液化程度和上部结构的荷载，由于液化指数不能反映上部结构的荷载影响，笔者认为，开展采用震陷量来评价液化的危害程度也是有效的方法，但笔者尚未收集到水利水电行业开展该方面研究的成果。在《建筑抗震设计规范》中，依据实测震陷、振动台试验以及有限元法对一系列典型液化地基计算得出的震陷变化规律，发现震陷量取决于液化土的密度（或承载力）、基底压力、基底宽度、液化层底面和顶面的位置和地震烈度等因素，提出估计砂土与粉土液化平均震陷量的经验方法，但该方法是否对水利水电工程适用，值得进一步开展研究。

5.4.2.3　液化度指标在水利水电地震液化中的应用

有效应力法定义液化度为振动超静孔隙水压力与上覆有效荷载的比值：

$$I_L = \frac{\Delta u}{\sigma_d} \qquad (5.4-17)$$

式中　ΔU——超静孔隙水压力；

　　　σ_d——上覆有效荷载。

总应力法不考虑孔隙水压力增长时砂土剪切刚度特性的变化，以 SEED 剪应力对比法为代表，采用总应力法定义液化度公式为

$$I_L = \frac{(\tau_d)_{eff}}{(\tau_d)_l} \qquad (5.4-18)$$

式中　$(\tau_d)_l$——土体抗液化动剪应力；

　　　$(\tau_d)_{eff}$——单元实际动剪应力。

由于　　　$(\tau_d)_{eff} = \sigma_{eff}\tan\varphi_0' - (\sigma_{eff} - \Delta u)\tan\varphi_0' = \Delta u\tan\varphi_0'$　　$(\tau_d)_l = \sigma_d\tan\varphi_0'$

根据（5.4-18），容易推导出：

$$I_L = \frac{(\tau_d)_{eff}}{(\tau_d)_l} = \frac{\Delta u\tan\varphi_0'}{\sigma_d\tan\varphi_0'} = \frac{\Delta u}{\sigma_d} \qquad (5.4-19)$$

可以看出，两者内涵一致。

若 $I_L > 1.0$，则认为单元会发生液化。一般认为 $I_L > 0.8$ 即发生液化可能性逐渐增大，为可能液化区，需采取一定抗液化措施。$I_L < 0.6$ 不会发生液化（反映土层开始液化的临界最大孔压比为 0.6）（顾宝和，1995）。若液化度在 0.6～0.8 时产生局部液化。因此，采用液化度来评价液化等级，是行之有效的方法，需要开展试验研究，结合动力分析计算作为依据。

在西藏尼洋河多布水电站工程地基土液化判别中，根据初判、复判综合分析，第 6 层含砾中细砂层（Q_3^{al}-Ⅳ_1）、Q_3^{al}-Ⅱ（第 8 层）细砂层均有可能发生液化。为进一步分析液化程度，通过建立三维动力模型，为采取工程措施提供依据。多布水电站工程采用该方法对河床砂砾石坝（坝右 0+220 剖面）砂层进行计算的 $(\tau_d)_{eff}/(\tau_d)_l$ 分布，设计地震工况下第 8 层砂层的 $(\tau_d)_{eff}/(\tau_d)_l$ 最大值约为 0.7、小于 1，第 8 层砂层基本不会发生液化；第 6 层砂层内有 $(\tau_d)_{eff}/(\tau_d)_l$ 大于 1 区域，其位置位于上下游坝脚以外，而上下游坝脚附近 $(\tau_d)_{eff}/(\tau_d)_l$ 为 0.8～0.9，该部位砂层的抗液化安全度较低，应采取一定的抗液化工

程措施，提高安全度。

根据动力分析计算的液化度成果不仅能反映地震作用与地基土特性、而且考虑了上部结构压覆荷载的抗液化作用，其成果能更清晰的表征砂土液化的平面位置、深度以及液化程度，为进一步采取措施提供更为精确的指导。如符晓在《深厚覆盖层拦河闸坝基础特性分析及处理研究》一文中，对液化处理方案开展三维有限元动力计算分析表明，处理后建筑液化度小于0.6，仅在闸右0+10和闸右0+136断面的上下游模型边界、远离建筑物的区域出现局部小于0.8的液化区，同时认为③层中的砂层透镜体不会对坝体稳定性产生影响，不对其进行抗液化处理。王丽艳等（2007）在采用液化度进行液化程度基础上，进一步建议把液化度作为地震沉陷变形的评判标准，并针对某沉箱基础砂土液化开展进行了研究。

5.4.3 地震液化等级划分、处理措施及分析

5.4.3.1 基于液化指数和液化度的水利水电行业液化等级划分

结合上述分析可以发现，震陷量计算方法尚待进一步深入研究，目前不作为液化等级划分依据；液化指数法只需要通过钻孔标准贯入试验即可计算，具有简便易行、成本低廉的特点，虽然不能反映上部结构的相互作用，但已作为建筑行业规范普遍采用的方法，经验较多，在水利水电行业也积累了部分实践经验；液化度评判方法需要开展三轴动力试验取得动力参数，并进一步建立二维或三维动力模型进行分析，其成本较高，其成果不仅能反映地震作用与地基土特性而且考虑了上部结构压覆荷载的抗液化作用，可以获得砂土液化平面位置、深度及液化程度等较为精确的成果。

笔者在结合上述方法特点基础上，借鉴《建筑抗震设计规范》相关经验，提出对于设防类别、液化程度均较低的工程，采用液化指数开展等级划分，而对于设防类别、液化程度高的工程，采用液化度和液化指数开展等级划分的双指标划分方法，为水利水电工程液化处理提供参考，具体划分方法见表5.4-8。

表5.4-8　　　　　　基于液化度的液化等级划分及工程处理要求

抗震设防类别	$0.6<I_L<0.8$ 轻微	$0.8<I_L<1.0$ 中等	$I_L>1.0$ 严重
甲	采取工程措施 $I_L<0.6$	采取工程措施后 $I_L<0.8$	采取工程措施后 $I_L<0.8$
乙	采取基础和上部结构措施部分消除液化	采取工程措施后 $I_L<0.6$	采取工程措施 $I_L<0.8$
丙	可不进行处理，加强上部结构抗震措施	采取基础和上部结构措施部分消除液化	采取工程措施后 $I_L<0.6$
丁	可不进行处理，加强上部结构抗震措施	可不进行处理，加强上部结构抗震措施	采取基础和上部结构措施部分消除液化

注　1. 对下游安全影响较大时，应根据影响程度提高设防类别。

2. 本表仅为了完整性提供丙、丁类工程的划分建议。实际中可不进行动力分析，其轻微、中等、严重在处理前可根据液化指数法进行评价。

3. 表中粗实线以上部分须对处理效果通过动力分析评价。

对表5.4-8处理措施，结合相关工程液化处理实践，提出以下具体处理原则。

（1）对粗实线以上部分工程，要求对可能液化土层全部进行液化处理、全部消除液化

沉陷。工程措施深度、平面范围等布置方案宜采用动力分析开展液化度评价确定，采取工程措施后应满足表 5.4-8 中要求。工程措施的建议如下：①采用桩基时，桩端伸入液化深度以下稳定土层中的长度（不包括桩部分），应根据计算确定，且对碎石土、砾、粗砂、中砂、坚硬黏性土和密实粉土尚不应小于 0.5m，对其他非岩石土尚不宜小于 1.5m；②采用深基础时，基础底面应埋入液化深度以下的稳定土层中，其深度不应小于 0.5m；③采用加密法（如振冲、振动加密、挤密碎石桩、强夯等）加固时，应处理至液化深度下界，振冲或挤密碎石桩加固后，桩间土的标准贯入击数不宜小于液化判别标准贯入击数临界值。用非液化土替换全部液化土层。采用加密法或换土法处理时，在基础边缘以外的处理宽度，应超过基础底面下处理深度的 1/2 且不小于基础宽度的 1/5。

（2）对粗实线以上部分开展动力分析评价后，认为难以对可能液化土层全部进行液化处理的工程，应综合采取上部结构等措施调整方案后复核，调整后动力分析液化度成果仍应满足表 5.4-8 要求，综合采取上部结构措施可包括：①选择合适的基础埋置深度；②调整上部结构及基础底面积，降低重心位置，减少基础偏心；③加强上部结构的整体性和刚度，减轻荷载；④合理设置沉降缝，必要时缝间填塞减震材料，避免采用对不均匀沉降敏感的结构型式；⑤电气电缆、金属结构、管道穿过建筑处应预留足够尺寸并采用柔性连接。

（3）对表中"采取基础和上部结构措施部分消除液化"部分，宜借鉴《建筑抗震设计规范》中液化指数计算方法，部分消除地基液化沉陷，应符合下列要求：①处理深度应使处理后的地基液化指数减少，当判别深度为 15m 时其值不宜大于 4，当判别深度为 20m 时其值不宜大于 5，同时不应小于基础底面下液化土特征深度和基础宽度的较大值。②采用振冲或挤密碎石桩加固后，桩间土的标准贯入击数不宜小于液化判别标准贯入击数临界值，基础边缘以外的处理宽度，应超过基础底面下处理深度的 1/2 且不小于基础宽度的 1/5。

工程措施选择时，闸坝工程对判定为可能液化的土层，如果液化深度小于 3m，用采用挖除置换的措施；对于大于 3m 或上部有小于 3m 的薄层砂砾石等非液化土，宜用振冲、砂石桩、强夯等方法加密；对于埋深大于 3m 以上的液化土层，可采用旋喷桩、振冲桩进行处理。上部结构承载力要求需要设置混凝土灌注桩时，可结合液化要求复核灌注桩长、间距等布置。

5.4.3.2 处理措施及分析方法

《碾压式土石坝设计规范》（DL/T 5395—2007）8.5.2 条规定：对判定为可能液化的土层，应挖除、换土。在挖除比较困难或很不经济时，可采取人工加密措施。对浅层宜用表面振动压密法，对深层宜用振冲、强夯等方法加密，还可结合振冲处理设置砂石桩，加强坝基排水，以及采取盖重等防护措施。

符晓针对四川大渡河丹巴县某工程液化进行了研究，经初判复判后认为，上部的④层粉土质砂液化指数为 0.38～9.81，属轻微～中等液化，③层透镜体局部可能液化，一般情况发生在浅埋、颗粒较细的部位。处理方案对④层粉土质砂进行了挖除回填并固结灌浆处理；针对③层透镜体局部可能液化问题，进一步结合处理方案开展了三维有限元动力计算分析，采用设计地震工况，即 50 年超越概率 10％场地谱人工合成基岩加速度时程进行计算，计算结果表明建筑物基础范围液化度在 0.8 以上，仅在闸右 0＋10 和闸右 0＋136 断面的上下游模型边界、远离建筑物的区域出现局部小于 0.8 的液化区，认为不会对坝体稳定性产生影响，不对其进行抗液化处理。这是液化度指标评价作为地基处理效果的有益实践。

在处理措施方面，深层液化采用层多采用振冲法进行处理，如西藏尼洋河多布水电站、四川的福堂水电站、水洛河宁朗水电站、大渡河硬梁包（待建）工程等（表5.4-9）。从振冲碎石桩成桩机理来讲，在振冲器的振动作用和桩体填料的挤密作用下，对桩间土起到置换、挤密和振动密实等作用，提高了土体抗剪能力，对液化判别来讲，相当于标准贯入等击实特性提高；特别是桩体材料为加填的碎石回填料，透水性强，形成对孔隙水压力的消散通道，能迅速降低地震作用下的高孔隙水压力。也就是说，相对其他地基处理，如强夯、灌注桩等，仅能通过提高地基或基础抗剪性能抗液化，振冲桩则能从液化产生的根本——孔隙水压力消散进行处理，同时提高抗剪能力，并具有预振效果。同时该处理方法造价经济、施工方便，无疑具有很大的优越性。当然砂石桩也具有上述效果，但无论从处理深度、施工效果来看均没有振冲碎石桩好。

国内部分泄洪闸基础振冲桩设计参数表见表5.4-9。

表5.4-9　　　　　　　　国内部分泄洪闸基础振冲桩设计参数表

工程名称	所在河流	闸高/m	覆盖层厚/m	振 冲 方 案
石佛寺	辽河	12.2	30	ϕ900mm，间距2.5m，正方形布桩
福堂	岷江	31	92.5	ϕ800mm，间距2m，正方形布桩
阴坪	火溪河	35	107	ϕ800mm，间距2m，正方形布桩
金康	金汤河	20	＞90	ϕ1200mm，间距2m，三角形布桩
宁朗	水洛河	27.5	47.75	ϕ800mm，间距1.8m，三角形布桩
硬梁包	大渡河	42	129.7	ϕ1300mm，间、排距2～3.5m，三角形布桩

符晓的相关研究（2018）虽然提到对振冲桩方案进行对比分析，但没有详细的论证过程，应进一步说明，但该文经动力分析，按照液化度来评判处理效果的方法，笔者认为值得推广。同样，在多布水电站中，由于泄洪闸、厂房等坝段针对砂土液化问题，全面开展了振冲、灌注桩的处理，认为处理后液化问题全部消除，不再开展动力分析。而对于主河床土工膜防渗砂砾石坝，则在对坝脚进行振冲处理＋反压平台处理后，开展了动力分析，根据液化度成果评价液化处理效果，在此基础上进一步进行了地震工况的抗滑稳定分析，确保工程安全性。

5.4.3.3　工程处理后液化指数的计算

强夯法处理后液化指数获取，需要对处理后地基重新进行标贯试验，获得不同深度击数，进行复核计算即可。对于振冲碎石桩，除重新进行标贯试验开展计算复核外，近几年的研究成果与工程实践中，已提出了按照桩的面积置换率和桩土应力比计算复合桩基处理后的锤击数的简易算法，可供参考。

根据顾晓鲁等（2011）编著的《地基与基础》第3版，公式为

$$N_1 = N_p [1 - m(n-1)] \tag{5.4-20}$$

式中　N_1——复合地基标准贯入锤击数；

　　　　N_p——地基处理前标准贯入锤击数；

m——桩土面积置换率；

n——桩土应力比。

而在《振冲碎石桩部分消除地基液化的工程应用》（张雪梅等，2008）中引用了有关文献的公式为

$$N_1 = N_p + 100m(1 - e^{-0.3N_p}) \tag{5.4-21}$$

实际中可按照上述两个公式计算后，综合选用。

5.4.3.4 地基处理后抗剪参数修正建议

软基闸坝工程需要开展基底抗滑稳定分析及深层抗滑稳定计算，对于全部消除液化的工程，偏安全考虑，可按照原土参数开展相关计算，对于乙类以下工程，从经济性考虑，也可按照《水电水利工程振冲法地基处理技术规范》（DL/T 5214—2016），液化处理后的地基复合土体抗剪强度指标进行计算，具体计算公式为

$$\tan\varphi_{sp} = m\mu_p\tan\varphi_p + \tan\varphi_s(1 - m\mu_p) \tag{5.4-22}$$

$$\mu_p = \frac{n}{1 + (n-1)m} \tag{5.4-23}$$

式中　φ_{sp}——复合土体的等效内摩擦角，(°)；

φ_p——桩体内摩擦角，(°)；

φ_s——桩间土内摩擦角，即砂层内摩擦角，(°)；

μ_p——应力集中系数；

m——面积置换率，33%；

n——桩土应力比。

对于部分消除液化的工程开展基底抗滑稳定或深层抗滑稳定计算时，如果按照有效应力法，应考虑计算的孔隙水压力；比较简便可行的是总应力法，综合考虑液化后抗剪参数的降低，将超静孔隙水压力影响包含在液化层土体内摩擦角中，仅改变计算参数即可，易知：

$$\tau = \sigma\tan\varphi_0' = (\sigma - u)\tan\varphi_0 \tag{5.4-24}$$

液化层土体计算内摩擦角为

$$\varphi_0' = \frac{\sigma - u}{\sigma}\arctan\varphi_0 = (1 - I_L)\arctan\varphi_0 \tag{5.4-25}$$

式中　τ——液化土层抗剪强度，MPa；

σ——上覆土压力，MPa；

φ_0'——处理后总应力内摩擦角，(°)；

φ_0——处理后有效应力内摩擦角，可按原土或复合土体的等效内摩擦角计算，(°)；

u——孔隙水压力，MPa；

I_L——液化度。

在多布水电站河床土工膜防渗砂砾石设计中，针对反压平台＋振冲桩处理的液化处理方案，笔者在三维动力分析计算液化度成果基础上，采用式（5.4-25）的方法，开展了抗滑稳定分析，为方案安全评价提供了依据。笔者认为，该方案可以推广到软基闸坝基底抗滑稳定及整体抗滑稳定分析中，为液化处理效果评价提供有效方法。

◎第 6 章

监测设计及分析

6.1　设计原则

目前，闸坝工程安全监测依据《混凝土坝安全监测技术规范》（DL/T 5178—2016），适用于 1 级、2 级、3 级建筑物，对 4 级、5 级建筑物可参考使用，该规范全面规定了不同设计阶段的安全监测内容、深度，以及安全巡视、监测的重点。对于软基闸坝，笔者认为应重点关注沉降、渗流两个方面的监测，同时监测设计及分析采用“合理布置、重点加强、分形分析、综合比较”的理念。

(1) 合理布置、重点加强。对于软基闸坝，除按照规范、标准要求开展安全监测设计外，应结合不同类建筑物类型合理布置监测设施，以变形沉降、渗流监测项目为重点，以掌握建筑物施工、运行工作性态，研究其长期变化规律。多布水电站安全监测主要内容见图 6.1-1。

- 环境量
- 变形监测控制网
- 挡水、泄水和引水发电建筑物监测
  - 变形监测
  - 渗流监测
  - 应力应变和温度监测
- 防渗墙监测
  - 接缝变化
  - 防渗墙变形
  - 渗流监测
  - 钢筋应力监测
- 边坡和变形体工程安全监测

图 6.1-1　多布水电站主要安全监测主要内容

(2) 监测成果分析。研究科学合理的分析方法和安全控制标准，确保工程安全。水电建筑物蓄水前后，变形、渗流监测项目均可能呈现突变，此后呈现渐变递增，后期逐渐收敛。监测分析中针对突变曲线，重点分析突变时外部环境变化分析，对渐变递增形、杂乱型曲线应持续关注，提出控制标准，加强原因分析，以上线形均应相互比较、综合比较，对于接近控制标准的曲线，应及时响应，研究应对措施。

6.2　多布水电站变形、渗流监测布置

多布水电站枢纽基础为第四纪复杂巨厚覆盖层，坝基由软硬不均的砂卵砾石和含粉土细砂层组成，透水性强～中等，易产生管涌型渗透变形和破坏，因此坝基扬压力、坝基渗流、绕坝渗流监测较为重要。另外，对防渗膜与防渗墙、土工膜与右岸趾板、土工膜与左侧挡墙部位的防渗效果进行监测。坝基扬压力（渗透压力）监测采用渗压计监测，分别沿建筑物轴线选择典型断面，沿断面上下游布置渗压计。同时，在坝址区两岸择点建造绕坝渗流观测孔。沿流线方向，在左岸布置 4 个监测断面，右岸布置 3 个监测断面，每个断面

布置 3～4 个测点，两岸共 17 个测点。绕坝渗流观测孔采用平尺水位计观测，后期在孔内安装渗压计，可实现自动化监测。

为了取得在混凝土浇筑期间基础的沉降，多布水电站厂房和泄洪闸研究和布置了钢管标。钢管标的监测主要用于施工期监测，永久运行期监测也可以使用。钢管标是精确加工的若干段无缝钢管，从基础面开始安装，钢管标根据浇筑分仓高度分为若干段，随混凝土浇筑依次将钢管连接。钢管标底部封闭，保证不透水。每段钢管顶部比仓面略高，便于连接；最后一段钢管长度比仓面高度略短，使钢管顶部低于坝面。浇筑过程中避免外力作用使钢管倾斜。制作带管帽的棱镜，管帽采用外径略大的无缝钢管制作，经专门精密加工，与棱镜连接为一体。

渗流监测成果绘制时间变化曲线见监测分析专题，对于接近控制标准的曲线，应及时响应，研究应对措施。

6.3 监测成果分析

6.3.1 变形监测分析

一般来说，在施工期，坝基的垂直位移主要是上部荷载、即混凝土重量造成的，并受到其他施工措施的影响。混凝土施工完成后，坝基垂直位移的变化主要受水位的影响，并随时间变化。

6.3.1.1 基础变形监测资料过程分析（以厂房为例）

多布水电站主厂房共设 2 个机组段，两机一缝。

厂房基础沉降监测从 2013 年 5 月开始。2015 年 4 月，厂房坝段混凝土均已到达坝顶 3079.00m 高程。

在施工阶段，在相邻建筑物沉降差不大于 5cm 时，才允许相邻建筑物浇筑混凝土。

图 6.3-1 为厂房基础变形测点 LD1-CF1 测值过程线。可以看出，2013 年 7—8 月由于对厂房基础进行补充灌浆处理，造成 LD1-CF1 测点测值在 2013 年 7—8 月的沉降量减小。灌浆完成后，沉降量变化基本恢复正常。

在厂房混凝土浇筑到坝顶之前，LD1-CF1 测点的沉降量的基本规律是随混凝土浇筑高程上升而增大，期间的沉降量有 1～2mm 的小幅度变化，表明期间沉降主要受混凝土荷载的影响。2014 年 9 月，厂房混凝土浇筑到达顶部高程 3079.00m，2014 年 11—12 月，厂房引水渠进口开始预充水，泄洪闸过流，LD1-CF1 测点的沉降量基本在 40mm 至 48mm 反复变化，预充水之后的沉降有 2～4mm 增加，基本稳定。

LD1-CF1 测点最大沉降量为 48mm。出现在 2015 年 3 月和 2016 年 4 月。

图 6.3-2 为厂房基础变形测点 LD2-CF1 测值过程线，可以看出，LD2-CF1 测值随时间和混凝土浇筑逐步增大，符合一般规律。测点沉降主要受混凝土荷载影响。测点 LD2-CF1 位置位于厂房 3053.0m 高程主机层，在厂房混凝土浇筑后，由于观测视线被遮挡，LD2-CF1 的观测数据观测到 2014 年 2 月为止。LD2-CF1 测点最大沉降出现在 2013 年 11 月，为 53mm。

图 6.3-3 为厂房基础变形测点 LD3-CF1 测值过程线，可以看出，LD3-CF1 在

2013年7—8月均出现沉降测值减小，原因和LD1-CF1相同，是因为2013年7—8月厂房基础进行补充灌浆处理对沉降量的影响。

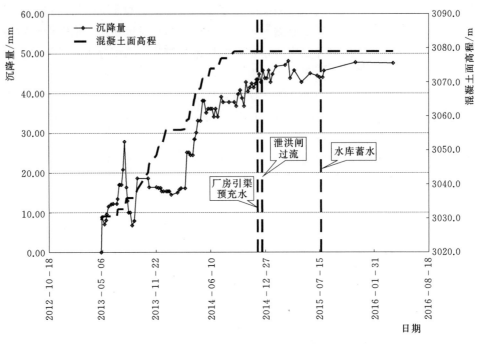

图6.3-1 厂房基础变形测点LD1-CF1测值过程线（截至2016年4月）

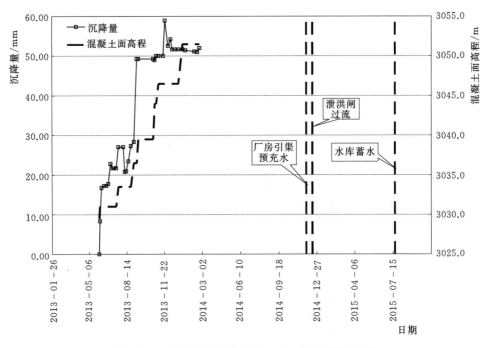

图6.3-2 厂房基础变形测点LD2-CF1测值过程线

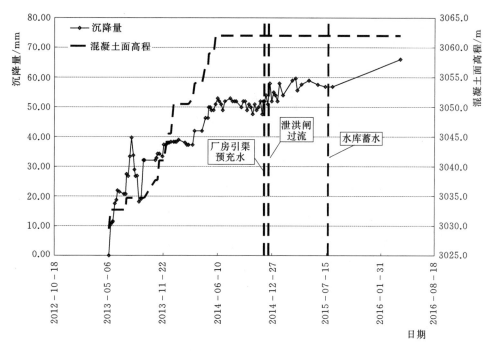

图 6.3-3 厂房基础变形测点 LD3-CF1 测值过程线

LD3-CF1 所在位置的混凝土于 2014 年 6 月浇筑到顶。之前的 LD3-CF1 测点沉降值基本随混凝土浇筑高程上升而增大，呈现较明显的规律，在混凝土面不上升期间，其沉降值略有增加，表明期间沉降主要受混凝土荷载的影响。混凝土到顶后，LD3-CF1 测点沉降测值在 49mm 至 52mm 之间反复变化。厂房进水口预充水之后，沉降测值有 3～4mm 增加，沉降没有继续增大的趋势，基本稳定。水库蓄水后，测值增加了 9mm。

LD3-CF1 测点最大沉降出现在 2016 年 4 月，为 66mm。

图 6.3-4 为厂房基础变形测点 LD1-CF2 测值过程线，可以看出，LD1-CF2 测点位置所在混凝土于 2014 年 9 月浇筑到顶。2014 年 1—6 月，LD1-CF2 测点沉降测值有两次减小的情况，其他时间的测值基本上随混凝土浇筑逐步增大，规律性较好。2014 年 9 月浇筑到顶之后的测值在 52mm 至 54mm 间变化，没有增大的趋势。2014 年 9 月到 2015 年 4 月期间测值缺失较多，从测值来看，沉降测值没有大的变化，厂房引水渠进口预充水对 LD1-CF2 测点的沉降影响不明显，水库蓄水后沉降有 1mm 左右的增加。

LD1-CF2 测点沉降测值最大值为 59mm，发生在 2014 年 6 月。

图 6.3-5 为厂房基础变形测点 LD2-CF2 测值过程线，可以看出，LD2-CF2 测值与 LD3-CF1、LD1-CF1 在 2013 年 7—8 月均出现沉降测值减小，是因为 2013 年 7—8 月厂房基础进行补充灌浆处理对沉降量的影响。灌浆完成后，测值变化基本恢复正常，符合一般规律。

LD2-CF2 测点所在混凝土于 2014 年 5 月浇筑到顶。浇筑到顶之前，LD2-CF2 测点的沉降值基本随混凝土浇筑高程上升而增大，呈现较强的关联性，在混凝土面不上升期间，其沉降值也基本保持不变，表明期间沉降主要受混凝土荷载的影响。浇筑到顶及厂房

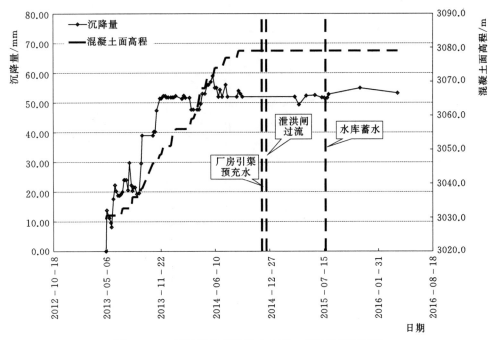

图 6.3-4　厂房基础变形测点 LD1-CF2 测值过程线

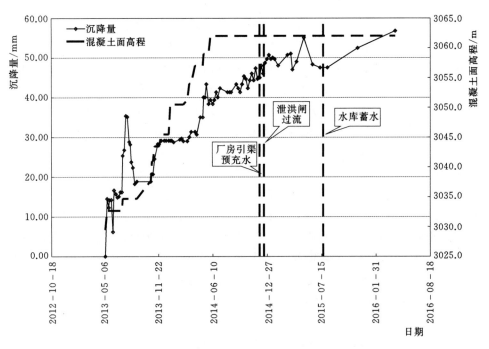

图 6.3-5　厂房基础变形测点 LD2-CF2 测值过程线

引水渠预充水、水库蓄水之后，测点沉降测值呈缓慢增加的趋势，其测值从 2014 年 6 月的 39mm 增加到 2015 年 11 月的 52mm。从变化规律来看，期间厂房引渠预充水和水库蓄水对沉降测值增加的趋势没有影响。

LD2-CF2测点最大沉降57mm。

图6.3-6为1号、2号机组基础变形测点LD1-CF1、LD2-CF1、LD3-CF1、LD1-CF2、LD2-CF2测值过程线汇总，可以看出，测点所在位置混凝土均在2014年6—9月陆续浇注到顶。在混凝土到顶之前，厂房1号、2号机组基础的沉降测值基本上表现出随时间和混凝土浇筑逐渐增大的规律，个别测点的沉降测值有小幅度的反复变化。在混凝土浇筑到顶及厂房引水渠预充水、水库蓄水，上游侧的沉降基本保持不变，下游侧的沉降测值小幅增加。

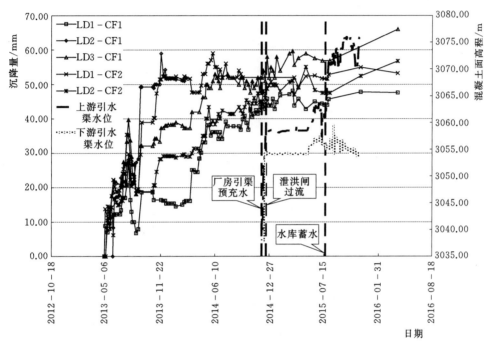

图6.3-6　1号、2号机组基础变形测点测值过程线

图6.3-7为厂房基础变形测点LD1-CF3测值过程线，可以看出，LD1-CF3测值变化的基本规律是随混凝土浇筑面上升逐渐增大，从过程线可以看出规律很好，显示出沉降主要受混凝土荷载增加的影响。在混凝土浇筑到顶之后，2014年9月到2015年4月期间测值缺失较多，从目前的测值看，沉降测值基本保持不变，厂房引水渠进口预充水、水库蓄水等对LD1-CF3测点的沉降的变化影响不明显。

LD1-CF3的最大沉降测值为39mm，发生在2014年7月。

图6.3-8为厂房基础变形测点LD2-CF3测值过程线，可以看出，LD2-CF3测点在2013年7—8月的沉降测值减小的原因与LD1-CF1测点相同，是由于对厂房基础进行补充灌浆处理，厂房基础对混凝土结构的影响造成沉降测值减小。灌浆完成后至2013年12月初，测值变化基本恢复正常。

测点LD2-CF3所在混凝土于2014年9月建筑到顶。测点LD2-CF3沉降测值不大，基本在20mm以下，浇筑到顶前LD2-CF3沉降测值有反复变化的情况，但总的变化规律是随混凝土浇筑而逐渐增大。其中2014年4月20日至6月10日，测值从19mm减小

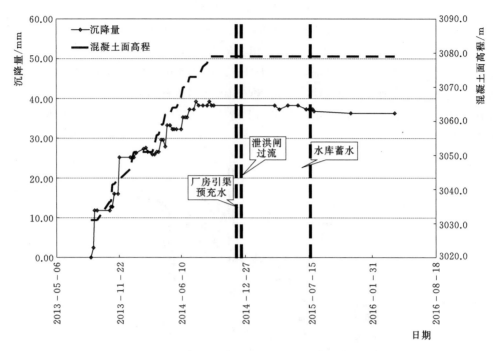

图 6.3-7 厂房基础变形测点 LD1-CF3 测值过程线

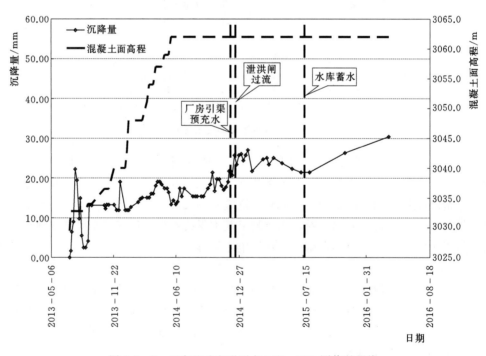

图 6.3-8 厂房基础变形测点 LD2-CF3 测值过程线

为 13mm，测值减小了 6mm，相应的位于测点 LD2-CF3 右侧的 LD2-CF2 在 5—6 月间也有 2～3mm 的减小。浇筑到顶后，测点 LD2-CF3 沉降测值在 13mm 至 17mm 之间。

从测值变化看其受到了厂房引渠预充水和水库蓄水的影响，在 2014 年 12 月左右厂房引水渠进口预充水之后，测点沉降值增加了 2～4mm，增幅不大；水库蓄水之后，沉降测值略有增加。

测点 LD2-CF3 的最大沉降为 30mm，发生在 2016 年 4 月。

图 6.3-9 为厂房基础变形测点 LD1-CF4 测值过程线，可以看出，测点 LD1-CF4 测值的基本规律是随混凝土浇筑面上升逐渐增大，过程线表现出的规律基本正常。期间虽出现三次明显的测值下降，前两次下降幅度均为 1mm，且期间测值沉降缓慢增加的基本规律性很好，测值减小的幅度很小，第三次下降出现在 2014 年 7 月 27 日到 8 月 4 日，测值由 23mm 减小为 19mm。2014 年 8 月至今，测值一直在 20mm 至 30mm 之间反复变化，震荡较为明显。从测值看，厂房引水渠进口预充水后沉降略有增加，增加不明显，幅度 2mm 左右；水库蓄水之后，沉降测值略有增加，但未超过最大值。

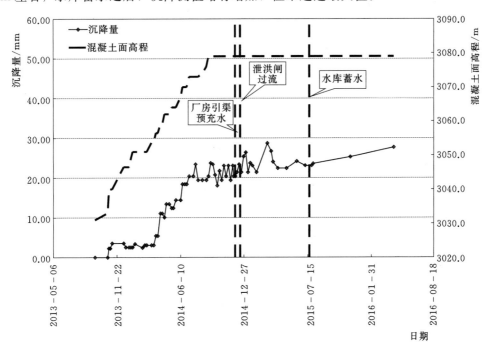

图 6.3-9　厂房基础变形测点 LD1-CF4 测值过程线

LD1-CF4 测点的最大沉降测值为 29mm，发生在 2015 年 3 月。

图 6.3-10 为厂房基础变形测点 LD2-CF4 测值过程线，测点 LD2-CF4 位置位于厂房 3053m 高程主机层，在厂房混凝土浇筑后，由于观测视线被遮挡，LD2-CF1 的观测数据观测到 2014 年 2 月为止。可以看出，LD2-CF1 沉降测值的基本规律是呈现逐渐增大趋势，沉降变化很小。此测点的最大沉降测值为 22mm，发生在 2014 年 2 月。

图 6.3-11 为厂房基础变形测点 LD3-CF4 测值过程线。测点 LD3-CF4 所在混凝土于 2014 年 5 月浇筑到顶，测点沉降测值变化的基本规律是随混凝土面的上升缓慢增大，期间略有起伏，在 2014 年 6 月 16—29 日，沉降测值从 27mm 下降到 23mm，下降了 4mm。

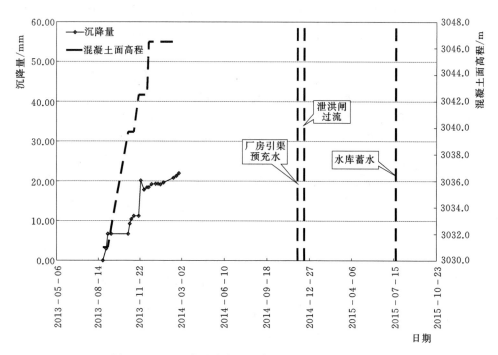

图 6.3 - 10 厂房基础变形测点 LD2 - CF4 测值过程线

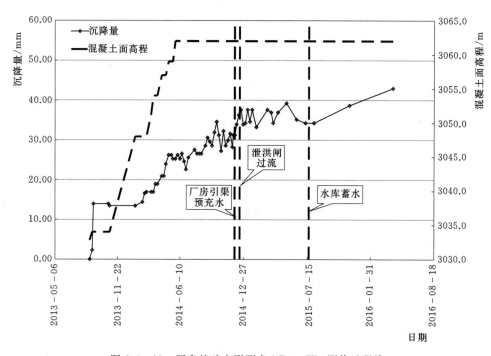

图 6.3 - 11 厂房基础变形测点 LD3 - CF4 测值过程线

在混凝土浇筑到顶之后，LD3 - CF4 测点沉降值缓慢增加，并且测值有小幅度震荡。2014 年 12 月厂房进水口预充水之后的测值稳定在 36～38mm，基本平稳。2015 年 7 月 20

日，水库蓄水后，可以看出沉降测值有增加趋势。

测点的最大沉降为 43mm，发生在 2016 年 4 月。

图 6.3-12 为上述厂房 3 号、4 号机组基础变形测点 LD1-CF3、LD2-CF3、LD1-CF4、LD2-CF4、LD3-CF4 测值过程线汇总，可以看出，厂房 3 号、4 号机组基础的沉降基本上表现出随时间和混凝土浇筑逐渐增大的规律。测值总体增加速度很慢，在厂房进水口预充水之后，沉降测值略有增加，增加幅度一般为 2~4mm。下游侧的沉降测值增量明显大于上游侧，此规律与厂房 1 号、2 号机组混凝土基础沉降变化规律类似。

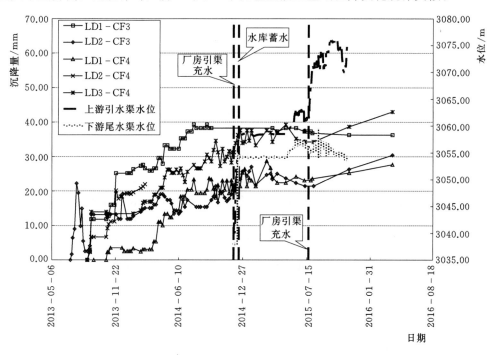

图 6.3-12　3 号、4 号机组基础变形测点测值过程线

整体来看，混凝土浇筑期间，厂房基础沉降测值基本随混凝土浇筑高程上升和时间呈缓慢增加，个别测点测值因施工措施影响略有起伏。在混凝土浇筑到顶，混凝土面高程不再上升之后，测点的沉降测值增加趋势逐步减小或停止增加，但测值在 2~5mm 反复变化。厂房进水口预充水和水库蓄水对下游侧的基础沉降有影响，测点的沉降测值略有增加。

截至 2016 年 4 月，各测点沉降测值基本稳定。不考虑 2014 年停测的 LD2-CF1、LD2-CF4，厂房基础最大沉降为 66mm，发生在厂房基础右侧下游侧；最小测值 28mm，发生在厂房基础左侧上游侧。整个基础呈现出下游沉降大于上游沉降，右侧沉降大于左侧沉降。

厂房 1 号、2 号机组基础与厂房 3 号、4 号机组基础的沉降差上游侧为 17mm、下游侧为 27mm，沉降差小于多布水电站工程的建筑物沉降控制关于相邻建筑物之间的最大沉降差不宜超过 5cm 的标准。坝段间沉降差基本保持不变，说明厂房两坝段间不均匀沉降极小。

6.3.1.2 监测成果安全分析

由于部分沉降测点监测到 2015 年 5 月，以 2015 年 5 月测值为准，不同建筑物基础沉降及沉降差见表 6.3-1。

表 6.3-1   不同建筑物基础沉降及沉降差

混凝土建筑	累计沉降最大值/mm	沉降差/mm
泄洪闸右挡墙	42	3
1 号闸	45	
2 号闸	58	23
4 号闸	62	27
5 号闸	35	17
	52	
6 号闸	39	13
8 号闸	22	12
生态放水闸	34	
厂房1 号、2 号机	58	24

从计算结果看，混凝土建筑物最大累计沉降 6.2cm，小于 15cm；混凝土建筑物最大沉降差 2.7cm，小于 5cm。无论是计算累计沉降差，还是计算同期沉降差，厂房和泄洪闸坝段的建筑物基础沉降和建筑物间沉降差均满足多布水电站工程的建筑物沉降控制标准，即建筑物自身基础地基的最大沉降量控制在 15cm 以内，相邻建筑物之间的最大沉降差不宜超过 5cm。

变形监测成果显示，建筑物实际沉降、沉降差与分层总合法成果较为接近，较南京水利科学研究院计算成果小，说明沉降控制措施是合理的，达到了设计要求。进行反演计算，主要目的在于获得原始参数与设计方案、施工参数等的相关性，这将要求收集大量工程实例资料进行反演。目前国内开展工作较少，针对多布水电站进行反演分析仅限于对振冲桩、灌注桩原始参数进行修正，对其他工程或理论指导意义不大，因此，本书不开展该方面研究。

水电建筑物蓄水前后，变形监测明显随水位呈近似线性渐变递增变化，蓄水稳定后逐渐趋于收敛。均未超过设计警戒值要求。

6.3.2 渗流监测分析

6.3.2.1 厂房基础渗流监测过程分析

在施工期厂房预充水之前，水库没有蓄水，渗压计测值主要受地下水的水压力和施工用水、抽排水措施的影响。在厂房进水口充水和水库蓄水之后，渗压计除受到地下水影响之外，还受到河水的影响。

1 号、2 号机组基础渗压计测值过程线见图 6.3-13～图 6.3-15。

从 1 号、2 号机基础布置的渗压计测值看，在 2014 年 12 月厂房进水口预充水之前，测值基本在 0.12kPa 以下，受到工程抽排水方式影响，下游的基础渗透压力大于上游的渗透压力，左侧的基础渗透压力大于右侧的渗透压力。

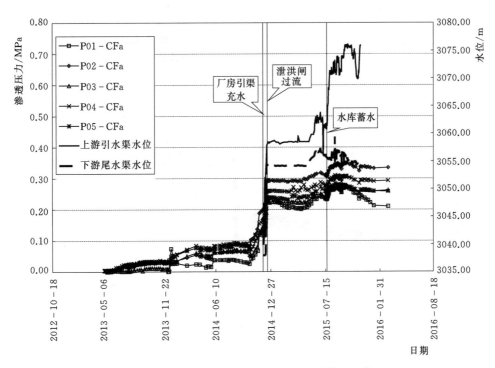

图 6.3-13 厂房 1 号、2 号机组基础渗压测值过程线（一）

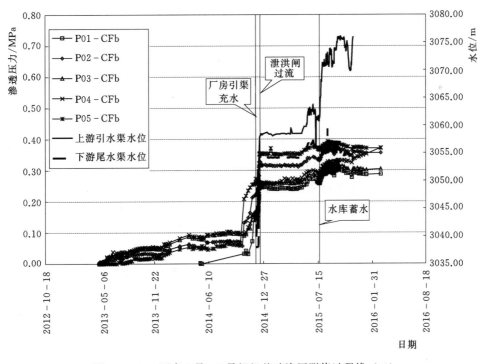

图 6.3-14 厂房 1 号、2 号机组基础渗压测值过程线（二）

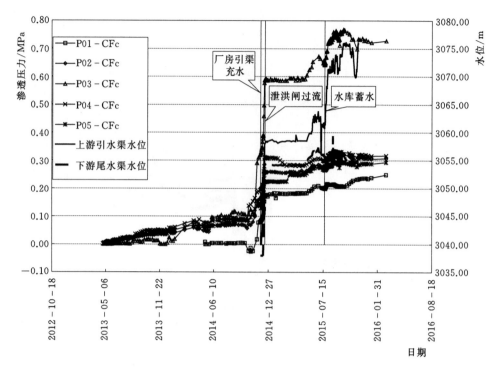

图 6.3-15　厂房 1 号、2 号机组基础渗压测值过程线（三）

2014 年 12 月厂房进水口预充水，各渗压计测值均出现明显上升。从预充水之后的渗压计测值比较看，各监测横断面的渗压测值靠近上游防渗墙部位的渗压值最低，最下游侧的渗压测值最高，其他测点的渗压测值也相差不大，一般分布在 0.20～0.35kPa 附近。渗压测值换算成水头压力，则显示出越靠近下游侧，其水头越接近下游水位。

水库蓄水引起了 1 号、2 号机组基础布置的渗压计测值增加，增加幅度不大，约为 0.05kPa，其后测值恢复到蓄水前水平。

3 号、4 号机组基础渗压计测值过程线见图 6.3-16～图 6.3-18。

从 3 号、4 号机组基础布置的渗压计测值看，在厂房进水口预充水之前，测值基本在 0.10kPa 以下，略小于 1 号、2 号机组基础渗透压力，基本规律是下游的基础渗透压力大于上游的渗透压力，左侧的基础渗透压力大于右侧的渗透压力，分析原因，这与工程布置的抽排水方式有关，这与 1 号、2 机组基础渗透压力分布情况基本相同。从 2014 年 6 月开始，各渗压计测值增加不大，增加值均在 0.01kPa 以下，上游侧渗压计测值还略有下降，与 1 号、2 号机组基础渗透压力情况相同。

从预充水之后的渗压计测值比较看，与 1 号、2 号机组基础面布置的渗压计测值类似，各监测横断面的渗压测值表现为靠近上游防渗墙部位的渗压值最低，最下游侧的渗压测值最高，其他测点的渗压测值也相差不大，一般分布在 0.26～0.31kPa 附近，测值略小于 1 号、2 号机组基础渗压测值。渗压测值换算成水头压力，则显示出越靠近下游侧，其水头越接近下游水位。厂左 0+029.30 断面的渗压测值最高，邻近的厂左 0+043.30 断面渗压测值最小。

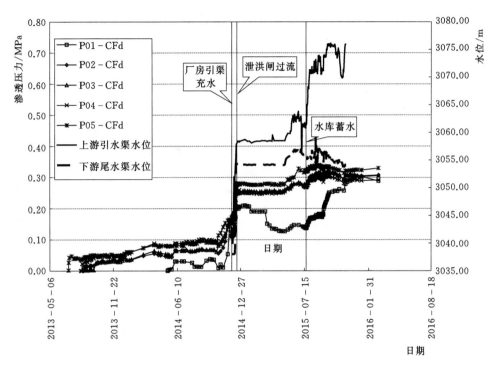

图 6.3-16 厂房 3 号、4 号机组基础渗压水头过程线（一）

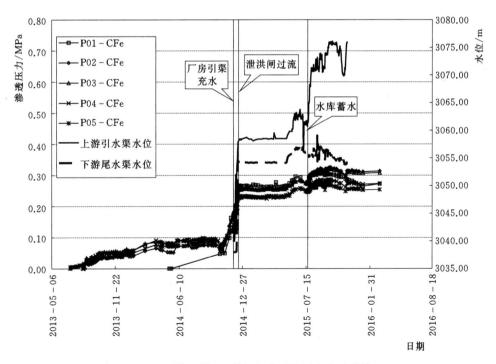

图 6.3-17 厂房 3 号、4 号机组基础渗压水头过程线（二）

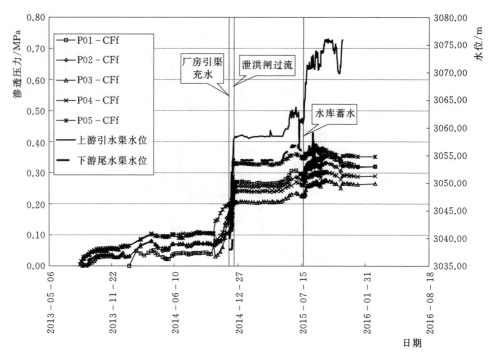

图 6.3-18 厂房 3 号、4 号机组基础渗压水头过程线（三）

水库蓄水引起渗压计测值增加，其中，厂左 0＋043.30，上游侧的 P01-CFd 测值从 0.14kPa 增加到 0.29kPa，而其邻近的渗压测值没有类似的明显变化。其他测点的变化与 1 号、2 号机组基础渗压计测值变化类似，增加幅度约为 0.05kPa，其后测值恢复到蓄水前水平。

厂房基础渗压测值分布见图 6.3-19，总体上看各渗压监测断面的测值基本类似，除厂上 0-015.50、厂左 0＋029.30 的基础渗压测值一直较高之外，其余各断面渗压测值没有突变，基本规律为：防渗墙后厂上 0-036.95 的渗压值为 0.22～0.32kPa，之后厂上 0-030.00 的测值稍高为 0.30～0.35kPa，厂上 0-015.50 的渗压值又稍低，0.26～0.30kPa，其后一直到下游侧尾水，渗压测值逐渐小幅增加。最下游侧的厂下 0＋025.00

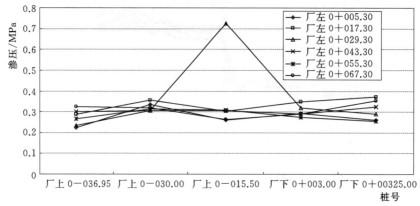

图 6.3-19 厂房基础渗压测值分布图（2015-12-26）

的测值分布不相同，厂左 0+005.30、厂左 0+055.30、厂左 0+029.30 三个断面，厂下 0+025.00 的测值为全断面最低值，其余三个断面基本为断面最大值。从基本规律可以看出，防渗墙有较好的防渗效果，各断面下游侧的渗压值分布规律不同，可能是因为接近下游排水布置，由于渗压计的分布不同造成的。

厂上 0−015.50、厂左 0+029.30 的基础渗压测值从厂房预充水开始一直较高。从其渗压值过程线看，随水位变化的规律性较好。历史最大值为 0.77kPa，发生在 2015 年 9 月 30 日水库蓄水后。

6.3.2.2 泄洪闸基础渗流监测过程分析

泄洪闸过流前上游水位基本为 3057m 左右，2015 年 11 月水位为 3076m 左右，水位上升了 19m 左右，同期下游水位基本无变化。

泄洪闸 3 号闸和消力池基础渗压过程线见图 6.3−20。

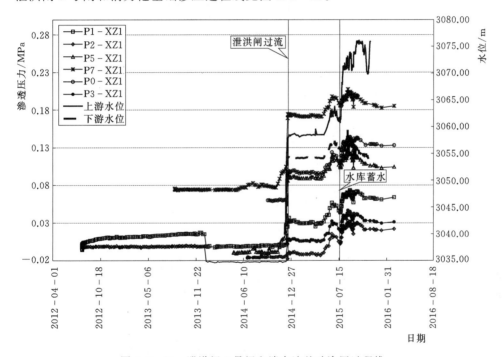

图 6.3−20　泄洪闸 3 号闸和消力池基础渗压过程线

泄洪闸 3 号闸和消力池基础渗压测值随水位变化规律明显（图 6.3−20）。其中变化最大的是消力池下游侧的基础渗压，此处渗压也是施工期和蓄水后的渗压最大值。测值最小的是闸室基础上游坝踵处。从蓄水前后渗压变化量看，从防渗墙向下游侧依次变大，防渗墙下游侧变化量最小，消力池下游侧变化量最大。

5 号泄洪闸闸室段基础布置了 3 支渗压计，其上游侧防渗墙后布置了 1 支渗压计。各个部位渗压过程线见图 6.3−21。渗压随水位变化不明显，闸室下游侧基础渗压值最大，防渗墙后渗压值最小，符合基础渗压一般规律。

泄洪闸 6 号闸和消力池基础渗压过程线见图 6.3−22，渗压测值随水位变化规律明显。各部位变化幅度基本类似。闸室整个基础的渗压差 0.02kPa。消力池下游侧的基础渗压值最大，消力池上游侧斜坡处的渗压值最小。

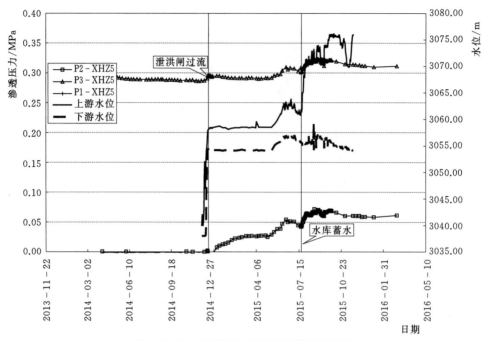

图 6.3-21 泄洪闸 5 号闸基础渗压过程线

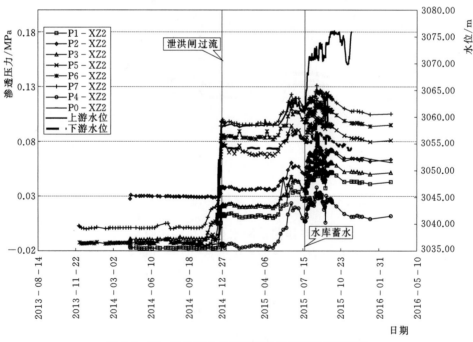

图 6.3-22 泄洪闸 6 号闸和消力池基础渗压过程线

泄洪闸 7 号闸基础渗压过程线见图 6.3-23，可以看出，测值随水位变化规律明显。闸前水位变化前后各渗压测值变化量类似。目前闸室整个基础的渗压差 0.03kPa，差值不大。

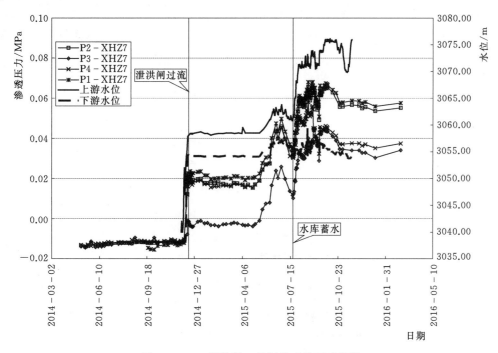

图 6.3 - 23   泄洪闸 7 号闸基础渗压过程线

泄洪闸 8 号闸基础渗压过程线见图 6.3 - 24，渗压测值随水位变化规律明显。闸室基础上游坝踵处渗压值最大，防渗墙后渗压测值最小，符合覆盖层基础渗压分布一般规律。

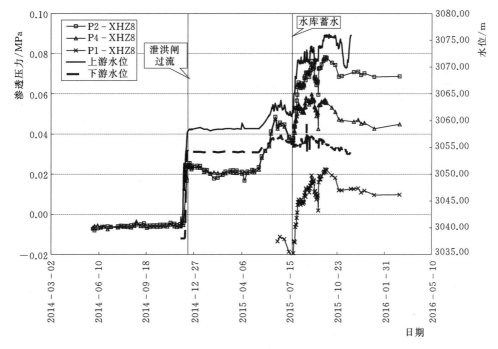

图 6.3 - 24   泄洪闸 8 号闸基础渗压过程线

生态放水闸基础渗压过程线见图 6.3-25，渗压测值也呈随水位变化的规律。闸前水位变化前后各渗压测值变化量最大的部位是闸室坝踵基础，从 0kPa 左右增加到 0.07kPa 左右，同期闸前水位从 3040m 增加到 3075m 左右，显示出整个截渗防渗系统较好的截流防渗效果。

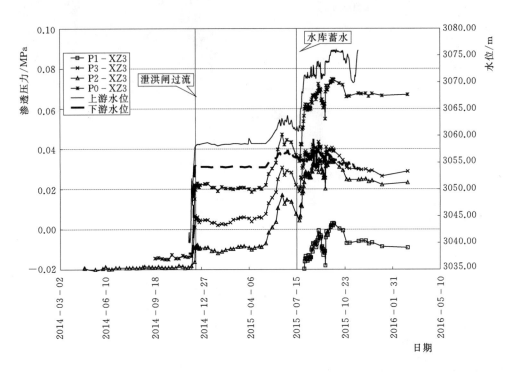

图 6.3-25　生态放水闸基础渗压过程线

综上所述，泄洪闸闸室和消力池基础的渗压值随闸前水位变化比较明显。在右侧泄洪闸，由于基础透水性好的原因，渗压值最大的点基本出现在下游侧，如消力池下游侧或闸室基础下游侧。在左侧泄洪闸，闸前水位变化前后各渗压测值变化量最大的部位是闸室坝踵基础。从人工回填基础的生态放水闸和消力池基础渗压测值看，闸前水位增加 35m 时，变化最大的基础渗压测值增加了 0.07kPa，显示出整个截渗防渗系统较好的截流防渗效果。

水电建筑物蓄水前后，渗流监测明显随水位呈近似线性渐变递增型变化，蓄水稳定后逐渐趋于收敛。渗压均未超过设计警戒值要求。

6.3.2.3　监测成果安全分析

1. 防渗墙折减系数法

为分析防渗墙对上下游水头的折减作用，根据多布水电站于 2014 年 12 月 12 日截流以来的渗压计监测资料：2015 年 6 月 14 日前，尚有库水位基本在 3063.00m 以下，左副坝基底渗压计尚未发挥作用；2014 年 6 月 14 日到 7 月 31 日，库水位逐渐上升至 3071.00m 左右，至 8 月下旬短暂蓄水至 3074.00m，发现土工膜防渗砂砾石坝围堰平台土工膜底部渗压计局部异常增高，降水至 3071.00m，进行墙后土工膜与混凝土连接处黏土包裹处理后，于9月17日开始蓄水，至月底逐渐蓄水至3076.00m。按照泄洪闸、厂房不同渗流断面，分别选取防渗墙下游连接板部位渗压计测值，与同期上游库水位进行对比分析。

按照折减系数法分析原则，分别选取泄洪闸防渗墙后首支渗压计，作为折减系数法计算依据，各渗压计安装参数见表6.3-2。

表6.3-2　　　　　　　折减系数法各坝段防渗墙后第一支渗压计参数表

序号	仪器编号	断面	位置	高程/m	桩号	轴距
1	P02-FS8		1号泄洪闸连接板	3055.00	闸左0+011.5	闸0-008.0
2	D5-1		1号泄洪闸连接板	3056.00	闸左0+008.2	闸0-025.00
3	P0-XZ1	3号泄洪闸中心线	3号泄洪闸基础	3052.50	闸左0+030.5	闸0-008.00
4	P1-XHZ4	4号泄洪闸中心线	4号泄洪闸基础	3052.50	闸左0+042.5	闸0-008.00
5	P1-XHZ5	5号泄洪闸中心线	5号泄洪闸基础	3052.50	闸左0+054.5	闸0-008.00
6	P0-XZ2	6号泄洪闸中心线	6号泄洪闸基础	3052.50	闸左0+066.5	闸0-008.00
7	P1-XHZ7	7号泄洪闸中心线	7号泄洪闸基础	3052.50	闸左0+078.5	闸0-008.00
8	P1-XHZ8	8号泄洪闸中心线	8号泄洪闸基础	3052.50	闸左0+090.5	闸0-008.00
9	P0-XZ3	9号泄洪闸中心线	生态放水孔基础	3052.50	闸左0+102.5	闸0-008.00
10	P01-CFa	a—a断面	厂房块1基础	3032.30	厂左0+005.30	厂上0-036.95
11	P01-CFb	b—b断面	厂房块1基础	3032.30	厂左0+017.30	厂上0-036.95
12	P01-CFC	c—c断面	厂房块1基础	3032.30	厂左0+029.30	厂上0-036.95
13	P01-CFd	d—d断面	厂房块2基础	3032.30	厂左0+043.30	厂上0-036.95
14	P01-CFe	e—e断面	厂房块2基础	3032.30	厂左0+055.30	厂上0-036.95
15	P01-CFf	f—f断面	厂房块2基础	3032.30	厂左0+067.30	厂上0-036.95
16	P1-AZJ		安装间基础	3061.00	厂左0+105.0	厂上0-036.95
17	P01-ZD1		厂房引渠左挡墙连接板	3056.00	闸左0+198.0	闸0-008.0
18	P1-ZFB-3		左副坝基础	3061.00	坝左0+265.0	坝上0-013.00
19	P2-ZFB-3		左副坝基础	3059.00	坝左0+265.0	坝上0-008.00

经过计算，各泄洪闸折减系数规律基本一致，在水库蓄水位较低时，防渗墙折减效应未完全显现，折减系数呈现水位升高、系数减小的规律，当水位蓄水至正常蓄水位附近时，折减系数均稳定在0.2~0.4。

表6.3-3以1号泄洪闸坝段P02-FS8渗压计为例，列出了截流以来至2015年年底的折减系数变化规律，其余泄洪闸、厂房、左副坝等坝段折减系数仅列出9月17日开始蓄水后至2015年年底计算成果。至2015年年底，1号泄洪闸P02-FS8折减系数异常，厂房P01D、左副坝P1-ZFB-3渗压计折减系数略高于0.4，折减系数均稳定在0.2~0.4，满足设计要求。

表 6.3-3　　　　　　　　　　　　**1号泄洪闸 P02-FS8 折减系数计算**

观测日期	时刻	上游水位 /m	下游水位 /m	墙后渗压计 /m	上下游水位 差/m	剩余水位差 /m	百分比
2014-12-12	10：10	3056.5	3054.0	3055.17	2.5	1.2	46.9
2014-12-13	10：30	3057.8	3054.2	3055.28	3.6	1.1	29.9
2014-12-14	11：00	3058.0	3054.5	3055.30	3.5	0.8	22.8
2014-12-15	10：30	3058.1	3054.2	3055.31	3.9	1.1	28.5
2014-12-16	10：30	3058.2	3054.3	3055.31	3.9	1.0	25.9
2014-12-17	9：50	3058.3	3054.4	3055.31	3.9	0.9	23.3
2014-12-18	11：00	3058.4	3054.3	3055.38	4.1	1.1	26.4
2014-12-20	11：00	3058.3	3054.1	3055.46	4.2	1.4	32.4
2014-12-22	10：37	3058.4	3054.1	3055.49	4.3	1.4	32.3
2014-12-24	10：30	3058.4	3054.2	3055.50	4.2	1.3	30.8
2015-1-3	10：30	3058.6	3054.2	3055.53	4.4	1.3	30.3
2015-1-9	11：00	3058.7	3054.2	3055.52	4.5	1.3	29.4
2015-1-17	11：00	3058.4	3054.1	3055.51	4.3	1.4	32.8
2015-1-23	10：30	3058.4	3054.2	3055.49	4.2	1.3	30.8
2015-1-30	10：50	3058.1	3054.1	3055.45	4.0	1.3	33.7
2015-2-7	10：52	3058.3	3054.2	3055.51	4.1	1.3	31.9
2015-2-15	10：21	3058.4	3054.1	3055.56	4.3	1.5	34.0
2015-2-25	10：47	3058.4	3054.2	3055.60	4.2	1.4	33.4
2015-3-3	9：25	3058.5	3054.3	3055.65	4.2	1.3	32.1
2015-3-13	14：10	3058.5	3054.1	3055.46	4.4	1.4	30.9
2015-3-19	9：38	3058.4	3054.2	3055.78	4.2	1.6	37.7
2015-3-26	9：30	3058.5	3054.1	3055.56	4.4	1.5	33.1
2015-4-6	10：10	3059.5	3054.3	3055.43	5.2	1.1	21.8
2015-4-11	16：00	3058.5	3054.1	3055.47	4.4	1.4	31.2
2015-4-17	16：00	3058.5	3054.1	3055.47	4.4	1.4	31.1
2015-4-27	15：40	3058.5	3054.1	3055.48	4.4	1.4	31.3
2015-5-2	9：30	3058.5	3054.1	3055.49	4.4	1.4	31.5
2015-5-11	10：56	3058.5	3054.1	3055.75	4.4	1.7	37.5
2015-5-17	9：35	3059.2	3055.2	3055.67	4.0	0.5	11.7
2015-5-24	16：10	3059.8	3055.5	3056.53	4.3	1.0	24.0
2015-6-1	17：00	3061.0	3055.8	3056.85	5.2	1.0	20.1
2015-6-5	16：50	3061.7	3056.3	3057.49	5.36	1.2	21.7
2015-6-14	16：15	3063.21	3056.96	3056.92	6.25	0.0	-0.7
2015-6-18	17：13	3061.96	3056.48	3056.68	5.48	0.2	3.6
2015-6-24	12：05	3062.52	3056.72	3056.67	5.8	0.0	-0.8

续表

观测日期	时刻	上游水位/m	下游水位/m	墙后渗压计/m	上下游水位差/m	剩余水位差/m	百分比
2015－7－3	18：11	3062.76	3056.61	3056.66	6.15	0.1	0.9
2015－7－13	10：35	3061.03	3055.86	3056.46	5.17	0.6	11.6
2015－7－19	9：28	3060.79	3055.62	3055.96	5.17	0.3	6.5
2015－7－20	9：44	3061.83	3055.59	3055.77	6.24	0.2	2.8
2015－7－21	10：01	3061.42	3055.67	3055.87	5.75	0.2	3.5
2015－7－22	11：00	3062.02	3055.69	3056.14	6.33	0.4	7.1
2015－7－23	11：08	3065.00	3055.59	3056.96	9.41	1.4	14.6
2015－7－24	10：31	3065.00	3055.58	3056.91	9.42	1.3	14.2
2015－7－25	11：10	3065.34	3055.48	3057.03	9.86	1.5	15.7
2015－7－26	9：17	3068.22	3055.47	3057.75	12.75	2.3	17.9
2015－7－27	10：24	3068.05	3055.42	3057.78	12.63	2.4	18.7
2015－7－28	9：26	3067.92	3055.47	3057.51	12.45	2.0	16.4
2015－7－29	9：50	3069.33	3055.36	3057.94	13.97	2.6	18.4
2015－7－30	10：03	3071.00	3055.34	3058.04	15.66	2.7	17.2
2015－7－31	9：56	3071.23	3055.45	3058.24	15.78	2.8	17.7
2015－8－1	9：24	3071.24	3055.50	3058.31	15.74	2.8	17.8
2015－8－2	9：21	3071.20	3055.64	3058.32	15.56	2.7	17.2
2015－8－3	9：04	3070.93	3055.56	3058.22	15.37	2.7	17.3
2015－8－4	10：18	3070.85	3055.46	3058.11	15.39	2.6	17.2
2015－8－5	9：23	3071.05	3055.41	3058.12	15.64	2.7	17.3
2015－8－6	10：07	3070.64	3055.55	3058.00	15.09	2.5	16.2
2015－8－7	15：39	3071.76	3056.51	3058.15	15.25	1.6	10.7
2015－8－8	10：30	3070.94	3056.55	3058.16	14.39	1.6	11.2
2015－8－9	9：34	3070.77	3055.99	3058.04	14.78	2.0	13.9
2015－8－10	9：09	3070.82	3055.76	3058.05	15.06	2.3	15.2
2015－8－11	9：28	3070.75	3055.50	3058.02	15.25	2.5	16.5
2015－8－12	9：30	3071.16	3055.63	3058.07	15.53	2.4	15.7
2015－8－13	9：30	3071.44	3055.33	3058.12	16.11	2.8	17.3
2015－8－14	9：59	3072.66	3055.41	3058.18	17.25	2.8	16.1
2015－8－15	10：52	3071.95	3056.22	3058.35	15.73	2.1	13.5
2015－8－16	15：43	3071.22	3055.94	3058.24	15.28	2.3	15.1
2015－8－17	14：17	3071.20	3056.96	3058.35	14.24	1.4	9.7
2015－8－18	9：16	3071.75	3056.37	3060.85	15.38	4.5	29.1
2015－8－20	10：25	3071.42	3057.62	3060.93	13.8	3.3	24.0
2015－8－21	10：01	3071.05	3056.57	3060.97	14.48	4.4	30.4

续表

观测日期	时刻	上游水位/m	下游水位/m	墙后渗压计/m	上下游水位差/m	剩余水位差·/m	百分比
2015 - 8 - 22	9：22	3071.14	3056.97	3061.97	14.17	5.0	35.3
2015 - 8 - 23	10：41	3071.30	3056.92	3062.17	14.38	5.3	36.5
2015 - 8 - 24	9：33	3070.68	3056.72	3063.46	13.96	6.7	48.3
2015 - 8 - 27	10：14	3073.41	3056.68	3061.61	16.73	4.9	29.5
2015 - 8 - 28	11：41	3073.76	3056.80	3063.73	16.96	6.9	40.9
2015 - 8 - 29	10：42	3073.87	3057.07	3064.36	16.8	7.3	43.4
2015 - 8 - 30	9：32	3072.96	3056.91	3065.82	16.05	8.9	55.5
2015 - 8 - 31	9：19	3072.75	3056.83	3058.89	15.92	2.1	12.9
2015 - 9 - 1	15：51	3072.95	3056.92	3063.79	16.03	6.9	42.8
2015 - 9 - 2	15：19	3073.48	3056.44	3066.26	17.04	9.8	57.6
2015 - 9 - 3	9：12	3072.56	3056.76	3064.71	15.8	8.0	50.3
2015 - 9 - 4	10：36	3070.48	3056.35	3065.25	14.13	8.9	63.0
2015 - 9 - 5	16：56	3071.62	3056.46	3065.31	15.16	8.9	58.4
2015 - 9 - 6	10：26	3070.74	3056.47	3066.72	14.27	10.3	71.8
2015 - 9 - 7	16：26	3071.39	3056.26	3066.69	15.13	10.4	68.9
2015 - 9 - 8	10：12	3071.33	3055.78	3067.75	15.55	12.0	77.0
2015 - 9 - 17	10：39	3071.21	3055.97	3068.96	15.24	13.0	85.2
2015 - 9 - 19	10：14	3073.66	3056.48	3071.27	17.18	14.8	86.1
2015 - 9 - 23	10：09	3074.93	3056.19	3068.70	18.74	12.5	66.8
2015 - 9 - 24	10：01	3075.45	3056.07	3070.84	19.38	14.8	76.2
2015 - 9 - 25	16：19	3075.75	3055.87	3070.69	19.88	14.8	74.6
2015 - 9 - 26	11：38	3075.41	3056.05	3072.89	19.36	16.8	87.0
2015 - 9 - 28	10：12	3075.70	3055.55	3071.17	20.15	15.6	77.5
2015 - 9 - 29	9：58	3075.86	3055.58	3073.16	20.28	17.6	86.7
2015 - 9 - 30	9：58	3075.63	3055.36	3073.97	20.27	18.6	91.8
2015 - 10 - 11	10：10	3075.60	3055.09	3073.97	20.51	18.9	92.0
2015 - 10 - 18	16：51	3075.89	3054.71	3072.28	21.18	17.6	83.0
2015 - 10 - 26	10：23	3073.61	3054.69	3074.69	18.92	20.0	105.7
2015 - 11 - 1	10：36	3074.13	3054.55	3074.67	19.58	20.1	102.7
2015 - 11 - 20	10：37	3076.12	3054.24	3074.47	21.88	20.2	92.4
2015 - 12 - 5	10：25	3075.99	3054.01	3095.04	21.985	41.0	186.6
2015 - 12 - 11	16：47	3075.44	3054.17	3077.49	21.274	23.3	109.6
2015 - 12 - 18	10：41	3075.62	3054.00	3121.15	21.62	67.2	310.6
2016 - 1 - 8	10：39	3075.41	3054.07	3088.17	21.343	34.1	159.8
2016 - 3 - 2	15：34	3075.63	3054.07	3121.31	21.558	67.2	311.9

由于 1 号泄洪闸 P02 - FS8 折减系数异常，进行单独分析，该渗压计在水库低水位情况下，数据基本正常，2014 年 6 月 14 日到 9 月初，库水位上升至 3071m 左右，折减系数异常升高从 0.1 升高至 0.8 左右。2015 年 9 月 17 日蓄水以后，渗压计水位不断逼近库水位，至 2015 年 11 月 20 日，水位仅低于库水位 1.5m，此后水位测值大于库水位，明显异常。

另外，该渗压计上游 17m 部位闸 0 - 025.00 部位，渗压计折减系数 2015 年 9 月 17 日蓄水以后，基本稳定在 0.36 左右；左侧最近的 3 号泄洪闸，基本稳定在 0.26 左右。因此，该点异常属局部异常，对于整体渗流影响及安全影响，应结合变形、侧缝等综合判断，根据 1 号泄洪闸下游消力池水流流态观察，在消力池斜坡段下游对应 2 号闸部位有两个冒水点，水流无异常浑浊现象。

另外，值得注意的是，1 号泄洪闸与 2 号泄洪闸下游缝墩底部接近消力池斜坡段顶面部位有细股水流，推测上游坝面或其他部位止水封闭不严，已要求施工方对 1 号泄洪闸与 2 号泄洪闸上游缝墩止水进行灌浆处理。

2. 水力坡降法

按照监测设计，沿 3 号、5 号、6～8 号泄洪闸、生态放水孔中心线，厂房均布置了顺河向监测断面，以分析顺河向水头变化，以泄洪闸为例按照允许渗透坡降法计算分析见表 6.3 - 4。

表 6.3 - 4   3 号泄洪闸允许渗透坡降法分析成果

序号	观测日期	时刻	P0 - XZ1 水位/m	P1 - XZ1 水位/m	P2 - XZ1 水位/m	P3 - XZ1 水位/m	P5 - XZ1 水位/m	P7 - XZ1 水位/m
			闸 0 - 008	闸 0 - 001.0	闸 0 + 015.0	闸 0 + 029.0	闸 0 + 070.0	闸 0 + 120.0
1	2015 - 9 - 17		3060.74	3060.73	3059.14	3058.03	3057.77	3057.71
2	2015 - 9 - 19		3060.85	3060.83	3059.25	3058.15	3057.95	3057.81
3	2015 - 9 - 23		3060.96	3060.92	3059.33	3058.17	3057.81	3057.77
4	2015 - 9 - 24	10：07	3061.00	3060.95	3059.35	3058.17	3057.74	3057.69
5	2015 - 9 - 25	16：19	3060.98	3060.93	3059.34	3058.13	3057.68	3057.56
6	2015 - 9 - 26	11：38	3061.08	3061.03	3059.43	3058.23	3057.82	3057.69
7	2015 - 9 - 28	10：12	3060.96	3060.91	3059.33	3058.11	3057.75	3057.52
8	2015 - 9 - 29	9：58	3061.06	3060.99	3059.42	3058.20	3057.77	3057.60
9	2015 - 9 - 30	9：58	3060.98	3060.93	3059.34	3058.09	3057.66	3057.46
10	2015 - 10 - 11	9：10	3060.75	3060.72	3059.12	3057.89	3057.39	3057.22
11	2015 - 11 - 1	10：36	3060.11	3060.11	3058.53	3057.34	3056.85	3056.71
12	2015 - 12 - 5	10：25	3060.21	3060.13	3058.59	3057.29	3056.68	3056.48
13	2015 - 12 - 11	6：47	3060.16	3060.00	3058.47	3057.18	3056.56	3056.41
14	2015 - 12 - 18	0：41	3060.20	3060.01	3058.50	3057.15	3056.48	3056.28

序号	观测日期	时刻	P0-XZ1—P1-XZ1 坡降	P1-XZ1—P2-XZ1 坡降	P2-XZ1—P3-XZ1 坡降	P3-XZ1—P5-XZ5 坡降	P5-XZ1—P7-XZ5 坡降	总坡降
1	2015-9-17	10：45	0.002	0.114	0.079	0.006	0.001	0.024
2	2015-9-19	10：19	0.002	0.113	0.079	0.005	0.003	0.024
3	2015-9-23	10：16	0.006	0.114	0.083	0.009	0.001	0.025
4	2015-9-24	10：07	0.006	0.114	0.084	0.010	0.001	0.026
5	2015-9-25	16：19	0.006	0.114	0.086	0.011	0.002	0.027
6	2015-9-26	11：38	0.008	0.114	0.086	0.010	0.003	0.027
7	2015-9-28	10：12	0.006	0.113	0.087	0.009	0.005	0.027
8	2015-9-29	9：58	0.009	0.113	0.087	0.010	0.003	0.027
9	2015-9-30	9：58	0.007	0.113	0.089	0.011	0.004	0.027
10	2015-10-11	0：10	0.005	0.114	0.088	0.012	0.003	0.028
11	2015-11-1	10：36	−0.001	0.113	0.085	0.012	0.004	0.027
12	2015-12-5	10：25	0.012	0.110	0.093	0.015	0.004	0.029
13	2015-12-11	6：47	0.022	0.109	0.093	0.015	0.003	0.029
14	2015-12-18	0：41	0.027	0.108	0.096	0.016	0.004	0.031

可以看出，各监测断面局部有下游测值高于上游现象，但总体渗透坡降基本不大于0.1～0.15，8号泄洪闸有大于0.3的渗透坡降出现，但该部位下游出现测值反常，且总渗透坡降均小于0.1，在设计安全允许坡降范围内。

另外，厂房各坝段渗压监测断面均出现渗压计上游低于下游的反常现象，初步分析认为，系上游施工防渗墙后，厂房基础处理又采用灌注桩、旋喷桩处理，大量水泥等细颗粒填补土体孔隙，使上游部分基础防渗系数大幅降低，从而导致渗压计低于下游的现象，生态放水孔也出现同样情况，原因基本一致，系在防渗墙施工后又采用旋喷桩处理措施引起。

根据以上分析，可以看出，对厂房和泄洪闸坝段，按照防渗墙折减系数法计算分析表明，各泄洪闸、厂房折减系数计算成果随蓄水变化规律基本一致，在水库蓄水位较低时，防渗墙折减效应未完全显现，折减系数呈现水位升高、系数减小的规律，当水位蓄水至正常蓄水位附近时，折减系数均稳定在0.2～0.4。

1号泄洪闸P02-FS8渗压计在水库低水位情况下，数据基本正常。2014年6月14日到9月初，库水位上升至3071m左右，折减系数异常升高从0.1升高至0.8左右。2015年9月17日蓄水以后，渗压计水位不断逼近库水位，至2015年11月20日，水位仅低于库水位1.5m，此后水位测值大于库水位，明显异常。经分析，已要求施工方对1号泄洪闸与2号泄洪闸上游缝墩止水进行灌浆处理，根据处理后变化进一步分析。

综上所述，渗流安全基本满足规范要求。

◎ 第 7 章

结 论 与 建 议

我国在深厚覆盖层闸坝设计建设已经走在了世界的前列，提出并实践了诸多新理论、新技术和新方法，为了系统地总结深厚覆盖层闸坝工程技术所取得的成就、经验和教训，本书通过分析论证，从地质、洪水标准、水工布置、结构计算、地基处理、监测等进行了系统总结，特别是对渗流、沉降两个关键问题及地下水影响等方面的工程创新成果，提出了有益的探索。

但由于深厚覆盖层的闸坝技术涉及地质、水工、机电等诸多专业，以及外部建设条件的复杂性，目前工程设计施工仍然存在诸多难点，需加强系统研究，对技术、理论以及实践问题进一步深入探索，为此笔者提出了以下行业进步方向及重点研究方面的建议。

1. 应尽快形成水利水电地基设计规范

由于水利水电工程尚没有编制针对覆盖层的地基设计规范和重力坝设计规范，《土工试验规程》《水闸设计规范》方法仍然是基本依据。由于国内行业条块分割，国内规范对于承载力的含义存在不同的提法，各规范承载力概念也不统一，对于软基闸坝是否进行基础深宽修正认识不深入，没有从原理上通过大载荷试验、模型分析等开展系统研究。应在对上述问题系统研究基础上，总结近年来地基设计的新成就，形成水利水电地基设计规范。

2. 基于沉降、渗流耦合的深基坑软基闸坝全施工过程控制模型建立

目前，河海大学在"大型基础降水及其诱发地层沉降控制技术与应用"研究中，以不同工序施工过程中动态水位和周围环境对降水引发沉降变形的最低要求为约束条件，以源（汇）分布、强度为目标函数，抽水井设计参数为变量，建立系统控制模型，为工程降水主动控制地层沉降提供了一种新思路和方法。下一步，应针对深基坑软基闸坝，建立从开挖到闸坝浇筑的全过程施工模型，对深基坑地下水、基坑边坡开挖稳定、浇筑工序全过程开展边坡稳定、应力应变、渗流量及渗流稳定进行耦合分析。

3. 建立软基闸坝液化等级划分标准

建筑行业在该方面积累了较为成熟的经验，但是否对水利水电行业能够起到有效指导，需要通过大量的试验及研究分析。本书通过总结分析，对该问题提出了部分建议和思路，但远不成熟。研究缺乏系统性。因此，如何从体制上解决该问题，建立科学的软基闸坝液化等级划分标准，是未来的重大研究方向。

参 考 文 献

［1］ 曾甄，张志军，2005. 迷宫堰流量系数的探讨［J］. 中国农村水利水电（4）：49 - 51.

［2］ 车义军，2007. 西藏阿里狮泉河水电站混凝土防渗墙施工［C］// 2007 海峡两岸岩土工程地土技术交流研讨会.

［3］ 陈卫东，张绍成，2006. 太平驿水电站工程勘察综述［J］. 水电站设计，22（4）：61 - 63.

［4］ 程汝恩，黄向春，2013. 动探击数 N63.5 作为砂砾石液化判别和工程检测标准的研究［J］. 资源环境与工程，27（4）：473 - 476.

［5］ 仇玉生，2010. 强夯工艺在苗家坝坝基处理过程中的应用［C］// 土石坝设计 2010 年论文集：336 - 348.

［6］ 崔中涛，徐海洋，郭劲松，2015. 自由振荡法试验在地层渗透性评价中的应用与探讨［J］. 长江科学院院报，32（4）：34 - 36.

［7］ 端木凌云，杜瑞香，刘卫芳，2006. 庞口闸土工格栅石笼防冲体的应用［J］. 黄河水利职业技术学院学报，18（2）：14 - 15.

［8］ 符晓，2018. 深厚覆盖层拦河闸坝基础特性分析及处理研究［J］. 西北水电（1）：40 - 42.

［9］ 高品红，2013. 大渡河上游某电站深厚覆盖层上高闸坝的抗滑稳定性分析［J］. 城市建设理论研究，（20）：1 - 8.

［10］ 高钟璞，等，2000. 大坝基础防渗墙［M］. 北京：中国电力出版社.

［11］ 顾宝和，张荣祥，石兆吉，1995. 地震液化效应的综合评价［J］. 工程地质学报，3（3）：1 - 6.

［12］ 顾小芳，2006. 深厚覆盖层上水闸渗流分析与防渗结构优化设计研究［D］. 成都：四川大学.

［13］ 顾晓鲁，钱鸿缙，刘惠珊，等，2011. 地基与基础［M］. 3 版. 北京：机械工业出版社.

［14］ 湖北水力发电编辑部，2008. 古比雪夫水电站［J］. 湖北水力发电，6（1）：73 - 74.

［15］ 扈晓雯，2009. 锦屏二级水电站拦河闸坝深覆盖基础设计［C］// 中国水力发电学会水工及水电站建筑物专业委员会 2009 年工作会议论文.

［16］ 华东水利学院，1985. 水闸设计［M］. 上海：上海科学技术出版社.

［17］ 华东水利学院，1988. 水工设计手册［M］. 北京：水利电力出版社.

［18］ 化建新，郑建国，王笃礼，等，2018. 工程地质手册［M］. 5 版. 北京：中国建筑工业出版社.

［19］ 黄华新，谢南茜，秦强，2019. 大河沿水库超厚覆盖层上防渗系统应力应变特性研究［J］. 水力发电，45（7）：55 - 57.

［20］ 黄京烈，2012. 江边水电站闸坝基础深厚覆盖层基础处理［J］. 四川水利（1）：27 - 29.

［21］ 黄森军，魏俊，俞演名，等，2019. 基于流域概化模型的感潮河口水闸设计［J］. 水电与抽水蓄能（5）：52 - 55.

［22］ 蒋定国，戴会超，2005. 三峡工程二期围堰防渗墙工作性状的验证分析［J］. 三峡大学学报（自然科学版），27（2）：101 - 103.

［23］ 金辉，2008. 西南地区河谷深厚覆盖层基本特征及成因机理研究［D］. 成都：成都理工大学.

［24］ 荆海峰，2017. 石佛寺水库坝基液化评价及处理措施［J］. 水利规划与设计（9）：91 - 93.

［25］ 孔祥生，黄杨，2012. 西藏旁多水利枢纽坝基超深防渗墙施工技术［J］. 人民长江，43（11）：34 - 36.

［26］ 李浩浩，党永平，2013. 西藏多布水电站厂房坝段施工井点降水技术［J］. 四川水利（4）：46 - 50.

[27] 李守巨，刘迎曦，李政国，等，2001. 丰满混凝土重力坝渗流特性分析 [J]. 岩土力学与工程学报 (4)：477-478.

[28] 李文军，2008. 直孔水电站混凝土防渗墙施工质量控制 [J]. 水力发电，34 (5)：81-83.

[29] 李永红，姜媛媛，2010. 吉牛水电站深覆盖层闸基渗透稳定评价 [J]. 水电站设计 (3)：44-47.

[30] 李志龙，赵小宁，2016. 仲达水电站混凝土闸坝泄洪消能研究 [J]. 陕西水利 (6)：57-58.

[31] 林宗元，1994. 岩土工程试验监测手册 [M]. 沈阳：辽宁科学技术出版社.

[32] 刘昌，2017. 西藏尼洋河多布水电站主要地质问题的勘察与评价 [J]. 西北水电，25 (2)：5-7.

[33] 刘得田，2010. 江边水电站围堰防渗方案优化及施工 [J]. 建筑工程 (2)：112-114.

[34] 刘世煌，2012. 从耿达水电站闸坝持续发展的变位谈深厚覆盖层的徐变 [J]. 西北水电 (4)：36-38.

[35] 刘世煌，2013. 深厚覆盖层沙湾闸坝变形及塑性混凝土防渗墙的防渗效果：以沙湾水电站运行状况为例 [J]. 西北水电 (3)：31-34.

[36] 罗小杰，林仕祥，艾水平，等，2001. 湖北省鄂州市樊口大闸主要工程地质问题及处理建议 [J]. 湖北地矿，15 (1)：40-43.

[37] 毛昶熙，1981. 电模拟计算及渗流研究 [M]. 北京：水利电力出版社.

[38] 毛昶熙，1984. 土基上闸坝下游冲刷消能问题 [J]. 水利学报 (4)：44-47.

[39] 毛昶熙，2003. 渗流计算分析与控制 [M]. 北京：中国水利水电出版社.

[40] 米应中，2002. 国际两座拦河坝坝基深厚覆盖层防渗的主要经验 [C]// 中国水利学会勘测专业委员会学术研讨会会议论文.

[41] 南京水利科学研究院，2018. 多布水电站厂房及泄洪闸基础三维静动力有限元仿真分析 [R]. 南京：南京水利科学研究院.

[42] 聂世虎，2004. 消力池深度与长度计算中应注意的问题 [J]. 巴州科技 (2)：17-19.

[43] 宁少妮，2017. 咸阳湖 2# 橡胶坝局部水毁应急修复工程设计浅析 [J]. 陕西水利 (2)：89-91.

[44] 彭土标，袁建新，王惠明，等. 2011. 水力发电工程地质手册 [M]. 北京：中国水利水电出版社.

[45] 钱家欢，1992. 土力学 [M]. 南京：河海大学出版社.

[46] 钱天寿，2011. 帷幕灌浆施工技术在沙砾石地层应用 [J]. 中国新技术新产品 (2)：251-252.

[47] 邱敏，等，2014. 桩基在多布水电站厂房深覆盖层地基中的应用 [J]. 西北水电 (1)：44-47.

[48] 任宏魏，刘耀炜，张小龙，等，2013. 单孔同位素稀释示踪法测定地下水渗流速度、流向的技术发展 [J]. 国际地震动态，2 (2)：4-7.

[49] 任苇，2005. 任意形状平面几何图形几何特性的数值分析求解及工程应用 [J]. 西北水力发电，21 (增)，72-74.

[50] 任苇，2017. 多布水电站枢纽建筑物工程布置及关键技术 [J]. 西北水电，25 (2)：48-49.

[51] 任苇，李天宇，2017. 深厚覆盖层基础闸坝防渗设计及安全控制标准 [J]. 西北水电，25 (2)：9-11.

[52] 任苇，王君利，李国英，2019. 巨厚覆盖层上高闸坝沉降控制关键技术研究与实践 [J]. 水电与抽水蓄能 (5)：36-39.

[53] 沈英武，1980. 弹性地基梁和框架分析文集 [M]. 北京：水利出版社.

[54] 石金良. 1991. 砂砾石地基工程地质 [M]. 北京：中国建筑工业出版社.

[55] 汤淼鑫，周建石，石兆吉，1988. 晚更新世地层地震液化可能性探讨（以某电厂地基土为例）[C]. 第三次全国工程地质大会.

[56] 唐海北，刘华，牟小玲，2011. 阴坪水电站施工导流建筑物与永久建筑物结合的应用 [J]. 四川水力发电，30 (3)：50-53.

[57] 天津市水利勘测设计院，2002. 非岩基溢洪道设计专题报告 [M]. 天津：中国水利水电出版社.

[58] 王根龙，崔拥军，寿立勇，2006. 新疆下坂地水利枢纽坝基垂直防渗试验研究 [J]. 人民长江，

37（6）：59-62.

[59] 王菊梅，2013.阴坪水电站首部枢纽闸坝设计［J］.水电站设计，29（3）：12-14.

[60] 王君利，任苇，2017.多布水电站的技术难点和设计创新［J］.西北水电，25（2）：1-4.

[61] 王丽艳，刘汉龙，蔡艳，2007:用液化度概念评价岩土结构地震液化变形的探讨［J］.防灾减灾工程学报，27（4）：451-453.

[62] 王世夏，2000.水工设计的理论与方法［M］.北京：中国水利水电出版社.

[63] 王文革，刘昌，范添，2017.西藏多布水电站超厚覆盖层工程地质特性及评价［J］.西北水电，25（2）：48-49.

[64] 吴宏伟，陈守义，庞宇威，1999.雨水入渗对非饱和土坡稳定性影响的参数研究［J］.岩土力学，20（1）：1-14.

[65] 吴良骥，1996.渗流场中预报模型及其可靠度分析［J］.水利水运科学研究（3）：34-38.

[66] 吴梦喜，杨连枝，王锋.2013.强弱透水相间深厚覆盖层坝基的渗流分析［J］.水利学报（12）：1439-1447.

[67] 吴越建，秦俊虹，何勇，等，2008.沙湾水电站厂房深基坑防渗排水施工措施［J］.水电能源科学，26（4）：147-149.

[68] 肖培伟，颜志衡，2014.吉牛水电站建设中的几个关键技术问题与对策［J］.四川水力发电，33（1）：10-12.

[69] 谢洪毅，徐德敏，2012.硬梁包水电站闸（坝）址区深厚覆盖层砂土地震液化评价［C］.中国水利电力物探科技信息网2012年学术年会.

[70] 徐苏晨，陈松演，黎新欣，2013.鲁基厂水电站拦河坝设计［J］.广东水利水电（12）：37-39.

[71] 杨光伟，2006.小天都水电站首部枢纽布置设计［J］.四川水力发电，25（2）：25-28.

[72] 杨光伟，何顺宾，2005.福堂水电站首部枢纽布置调整及优化设计［J］.水电站设计，21（2）：14-17.

[73] 杨光伟，2003.闸坝深厚覆盖层基础处理研究［D］.成都：四川大学.

[74] 杨珂，吕琦，王凡，2018.渭河杨凌水景观工程气动盾形闸坝设计［J］.西北水电（5）：52-55.

[75] 杨美丽，沈孟玲，2006.阴坪水电站引水防沙试验研究［J］.东北水利水电，24（2）：59-62.

[76] 余波，2010.水电工程河床深厚覆盖层分类［C］∥贵州省岩石力学与工程学会2010年度学术交流论文集：1-9.

[77] 禹建兵，刘浪，2013.不同判别准则下的砂土地震液化势评价方法及应用对比［J］.中南大学学报（自然科学版），44（9）：3850-3856.

[78] 袁晓铭，孙锐，2011.我国规范液化分析方法的发展设想［J］.岩土力学，32（2）：351-354.

[79] 张家发，1997.三维饱和非饱和稳定非稳定渗流场的有限元模拟［J］.长江科学院院报，14（3）：35-38.

[80] 张磊，2011.软基重力坝设计中的技术问题与方案选择［J］.水资源与水工程学报，22（1）：159-161.

[81] 张世儒，夏维城，1988.灌区水工建筑物丛书：水闸［M］.北京：水利电力出版社.

[82] 张伟，张力勇，黄黎冰，等，2007.福堂电站深厚覆盖层上闸室结构的变形特性分析［J］.陕西水利（4）：11-13.

[83] 张雪梅，史志利，曹玥，2008.振冲碎石桩部分消除地基液化的工程应用［J］.特种结构，25（4）：25-26.

[84] 赵明华，陆希，2009.西藏部分电站深厚覆盖层渗控体系综述及优化初探［J］.西北水电（2）：27-19.

[85] 赵永宣，2008.金沙峡水电站枢纽消能防冲设计［J］.人民长江，39（14）：32-34.

[86] 赵志祥，李常虎，2013.深厚覆盖层工程特性与勘察技术研究.中国水力发电科学技术发展报告

［M］. 北京：中国电力出版社.

［87］ 郑元凯，2015. 悬挂式防渗灌浆处理在深厚覆盖层中的应用［J］. 低碳世界（1）：71-72.

［88］ 中国水力发电工程学会水工及水电站建筑物专业委员会，2009. 利用覆盖层建坝的实践与发展［M］. 北京：中国水利水电出版社.

［89］ 周志芳，2011. 大型基础降水及其诱发地层沉降控制技术与应用［D］. 南京：河海大学.

［90］ 朱伟，山村和也，1999. 降雨时土堤内的饱和-非饱和渗流及其解析［C］∥中国土木工程学会第八届土力学及岩土工程学术会议论文集. 北京：万国学术出版社.

［91］ 朱岳明，龚道勇，2003. 三维饱和-非饱和渗流场求解及其逸出面边界条件处理［J］. 水科学进展，14（1）：67-71.

［92］ 朱岳明，张燎军，1997. 渗流场求解的改进排水子结构法［J］. 岩土工程学报（2）：21-28.

［93］ Baiocchi C，Friedman A，1977. A filtration problem in a porous medium with variable permeability［J］. Annali Di Matematica Pura Ed Applicata，114：377-393.